方大干　方　成　方　立　等编著

电动机实用控制线路

详解

化学工业出版社

·北京·

图书在版编目（CIP）数据

电动机实用控制线路详解/方大千等编著. —北京：
化学工业出版社，2018.3
ISBN 978-7-122-31439-0

Ⅰ.①电…　Ⅱ.①方…　Ⅲ.①电动机-控制电路
Ⅳ.①TM320.12

中国版本图书馆 CIP 数据核字（2018）第 013982 号

责任编辑：高墨荣　　　　　　　　　　　文字编辑：孙凤英
责任校对：王　静　　　　　　　　　　　装帧设计：刘丽华

出版发行：化学工业出版社（北京市东城区青年湖南街 13 号　邮政编码 100011）
印　　装：北京市白帆印务有限公司
787mm×1092mm　1/16　印张 26¾　字数 662 千字　2018 年 7 月北京第 1 版第 1 次印刷

购书咨询：010-64518888（传真：010-64519686）　售后服务：010-64518899
网　　址：http://www.cip.com.cn
凡购买本书，如有缺损质量问题，本社销售中心负责调换。

定　　价：98.00 元

前言

电动机控制线路广泛应用于电气传动及自动控制设备中，是从事电气、自动化技术的人员和电工最常接触的技术。对一名电气工作者来说，学会正确分析电动机控制线路的工作原理，正确选择电气元件，是判断其技术水平和处理自动化设备故障能力的重要标志。

本书从生产实际出发，列举了笼型异步电动机、绕线式异步电动机、力矩电动机、滑差电动机、交流整流子电动机、同步电动机和直流电动机的启动、制动、调速、控制、保护和节电线路，共 350 多例。每一例都详实地介绍了适用范围、工作原理、元器件选择、使用注意事项等。为了让读者能快速掌握分析电动机控制线路工作原理的技巧，作者在分析线路时，采用了三步分析法：首先明确该线路的控制目的和控制方法，以及保护元件等；然后将线路分成几大部分，即主电路、控制电路、电子控制电路、信号电路等，搞清各分电路的作用及工作原理；最后全面分析整个控制线路的工作原理，并列出电气元件参数表。

本书所选线路取材广泛、类型齐全、新颖先进、实用性强，叙述清楚、准确明了，对于提高电工安装调试的技术水平和处理故障能力，尽快掌握现代电工新技术，以及拓宽思路，掌握设计电动机及电气自动化控制线路的技巧都有极大的帮助，对电气设备的设计和研发人员也有很好的参考价值。

本书主要由方大千、方成、方立编著，参加和协助编写工作的还有许纪明、方亚平、方亚敏、朱征涛、方欣、刘梅、占建华、李松柏、张正昌、张荣亮、许纪秋、那宝奎、费珊珊、卢静和孙文燕。全书由方大中、郑鹏、朱丽宁审校。

由于编著者水平有限，不足之处在所难免，敬请广大读者批评指正。

编著者

目录

CONTENTS

第❶章 ▶▶▶

电动机控制基本知识

1.1 基本知识

1.1.1 常用电气图形符号和文字符号

常用电气图形符号和文字符号见表 1-1。

表 1-1　常用电气图形符号和文字符号

名　称	图形符号	文字符号
直流	—— 或 ===	DC
交流	∿	AC
交直流	∿	AC 及 DC
接地一般符号	⏚	E、PE
接机壳或接底板	⏚ 或 ⊥	E、MM
导线交叉连接		
导线跨越不连接		
电阻器	—▭—	R
可调电阻器		RH
压敏电阻器	U	RV
热敏电阻器	θ	RT、Rt
熔断电阻器	—▭—	FR
电位器		RP
分流器		RS
电容器		C
极性电容器(电解电容器)		C
电感器、线圈、绕组、扼流圈	⌒⌒⌒	L

名　　　称	图形符号	文字符号
带磁芯的电感器(带铁芯的电感器)		L
有两个抽头的电感器		L
压电晶体蜂鸣器		HA
运算放大器		A
半导体二极管		VD
发光二极管		VL
单向击穿二极管、电压调整二极管(稳压二极管)		VS
双向触发二极管		VD
PNP 型半导体管(三极管)		VT
NPN 型半导体管(三极管)		VT
双基极的单结半导体管(单结晶体管)		VT
(单向)晶闸管		V
双向晶闸管		V
光电二极管		LD
光电池		B、BP
PNP 型或 NPN 型光敏晶体管		VTL、VT
光敏电阻器		RL
直流发电机		G
直流电动机		M、MD
交流发电机		G、GA
交流电动机		M
直流伺服电动机		SM
交流伺服电动机		SM
直线电动机		M
步进电动机		M

名　　称	图形符号	文字符号
单相笼型异步电动机		M
三相笼型异步电动机		M
三相绕线型异步电动机		M
电动机并励或他励绕组		W、WE
双绕组变压器	形式一 形式二	T、TM
三绕组变压器	形式一 形式二	T、TM
自耦变压器	形式一　形式二	T、TAU
电抗器扼流圈	形式一　形式二	L
电流互感器、脉冲变压器	形式一　　形式二	T、TA
绕组间有屏蔽层的双绕组单相变压器		T、TM
在一个绕组上有中心点抽头的变压器	形式一　形式二	T、TM
Y-△连接的三相变压器	形式一　　形式二	T
星形连接的三相自耦变压器	形式一　　形式二	T、TAU

续表

名　称	图形符号	文字符号
可调压的单相自耦变压器	形式一　形式二	T、TAU
电压互感器	形式一　形式二	T、TV
频敏变阻器		RF
桥式全波整流器方框符号		VC
电池、蓄电池		GB
热源一般符号(加热元件)		EH
开关、继电器常开(动合)触点(开关一般符号)	形式一　形式二	开关:S,SA
		继电器:K、KA
开关、继电器常闭(动断)触点		开关:S
		继电器:K、KA
先断后合的转换触点		开关:S
		继电器:K、KA
中间断开的双向触点		开关:S
		继电器:K、KA
先合后断的转换触点	形式一　形式二	开关:S
		继电器:K、KA
延时继电器延时闭合的常开(动合)触点(时间继电器常开延时闭合触点)	形式一　形式二	KT
延时继电器延时断开的常开(动合)触点(时间继电器常开延时断开触点)	形式一　形式二	KT
延时继电器延时闭合的常闭(动断)触点(时间继电器常闭延时闭合触点)	形式一　形式二	KT

名　　称	图形符号	文字符号
延时继电器延时断开的常闭（动断）触点（时间继电器常闭延时断开触点）	形式一　形式二	KT
延时继电器延时闭合和延时断开的常开（动合）触点		KT
接触器常开（动合）触点		KM
接触器常闭（动断）触点		KM
手动开关一般符号		S、SA
按钮开关（常开按钮）		SB
启动按钮		ST
按钮开关（常闭按钮）		SB
停止按钮		SP
拉拔开关		S、SA
旋钮开关旋转开关（闭锁）		S、SA
液位开关		SA
位置开关、行程开关常开（动合）触点		S、SQ
位置开关、行程开关常闭（动断）触点		S、SQ
热继电器常闭（动断）触点		FR、KH
荧光灯启动器、氖泡		S、Ne
三极隔离开关		QS

名　　称	图形符号	文字符号
缓放继电器线圈（时间继电器断电延时线圈）		KT
缓吸继电器线圈（时间继电器通电延时线圈）		KT
热继电器的驱动器件		FR、KR
接触器或继电器线圈	形式一　形式二	接触器：K、KM 继电器：K、KA
过电流继电器线圈	$I>$	KA、KI
欠电压继电器线圈	$U<$	KU
接近开关常开（动合）触点		S、SP
熔断器一般符号		FU
火花间隙		F
避雷器		F
电流表	Ⓐ	PA
电压表	Ⓥ	PV
电能表	W·h	PJ
热电偶	形式一　形式二	B
照明灯	⊗	EL
信号灯		H、HL
扬声器		B、BL
电扬声器		HA
电铃		HA
蜂鸣器		HA

1.1.2　电动机的铭牌及引出线接法

（1）三相异步电动机的铭牌

电动机上都装有一块铭牌，只有看懂铭牌上所标各数据的意义，才能正确使用电动机。铭牌也是检修电动机的依据。图 1-1 是 Y 系列电动机的铭牌（JO_2 等老型号电动机的铭牌与 Y 系列的类似），铭牌上各数据的意义如下。

① 型号　Y 表示（新系列）三相异步电动机；160 表示机座号，数据为电动机中心高；M 表示中座（另外，还有 S 表示短机座，L 表示长机座）；1 表示铁芯长序号；2 表示电动机的极数。

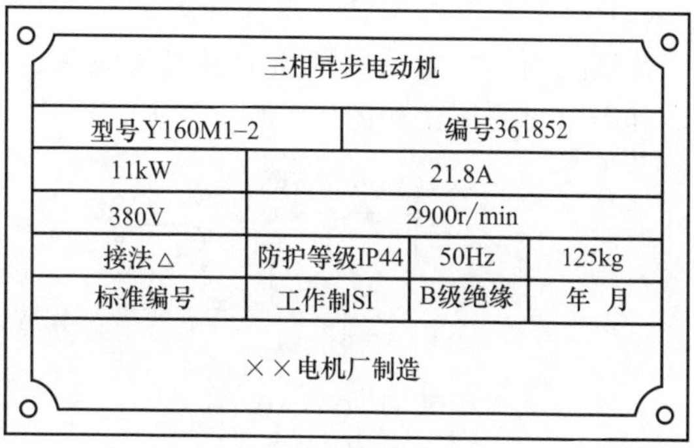

② 额定功率（11kW）　电动机的额定功率是指电动机在额定工况下，转轴上所输出的机械功率。

③ 频率（50Hz）　电动机所接交流电源的频率。我国采用 50Hz 的频率。

三相异步电动机			
型号Y160M1-2	编号361852		
11kW	21.8A		
380V	2900r/min		
接法△	防护等级IP44	50Hz	125kg
标准编号	工作制SI	B级绝缘	年　月
××电机厂制造			

图 1-1　Y 系列电动机铭牌

④ 额定转速（2900r/min）　电动机在额定电压、额定频率和额定功率下，每分钟的转数。三相异步电动机 2 极为 2825～2970r/min，4 极为 1390～1480r/min，6 极为 910～980r/min，8 极为 710～740r/min。电动机的额定功率越大，则转速越高。

⑤ 额定电压（380V）　是指电动机所用电源电压的额定值，我国低压三相交流电为 380V。

⑥ 额定电流（21.8A）　是指电动机在额定电压，额定频率和额定负荷下定子绕组的线电流。电动机绕组为三角形接法时，线电流是相电流的 $\sqrt{3}$ 倍；为星形接法时，线电流等于相电流。电动机工作电流受外加电压、负荷等因素的影响较大。

电动机额定电流可由下式计算：

$$I_e = \frac{P_e \times 10^3}{\sqrt{3} U_e \eta \cos\varphi} \quad (A)$$

式中　P_e——电动机的额定功率，kW；

　　　U_e——电动机的额定电压，V；

　　$\cos\varphi$——电动机的功率因数，为 0.82～0.88；

　　　η——电动机的效率，为 0.8～0.9。

⑦ 绝缘等级（B 级）及温升　绝缘等级是指电动机绕组所用绝缘材料的耐热等级。Y 系列采用 B 级绝缘，其极限温度为 130℃；J_2、JO_2 系列采用 E 级绝缘，其极限温度为 120℃；J、JO 系列采用 A 级绝缘，其极限温度为 105℃。

温升是指所用绝缘材料的最高允许温度（极限温度）与规定的环境温度（40℃）之差，或称额定温升。

⑧ 工作制　是指电动机在额定条件下允许连续使用时间的长短。工作制可分为三类：连续工作、短时工作和断续工作。

⑨ 防护等级（IP44）　Y 系列的防护等级有 IP44、IP23，IP 表示外壳防护符号。

IP44：第一个"4"表示能防止直径大于 1mm 的小固体异物进入壳内；第二个"4"表

示防溅电动机。

IP23:"2"表示能防止直径大于 12mm 的小固体异物进入壳内;"3"表示与铅垂线成 60°角或小于 60°角范围内的滴水对电动机无有害的影响。

⑩ 电动机的接法(△接法) 三相异步电动机一般采用星形(Y)接法或三角形(△)接法。

此外,铭牌上还有电动机质量、出厂日期和标准编号等信息。

(2)三相异步电动机引出线接法

普通三相异步电动机有 6 个引出接线头。电动机定子绕组有星形连接和三角形连接两种,其引出线的接法如图 1-2 所示。

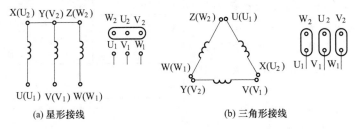

图 1-2 普通三相异步电动机引出线的接法

(3)YD 系列变极多速异步电动机引出线接法

YD 系列变极多速异步电动机引出线的接法见表 1-2。

表 1-2 YD 系列变极多速异步电动机引出线的接法

速比	双速		三速			四速		
绕组连接方法	△/YY		Y/△/YY 或△/Y/YY			△/△/YY/YY		
出线数目	6		9			12		
低速	1U L₁ 2U	1V L₂ 2V	1W L₃ 2W	1U L₁ 2U 3U	1V L₂ 2V 3V	1W L₃ 2W 3W	1U L₁ 2U 3U 4U	1V L₂ 2V 3V 4V	1W L₃ 2W 3W 4W
中速1	1U 2U L₁	1V 2V L₂	1W 2W L₃	1U 2U L₁ 3U	1V 2V L₂ 3V	1W 2W L₃ 3W	1U 2U L₁ 3U 4U	1V 2V L₂ 3V 4V	1W 2W L₃ 3W 4W
中速2				1U 2U 3U L₁	1V 2V 3V L₂	1W 2W 3W L₃	1U 2U 3U L₁ 4U	1V 2V 3V L₂ 4V	1W 2W 3W L₃ 4W

续表

高速			1U· 1V· 1W· 2U。 2V。 2W。 3U· 3V· 3W· 4U。 4V。 4W。 L_1 L_2 L_3

1.1.3 异步电动机的工作条件及技术数据

（1）异步电动机的工作条件

① 为了保证电动机的额定输出功率，电动机出线端电压不得高于额定电压的 10%，不得低于额定电压的 5%。

② 电动机出线端电压低于额定电压的 5% 时，为了保证额定输出功率，定子电流允许比额定电流增大 5%。

③ 电动机在额定输出功率下运行时，相间电压的不平衡率不得超过 5%。

④ 当环境温度不同时，电动机电流允许增减见表 1-3 和表 1-4。

表 1-3 环境温度超过 40℃ 时电动机额定电流应降低百分率

周围环境温度/℃	额定电流降低百分率/%
45	5
50	12.5
55	25

表 1-4 环境温度低于 40℃ 时电动机额定电流应增加百分率

周围环境温度/℃	额定电流增加百分率/%
35	5
30	8

如果不能满足电动机一般工作条件的要求，电动机的输出功率将减小，带负荷能力差，电动机发热增高，严重时不能启动，甚至烧毁。

农村电网电压一般偏低，《农村供电规划导则》规定用户受端电压在正常情况下允许在 +7.5%～-10% 范围内变动，在事故情况下允许在 +10%～-15% 范围内变动。电压偏低时，会对电动机造成影响。

另外，正常使用负荷率低于 40% 的电动机应予以调整或更换；空载率大于 50% 的中小型电动机应加限制空载装置，以节约电能（所谓空载率，是指电动机空载运行时间与带负荷运行时间之比）。

（2）Y 系列异步电动机的技术数据

Y 系列三相异步电动机与原 JO_2 系列电动机相比，体积平均缩小 15%，质量平均减小 12%。Y 系列电动机采用 B 级绝缘，实际运行中定子绕组的温升较小，有 10℃ 以上的温升裕度。

Y 系列三相异步电动机技术数据见表 1-5。

表 1-5　Y 系列三相异步电动机技术数据

型　　号	额定功率/kW	满载时				堵转电流额定电流	堵转转矩额定转矩	最大转矩额定转矩	外形尺寸（长×宽×高）/mm×mm×mm
		电流/A	转速/(r/min)	效率/%	功率因数				
Y801-2	0.75	1.9	2825	73	0.84	7.0	2.2	2.2	285×235×170
Y802-2	1.1	2.6	2825	76	0.86	7.0	2.2	2.2	285×235×170
Y90S-2	1.5	3.4	2840	79	0.85	7.0	2.2	2.2	310×245×190
Y90L-2	2.2	4.7	2840	82	0.86	7.0	2.2	2.2	335×245×190
Y100L-2	3.0	6.4	2880	82	0.87	7.0	2.2	2.2	380×285×245
Y112M-2	4.0	8.2	2890	85.5	0.87	7.0	2.2	2.2	400×305×265
Y132S1-2	5.5	11.1	2900	85.2	0.88	7.0	2.0	2.2	475×345×315
Y132S2-2	7.5	15	2900	86.2	0.86	7.0	2.0	2.2	475×345×315
Y160M1-2	11	21.8	2930	87.2	0.88	7.0	2.0	2.2	600×420×385
Y160M2-2	15	29.4	2930	88.2	0.88	7.0	2.0	2.2	600×420×385
Y160L-2	18.5	35.5	2930	89	0.89	7.0	2.0	2.2	645×420×385
Y180M-2	22	42.2	2940	89	0.89	7.0	2.0	2.2	670×465×430
Y200L1-2	30	56.9	2950	90	0.89	7.0	2.0	2.2	775×510×475
Y200L2-2	37	69.8	2950	90.5	0.89	7.0	2.0	2.2	775×510×475
Y225M-2	45	84	2970	91.5	0.89	7.0	2.0	2.2	815×570×530
Y250M-2	55	102.7	2970	91.4	0.89	7.0	2.0	2.2	930×635×575
Y280S-2	75	140.1	2970	91.4	0.89	7.0	2.0	2.2	1000×690×640
Y280M-2	90	167	2970	92	0.89	7.0	2.0	2.2	1050×690×640
Y315S-2	110	204	2970	91	0.90	7.0	1.8	2.2	1190×780×760
Y315M1-2	132	245	2970	91	0.90	7.0	1.8	2.2	1240×780×760
Y315M2-2	160	295	2970	91.5	0.90	7.0	1.8	2.2	1240×780×760
Y801-4	0.55	1.6	1390	70.5	0.76	6.5	2.2	2.2	285×235×170
Y802-4	0.75	2.1	1390	72.5	0.76	6.5	2.2	2.2	285×235×170
Y90S-4	1.1	2.7	1400	79	0.78	6.5	2.2	2.2	310×245×190
Y90L-4	1.5	3.7	1400	79	0.79	6.5	2.2	2.2	335×245×190
Y100L1-4	2.2	5	1420	81	0.82	7.0	2.2	2.2	380×285×245
Y100L2-4	3.0	6.8	1420	82.5	0.81	7.0	2.2	2.2	380×285×245
Y112M-4	4.0	8.8	1440	84.5	0.82	7.0	2.2	2.2	400×305×265
Y132S-4	5.5	11.6	1440	85.5	0.84	7.0	2.2	2.2	475×345×315
Y132M-4	7.5	15.4	1440	87	0.85	7.0	2.2	2.2	515×345×315
Y160M-4	11.0	22.6	1460	88	0.84	7.0	2.2	2.2	600×420×385
Y160L-4	15.0	30.3	1460	88.5	0.85	7.0	2.2	2.2	645×420×385
Y180M-4	18.5	35.9	1470	91	0.86	7.0	2.0	2.2	670×465×430
Y180L-4	22	42.5	1470	91.5	0.86	7.0	2.0	2.2	710×465×430
Y200L-4	30	56.8	1470	92.2	0.87	7.0	2.0	2.2	775×510×475
Y225S-4	37	70.4	1480	91.8	0.87	7.0	1.9	2.2	820×570×530
Y225M-4	45	84.2	1480	92.3	0.88	7.0	1.9	2.2	815×570×530
Y250M-4	55	102.5	1480	92.6	0.88	7.0	2.0	2.2	930×635×575
Y280S-4	75	139.7	1480	92.7	0.88	7.0	1.9	2.2	1000×690×640
Y280M-4	90	164.3	1480	93.5	0.89	7.0	1.9	2.2	1050×690×640
Y315S-4	110	202	1480	93	0.89	7.0	1.8	2.2	1190×780×760
Y315M1-4	132	242	1480	93	0.89	7.0	1.8	2.2	1240×780×760
Y315M2-4	160	294	1480	93	0.89	7.0	1.8	2.2	1240×780×760
Y90S-6	0.75	2.3	910	72.5	0.70	6.0	2.0	2.0	310×245×190
Y90L-6	1.1	3.2	910	73.5	0.72	6.0	2.0	2.0	335×245×190

续表

型　号	额定功率 /kW	满载时				堵转电流 额定电流	堵转转矩 额定转矩	最大转矩 额定转矩	外形尺寸 （长×宽×高） /mm×mm×mm
		电流 /A	转速 /(r/min)	效率 /%	功率 因数				
Y100L-6	1.5	4	940	77.5	0.74	6.0	2.0	2.0	380×285×245
Y112M-6	2.2	5.6	940	80.5	0.74	6.0	2.0	2.0	400×305×265
Y132S-6	3.0	7.2	960	83	0.76	6.5	2.0	2.0	475×345×315
Y132M1-6	4.0	9.4	960	84	0.77	6.5	2.0	2.0	515×345×315
Y132M2-6	5.5	12.6	960	85.3	0.78	6.5	2.0	2.0	515×345×315
Y160M-6	7.5	17	970	86	0.78	6.5	2.0	2.0	600×420×385
Y160L-6	11	24.6	970	87	0.78	6.5	2.0	2.0	645×420×385
Y180L-6	15	31.6	970	89.5	0.81	6.5	1.8	2.0	710×465×430
Y200L1-6	18.5	37.7	970	89.8	0.83	6.5	1.8	2.0	775×510×475
Y200L2-6	22	44.6	970	90.2	0.83	6.5	1.8	2.0	775×510×475
Y225M-6	30	59.5	980	90.2	0.85	6.5	1.7	2.0	815×570×530
Y250M-6	37	72	980	90.8	0.86	6.5	1.8	2.0	930×635×575
Y280S-6	45	85.4	980	92	0.87	6.5	1.8	2.0	1000×690×640
Y280M-6	55	104.9	980	91.6	0.87	6.5	1.8	2.0	1050×690×640
Y315S-6	75	142	980	92.5	0.87	6.5	1.6	2.0	1190×780×760
Y315M1-6	90	167	980	93	0.88	6.5	1.6	2.0	1240×780×760
Y315M2-6	110	204	980	93	0.88	6.5	1.6	2.0	1240×780×760
Y315M3-6	132	244	980	93.5	0.88	6.5	1.6	2.0	1240×780×760
Y132S-8	2.2	5.8	710	81	0.71	5.5	2.0	2.0	475×345×315
Y132M-8	3	7.7	710	82	0.72	5.5	2.0	3.0	515×345×315
Y160M1-8	4	9.9	720	84	0.73	6.0	2.0	2.0	600×420×385
Y160M2-8	5.5	13.3	720	85	0.74	6.0	2.0	2.0	600×420×385
Y160L-8	7.5	17.7	720	86	0.75	5.5	2.0	2.0	645×420×385
Y180L-8	11	25.1	730	86.5	0.77	6.0	1.7	2.0	710×465×430
Y280L-8	15	34.1	730	88	0.76	6.0	1.8	2.0	775×510×475
Y225S-8	18.5	41.3	730	89.5	0.76	6.0	1.7	2.0	820×570×530
Y225M-8	22	47.6	730	90	0.78	6.0	1.8	2.0	815×570×530
Y250M-8	30	33	730	90.5	0.80	8.0	1.8	2.0	930×635×575
Y280S-8	37	78.7	740	91	0.79	6.5	1.8	2.0	1000×690×640
Y280M-8	45	93.2	740	91.7	0.80	6.5	1.8	2.0	1050×690×640
Y315S-8	55	109	740	92.5	0.83	6.5	1.6	2.0	1190×780×760
Y315M1-8	75	148	740	92.5	0.83	6.5	1.6	2.0	1240×780×760
Y315M2-8	90	175	740	93	0.84	6.5	1.6	2.0	1240×780×760
Y315M3-8	110	214	740	93	0.84	6.5	1.6	2.0	1240×780×760
Y315S-10	45	98	585	91.5	0.76	6.5	1.4	2.0	1190×780×760
Y315M2-10	55	120	585	92	0.76	6.5	1.4	2.0	1240×780×760
Y315M3-10	75	160	585	92.5	0.77	6.5	1.4	2.0	1240×780×760

（3）YR 系列（IP44）异步电动机的技术数据

YR 系列小型绕线型三相异步电动机定子绕组为△接法，采用 B 级绝缘。

YR 系列绕线型三相异步电动机技术数据见表 1-6。

表 1-6　YR 系列（IP44）绕线型三相异步电动机技术数据

型　号	额定功率 /kW	满载时				最大转矩 额定转矩	转　子		质量 /kg
		转速 /(r/min)	电流 /A	效率 /%	功率 因数		电压 /V	电流 /A	
YR132S1-4	2.2	1440	5.3	82.0	0.77	3.0	190	7.9	60
YR132S2-4	3	1440	7.0	83.0	0.78	3.0	215	9.4	70

| 型　号 | 额定功率 /kW | 满载时 | | | | 最大转矩/额定转矩 | 转　子 | | 质量 /kg |
		转速 /(r/min)	电流 /A	效率 /%	功率因数		电压 /V	电流 /A	
YR132M1-4	4	1440	9.3	84.5	0.77	3.0	230	11.5	80
YR132M2-4	5.5	1440	12.6	86.0	0.77	3.0	272	13.0	95
YR160M-4	7.5	1460	15.7	87.5	0.83	3.0	250	19.5	130
YR160L-4	11	1460	22.5	89.5	0.83	3.0	276	25.0	155
YR180L-4	15	1465	30.0	89.5	0.85	3.0	278	34.0	205
YR200L1-4	18.5	1465	36.7	89.0	0.86	3.0	247	47.5	265
YR200L2-4	22	1465	43.2	90.0	0.86	3.0	293	47.0	290
YR225M2-4	30	1475	57.6	91.0	0.87	3.0	360	51.5	380
YR250M1-4	37	1480	71.4	91.5	0.86	3.0	289	79.0	440
YR250M2-4	45	1480	85.9	91.5	0.87	3.0	340	81.0	490
YR280S-4	55	1480	103.8	91.5	0.88	3.0	485	70.0	670
YR280M-4	75	1480	140	92.5	0.88	3.0	354	128.0	800
YR132S1-6	1.5	955	4.17	78.0	0.70	2.8	180	5.9	60
YR132S2-6	2.2	955	5.96	80.0	0.70	2.8	200	7.5	70
YR132M1-6	3	955	8.20	80.5	0.69	2.8	206	9.5	80
YR132M2-6	4	955	10.7	82.0	0.69	2.8	230	11.0	95
YR160M-6	5.5	970	13.4	84.5	0.74	2.8	244	14.5	135
YR160L-6	7.5	970	17.9	86.0	0.74	2.8	266	18.0	155
YR180L-6	11	975	23.6	87.5	0.81	2.8	310	22.5	205
YR200L1-6	15	975	31.8	88.5	0.81	2.8	198	48.0	280
YR225M1-6	18.5	980	38.3	88.5	0.83	2.8	187	62.5	335
YR225M2-6	22	980	45.0	89.5	0.83	2.8	224	61.0	365
YR250M1-6	30	980	60.3	90.0	0.84	2.8	282	66.0	450
YR250M2-6	37	980	73.9	90.5	0.84	2.8	331	69.0	490
YR280S-6	45	985	87.9	91.5	0.85	2.8	362	76.0	680
YR280M-6	55	985	106.9	92.0	0.85	2.8	423	80.0	730
YR160M-8	4	715	10.7	82.5	0.69	2.4	216	12.0	135
YR160L-8	5.5	715	14.1	83.0	0.71	2.4	230	15.5	155
YR180L-8	7.5	725	18.4	85.0	0.73	2.4	255	19.0	190
YR200L1-8	11	725	26.6	86.0	0.73	2.4	152	46.0	280
YR225M1-8	15	735	34.5	88.0	0.75	2.4	169	56.0	265
YR225M2-8	18.5	735	42.1	89.0	0.75	2.4	211	54.0	390
YR250M1-8	22	735	48.1	89.0	0.78	2.4	210	65.5	450
YR250M2-8	30	735	66.1	89.5	0.77	2.4	270	69.0	500
YR280S-8	37	735	78.2	91.0	0.79	2.4	281	81.5	680
YR280M-8	45	735	92.9	92.0	0.80	2.4	359	76.0	800

1.1.4　电动机的选择及试运行

（1）电动机功率选择

① 对于平稳或变化很小的负载连续工作制的电动机额定功率为

$$P_e \geqslant P_z = \frac{M_z n_e}{9555}$$

式中　P_e——电动机额定功率，kW；

P_z——负载功率，kW；

M_z——折算到电动机轴上的静负载转矩，N·m；

n_e——电动机额定转速，r/min。

② 对恒定负载转矩，在额定转速以上调速时，其额定功率应按所要求的最高工作转速计算，即

$$P_e \geqslant \frac{M_z n_{\max}}{9555}$$

式中　$n_{\max}$——电动机的最高工作转速，r/min。

③ 农用电动机功率的选择：农用电动机的功率应根据被拖动的生产机械所需要的功率来决定。选得过大，费用高，且浪费电能；选得过小，带不动负荷，甚至将电动机烧毁。一般应按以下要求选择。

a. 对于采用直接传动的电动机，容量以 1～1.1 倍负荷功率为宜；对于采用皮带传动的电动机，容量以 1.05～1.15 倍负荷功率为宜。

b. 电犁电动机的负荷功率可按下式计算：

$$P = \frac{Fv}{\eta} \times 10^{-3} (\mathrm{kW})$$

式中　F——电犁的最大牵引力，N；

v——电犁的速度，m/s；

η——从电动机转轴到农田机械轴之间的总传送效率，可取 0.7～0.9。

c. 脱粒机电动机的负荷功率可按下式计算：

$$P = \frac{KLDZ}{102\eta} (\mathrm{kW})$$

式中　K——经验系数，可取 0.134；

L、D——脱粒机滚筒的长度和直径，cm；

Z——谷物稻秆数；

η——总效率，可取 0.8。

（2）电动机转速的选择

电动机的转速应根据所拖动的生产机械的转速来选择。具体选择如下。

① 采用联轴器直接传动，电动机的额定转速应等于生产机械的额定转速。

② 采用皮带传动，电动机的额定转速不应与生产机械的额定转速相差太多，其变速比一般不宜大于 3。通常可选用 4 级（同步转速为 1500r/min）的电动机，这种转速比较适合一般农业机械或粮食加工机械的转速匹配。

③ 选择电动机转速时，应注意转速不宜选得过低。因为电动机的额定转速越低，则极数越多，体积越大，价格越高。当然，电动机的转速也不宜选得过高，否则会使传动装置过于复杂。

（3）异步电动机试运行

电动机通电运转前，有条件时应将其与负荷机械分开，不能分开时应不带负荷试车。具体试车如下。

① 经检查确实具备试车条件了，即可启动电动机，一方面观察电动机启动电流及进入正常运行状态时的电流；另一方面观察电动机有无打火、冒烟及异常振动和声响。人站在电

源开关旁,一旦发现有异常情况,应立即拉断电源。

② 运行正常后,让电动机空载运转一段时间,检查空载电流是否正常,电动机是否发热,轴承部位是否发热;用试听棒听轴承运转声是否正常;检查传动装置是否良好。

③ 如一切正常,30min 后便可逐渐增加负荷,并观察带负荷后电流情况。

电动机空载运转 30min,除检查电动机是否正常外,还有借助电动机内部发热自行除潮干燥的作用。

对于新购或放置较久的电动机,试车时最容易冒白色烟雾。这容易让人认为电动机绕组烧坏了。其实,这种烟雾没有焦臭味,用手触摸电动机外壳也不烫。产生这种现象的原因,是电动机内部有些潮气,经绕组通电发热后,油污、潮气被蒸发出来了。只要让它运行一段时间,烟雾就会自行消失。

在试车中,若电动机出现异常情况或发生短路、漏电等故障,应立即停机检查,查明原因并处理后,再继续试车。熔丝熔断后,切不可用粗铜丝代替进行试车,以免造成更大的事故及烧坏电动机。

1.2 电动机保护及配套设备的选择

1.2.1 电动机保护设备的选用及整定

电动机主要保护用电气元件的选用及整定见表 1-7。

表 1-7 电动机主要保护用电气元件的选用及整定

元件类型	功能说明	选用及整定
熔断器	作长期工作制电动机的启动及短路保护,一般不作过载保护	①直接启动的笼型电动机熔体的额定电流(I_{er})按启动电流 I_q 和启动时间 t_q 选取,即 $$I_{er}=KI_q$$ 其中,系数 K 按启动时间选择,即 $$K=0.25\sim0.35(在 t_q<3s 时)$$ $$K=0.4\sim0.5(在 t_q=3\sim8s 时)$$ ②降压启动的笼型电动机熔体的额定电流(I_{er})按电动机的额定电流 I_{ed} 选取,即 $I_{er}=1.05I_{ed}$
断路器 (自动开关)	作电动机的过载及短路保护,并可不频繁地接通和分断电路	①断路器(自动开关)的额定电流 I_{ze} 按电动机的额定电流 I_{ed} 或线路计算电流 I_{jz} 选取,即 $$I_{ze}\geqslant I_{ed} 或 I_{ze}\geqslant I_{jz}$$ ②延时动作的过电流脱扣器的额定电流 I_{Te} 按电动机的额定电流 I_{ed} 选取,即 $$I_{Te}=(1.1\sim1.2)I_{ed}$$ ③瞬时动作的过电流整定值 I_{zd},应按大于电动机的启动电流 I_q 选取,即 $$I_{zd}=(1.7\sim2.0)I_q$$ 动作时间必须大于电动机的启动时间或最大过载时间 对于可调式过电流脱扣器,其瞬时动作整定值的调节范围为 3~6 倍或 8~12 倍脱扣器的额定电流 I_{Te},不可调式的为$(5\sim10)I_{Te}$

续表

元件类型	功能说明	选用及整定
热继电器	作长期或间断长期工作制交流异步电动机的过载保护和启动过程的热保护,不宜作重复短时工作制的笼型和绕线型异步电动机的过载保护	按电动机的额定电流 I_{ed} 选择热元件的额定电流 I_{je},即 $I_{je}=(0.95\sim1.05)I_{ed}$。在长期过载 20% 时应可靠动作。此外,热继电器的动作时间必须大于电动机的启动时间或长期过载时间
过电流继电器	用于频繁操作的电动机的启动及短路保护	①继电器的额定电流 I_{je} 应大于电动机的额定电流 I_{ed},即 $I_{je}>I_{ed}$ ②动作电流整定值 I_{zd},对于交流保护电器来说按电动机启动电流 I_q 来选取,即 $I_{zd}=(1.1\sim1.3)I_q$;对于直流继电器,按电动机的最大工作电流 I_{dmax} 来选取,即 $I_{zd}=(1.1\sim1.15)I_{dmax}$
过电压继电器	用于直流电动机(或发电机)端电压保护	①继电器线圈的额定电压 U_{je} 按系统过电压时线圈两端承受的电压不超过继电器额定电压来选取,一般线圈必须串接附加电阻 R_f,$R_f=(2.75\sim2.9)\dfrac{U_{ed}}{U_{je}}R_j-R_j$。式中,$U_{ed}$ 为电动机的额定电压;R_j 为继电器线圈电阻 ②过电压动作整定值 U_{zd} 按电动机额定电压 U_{ed} 选取,即 $U_{zd}=(1.1\sim1.15)U_{ed}$
失磁保护	选用欠电流继电器,接于直流电动机励磁回路中,以防止电动机失磁超速	①继电器的额定电流 I_{je} 应不小于电动机的额定励磁电流 I_{le},即 $I_{je}\geqslant I_{le}$ ②继电器释放电流整定值 I_{jf} 按电动机的最小励磁电流 I_{lmin} 整定,即 $I_{jf}=(0.8\sim0.85)I_{lmin}$
低电压(欠电压)保护	在交流电源电压降低或消失而使电动机切断后,为防止电源电压恢复时可能引起的电动机自启动,也用于保护电动机因长时间低电压而过载运行	继电器额定电压 U_{je} 按回路额定电压 U_e 选定,对于释放值,一般系统无特殊要求
超速保护	作电动机或工作机械的最高转速保护	动作整定值 n_d 按最高工作转速 n_{dmax} 整定,即 $n_d=(1.1\sim1.15)n_{dmax}$

1.2.2　异步电动机全压启动设备及导线的选择

电动机启动及保护设备和导线的选择正确与否,直接关系到电动机能否安全运行。Y 系列异步电动机轻载全压启动保护设备及导线选配见表 1-8。

表 1-8　Y 系列异步电动机轻载全压启动保护设备及导线选配

电动机型号(Y 系列)	功率/kW	额定电流/A	启动电流/A	可选保护电器系列								BLX BLV绝缘导线/mm²	配管直径/mm	
				NT	RT0	RL6	DZ20	T□(C45N-4)	MSB	CJ20/JR20	QC10/JR20		G	PVC
				熔管电流/熔体电流/A			断路器电流/脱扣器电流/A		(电磁启动器类型)/热继电器额定电流/A					
801-2	0.75	1.51	10	—	50/10	25/6	100/16	100/15(40/3)	(B9,T16)/2.4	10/2.4	⅜/2.4	2.5	15	16
802-2	1.1	2.52	18	0/6	50/10	25/10	100/16	100/15(40/5)	(B9,T16)/3	10/3.5	⅜/3.5	2.5	15	16
90S-2	1.5	3.44	24	0/10	50/10	25/10	100/16	100/15(40/5)	(B9,T16)/4	10/3.5	⅜/3.5	2.5	15	16
90L-2	2.2	4.74	33	0/10	50/15	25/16	100/16	100/15(40/10)	(B9,T16)/6	10/5	⅜/5	2.5	15	16
100L-2	3.0	6.39	45	0/16	50/20	25/16	100/16	100/15(40/10)	(B9,T16)/7.5	10/7.2	⅜/7.2	2.5	15	16
112M-2	4.0	8.17	57	0/16	50/20	25/20	100/16	100/15(40/15)	(B9,T16)/11	10/11	⅜/11	2.5	15	16

续表

电动机型号（Y系列）	功率/kW	额定电流/A	启动电流/A	可选保护电器系列 NT	RT0	RL6	DZ20	T□(C45N-4)	MSB	CJ20/JR20	QC10/JR20	BLX BLV 绝缘导线/mm²	配管直径/mm G	PVC
				熔管电流/熔体电流/A			断路器电流/脱扣器电流/A		（电磁启动器类型）/热继电器额定电流/A					
132S1-2	5.5	11.1	78	0/20	50/30	25/25	100/16	100/20(40/15)	(B16,T16)/13	16/16	$^{3}/_{6}$/16	2.5	15	16
132S2-2	7.5	15	105	0/32	50/40	63/50	100/16	100/30(40/20)	(B16,T16)/17.6	16/16	$^{3}/_{6}$/16	2.5	15	16
160M1-2	11	21.8	153	0/36	50/50	63/63	100/32	100/40	(B30,Y25)/27	25/22	$^{4}/_{6}$24	4	15	16
160M2-2	15	29.4	206	0/50	100/60	100/80	100/32	100/50	(B37,T25)/32	40/32	$^{4}/_{6}$/33	6	15	20
160L-2	18.5	35.5	249	0/63	100/80	100/100	100/40	100/60	(B45,TSA45)/45	63/45	$^{4}/_{6}$/45	10	25	25
180M-2	22	42.2	295	0/63	100/80	200/125	100/50	100/75	(B45,TSA45)/45	63/45	$^{5}/_{6}$/50	16	25	32
200L1-2	30	56.9	398	0/80	100/100	200/125	100/63	100/100	(B65,T85)/70	63/63	$^{5}/_{6}$/72	25	32	32
200L2-2	37	69.8	487	0/100	200/120	200/125	100/80	225/125	(B85,T85)/100	100/85	$^{6}/_{6}$/72	35	40	40
225M-2	45	83.9	587	0/125	200/150	200/160	200/100	225/150	(B105,T85)/100	100/120	$^{6}/_{6}$/100	50	50	50
250M-2	55	103	721	0/160	200/200	200/160	200/125	225/175	(B170,T105)/115	160/120	$^{6}/_{7}$/120	70	50	50
280S-2	75	140	980	0/160	400/250	200/200	200/160	225/200	(B170,T170)/160	160/160	$^{6}/_{7}$/160	95	70	63
801-4	0.55	1.51	10	—	50/5	25/6	100/16	100/15(40/3)	(B9,T16)/L8	10/1.6	$^{2}/_{6}$/2.4	2.5	15	16
802-4	0.75	2.01	13	—	50/10	25/6	100/16	100/15(40/3)	(B9,T16)/2.4	10/2.4	$^{2}/_{6}$/2.4	2.5	15	16
90S-4	1.1	2.75	18	0/6	50/10	25/10	100/16	100/15(40/5)	(B9,T16)/3	10/3.5	$^{2}/_{6}$/3.5	2.5	15	16
90L-4	1.5	3.65	24	0/10	50/10	25/10	100/16	100/15(40/5)	(B9,T16)/4	10/5	$^{2}/_{6}$/5	2.5	15	16
100L1-4	2.2	5.03	33	0/10	50/15	25/16	100/16	100/15(40/10)	(B9,T16)/6	10/7.2	$^{2}/_{6}$/7.2	2.5	15	16
100L2-4	3.0	6.82	48	0/16	50/20	25/20	100/16	100/15(40/10)	(B9,T16)/7.5	10/7.2	$^{2}/_{6}$7.2	2.5	15	16
112M-4	4.0	8.77	61	0/20	50/20	25/25	100/16	100/15(40/15)	(B12,T16)/11	10/11	$^{2}/_{6}$/11	2.5	15	16
132S-4	5.5	11.6	81	0/20	50/30	63/35	100/16	100/20(40/15)	(B16,T16)/13	16/16	$^{3}/_{6}$/16	2.5	15	16
132M-4	7.5	15.4	108	0/32	50/40	63/50	100/16	100/30(40/20)	(B16,T16)/17.6	16/16	$^{3}/_{6}$/16	2.5	15	16
160M-4	11.0	22.6	158	0/36	50/50	63/63	100/32	100/40	(B30,T25)/27	40/32	$^{4}/_{6}$/24	6	15	20
160L-4	15.0	30.3	212	0/50	100/60	100/80	100/32	100/50	(B37,T25)/32	40/32	$^{4}/_{6}$/33	6	15	20
180M-4	18.5	35.9	251	0/63	100/80	100/100	100/40	100/60	(B45,TSA45)/45	63/45	$^{4}/_{6}$/45	10	25	25
180L-4	22	42.5	298	0/63	100/80	200/125	100/50	100/75	(B45,TS45)/45	63/45	$^{5}/_{6}$/50	16	25	32
200L-4	30	56.8	398	0/80	100/100	200/125	100/63	100/100	(B65,T85)/70	63/63	$^{5}/_{6}$/72	25	32	32
225S-4	37	69.8	487	0/100	200/120	200/125	100/80	225/125	(B85,T85)/100	100/85	$^{6}/_{6}$/72	35	40	40
225M-4	45	84.2	589	0/125	200/150	200/160	200/100	225/150	(B105,T85)/100	100/120	$^{6}/_{6}$/100	50	50	50
250M-4	55	103	721	0/160	200/200	200/160	200/125	225/175	(B170,T105)/115	160/120	$^{7}/_{6}$/120	70	50	50
280S-4	75	140	980	0/160	400/250	200/200	200/160	225/200	(B170,T170)/160	160/160	$^{7}/_{6}$/160	95	70	63
90S-6	0.75	2.25	14	—	50/10	25/6	100/16	100/15(40/3)	(B9,T16)/2.4	10/2.4	$^{2}/_{6}$/2.4	2.5	15	16
90L-6	1.1	3.15	19	0/6	50/10	25/10	100/16	100/15(40/5)	(B9,T16)/4	10/3.5	$^{2}/_{6}$/3.5	2.5	15	16
100L-6	1.5	3.97	24	0/10	50/10	25/10	100/16	100/15(40/5)	(B9,T16/4)	10/5	$^{2}/_{6}$/5	2.5	15	16
112M-6	2.2	5.61	34	0/10	50/15	25/16	100/16	100/15(40/10)	(B9,T16)/6	10/7.2	$^{2}/_{6}$/7.2	2.5	15	16
132S-6	3.0	7.23	47	0/16	50/20	25/20	100/16	100/15(40/10)	(B9,T16)/7.5	10/11	$^{2}/_{6}$/11	2.5	15	16
132M1-6	4.0	9.40	61	0/20	50/30	25/25	100/16	100/15(40/15)	(B12,T16)/11	10/11	$^{2}/_{6}$11	2.5	15	16
132M2-6	5.5	12.6	82	0/20	50/30	63/35	100/16	100/20(40/15)	(B16,T16)/13	16/16	$^{3}/_{6}$/16	2.5	15	16
160M-6	7.5	17	111	0/32	50/40	63/50	100/20	100/30(40/20)	(B25,T25)/20	25/22	$^{3}/_{6}$/24	4	15	16
160L-6	11	24.6	160	0/36	50/50	63/63	100/32	100/40	(B30,T25)/27	40/32	$^{4}/_{6}$/33	6	15	20
180L-6	15	31.4	204	0/50	100/60	100/80	100/32	100/50	(B37,T25)/32	40/32	$^{4}/_{6}$/33	6	15	20
200L1-6	18.5	37.7	245	0/63	100/80	100/100	100/40	100/60	(B45,TSA45)/45	63/45	$^{4}/_{6}$/45	10	25	25
200L2-6	22	44.6	290	0/63	100/80	200/125	100/50	100/75	(B45,TS45)/45	63/45	$^{5}/_{6}$/50	16	25	32
225M-6	30	59.5	387	0/80	100/100	200/125	100/63	100/100	(B65,T85)/70	63/63	$^{5}/_{6}$/72	25	32	32
250M-6	37	72	468	0/100	200/120	200/125	100/80	225/125	(B85,T85)/100	10/85	$^{6}/_{6}$/100	35	40	40
280S-6	45	85.4	555	0/125	200/150	200/160	200/100	225/150	(B105,T85)/100	100/120	$^{6}/_{6}$/100	50	50	50
280M-6	55	104	676	0/125	200/200	200/160	200/125	225/175	(B170,T105)/115	160/120	$^{7}/_{6}$/120	70	50	50
315S-6	75	141	912	0/160	400/250	200/200	200/160	225/200	(B170,T170)/160	160/160	$^{7}/_{6}$/160	95	70	63

1.2.3　异步电动机降压启动设备及导线的选择

Y 系列异步电动机降压启动设备及导线的选择见表 1-9。

表 1-9　Y 系列异步电动机降压启动设备及导线的选择

电动机容量/kW		5.5	7.5	11	15	18.5
设备名称	型号	规　格				
刀开关	HK1	30/3	30/3	60/3	60/3	60/3
熔体额定电流/A		15	20	30	40	50
星-三角启动器	QX1(QK3)	13kW	13kW	13kW	15kW	30kW
刀开关	HK1(HH3)	30/3	30/3	60/3	60/3	60/3
熔体额定电流/A		25~30	25~30	30~40	40~50	50~60
自耦降压启动器	QJ10	11kW	11kW	11kW	15kW	20kW
断路器	DZ5	25/330	25/330	50/330	50/330	50/330
热元件额定电流/A		16	20	25	40	40
星-三角启动器	QX1	13kW	13kW	13kW	15kW	30kW
电流表	4216-A	20A	30A	30A	30A	50A
绝缘导线/mm²	BLX BLV	2.5	2.5	4	6	10
配管直径/mm	G	15	15	15	15	25
	PVC	16	16	16	20	25

电动机容量/kW		22	30	37	45	55	75
设备名称	型号	规　格					
刀开关	HD13	100/31	100/31	200/31	200/31	200/31	200/31
熔断器/A	RT0	100	100	100	200	200	200
熔体额定电流/A		50	80	100	110	120	150
星-三角启动器	QX4	30kW	30kW	55kW	55kW	55kW	125kW
断路器	TH、TS（日）	100/330	100/330	200/330	200/330	200/330	250/330
热元件额定电流/A		50	72	110	110	110	160
星-三角启动器	QX1(QX3)	30	30	QX4-55	QX4-55	QX4-55	QX4-75
封闭式负荷开关	HH3	100/3	100/3	200/3	200/3	200/3	200/3
熔体额定电流/A		60~80	80~100	125~160	140~160	160~200	200
自耦降压启动器	QJ10	28kW	40kW	40kW	50kW	55kW	75kW
刀开关	HD13	100/30	100/30	200/30	200/30	200/30	400/30
熔断器/A	RM10	60	100	200	200	200	350
熔体额定电流/A		40~60	80~100	125~160	140~160	160~200	200~260
自耦降压启动器	QJ10	30kW	40kW	40kW	50kW	55kW	75kW
电流表	4216-A	75　75A/5A	100　100A/5A	150　150A/5A	150　150A/5A	200A/5A	200A/5A
电流互感器	LQG-0.5	75A/5A	100A/5A	150A/5A	150A/5A	200A/5A	200A/5A
绝缘导线 /mm²	BLX BLV	16	25	35	35	50	95
配管直径 /mm	G	25	32	40	40	50	70
	PVC	32	32	40	40	50	63

1.2.4　断路器和开关的选择

（1）断路器的选择

低压断路器，又称低压自动开关，是一种带保护装置的开关。当负荷电路发生过载、短

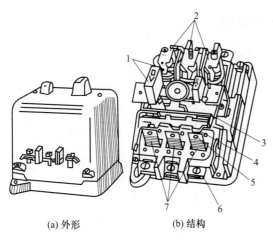

(a) 外形　　　　　(b) 结构

图 1-3　DZ5-20 型断路器

1—按钮；2—电磁脱扣器；3—自由脱扣器；4—动触点；
5—静触点；6—接线柱；7—热脱扣器

路及欠压等故障时，它能自动切断电路；它也可用于不频繁地启动电动机或接通、分断电路。断路器是配电系统中的重要保护电器之一。

以 DZ5-20 型断路器为例，其外形及结构如图 1-3 所示。

断路器的选择如下：

① 电动机保护用断路器，其长延时脱扣器分为可调式和不可调式两种。可调式过电流脱扣器的整定电流调节范围为 70%～100% 脱扣器额定电流。长延时脱扣器特性与 JR 系列热继电器特性相同，所以它很适合作为电动机的过载保护装置。

长延时脱扣器的保护特性见表 1-10。长延时电流整定值等于电动机额定电流。

表 1-10　长延时脱扣器的保护特性

试验电流/脱扣器整定电流	动作时间	
	额定电流 50A 及以下	额定电流 50A 以上
1.0	不动作	不动作
1.2	<20min	<20min
1.5	<3min	<3min
6.0	可返回时间[①]:1s 或 3s	可返回时间:3s 或 8s 或 15s

① 可返回时间表示在长延时和短延时范围内，当电流下降到长延时脱扣器整定电流的 90% 时，脱扣器能返回到原来状态的最长时间。

② 6 倍长延时电流整定值的可返回时间不小于电动机实际启动时间。按启动时负荷的轻重，可选用可返回时间为 1s、3s、5s、8s、15s 中的某挡。

③ 瞬时整定值：对于保护笼型异步电动机的断路器，该值等于 8～15 倍电动机额定电流；对于保护绕线型电动机的断路器，该值等于 3～6 倍电动机额定电流。

需指出，断路器寿命一般只有 1 万次左右，比一般交流接触器操作寿命低两个数量级。直接启动电动机时，只适用于不频繁操作的场合。

如果选择不到能满足电动机过载保护的断路器，可以将断路器与热继电器配合使用来实现电动机的过载保护。这时断路器瞬时脱扣动作电流整定值应等于 14 倍电动机额定电流，以避免由于电动机启动冲击电流而引起误动作。

在实际使用中，常采用带瞬时脱扣器的断路器作为电动机短路保护，并与热继电器配合使用，用热继电器作为电动机过载保护。有时也采用复式脱扣器（瞬时脱扣器和热脱扣器）的断路器与热继电器配合使用，这时断路器的热（过载）脱扣器作为电动机过载的后备保护。

（2）刀开关的选择

刀开关主要用作隔离电源，但不能切断故障电流，只能承受故障电流引起的电动力和热效应。

刀开关的种类很多：有开关板刀开关，如 HD（单投）、HS（双投）；有带熔断器的刀开关，其中分为开启式负荷开关（如 HK 系列）、封闭式负荷开关（如 HH 系列）、铁壳开关和刀熔开关（如 HR 系列）；有组合开关（如 HZ 系列）。

HH 系列铁壳开关虽是旧产品，但目前仍普遍使用。它由刀开关和熔断器组成。额定电流为 30～60A 的熔断器采用 RC1A 型瓷插式熔断器；100A 以上的采用 RT0 型有填料封闭管式熔断器。由于铁壳开关较重、体积较大，现在已逐渐被塑料外壳断路器所代替。

开启式负荷开关的结构如图 1-4 所示；封闭式负荷开关的结构如图 1-5 所示。

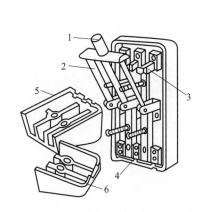

图 1-4　HK2 型开启式负荷开关结构

1—瓷质手柄；2—闸刀本体；3—静触座；
4—接装熔丝的接头；5—上胶盖；6—下胶盖

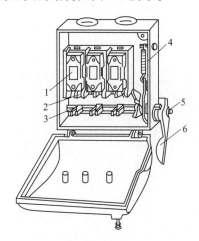

图 1-5　封闭式负荷开关结构

1—熔断器；2—夹座；3—闸刀；
4—速断弹簧；5—转轴；6—手柄

刀开关的选择如下：

① 按额定电压选择

$$U_e \geqslant U_g$$

式中　U_e——刀开关的额定电压，V；

　　　U_g——刀开关的工作电压，即线路额定电压，V。

② 按额定电流选择

$$I_e \geqslant 6I_{ed}$$

式中　I_e——刀开关的额定电流，V；

　　　I_{ed}——电动机的额定电流，A。

③ 刀开关内熔体的选择

$$I_{er} = kI_{ed}$$

式中　I_{er}——熔体额定电流，A；

　　　k——系数，一般取 1.5～2.5；

　　　I_{ed}——电动机的额定电流，A。

④ 按动稳定和热稳定校验　刀开关的电动稳定性电流和热稳定性电流，应大于或等于线路中可能出现的最大短路电流。

（3）万能转换开关的选择

万能转换开关作为主令电器，可用于控制电路、电气测量仪表电路的切换，也可用于小容量电动机的启动、变速与换向。

常用的万能转换开关有 LW5、LW6、LW2 等系列。LW5 系列的额定电压为交流 380V 或直流 220V，额定电流 15A，可用于控制 5.5kW 及以下的小型异步电动机，允许正常操作频率为 120 次/h，机械寿命为 100 万次，电寿命为 20 万次。LW6 系列的额定电压为交流 380V 或直流 220V，额定工作电流为 5A，可用于不频繁地控制 2.2kW 及以下的小型异步电动机，允许正常操作频率为 120 次/h，机械寿命为 100 万次，电寿命为 10 万次。

万能转换开关的结构如图 1-6 所示，开关符号如图 1-7 所示。

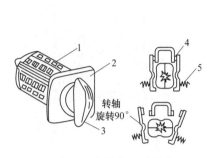

图 1-6　万能转换开关结构

1—接触系统；2—面板；3—手柄；

4—触点；5—弹簧

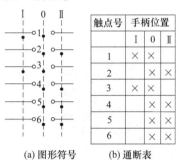

触点号	手柄位置		
	I	0	II
1	×	×	
2		×	×
3	×	×	
4		×	×
5		×	×
6		×	×

(a) 图形符号　　(b) 通断表

图 1-7　万能转换开关符号

万能转换开关手柄在不同位置时，各对触点的通断情况如下：当手柄在某一位置时，虚线上的触点下面有黑点"·"的，表示那些触点接通。图 1-7（a）所示的图形符号说明，手柄在"0"位置时，6 对触点全部接通；手柄在"Ⅰ"位置时，触点 1、3 接通，其余断开；手柄在"Ⅱ"位置时，触点 2、4、5、6 接通，其余断开。同样，图 1-7（b）所示通断表中用"×"符号表示触点闭合，它反映的触点通断情况与图形符号是一致的。

万能转换开关的选择如下：

① LW5 系列万能转换开关控制 5.5kW 及以下电动机的选择见表 1-11。

表 1-11　LW5 系列万能转换开关控制 5.5kW 及以下电动机的选择

型　　号	用　　途
LW5-15/5.5N	可逆转换开关
LW5-15/5.5S	双速电动机变速开关
LW5-15/5.5SN	双速电动机变速可逆开关

② LW2 系列万能转换开关的选择见表 1-12。

表 1-12　LW2 系列万能转换开关的选择

用　　途	选用型号
断路器分、合闸控制	LW2-Z-1a、4、6a、40、20/F8（或更多接点盒） LW2-YZ-1a、4、6a、40、20/F1 LW2-YZ-1a、4、6a、40、20、4/F1 LW2-YZ-1a、4、6a、40、20、6a/F1
电压表换相	LW2-5.5/F4-X（测线电压） LW2-4.5/F4-8X（测相电压）
有功、无功功率表转换	LW2-W-6、6、6、6/F6 LW2-W-7、7、7、7/F5

1.2.5　熔断器和热继电器的选择

（1）熔断器的选择

熔断器在线路中起保护作用，当线路发生短路故障时，能自动迅速熔断，切断电源回路，从而保护线路和电气设备。熔断器尚可用作过载保护，但用作过载保护可靠性不高，熔断器的保护特性必须与被保护设备的过载特性有良好的配合。

熔断器的种类很多，有瓷插式（如 RC1A 型）、螺旋式（如 RL1、RL2 型）、封闭管式（如 RM10 型）、有填料管式（如 RT0 型）和有填料封闭管式圆筒形帽熔断器（如 RT14型）等。

熔断器的种类很多，常用的熔断器的结构如图 1-8 所示。

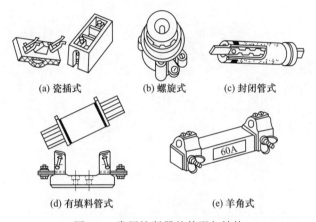

（a）瓷插式　　　（b）螺旋式　　　（c）封闭管式

（d）有填料管式　　　　（e）羊角式

图 1-8　常用熔断器的外形与结构

熔断器的选择如下：

① 按额定电压选择，即

$$U_e \geqslant U_g$$

式中　U_e——熔断器的额定电压，V；

　　　U_g——熔断器的工作电压，即线路额定电压，V。

② 按额定电流选择，即

$$I_e \geqslant I_{er}$$

式中　I_e——熔断器的额定电流，A；

　　　I_{er}——熔体的额定电流，A。

③ 熔断器的类型应符合设备的要求和安装场所的特点。

④ 按熔断器的断流能力校验。

a. 对有限流作用的熔断器，应满足

$$I_{zh} \geqslant I''$$

式中　I_{zh}——熔断器的极限分断电流，kA；

　　　I''——熔断器安装点三相短路超瞬变短路电流有效值，kA。

b. 对无限流作用的熔断器，应满足

$$I_{zh} \geqslant I_{ch}$$

式中　I_{ch}——三相短路冲击电流有效值，kA。

　　熔断器与电动机启动设备动作时间按以下要求配合：

　　要求熔断器的熔断时间小于启动设备的断开时间，以保证短路电流超过启动设备的极限分断能力时，由熔断器分断短路电流。通常可靠系数取 2，即熔断时间为启动设备断开时间的一半。例如接触器释放时间为 0.04s，熔断器的熔断时间可按 0.02s 考虑。如果发生熔断时间大于启动设备断开时间的情况，可采取下列措施：改用断路器；增大导线截面；改用极限分断电流较高的设备。

　　(2) 热继电器的选择

　　热继电器主要用作过载保护，最常用于交流电动机的过载保护。

　　热继电器的外形如图 1-9 所示，其结构如图 1-10 所示。

　　热继电器由双金属片、热元件、动作系统、复位系统和整定调节装置等部分组成。

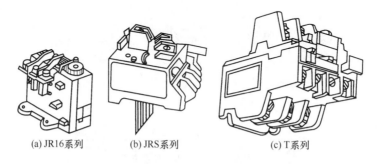

(a) JR16系列　　(b) JRS系列　　(c) T系列

图 1-9　热继电器的外形

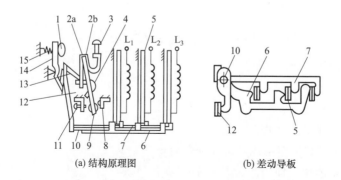

(a) 结构原理图　　　　(b) 差动导板

图 1-10　JR16 系列热继电器结构原理图

1—电流调节凸轮；2a,2b—片簧；3—手动复位按钮；4—弓簧；5—主双金属片；
6—外导板；7—内导板；8—常闭静触点；9—动触点；10—杠杆；11—复位调节；
12—补偿双金属片；13—推杆；14—连杆；15—压簧

　　热继电器的选择如下：

　　热继电器应根据电动机的工作环境、启动情况及负载性质来选用。

　　长期工作或间断长期工作电动机保护用热继电器的选用如下。

　　① 按电动机的额定电流选择，即

$$I_{zd} = (0.95 \sim 1.05) I_{ed}$$

式中　I_{zd}——热继电器整定电流，A；

　　　　I_{ed}——电动机额定电流，A。

对于过载能力差的电动机，则选择公式为

$$I_{zd} = (0.6 \sim 0.8)I_{ed}$$

热继电器的整定电流范围应包容电动机的额定电流（最好在电动机的额定电流上下均有一定的裕度）。

② 按电动机的启动时间选择。一般热继电器在 $6I_e$（I_e 为热元件的额定电流）下的可返回时间与动作时间的关系为

$$t_f = (0.5 \sim 0.7)t_d$$

式中　t_f——热继电器在 $6I_e$ 下的可返回时间，s；

　　　t_d——热继电器在 $6I_e$ 下的动作时间，s。

热继电器的过载动作特性必须与被保护电动机的允许发热特性相匹配。

1.2.6　交流接触器、中间继电器和时间继电器的选择

（1）交流接触器的选择

交流接触器在电动机控制线路中用来接通或断开主电路，可远距离控制电动机的运行。交流接触器不同于断路器，它具有一定的过载能力，但不能切断短路电流，也不具备过载保护功能。交流接触器具有刀开关等手动切换电器所没有的失压保护功能。

CJ20-40 型和 3TB 系列交流接触器的外形如图 1-11 所示，其结构如图 1-12 所示。

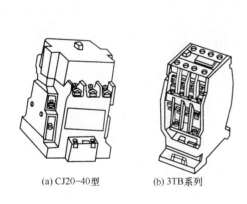

(a) CJ20-40型　　(b) 3TB系列

图 1-11　交流接触器的外形

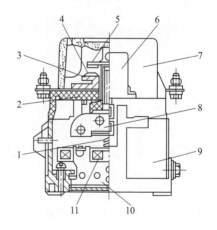

图 1-12　交流接触器结构

1—反作用弹簧；2—触点弹簧；3—触点支架；
4—静触点；5—动触点；6—辅助触点；
7—灭弧室；8—衔铁；9—外壳；
10—铁芯；11—线圈

交流接触器的选择如下：

① 按使用类别选择　按接通分断能力来区分使用类别，接触器的接通和分断能力随着用途和控制对象的不同有很大的差异，它是选用接触器的主要依据。

交流接触器可分为轻任务（一般任务）和重任务两类：轻任务接触器有 CJ16、3TB（德）、DSL（德）系列等；重任务接触器有 CJ40、CJ20、B（德）系列等。B 系列和 K 型辅助接触器是一种新型接触器，具有辅助触点多，电寿命、机械寿命长，线圈功耗小，安装维

护方便等特点。另外，CJ10X 系列消弧接触器内部有晶闸管控制电路，可用于工作条件差、频繁启动和反接制动的电路中；CJZ 系列接触器适用于振动、冲击较大的场所，吸引线圈为直流供电，自带整流装置。

　　a. AC-1 系列：无感或微感负载、电阻炉、钨丝灯。

　　b. AC-2 系列：绕线型电动机的启动、反接制动与反向、密接通断。

　　c. AC-3 系列：笼型电动机的启动、运转中分断。

　　d. AC-4 系列：笼型电动机的启动、反接制动与反向、密接通断。

　　用于 AC-1 类负载时，所选接触器的额定电流与负载电流相近。

　　用于 AC-2、AC-3 类负载时，可选用 CJ20、CJ40 及 B 系列。

　　用于 AC-2 类负载时，如电动机功率大于 20kW，可选用 CJ20、CJ40 及 B 系列，其额定电流与负载电流相近。

　　用于 AC-4 类负载时，可选用 CJ20、CJ40、B 及 CKJ5（真空接触器）系列，可适当降低接触器的控制容量来选用。

　　② 按接触器通断能力选择　接触器主触点的接通与分断能力，在 1.05 倍的额定电压，功率因数为 0.35，每次通电时间不大于 0.2s，每次操作间隔 6～12s 的情况下：

　　a. 150A 及以下的接触器，能承受接通 12 倍额定电流 100 次，分断 10 倍额定电流 20 次；

　　b. 250A 及以上的接触器，能承受接通 10 倍额定电流 100 次，分断 8 倍额定电流 25 次。

　　交流接触器主触点额定电流的经验计算公式为

$$I_{ec}=\frac{P_e}{KU_e}\times10^3$$

式中　I_{ec}——主触点的额定电流，A；

　　　　P_e——被控制电动机的额定功率，kW；

　　　　U_e——被控制电动机的额定电压，V；

　　　　K——系数，取 1～1.4。

　　实际选择时，接触器的主触点额定电流大于上述经验公式计算值。

　　【例 1-1】　有一台 Y 系列异步电动机，额定功率 P_e 为 22kW，额定电压 U_e 为 380V，试选择交流接触器。

　　解

$$I_{ec}=\frac{P_e}{KU_e}\times10^3=\frac{22\times10^3}{1.2\times380}=48.3(A)$$

式中，K 取 1.2。

　　因此可选用 CJ20-63A 交流接触器。线圈电压视控制电源电压而定，一般有 220V 和 380V 的。

　　（2）中间继电器的选择

　　中间继电器在控制电路中起信号传递与转换作用。由于它的触点多，因此可将一个信号变成多个信号，以实现多路控制。它可将小功率的控制信号转换为大容量的触点动作，扩充其他电器的控制作用。

中间继电器的结构与接触器相似，也是由电磁系统和触点系统组成的，只是由于中间继电器通过的电流小，触点容量小，因此一般不设灭弧系统。电磁式通用继电器的结构如图 1-13 所示。

中间继电器的选择如下：

中间继电器的选用，需考虑额定工作电压、额定工作电流、线圈电压和电流、负载性质、常开常闭触点数及使用环境等因素。

常用的 JZ7 系列有 JZ7-44、JZ7-62、JZ7-80 等，触点额定电流为 5A，最大开断电流为交流 5A，直流为 1A、0.5A、0.25A（对应电压为 110V、220V、440V）。继电器线圈电压为交流 12V、24V、36V、48V、110V、127V、220V、380V、420V、440V、500V 等，吸持功率为 12W。

JZ7 系列中间继电器技术数据见表 1-13。

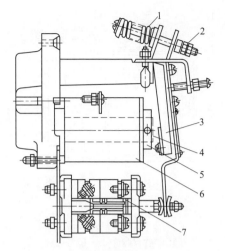

图 1-13　电磁式通用继电器结构

1—反力弹簧；2—调节螺钉；3—衔铁；
4—铁芯；5—极靴；6—线圈；7—触点

表 1-13　JZ7 系列中间继电器技术数据

型号	触点额定电压/V		触点额定电流/A	触点数量		额定操作频率/(次/h)	吸引线圈电压/V		吸引线圈消耗功率/W	
	直流	交流		常开	常闭		50Hz	60Hz	启动	吸持
JZ7-44				4	4		12,24,36,48,110,127,220,380,420,440,500	12,36,110,127,220,380440		
JZ7-62	440	500	5	6	2	1200			75	12
JZ7-80				8	0					

（3）时间继电器的选择

时间继电器用来延时执行元件的动作时间，以满足控制电路的动作顺序要求。时间继电

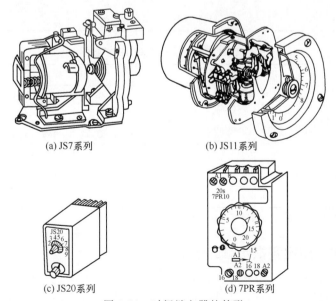

(a) JS7系列　　(b) JS11系列

(c) JS20系列　　(d) 7PR系列

图 1-14　时间继电器的外形

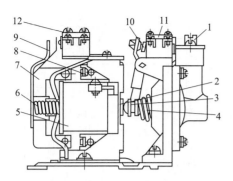

图 1-15 JS7-A 系列时间继电器结构
1—调节螺钉；2—推板；3—推杆；4—宝塔
弹簧；5—线圈；6—反力弹簧；7—衔铁；
8—铁芯；9—弹簧片；10—杠杆；
11—延时触点；12—瞬时触点

器按动作原理可分为电磁式、空气阻尼式、电动式和电子式；按延时方式可分为通电延时型和断电延时型两种。

时间继电器的外形如图 1-14 所示，其结构如图 1-15 所示。

时间继电器的选用如下：

① 在动作较频繁的场合，可选用电磁式时间继电器，如 JS3 型。

② 在延时精度要求不高的场合，可选用空气式延时继电器（得电延时），如 JS7、JS23、JS16 型。

③ 在延时精度要求较高的场合，可选用晶体管式（如 JSJ、JS12、JS15 型）或电动式时间继电器（如 JS10、JSD1 型）。

④ 在动作频率较高的场合，可选用晶体管式时间继电器。

⑤ 延时长（以分或小时计），可选用电动式时间继电器。

⑥ 在多尘或有潮气的场合，可选用水银式时间继电器、封闭式时间继电器或防潮型时间继电器。

（4）速度继电器的选择

速度继电器或超速开关是一种转速大于规定值时动作的继电器，常用于电动机启动或限制电动机等被控设备的最高转速，达到电路快速分断或闭合的场合。

① JY1 型和 JFZ0 型速度继电器的技术数据见表 1-14。

② LY-1 型超速开关的技术数据见表 1-15。

表 1-14 JY1 型和 JFZ0 型速度继电器技术数据

型　号	触点额定电压/V	触点额定电流/A	触点数量		额定工作转速/(r/min)	允许操作频率/(次/h)
			正转时动作	反转时动作		
JY1	380	2	一组转换触点	一组转换触点	100～3000	<30
JFZ0					300～3600	

表 1-15 LY-1 型超速开关的技术数据

型　号	主轴额定转速/(r/min)	触点动作转速调速范围/(r/min)	触点动作转速整定值/(r/min)	触点参数						触点动作时间/s
				使用类别	额定工作电压/V		额定工作电流/A		额定发热电流/A	
					交流	直流	交流	直流		
LY-1/600	600	720～960	800	AC-11 DC-11	380	220	0.8	0.27	6	≤0.15
LY-1/750	750	900～1200	1000							
LY-1/1000	1000	1200～1600	1300							

注：触点动作转速可根据用户需要进行整定，动作值误差为±15%。

1.2.7　行程开关、按钮和指示灯的选择

（1）行程开关的选择

行程开关又称限位开关，是用来限制机械运动行程的一种电器。它可将机械位移信号转

换成电信号，用以定位、限位、改变运动方向、程序控制及安全保护。

　　行程开关一般有按钮式、单轮旋转式和双轮旋转式三种。

　　行程开关的外形如图 1-16 所示，其结构如图 1-17 所示。

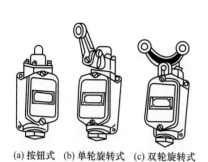

(a) 按钮式　(b) 单轮旋转式　(c) 双轮旋转式

图 1-16　行程开关的外形

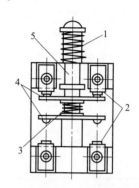

图 1-17　LX19-001 型行程开关的结构

1,3—弹簧；2—静触点；4—动触点；5—推杆

LX19 行程开关的技术数据见表 1-16。

表 1-16　LX19 行程开关技术数据

| 型　号 | 电压/V | | 电流/A | 结构形式 | 触点对数 | | 工作行程 | 超行程 | 外形尺寸/mm×mm×mm |
	交流	直流			常开	常闭			
LX19K				元件	1	1	3mm	1mm	14×34×34
LX19-001				无滚轮,仅用传动杆能自动复位	1	1	<4mm	>3mm	31×44×92
LX19-111				单轮,滚轮装在传动杆内侧,能自动复位	1	1	30°	20°	40×44×126
LX19-121				单轮,滚轮装在传动杆外侧,能自动复位	1	1	30°	20°	55×44×126
LX19-131	380	220	5	单轮,滚轮装在传动杆凹槽内	1	1	30°	20°	48×44×126
LX19-212				双轮,滚轮装在 U 形传动杆内侧,不能自动复位	1	1	30°	15°	40×44×134
LX19-222				双轮,滚轮装在 U 形传动杆外侧,不能自动复位	1	1	30°	15°	55×44×134
LX19-232				双轮,滚轮装在 U 形传动杆内外侧各一,不能自动复位	1	1	30°	15°	55×44×134

　　(2) 按钮的选择

　　控制按钮用于远距离操作接触器、电磁启动器及其他电器。按结构形式可分为揿压式、紧急式、钥匙式和旋钮式等多种，有的按钮内装有信号灯，除了作为控制元件使用外，还可兼作信号指示灯使用。

　　按钮的选择如下。

　　① 按钮颜色的选择　按钮的颜色有红、黄、绿、蓝、白、黑和灰等，可根据需要进行选择。"停止""断电"或"事故"用红色。"启动""通电"优先用绿色，允许用黑色、白色

或灰色。一钮双用的"启动"与"停止"或"通电"与"断电",交替按压后改变功能的,既不能用红色,也不能用绿色,而应用黑色、白色或灰色。按时启动,抬时停止运动(如点动、微动),应用黑色、白色、灰色或绿色,最好是黑色,而不能用红色。用于"复位"时,单一功能的用蓝色、黑色、白色或灰色,同时有"停止"或"断电"功能的用红色。

按钮的颜色及其含义见表 1-17。

② 灯光按钮及颜色　灯光按钮的类型见表 1-18。

表 1-17　按钮的颜色及其含义

颜色	含　义	举　例
红色	处理事故	紧急停机,扑灭燃烧
	"停止"或"断电"	正常停机,停止一台或多台电动机,装置的局部停机,切断一个开关,带有"停止"或"断电"功能的复位
黄色	参与	防止意外情况,参与抑制反常的状态,避免不需要的变化(事故)
绿色	"启动"或"通电"	正常启动,启动一台或多台电动机,装置的局部启动,接通一个开关装置(投入运行)
蓝色	上列颜色未包含的任何指定用意	凡红色、黄色和绿色未包含的用意,皆可采用蓝色
黑色、灰色、白色	无特定用意	除单功能的"停止"或"断电"外的任何功能

表 1-18　灯光按钮的类型

按钮类型	灯　灭	灯　亮
a	颜色不变	
b	无特定颜色(非彩色)	任何一种颜色
c	无特定颜色(非彩色)	不同颜色(每种颜色都有各自的灯)

灯光按钮颜色的选择与按钮颜色的选择相同,另外,指示灯颜色的选择同样适用于灯光按钮。当选色有困难时,允许用白色。灯光按钮不得用作事故按钮。灯光按钮的选色示例见表 1-19。

表 1-19　灯光按钮的选色示例

指示灯颜色	彩色按钮含义	指派给按钮的功能	典型用途
红色	尽可能不用红色指示灯	停止(不是紧急开断)	
黄色	小心	抑制反常情况的作用开始	① 电流、温度等参变量接近极限值　②黄色按钮的作用能消除预先选择的功能
绿色	当按钮指示灯亮时,机器可以启动	机器或某一元件启动	①工作正常　②用于副传动的一台或多台电机启动　③磁力卡盘或夹块励磁
蓝色	以上颜色和白色所不包括的各种功能	以上颜色和白色所不包括的功能	辅助功能的控制
白色	继续确认电路已通电、一种功能或移动已开始或预选	电路闭合或开始运行或预选	任何预选择或任何启动运行

（3）指示灯的选择

指示灯又称信号灯，一般用于交流或直流回路中作各种信号指示。

指示灯的颜色含义与典型应用见表 1-20。

表 1-20　指示灯的颜色含义与典型应用

颜色	灯亮的含义	说　明	典 型 应 用
红	危险或报警	警报潜在危险或要求立刻行动的情况	①润滑系统压力出故障 ②温度超过规定（安全）极限 ③命令立即停止机床（如因为过载） ④主要设备因保护器件动作而停止 ⑤出现容易接触的带电或运动部件的危险
黄	警告	情况发生变化或即将发生变化	①温度（或压力）不正常 ②出现短时的有限过载 ③自动循环正在运行
绿	安全	表示安全，授权开始工作，表示无障碍	①冷却液循环正常 ②机床准备就绪可以工作，所有必需的辅助工作完毕，各种机构处于启动状态，液压或电动发电机组输出电压在额定范围内等 ③循环完毕，机床准备重新启动
蓝	按照情况需要赋予的特定含义	上述红、黄、绿三色未包括的任何特定含义都可由蓝色表示	①遥控指示 ②选择开关处于"整定状态" ③装置处于"正向"状态 ④刀架或装置微量进给
白	未赋予特定含义	使用红、绿、黄三色存在问题时，可以用白色，如作证明用	①开关电源接通 ②正在选择速度或转向 ③与工作循环无关的辅助设备正在工作

第❷章 ▷▷▷

笼型异步电动机启动线路

2.1 直接启动线路

2.1.1 电动机直接启动功率的确定

虽然直接启动方式存在着启动电流大、启动时电压降较大等不利因素，但由于直接启动方式操作简便，不需要附加启动设备，因此在考虑笼型异步电动机启动方式时，仍将直接启动方式列为首选。只有在不符合直接启动条件时，才考虑采用降压启动方式。

笼型异步电动机能否直接启动，取决于下列条件：

① 电动机自身要允许直接启动。对于惯性较大，启动时间较长或启动频繁的电动机，过大的启动电流会加快电动机绝缘老化，甚至损坏。

② 所带动的机械设备能承受电动机直接启动时的冲击转矩。

③ 电动机直接启动时所造成的电网电压下降，不致影响电网上其他设备的正常运行。具体要求是：经常启动的电动机，引起的电网电压下降不大于 10%；不经常启动的电动机，引起的电网电压下降不大于 15%；在保证生产机械要求的启动转矩，且在电网中引起的电压波动不致破坏其他电气设备工作的条件下，电动机引起的电网电压下降允许为 20% 或更大；在一台变压器供电给多个不同特性负载，而有些负载要求电压变动小时，允许直接启动的异步电动机的功率要小一些。

④ 电动机启动不能过于频繁。因为启动越频繁给同一电网上其他负载带来的影响越多。

电源容量与直接启动笼型异步电动机功率的关系见表 2-1，6(10)/0.4(kV) 变压器与直接启动笼型异步电动机功率的关系见表 2-2。

表 2-1 电源容量与直接启动笼型异步电动机功率的关系

电源情况	允许直接启动的笼型异步电动机最大功率/kW
小容量发电厂	1kV·A 发电机容量为 0.1~0.12kW
变电所	经常启动时,不大于变压器容量的 20%
	不经常启动时,不大于变压器容量的 30%
高压线路	不超过电动机连接线路短路容量的 3%
变压器-电动机组	电动机功率不大于变压器容量的 80%

表 2-2　6(10)/0.4(kV)变压器与直接启动笼型异步电动机功率的关系

变压器供电的其他负载 S_j 和功率因数 $\cos\varphi$	启动时允许电压降 /%	供电变压器容量 $S_b/\text{kV·A}$					
		100	200	365	630	800	1000
		直接启动笼型异步电动机最大功率/kW					
$S_j=0.5S_b$	10	22	45	90	132	160	220
$\cos\varphi=0.7$	15	30	55	110	200	250	280
$S_j=0.6S_b$	10	18.5	30	90	110	132	185
$\cos\varphi=0.8$	15	30	55	110	200	250	280

注：所列数据系指电动机与变压器低压母线直接相连时的情况。

2.1.2　简单正转启动线路（一、二）

采用开启式负荷开关（瓷底胶盖刀开关）、转换开关或铁壳开关控制电动机启动和停止，用熔断器作短路保护，是最简单的单向启动线路。采用开启式负荷开关控制的正转启动线路如图 2-1 所示。

这种控制线路只适用于容量小、启动不频繁的电动机。熔丝的额定电流一般按电动机额定电流的 2.5 倍选取。常用的 HK1 系列和 HK2 系列开启式负荷开关与电动机的配用及熔丝选择分别见表 2-3 和表 2-4。

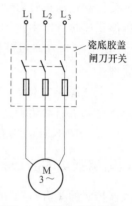

图 2-1　正转启动线路（一）

表 2-3　HK1 系列开启式负荷开关技术数据

型　号	极数	额定电流 /A	额定电压 /V	可控制电动机最大功率/kW		配用熔丝规格			
						熔丝成分/%			熔丝线径 /mm
				220V	380V	铅	锡	锑	
HK1-10	2	10	220	1.1	—	98	1	1	1.45～1.59
HK1-15		15		1.5	—				
HK1-30		30		3.0	—				2.30～2.52
HK1-60		60		4.5	—				3.36～4.00
HK1-15	3	15	380	—	2.2	98	1	1	1.45～1.59
HK1-30		30		—	4.0				2.30～2.52
HK1-60		60		—	5.5				3.36～4.00

表 2-4　HK2 系列开启式负荷开关技术数据

型　号	额定电压 /V	额定电流 /A	极数	最大分断电流(熔断器极限分断电流)/A	控制电动机的功率/kW
HK2-10	220	10	2	500	1.1
HK2-15		15		500	1.5
HK2-30		30		1000	3.0
HK2-60		60		1500	4.5
HK2-15	380	15	3	500	2.2
HK2-30		30		1000	4.0
HK2-60		60		1500	5.5

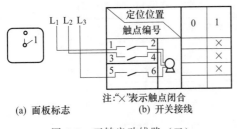

(a) 面板标志　　　(b) 开关接线

图 2-2　正转启动线路（二）

采用转换开关控制的正转启动线路如图 2-2 所示。转换开关采用 LW8-Q1/2.2 型或 LW8-Q1/5.5 型。将开关置于中间位置为断开，置于"1"位为启动运转。也可采用 LW5 型转换开关。采用转换开关控制电动机直接启动，需另配熔断器作短路保护。熔丝选择见表 2-3、表 2-4。

2.1.3　按钮开关控制点动正转启动线路

按钮开关控制点动正转启动线路如图 2-3 所示。按下按钮，电动机通电运转；松开按钮，电动机停止运转。图中，熔断器 FU_1 作主回路的短路保护，FU_2 作控制回路的短路保护；热继电器 FR 作电动机过载保护。

工作原理：

启动：合上电源开关 QS→按下点动按钮 SB→接触器 KM 的线圈得电衔铁吸合→KM 的主触点闭合→电动机启动运转。

停机：松开 SB→KM 的线圈失电衔铁释放→KM 的主触点断开→电动机停转。

2.1.4　具有自锁功能的正转启动线路

用接触器控制的具有自锁功能的正转启动线路如图 2-4 所示。

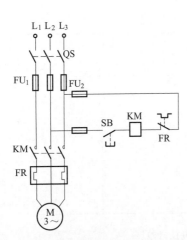

图 2-3　按钮开关控制点动正转启动线路

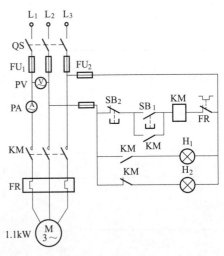

图 2-4　具有自锁功能的正转启动线路

（1）控制目的和方法

控制目的：电动机正转启动、停止。

控制方法：由启动按钮 SB_1 和停止按钮 SB_2 实现。

保护元件：熔断器 FU_1（电动机短路保护），FU_2（控制电路的短路保护）；热继电器 FR（电动机过载保护）。

该电路还有失压、欠压保护功能（凡采用接触器控制的电路都有此功能）。当某种原因使电源电压低于额定电压的 85% 或断电时，接触器 KM 的线圈失电，衔铁自行释放，断开三相电源，电动机停止运转。电源电压恢复正常后，由于接触器线圈不能自行通电，只有再次按下启动按钮 SB_1 后，电动机才能启动运行，从而实现欠压和失压保护。

（2）线路组成

① 主电路。由开关 QS、熔断器 FU_1、接触器 KM 主触点和电动机 M 组成。

② 控制电路。由熔断器 FU_2、启动按钮 SB_1、停止按钮 SB_2、接触器 KM 和热继电器 FR 常闭触点组成。

③ 仪表及指示灯电路。电压表 PV——电源电压指示；电流表 PA——电动机电流指示；指示灯 H_1——运行指示（绿色），H_2——停机指示（红色）。

（3）工作原理

合上电源开关 QS，电压表 PV 显示电源电压，停机指示灯 H_2 通过 KM 的常闭辅助触点点亮。启动时，按下启动按钮 SB_1，接触器 KM 线圈得电衔铁吸合并自锁，其主触点闭合，电动机 M 直接启动运行。同时，KM 的常闭辅助触点断开、常开辅助触点闭合，停机指示灯 H_2 灭、运行指示灯 H_1 亮。电流表 PA 显示电动机电流。

停机时，按下停止按钮 SB_2，接触器 KM 失电释放，主触点断开，电动机停止运转。同时，KM 常闭辅助触点闭合、常开辅助触点断开，停机指示灯 H_2 亮，运行指示灯 H_1 灭。

当电动机短路时，熔断器 FU_1 熔断，电动机失电停止运转；当电动机过载时，热继电器 FR 动作，其常闭触点断开，接触器 KM 失电释放，切断电源，电动机停止运转。

（4）元件选择

电气元件参数见表 2-5。

表 2-5　电气元件参数

序号	名　称	代号	型号规格	数　量
1	闸刀开关	QS	HH1-15/3	1
2	熔断器	FU_1	RC1A-15/10A（配 QS）	3
3	熔断器	FU_2	RL1-15/5A	2
4	交流接触器	KM	CJ20-10A/380V	1
5	热继电器	FR	JR14-20/22.2~3.5A	1
6	按钮	SB_1	LA18-22（绿）	1
7	按钮	SB_2	LA18-22（红）	1
8	指示灯	H_1	AD11-10　380V（绿）	1
9	指示灯	H_2	AD11-10　380V（红）	1
10	交流电压表	PV	69L9-V　450V	1
11	交流电流表	PA	69L9-A　5A	1

2.1.5　倒顺开关控制正反转启动线路（一、二）

倒顺开关控制的正反转启动线路如图 2-5 所示。倒顺开关 HK 有三个操作位置，可实现电动机 M 正转、停止和反转。由图 2-5 可见，倒顺开关 HK 处于"正转"位置时，送入电动机 M 接线柱 U_1、V_1、W_1 的电源分别为 L_1、L_2、L_3，即 U、V、W 相，电动机 M 正转；倒顺开关 HK 处于"反转"位置时，送入电动机 M 接线柱 U_1、V_1、W_1 的电源分别为 L_2、L_1、L_3，即 V、U、W 相，电动机 M 反转。

需要说明的是，当要改变电动机转向时，应先把倒顺开关操作手柄扳到"停止"位置，停一下后再扳到相反的位置。否则电源突然反接，会造成很大的冲击电流和机械冲击力。严重时，会导致线路过载或电动机损坏。

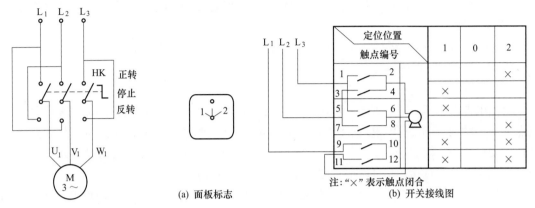

该控制线路只适用于容量不大于 5.5kW 的电动机。

采用 LW8-N1/2.2 或 LW8-N1/5.5 型转换开关（倒顺开关）控制电动机正反转启动的接线如图 2-6 所示。置于"1"位为正转启动运转，置于"2"位为反转启动运转，置于中间为断开位置。电动机需用熔断器作短路保护。

定位位置 触点编号		1	0	2
1	2			×
3	4	×		
5	6	×		
7	8			×
9	10	×		×
11	12	×		×

注："×"表示触点闭合

(a) 面板标志　　(b) 开关接线图

图 2-5　倒顺开关控制正反
转启动线路（一）

图 2-6　倒顺开关控制正反转启动线路（二）

2.1.6　正反转点动控制线路

正反转点动控制线路如图 2-7 所示。

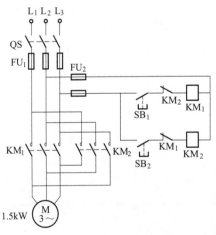

图 2-7　正反转点动控制线路

（1）控制目的和方法

控制目的：正转点动和反转点动。

控制方法：正转点动，通过按钮 SB$_1$ 及接触器 KM$_1$ 实现；反转点动，通过按钮 SB$_2$ 及接触器 KM$_2$ 实现。

保护元件：熔断器 FU$_1$（电动机短路保护），FU$_2$（控制电路的短路保护）。

（2）线路组成

① 主电路。由开关 QS、熔断器 FU$_1$、接触器 KM$_1$ 和 KM$_2$ 主触点及电动机 M 组成。

② 控制电路。由熔断器 FU$_2$、正转点动按钮 SB$_1$、反转点动按钮 SB$_2$、正转接触器 KM$_1$ 和反转接触器 KM$_2$ 组成。

（3）工作原理

正转点动时，按下按钮 SB$_1$，接触器 KM$_1$ 得电吸合，其主触点闭合，电源以 L$_1$、L$_2$、L$_3$ 相序接入电动机三相绕组，电动机正转运行；同时其常闭辅助触点断开，这时即使再按下 SB$_2$，接触器 KM$_2$ 也不会吸合。松开 SB$_1$，KM$_1$ 失电释放，电动机停转。

反转点动时，按下按钮 SB$_2$，接触器 KM$_2$ 得电吸合，其主触点闭合，电源以 L$_3$、L$_2$、L$_1$ 相序接入电动机三相绕组，电动机反转运行；同时其常闭辅助触点断开，这时即使再按下 SB$_1$，接触器 KM$_1$ 也不会吸合。松开 SB$_2$，KM$_2$ 失电释放，电动机停转。

可见，通过 KM_1、KM_2 的常闭辅助触点，实现正转、反转联锁功能，防止发生两接触器主触点相互短接，造成短路事故。

（4）元件选择

电气元件参数见表 2-6。

表 2-6 电气元件参数

序 号	名 称	代 号	型号规格	数 量
1	闸刀开关	QS	HK2-15/3	1
2	熔断器	FU_1	RL1-15/10A	3
3	熔断器	FU_2	RL1-15/5A	2
4	交流接触器	KM_1、KM_2	CJ20-10A 380V	2
5	按钮	SB_1	LA18-22（绿）	1
6	按钮	SB_2	LA18-22（黄）	1

2.1.7 低速点动控制线路

低速点动控制线路如图 2-8 所示。它一般用于机床对刀等场合。

（1）控制目的和方法

控制目的：在电动机低速范围内点动运行。

控制方法：用点动按钮和速度继电器联合作用来实现。

保护元件：熔断器 FU_1（电动机短路保护），FU_2（控制电路的短路保护）。

（2）线路组成

① 主电路。由开关 QS、熔断器 FU_1、接触器 KM 主触点和电动机 M 组成。

② 控制电路。由熔断器 FU_2、点动按钮 SB、速度继电器 KV 常闭触点和接触器 KM 组成。

（3）工作原理

合上电源开关 QS，按下点动按钮 SB，接触器 KM 得

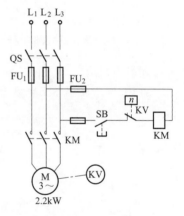

图 2-8 低速点动控制线路

电吸合，电动机启动运转。当转速超过设定值时，速度继电器 KV 动作，其常闭触点断开，KM 失电释放，电动机作惯性运行。当转速下降到速度继电器复位时，其常闭触点重新闭合，若这时仍按着按钮 SB，则 KM 再次得电吸合，电动机再次启动运行，重复上述动作，使电动机在低速点动中运转。

（4）元件选择

电气元件参数见表 2-7。

表 2-7 电气元件参数

序 号	名 称	代 号	型号规格	数 量
1	闸刀开关	QS	HK2-15/3	1
2	熔断器	FU_1	RL1-15/15A	3
3	熔断器	FU_2	RL1-15/5A	2
4	交流接触器	KM	CJ20-10A 380V	1
5	速度继电器	KV	JY1	1
6	按钮	SB	LA18-22（黄）	1

2.1.8 接触器联锁控制正反转启动线路

接触器联锁控制正反转启动线路如图 2-9 所示。

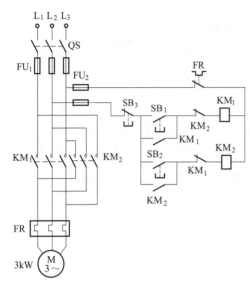

图 2-9 接触器联锁控制正反转启动线路

（1）控制目的和方法

控制目的：正转启动和反转启动。

控制方法：正转启动，通过按钮 SB₁ 及接触器 KM₁ 实现；反转启动，通过按钮 SB₂ 及接触器 KM₂ 实现。

保护元件：熔断器 FU₁（电动机短路保护），FU₂（控制电路的短路保护）；热继电器 FR（电动机过载保护）。

（2）线路组成

① 主电路。由开关 QS、熔断器 FU₁、接触器 KM₁ 及 KM₂ 主触点、热继电器 FR 和电动机 M 组成。

② 控制电路。由熔断器 FU₂、正转启动按钮 SB₁、反转启动按钮 SB₂、正转接触器 KM₁、反转接触器 KM₂、停止按钮 SB₃ 和热继电器 FR 常闭触点组成。

（3）工作原理（合上电源开关 QS）

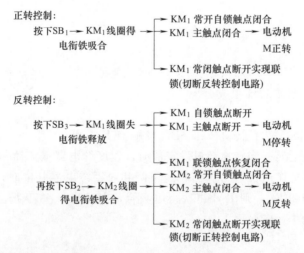

通过 KM₁、KM₂ 的常闭辅助触点，实现正、反转联锁功能，防止发生两接触器主触点相互短接，造成短路事故。

（4）元件选择

电气元件参数见表 2-8。

表 2-8 电气元件参数

序号	名 称	代号	型号规格	数 量
1	闸刀开关	QS	HK2-30/3	1
2	熔断器	FU₁	RL1-60/20A	3

续表

序号	名　　称	代号	型号规格	数　量
3	熔断器	FU$_2$	RL1-15/5A	2
4	热继电器	FR	JR16-20/3　4.5~7.2A	1
5	交流接触器	KM$_1$、KM$_2$	CJ20-10A　380V	2
6	按钮	SB$_1$	LA18-22(绿)	1
7	按钮	SB$_2$	LA18-22(黄)	1
8	按钮	SB$_3$	LA18-22(红)	1

2.1.9　按钮和接触器双重联锁控制正反转启动线路

按钮和接触器双重联锁控制正反转启动线路如图 2-10 所示。它集中了按钮联锁和接触器联锁的优点，即当需要改变电动机的转向时，只要直接按一下正转（或反转）按钮即可，而不必先按停止按钮。这种双重联锁的正转、反转控制线路，安全可靠，操作方便。它适用于功率较小、负载惯性小的场合。

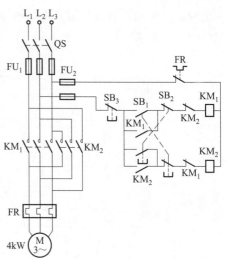

图 2-10　按钮和接触器双重联
锁控制正反转启动线路

（1）控制目的和方法

控制目的：电动机正转、反转控制，能避免接触器主触点熔焊时发生短路事故。

控制方法：采用按钮、接触器双重联锁。

保护元件：熔断器 FU$_1$（电动机短路保护），FU$_2$（控制电路的短路保护）；热继电器 FR（电动机过载保护）。

（2）线路组成

① 主电路。由开关 QS、熔断器 FU$_1$、接触器 KM$_1$ 和 KM$_2$ 主触点、热继电器 FR 及电动机 M 组成。

② 控制电路。由熔断器 FU$_2$、正转按钮 SB$_1$、反转按钮 SB$_2$、停止按钮 SB$_3$、正转接触器 KM$_1$、反转接触器 KM$_2$ 和热继电器 FR 常闭触点组成。

（3）工作原理

合上电源开关 QS，正转时，按下正转按钮 SB$_1$，其常闭触点断开，反转接触器 KM$_2$ 断电，实现按钮联锁。SB$_1$ 的常开触点闭合，接触器 KM$_1$ 得电吸合并自锁，电动机正转启动运行。同时 KM$_1$ 的常闭辅助触点断开，实现触点联锁。

反转时，按下反转按钮 SB$_2$，其动作情况类同正转。

停机时，按下停止按钮 SB$_3$，接触器失电释放，电动机停转。

（4）元件选择

电气元件参数见表 2-9。

表 2-9　电气元件参数

序号	名　　称	代号	型号规格	数　量
1	闸刀开关	QS	HK2-30/3	1
2	熔断器	FU$_1$	RL1-60/25A	3
3	熔断器	FU$_2$	RL1-15/5A	2

续表

序号	名　　　称	代号	型号规格	数　　量
4	热继电器	FR	JR16-20/3　6.8～11A	1
5	交流接触器	KM_1、KM_2	CJ20-16A　380V	2
6	按钮	SB_1	LA18-22(绿)	1
7	按钮	SB_2	LA18-22(黄)	1
8	按钮	SB_3	LA18-22(红)	1

2.1.10　采用可逆接触器的正反转启动线路

CJX_3^1-N、3TD 系列可逆接触器是引进德国西门子技术的产品，可用于电动机正反转启动控制，接线方便、动作可靠。该可逆接触器由 CJX_3^1-N 或 3TD 系列交流接触器与联锁机构组成。它们同时装有机械及电气两种联锁机构，确保电路在频繁换相时的可靠性。其控制线路如图 2-11 所示。

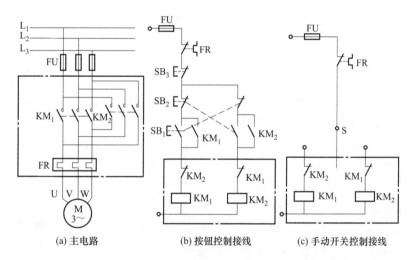

(a) 主电路　　　　(b) 按钮控制接线　　　　(c) 手动开关控制接线

图 2-11　采用可逆接触器的正反转启动线路

CJX_3^1-N、3TD 系列可逆接触器配用熔断器的推荐值见表 2-10。

表 2-10　CJX_3^1-N、3TD 系列可逆接触器配用熔断器推荐值

型　　号		CJX1-9N 3TD40	CJX1-12N 3TD41	CJX1-16N CJX3-16N 3TD42	CJX1-22N CJX3-22N 3TD43	CJX1-32N CJX3-32N 3TD44	CJX3-45N 3TD46
主电路	配用西门子公司 3NA1 型熔断器额定电流/A	—	—	—	—	—	63～125
	配用国产 NT 系列熔断器额定电流/A	10～20	10～25	16～35	25～50	35～63	63～100
控制电路	配用国产 NT00-16 型熔断器额定电流/A	无热继电器触点	10				16
		带热继电器触点	6				—

型 号		CJX3-63N 3TD47	3TD48	3TD50	3TD52	3TD54	3TD56
主 电 路	配用西门子公司 3NA1 型 熔断器额定电流/A	63～125	80～160	125～224	160～250	200～315	315～500
	配用国产 NT 系列熔断器 额定电流/A	63～100	80～125	125～200	125～250	200～315	250～500
控 制 电 路	配用国产 NT00-16 型熔 断器额定电 流/A	无热继 电器触点	16				
		带热继 电器触点	6				

2.1.11 接触器控制正反转启动及点动线路

接触器控制正反转启动及点动线路如图 2-12 所示。

(1) 控制目的和方法

控制目的：电动机正转、反转控制和正转、反转点动控制，能避免接触器主触点熔焊时发生短路事故。

控制方法：采用正、反转按钮和点动按钮，以及接触器双重联锁。

保护元件：熔断器 FU_1（电动机短路保护），FU_2（控制电路的短路保护）；热继电器（电动机过载保护）。

(2) 线路组成

① 主电路。由开关 QS、熔断器 FU_1、接触器 KM_1 和 KM_2 主触点、热继电器 FR 及电动机 M 组成。

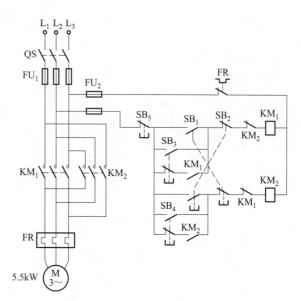

图 2-12 接触器控制正反转启动及点动线路

② 控制电路。由熔断器 FU_2、正转按钮 SB_1、反转按钮 SB_2、正转点动按钮 SB_3、反转点动按钮 SB_4、停止按钮 SB_5 和热继电器 FR 常闭触点组成。

(3) 工作原理

合上电源开关 QS，按下正转按钮 SB_1，接触器 KM_1 线圈得电衔铁吸合并自锁，电动机正转。当按下反转按钮 SB_2 时，KM_1 线圈失电衔铁释放，而接触器 KM_2 线圈得电衔铁吸合并自锁，电动机反转。当需要正向点动时，按下正向点动按钮 SB_3，接触器 KM_1 线圈得电衔铁吸合，其常闭辅助触点断开，KM_2 线圈失电衔铁释放，电动机正转。由于按下 SB_3 时，其常闭触点断开了 KM_1 的自锁回路，KM_1 不再自锁，一旦放开 SB_3，KM_1 随即释放，实现正向点动。需要反向点动时，按下反向点动按钮 SB_4 即可。其工作原理与正向点动类似。

（4）元件选择

电气元件参数见表 2-11。

表 2-11　电气元件参数

序号	名　称	代号	型号规格	数　量
1	铁壳开关	QS	HH3-30/30A	1
2	熔断器	FU_1	RC1A-30/30A(配 QS)	3
3	熔断器	FU_2	RL1-15/5A	2
4	热继电器	FR	JR14-20/3　10~16A	1
5	交流接触器	KM_1、KM_2	CJ20-16A　380V	2
6	按钮	SB_1、SB_3	LA18-22(绿)	2
7	按钮	SB_2、SB_4	LA18-22(黄)	2
8	按钮	SB_5	LA18-22(红)	1

2.1.12　行程开关控制正反转启动线路

行程开关控制正反转启动线路如图 2-13 所示。它在正反转控制线路的基础上增设两个行程开关（限位开关）SQ_1 和 SQ_2。

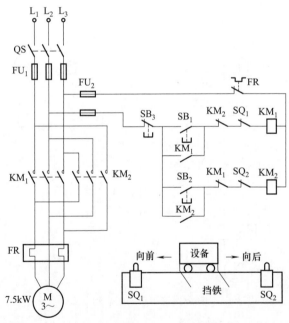

图 2-13　行程开关控制正反转启动线路

（1）控制目的和方法

控制目的：电动机能正转、反转运行，停机受行程开关控制。

控制方法：采用两个限位开关，当运动部件运行到规定位置时，由装在运动部件上的挡块碰撞，操动限位开关而启停机作用。

保护元件：熔断器 FU_1（电动机短路保护），FU_2（控制电路的短路保护）；热继电器 FR（电动机过载保护）。

（2）线路组成

① 主电路。由开关 QS、熔断器 FU_1、接触器 KM_1 及 KM_2 主触点、热继电器 FR 和电动机 M 组成。

② 控制电路。由熔断器 FU_2、正转按钮 SB_1、反转按钮 SB_2、停止按钮 SB_3、限位开关 SQ_1 及 SQ_2、正转接触器 KM_1、反转接触器 KM_2 和热继电器 FR 常闭触点组成。

（3）工作原理

合上电源开关 QS，按下正转（向前）按钮 SB_1，接触器 KM_1 线圈得电衔铁吸合并自锁，电动机正转，并带动设备（小车）向前运行；当设备运行到设定位置时，设备上的挡铁碰撞行程开关 SQ_1，使 SQ_1 的常闭触点断开，KM_1 线圈失电衔铁释放，电动机停转，设备停止在设定的位置上。此时即使按下正转（向前）按钮 SB_1，KM_1 线圈也不会得电。

当按下反转（向后）按钮 SB_2 时，接触器 KM_2 线圈得电衔铁吸合并自锁，电动机反转，并带动设备（小车）向后运行，设备一离开原停止位置，行程开关 SQ_1 便复位，常闭触点闭合 。当设备运行到另一设定位置时，行程开关 SQ_2 的常闭触点被撞开，KM_2 线圈失电衔铁释放，电动机停转，设备停止在另一设定位置上。

电动机运行中需停机时，按下停止按钮 SB_3，控制电路断电，接触器失电释放，电动机停转。

（4）元件选择

电气元件参数见表 2-12。

表 2-12　电气元件参数

序号	名　　称	代号	型号规格	数　量
1	铁壳开关	QS	HH3-60/40A	1
2	熔断器	FU_1	RC1A-60/40A(配 QS)	3
3	熔断器	FU_2	RL1-15/5A	2
4	交流接触器	KM_1、KM_2	CJ20-16A　380V	2
5	热继电器	FR	JR14-20/2　14～22A	1
6	行程开关	SQ_1、SQ_2	LX19-001	2

2.1.13　自动往返控制线路

自动往返控制线路如图 2-14 所示。它广泛应用于铣床、磨床、刨床等。

（1）控制目的和方法

控制目的：使设备在设定的行程内自动往返运行。

控制方法：在工作台上安装有挡铁 1 和 2，机床床身上装有行程开关 SQ_1 ～ SQ_4。在 SQ_1 和 SQ_2 的作用下，线路能自动换接电动机的转向，使工作台在设定的范围内自动往返移动。

保护元件：熔断器 FU_1（电动机短路保护），FU_2（控制电路的短路保护）；热继电器 FR（电动机过载保护）；限位开关 SQ_3、SQ_4〔限位保护。当 SQ_1 或 SQ_2 失效时，SQ_3、SQ_4 能使工作台（在极限位置）停止下来〕。

（2）线路组成

① 主电路。由开关 QS、熔断器

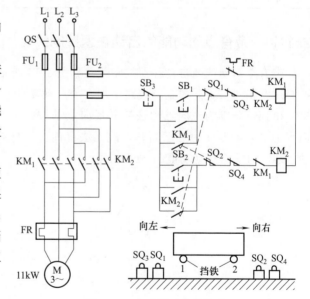

图 2-14　自动往返控制线路

FU_1、接触器 KM_1 和 KM_2 主触点、热继电器 FR 及电动机 M 组成。

② 控制电路。由熔断器 FU_2、正转按钮 SB_1、反转按钮 SB_2、正转行程开关 SQ_2、反转行程开关 SQ_1、正转接触器 KM_1、反转接触器、限位开关 SQ_3、SQ_4 和热继电器 FR 常闭触点组成。

（3）工作原理

合上电源开关 QS，按下启动按钮 SB_1，接触器 KM_1 线圈得电衔铁吸合，电动机 M 正转，并拖动工作台向左移动。当工作台运动到一定位置时，挡铁 1 碰撞行程开关 SQ_1，使其常闭触点断开，KM_1 线圈失电衔铁释放，电动机 M 停转。随即行程开关 SQ_1 的常开触点闭合，使接触器 KM_2 线圈得电衔铁吸合并自锁，电动机反转，拖动工作台向右移动。同时，行程开关 SQ_1 复位，为下次正转做好准备。当工作台向右移动到一定位置时，挡铁 2 碰撞行程开关 SQ_2，使其常闭触点断开，KM_2 线圈失电衔铁释放，电动机停转。随即行程开关 SQ_2 的常开触点闭合，使接触器 KM_1 再次得电吸合，电动机又开始正转。如此往复循环，使工作台在预定的行程内自动往返移动。按下停止按钮 SB_3，循环停止。

（4）元件选择

电气元件参数见表 2-13。

表 2-13　电气元件参数

序号	名　称	代号	型号规格	数　量
1	铁壳开关	QS	HH3-60/50A	1
2	熔断器	FU_1	RC1A-60/50A(配 QS)	3
3	熔断器	FU_2	RL1-15/5A	2
4	热继电器	FR	JR14-20/2　14～22A	1
5	交流接触器	KM_1、KM_2	CJ20-25A　380V	2
6	按钮	SB_1	LA18-22(绿)	1
7	按钮	SB_2	LA18-22(黄)	1
8	按钮	SB_3	LA18-22(红)	1
9	行程开关	SQ_1～SQ_4	LX19-111	4

2.1.14　带有点动功能的自动往返控制线路

带有点动功能的自动往返控制线路如图 2-15 所示。其工作原理与本节 2.1.13 自动往返控制线路相同。不同的是，线路中加入了点动功能。点动功能仅供运动部件微调用。图中，SB_3 和 SB_4 分别为正向点动按钮和反向点动按钮。当按下 SB_3 时，KM_1 自锁触点虽闭合，但因为 SB_3 的常闭触点已断开，故无法自锁。一旦放开 SB_3，KM_1 随即释放，实现正向点动。SB_4 的反向点动功能与 SB_3 相同。

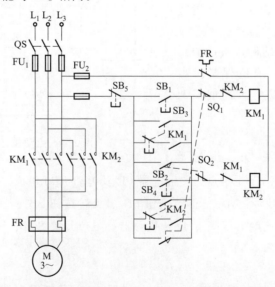

图 2-15　带有点动功能的自动往返控制线路

2.1.15　QC12 型不可逆磁力启动器控制电动机启动线路

磁力启动器可以用作笼型异步电动机直接启动控制设备。磁力启动器实际上是由交流接触器、热继电器和按钮等组合而成的启动控制设备，因而它具有短路保护、过载保护、失压保护和欠压保护等功能。常用的磁力启动器有 QC12 等型，分为不可逆式和可逆式两种。

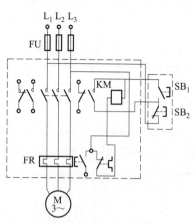

图 2-16　QC12 型不可逆磁力启动器控制电动机启动线路

QC12 型不可逆磁力启动器控制电动机启动线路如图 2-16 所示。图中，虚线框内所示为 QC12 型不可逆磁力启动器内部结构。

该线路的工作原理与本节 2.1.4 具有自锁功能的正转启动线路相同。热继电器 FR 用于电动机的过载保护。当电源电压低于额定电压的 85% 或电源失电时，磁力启动器便自动跳闸，以保护电动机不被烧毁。同时，还可避免电压突然恢复时电动机自动启动。

QC12 系列磁力启动器的技术数据见表 2-14。

表 2-14　QC12 系列磁力启动器的主要技术数据

型号	额定电流 /A	吸引线圈额定电压/V	控制电动机最大功率/kW		启动器等级	热继电器整定电流调节范围/A
			220V	380V		
QC12-1	20		1.2	2.2	1	0.25~0.35 0.32~0.50 0.47~0.72 0.66~1.10 1.00~1.60 1.50~2.40 2.20~3.50 3.20~5.00
QC12-2	20	（交流,50Hz）36,110,220,380	2.2	4	2	0.25~0.35 0.32~0.50 0.45~0.72 0.68~1.40 1.00~1.60 1.50~2.40 2.20~3.50 3.20~5.00 4.50~7.20 6.80~11.00
QC12-3	20		5.5	10	3	8.0~11.0 10.0~16.0 14.0~22.0
QC12-4	60		11	20	4	14.0~22.0 20.0~32.0 28.0~45.0
QC12-5	60		17	30	5	28.0~45.0 40.0~63.0

型号	额定电流/A	吸引线圈额定电压/V	控制电动机最大功率/kW		启动器等级	热继电器整定电流调节范围/A
			220V	380V		
QC12-6	50	（交流，50Hz）36，110，220，380	29	50	6	53.0～85.0 75.0～120.0
QC12-7	150		47	75	7	75.0～120.0 100.0～160.0

2.1.16 QC12型可逆磁力启动器控制电动机启动线路

QC12型可逆磁力启动器控制电动机启动线路如图2-17所示。图中，虚线框内所示为QC12型可逆磁力启动器内部结构。其工作原理与本节2.1.8接触器联锁控制正反转启动线路相同。

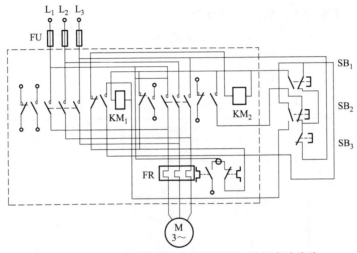

图2-17 QC12型可逆磁力启动器控制电动机启动线路

2.1.17 采用ZF型换相组件的正反转启动线路

ZF型换相组件的内部采用晶闸管控制。采用ZF型换相组件的正反转启动线路如图2-18所示。

图中，SB_1为正转启动按钮；SB_2为反转启动按钮。它们互相联锁，防止短路的发生。

ZF型换相组件控制电动机功率范围为0.75～37kW。Ⅰ型适配电动机功率为0.75～5.5kW；Ⅱ型适配电动机功率为7.5～15kW；Ⅲ型适配电动机功率为18.5～37kW。

ZF型换相组件环境温度要求：－25～＋40℃；环境湿度要求：25℃时，湿度≤85％RH。其通态压降≤1.5V；断态漏电流≤3mA；绝缘电压≥2000V；换相延时时间≥200ms。

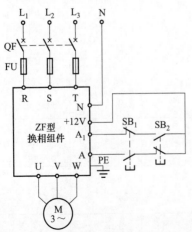

图2-18 采用ZF型换相组件的正反转启动线路

2.2　降压启动线路

2.2.1　降压启动方式的选择

如果三相异步电动机不符合直接启动的条件，就应该选择降压启动。所谓降压启动，就是在启动时加在电动机定子绕组上的电压低于额定电压，当电动机接近额定转速以后，再将该电压恢复到额定电压。降压启动的目的是减小启动电流，进而降低电动机启动对电网及电动机本身的影响。降压启动的基本要求是，降压后电动机的启动转矩必须大于负载的阻力矩。降压启动有多种方式，常用的有：Y-△（星-三角）降压启动、阻抗（或电抗）降压启动、自耦降压启动、延边三角形降压启动等。选择降压启动方式的主要依据是电动机所拖动负载的性质。降压启动方式的选择见表 2-15，各种降压启动方式的特点见表 2-16，常用降压启动器的技术性能见表 2-17。

表 2-15　各种降压启动方式选择

负载性质	对启动的要求		负载举例
	限制启动电流	减小启动时对机械的冲击	
无载或轻载启动	Y-△降压启动	—	车床、钻床、铣床、镗床、齿轮加工机床、圆锯以及带锯等
	电阻或电抗降压启动	—	带有离合器的卷扬机、绞盘和带卸料机的破碎机；带离合器的普通纺织机械和工业机械的电动发电机组
负载转矩与转速成平方关系的负载（风机负载）	延边三角形降压启动、自耦变压器降压启动、电抗或阻抗降压启动	—	离心泵、叶轮泵、螺旋泵、轴流泵、离心式鼓风机和压缩机、轴流式风扇和压缩机等
重力负载	—	电阻、电抗或阻抗降压启动	卷扬机、倾斜式传送带类机械升降机、自动扶梯类机械等
摩擦负载	延边三角形降压启动、电阻或电抗降压启动	电阻、电抗或阻抗降压启动	水平传送带、活动台车、粉碎机、混砂机、压延机和电动门等
阻力矩小的惯性负载	Y-△降压启动、延边三角形降压启动、自耦变压器降压启动、电抗降压启动	—	离心式分离机、脱水机、曲柄式压力机等（限于阻力矩小的机械）
恒转矩负载	延边三角形降压启动、电阻或电抗降压启动	电阻或电抗降压启动	往复泵和压缩机、罗茨鼓风机、容积泵、挤压机
恒重负载	—	电阻、电抗或阻抗降压启动	织机、卷纸机、夹送辊、长距离皮带输送机、链式输送机
各种负载	软启动器、变频器	软启动器、变频器	各种负载

表 2-16　各种降压启动方式的特点

降压启动方式	电阻降压	自耦变压器降压	Y-△转换
启动电压	kU_e	kU_e	$0.58U_e$
启动电流	kI_q	k^2I_q	$0.33I_q$
启动转矩	k^2M_q	k^2M_q	$0.33M_q$

降压启动方式	电阻降压	自耦变压器降压	Y-△转换
定型启动设备	QJ1 型电阻减压启动器、PY-1 系列冶金控制屏、ZX1 与 ZX2 系列电阻器	QJ3 型自耦减压启动器、GTZ 型自耦减压启动器	QX1、QX2、QX3、QX4 型 Y-△减压启动器，XJ1 系列启动器
优缺点及适用范围	启动电流较大，启动转矩较小；启动控制设备能否频繁启动由启动电阻的值决定；需要启动电阻器，耗损较大；一般较少采用	启动电流较小，启动转矩较大；不能频繁启动，设备价格较高；采用得较多	启动电流小，启动转矩小；可以较频繁启动；设备价格低；适用于定子绕组为三角形接线的中小型电动机，如 Y、J_3、JO_3 等

降压启动方式	延边三角形启动			软启动器	变频器
启动电压	$0.78U_e$	$0.7U_e$	$0.66U_e$	$(0.3\sim1)U_e$	$0\sim U_e$
启动电流	$0.6I_q$	$0.5I_q$	$0.43I_q$	$(0.3\sim1)I_e$	$0\sim I_e$
启动转矩	$0.6M_q$	$0.5M_q$	$0.43M_q$	$(0.3\sim1)M_e$	$0\sim M_e$
定型启动设备	XJ1 系列启动器			种类繁多，国产型号有 JKR，国外型号有 PSA、PSD、PS-DH、ASTAT、AB、Altistart、3RW22、MS2 以及 SX 等	种类繁多，国产型号有 JP6C 系列、国外型号有 SAMIGS 系列以及 MICROMASTER4 系列等
优缺点及适用范围	启动电流较小，启动转矩较大；可以较频繁地启动；具有自耦变压器及 Y-△启动方式两者的优点；适用于定子绕组为三角形接线且有 9 个出线头的电动机，如 J_3、JO_3 等			启动电流较大，启动转矩较大；能频繁启动；价格较高，设备较复杂	启动电流大，启动转矩大；能频繁启动；价格高，设备复杂

注：U_e 为额定电压；I_q、M_q 分别为电动机的全压启动电流和启动转矩；k 为启动电压与额定电压之比，对自耦变压器来说为变比；I_e、M_e 分别为电动机的额定电流和额定转矩。

表 2-17 常用降压启动器的主要技术性能

启动器名称	型号	可控制电动机的功率/kW	启动时间	备注
Y-△启动器	QX1	15～30	15kW，<15s 30kW，<25s	手动操作，无任何保护
	QX3	15～30	最高操作频率为 30 次/h，且两次操作的间隔时间不小于 90s	自动操作，有过载及失压保护
自耦降压启动器	QJ13	11～75	<30～60s	手动操作，有过载及失压保护
	XJ01	15～300	<120s	自动操作，有过载及失压保护
延边三角形启动器	XJ1	11～190	最高操作频率为 30 次/h	自动操作，有过载及失压保护，可兼作 Y-△降压启动器
电阻降压启动器	QJ1	11～40	每小时通电时间不得大于 20s	手动操作，有过载及失压保护
	QJ7	22	—	自动操作，有过载及失压保护
	BU1	45～500	在完全冷却的情况下允许连续启动 2～3 次，但每两次操作的间隔时间不得小于两次启动时间，而且每次的停顿时间不得超过 3s	手动操作，有失压保护
频敏变阻器	BP1、BP2、BP4	2.2～2240	允许连续启动 2～3 次，但总启动时间不得超过 120s	

2.2.2 定子绕组串入电阻或电抗器降压启动线路（一）

定子绕组串入电阻或电抗器降压启动线路（一）如图 2-19 所示。

（1）控制目的和方法

控制目的：电动机经电阻（或电抗）降压启动。

控制方法：启动时定子绕组串入电阻（或电抗）降压启动，启动完毕，自动（通过时间继电器）切除电阻（或电抗），全压运行。

保护元件：熔断器 FU_1（电动机短路保护），FU_2（控制电路的短路保护）；热继电器 FR（电动机过载保护）。

（2）线路组成

① 主电路。由开关 QS、熔断器 FU_1、接触器 KM_1 及 KM_2 主触点、降压电阻 R（或电抗）、热继电器 FR 和电动机 M 组成。

② 控制电路。由熔断器 FU_2、启动按钮 SB_1、停止按钮 SB_2、接触器 KM_1 及 KM_2、时间继电器 KT 和热继电器 FR 常闭触点组成。

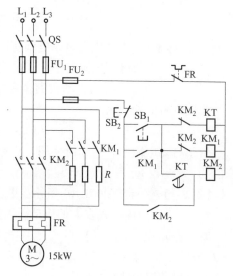

图 2-19　定子绕组串入电阻或
电抗器降压启动线路（一）

（3）工作原理

① 初步分析。降压启动时，接触器 KM_2 释放，KM_1 吸合，经一段延时后，KM_1 释放，KM_2 吸合，电动机全压运行。

② 顺着分析。合上电源开关 QS，按下启动按钮 SB_1，接触器 KM_1 得电吸合并自锁，同时时间继电器 KT 线圈通电，电动机接入电阻 R（或电抗）降压启动运行。经过一段延时后（这段时间为电动机开始启动至转速接近稳定），时间继电器 KT 的延时闭合常开触点闭合，接触器 KM_2 得电吸合并自锁，其两副常闭辅助触点断开，使 KM_1 和 KT 均失电释放，电动机全压运行。

按下停止按钮 SB_2，接触器失电释放，电动机停止运行。

（4）元件选择

电气元件参数见表 2-18。

表 2-18　电气元件参数

序号	名　称	代号	型号规格	数　量
1	铁壳开关	QS	HH4-60/60A	1
2	熔断器	FU_1	RL1-100/80A	3
3	熔断器	FU_2	RL1-15/5A	2
4	热继电器	FR	JR16-60/3 28～45A	1
5	交流接触器	KM_1、KM_2	CJ20-40A 380V	2
6	时间继电器	KT	SJ23-1 0.2～30s	1
7	铁铬铝带电阻	R	ZX-4.2Ω	3
8	按钮	SB_1	LA18-22(绿)	1
9	按钮	SB_2	LA18-22(红)	1

降压电阻阻值 R 可按下式计算：

$$R = \frac{220}{I_q} \sqrt{\left(\frac{I_q}{I_q'}\right)^2 - 1}$$

或

$$R = 190 \times \frac{I_q - I_q'}{I_q I_q'}$$

式中　I_q——未串入降压电阻时电动机的启动电流，即电动机额定电流，A；

　　　I_q'——串入降压电阻后电动机的启动电流（即允许启动电流），A，一般取 $I_q' = (2 \sim 3) I_e$（I_e 为电动机的额定电流）。

降压电阻的功率为

$$P = I_q'^2 R$$

由于启动电阻只在启动时使用，而启动时间又很短，因此实际选用电阻的功率可以取计算值的 $1/4 \sim 1/3$。

【例 2-1】　一台 Y200L1-6 型异步电动机，功率为 18.5kW，额定电流为 37.7A，启动电流为 245.1A，问应串入多大的启动电阻降压启动？

解　已知 $I_q = 245.1A$

又取　$I_q' = 2I_e = 2 \times 37.7 = 75.4(A)$

得启动电阻的阻值为

$$R = 190 \times \frac{I_q - I_q'}{I_q I_q'} = 190 \times \frac{245.1 - 75.4}{245.1 \times 75.4} \approx 1.74(\Omega)$$

每相启动电阻的功率可取

$$P = (0.25 \sim 0.33) I_q'^2 R = (0.25 \sim 0.33) \times 75.4^2 \times 1.74$$
$$\approx (0.25 \sim 0.33) \times 10^4 (W)$$
$$\approx 2.5 \sim 3.3 (kW)$$

启动电阻一般采用铸铁材料。铸铁电阻的阻值小，功率大，允许通过较大的电流。

2.2.3　定子绕组串入电阻或电抗器降压启动线路（二）

定子绕组串入电阻或电抗器降压启动线路（二）如图 2-20 所示。

该线路的特点是按下停止按钮 SB$_2$ 停机时，主电路中的触点断点多，触点间电弧容易熄灭，对于较大功率的电动机更加适用。

工作原理：合上电源开关 QS，按下启动按钮 SB$_1$，接触器 KM$_1$ 得电吸合并自锁，电动机串入电阻 R 降压启动运行。同时时间继电器 KT 线圈通电，经过一段延时，电动机转速接近稳定，KT 的延时闭合常开触点闭合，接触器 KM$_2$ 得电吸合，其主触点闭合，短接降压电阻 R，电动机全压运行。

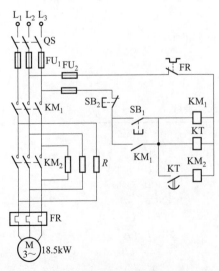

图 2-20　定子绕组串入电阻或电抗器降压启动线路（二）

2.2.4　阻容复合降压启动线路

线路如图 2-21 所示。该启动方法的优点是，在电动机由降压启动向全电压运行的切换过程中不间断供电，从而避免了切换过程中因电流突然变化而引起的感应电压对电动机绝缘层的损害。另外，此种方法能大幅度减小串联电阻的阻值（一般可减小 80% 左右）。因此启动时启动电阻上的能耗也将减少 80% 左右。

工作原理：该线路的启动过程与本节 2.2.2 定子绕组串入电阻或电抗器降压启动线路基本相同；所不同的是：启动过程中或正常运行时，电容 C 一直并联在电动机的三相定子绕组上，起到功率因数补偿的作用。

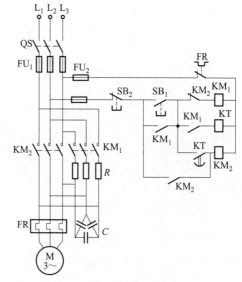

图 2-21　阻容复合降压启动线路

元件选择：

（1）降压电阻阻值 R 的选择

先计算出电动机的启动阻抗 Z'：

$$Z'_Y = \frac{U_e}{\sqrt{3} K_q I_e} ; Z'_\triangle = \frac{\sqrt{3} U_e}{K_q I_e}$$

式中　Z'_Y——Y 接法启动阻抗，Ω；

　　　$Z'_\triangle$——△接法启动阻抗，Ω；

　U_e，I_e——电动机额定电压，V 和额定电流，A；

　　　K_q——电动机直接启动电流倍数。

然后确定 α 值：根据设备启动转矩对电动机的要求，计算出降压启动电流倍数 K'_q（也可根据经验估算），于是

$$\alpha = \frac{K_q}{K'_q} \text{ 或 } \alpha = \frac{I_q}{I'_q} = \frac{\text{全压启动电流}}{\text{降压启动电流}}$$

最后降压电阻的阻值 R 为

$$R = 1.1(\alpha - 1)r'$$

式中　r'——启动阻抗 Z' 的电阻分量，$r' = (0.25 \sim 0.4)Z'$。

再从电子元器件的产品样本上查出数值接近、容量适当的电阻器。

（2）补偿电容的容量 Q_C 的选择

$$Q_C = \frac{P_2}{\eta}\left(\sqrt{\frac{1}{\cos^2 \varphi} - 1} - \sqrt{\frac{1}{\cos^2 \varphi'} - 1}\right)$$

式中　P_2——电动机运行时输出功率，kW；

　　　η——电动机运行时的效率；

　$\cos\varphi$——补偿前电动机的功率因数；

　$\cos\varphi'$——补偿后的功率因数，一般取 $0.92 \sim 0.96$。

2.2.5　手动操作 Y-△降压启动线路

Y-△降压启动方式，只适用于正常运行时定子绕组接成三角形的笼型异步电动机。电

动机启动时，由于加在每相绕组上的电压为额定电压（线电压）的 $1/\sqrt{3}$，因此启动电流只有△接法的 1/3。但启动转矩也相应降低为△接法的 1/3，因此这种启动方式只适用于空载或轻载启动的场合。

手动操作 Y-△降压启动线路如图 2-22 所示。电动机定子绕组端子符号如图 2-23 所示。

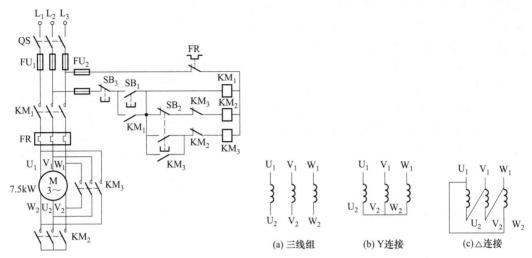

图 2-22　手动操作 Y-△降压启动线路　　　　图 2-23　电动机定子绕组端子符号

（1）控制目的和方法

控制目的：电动机 Y-△降压启动。

控制方法：启动时将定子绕组接成 Y，以降低各相绕组上的电压，减小启动电流。待启动完毕，手动（通过按钮和接触器）将定子绕组接成△，全压运行。

保护元件：熔断器 FU_1（电动机短路保护），FU_2（控制电路的短路保护）；热继电器 FR（电动机过载保护）。

（2）线路组成

① 主电路。由开关 QS，熔断器 FU_1，接触器 KM_1、KM_2 和 KM_3 主触点，热继电器 FR 和电动机 M 组成。

② 控制电路。由熔断器 FU_2、降压启动按钮 SB_1、全压运行按钮 SB_2、停止按钮 SB_3、接触器 $KM_1\sim KM_3$ 和热继电器 FR 常闭触点组成。

（3）工作原理

① 初步分析。降压启动时（定子绕组接成 Y），接触器 KM_1、KM_2 吸合，KM_3 释放。待电动机转速接近稳定后，KM_2 释放，KM_3 吸合，定子绕组接成△，电动机全压运行。

② 顺着分析。合上电源开关 QS，按下降压启动按钮 SB_1，接触器 KM_1、KM_2 得电吸合并自锁，KM_2 常闭辅助触点断开，KM_3 失电释放，电动机定子绕组接成 Y 降压启动运行。

待电动机转速接近稳定后，按下全压运行按钮 SB_2，接触器 KM_2 失电释放，主触点断开，同时其常闭辅助触点闭合，接触器 KM_3 得电吸合并自锁，电动机定子绕组接成△全压运行。

按下停止按钮 SB_3，KM_1、KM_3 均失电释放，电动机停止运行。

（4）元件选择

电气元件参数见表 2-19。

表 2-19　电气元件参数

序号	名　　称	代号	型号规格	数　　量
1	闸刀开关	QS	HK1-30/3	1
2	熔断器	FU_1	RL1-60/20A	3
3	熔断器	FU_2	RL1-15/5A	2
4	热继电器	FR	JR16-60/3　14～22A	1
5	交流接触器	KM_1	CJ20-16A　380V	1
6	交流接触器	KM_2、KM_3	CJ20-10A　380V	2
7	按钮	SB_1	LA18-22(绿)	1
8	按钮	SB_2	LA18-22(黄)	1
9	按钮	SB_3	LA18-22(红)	1

三个接触器的容量可根据电动机额定状态下运行时流过各接触器的电流按以下要求选择，即

KM_1：I_e（I_e 为三角形接法电动机额定线电流）；

KM_2：$\dfrac{1}{\sqrt{3}}\left(\dfrac{I_e}{\sqrt{3}}\right)=0.33I_e$（短时工作制）；

KM_3：$I_e/\sqrt{3}=0.58I_e$。

【例 2-2】　一台绕组为△接法的 11kW 异步电动机，采用 Y-△降压启动，试选择各接触器和热继电器。已知该电动机的额定电流 I_e 为 22A。

解　接触器 KM_1 按 $I_e=22A$ 选择，可选择 CJ20-25 型 25A。

接触器 KM_3 按 $0.58I_e=0.58×22=12.76(A)$ 选择，可选择 CJ20-16 型 16A。

接触器 KM_2 按 $0.33I_e=0.33×22=7.26(A)$ 选择，可选择 CJ20-10 型 10A。为统一规格，通常按 KM_3 选取，即取 16A。

热继电器 FR 按 $I_e=22A$ 选择，可选择 JR16-60/3 型 60A，热元件额定电流 32A，电流调节范围为 20～32A。实际可按 $(0.95～1.05)I_e=(0.95～1.05)×22=19～23(A)$ 调整。一般轻载调小点，重载调大点。

2.2.6　QX1、QX2 系列磁力启动器 Y-△降压启动线路

QX1、QX2 系列磁力启动器 Y-△降压启动线路如图 2-24 所示。启动器触点闭合见表 2-20。

当手柄置于"0"位时，八对触点都断开，电动机未通电不运转。当手柄扳到启动位置"Y"侧时，触点 1、3、5、7、8 闭合，定子绕组呈星形连接，电动机开始降压启动。待转速趋近额定转速时，将手柄迅速扳向运行位置"△"侧，触点 1、3、5、7、8 断开，触点 1、2、4、5、6、8 闭合，定子绕组呈三角形连接，电动机全压正常运行。如果电动机需要停转，把手

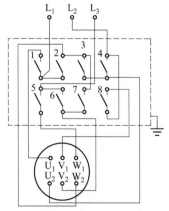

图 2-24　QX1、QX2 系列磁力启动器 Y-△降压启动线路
U_1、V_1、W_1 和 U_2、V_2、W_2 分别为电动机三相定子绕组首末端

柄扳回"0"位即可。

表 2-20 QX1、QX2 系列磁力启动器触点闭合

触　点	手柄位置			触　点	手柄位置		
	Y	0	△		Y	0	△
1	×		×	5	×		×
2			×	6			×
3	×			7		×	
4			×	8	×		×

注："×"表示触点闭合。

应当注意，因为 QX1、QX2 系列磁力启动器不具有保护功能，所以当用它作 Y-△ 启动器时，应与熔断器、热继电器、铁壳开关、断路器等配合使用。

手动 Y-△ 启动器操作频率以不超过 30 次/h 为宜。

2.2.7 按钮控制 Y-△ 降压启动线路

按钮控制 Y-△ 降压启动线路如图 2-25 所示。

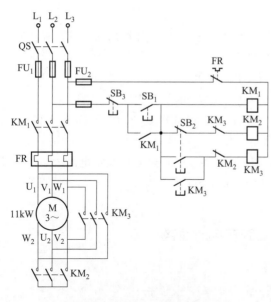

图 2-25 按钮控制 Y-△ 降压启动线路

(1) 控制目的和方法

控制目的：电动机 Y-△ 降压启动。

控制方法：启动时，将定子绕组接成 Y，启动完毕，将定子绕组接成 △，全压运行。通过按钮手动控制 Y-△ 切换时间。

保护元件：熔断器 FU₁（电动机短路保护），FU₂（控制电路短路保护）；热继电器 FR（电动机过载保护）。

(2) 线路组成

① 主电路。由开关 QS、熔断器 FU₁、接触器 KM₁～KM₃ 主触点、热继电器 FR 和电动机 M 组成。

② 控制电路。由熔断器 FU₂、启动按钮 SB₁、切换按钮 SB₂、停止按钮 SB₃、接触器 KM₁～KM₃ 和热继电器 FR 常闭触点组成。

(3) 工作原理

合上电源开关 QS，按下启动按钮 SB₁，接触器 KM₁ 和 KM₂ 得电吸合并自锁。此时电动机三相绕组的首端 U₁、V₁、W₁，通过闭合的 KM₁ 主触点分别接入 L₁、L₂、L₃，即 U、V、W 相电源；其尾端 U₂、V₂、W₂ 由 KM₂ 主触点连接在一起，电动机绕组在星形接法下降压启动。当电动机转速趋于正常时，按下按钮 SB₂，其常闭触点断开，接触器 KM₂ 失电释放，KM₂ 的常闭辅助触点断开，而 SB₂ 的常开触点闭合，接触器 KM₃ 得电吸合，电动机三相绕组的尾端 U₂ 与 V₁ 连接，V₂ 与 W₁ 连接，W₂ 与 U₁ 连接，电动机在△接线下全压运行。欲使电动机停止运行，只需按下停止按钮 SB₃，则接触器 KM₁ 和 KM₃ 失电释放，

电动机停转。

（4）元件选择

电气元件参数见表 2-21。

表 2-21　电气元件参数

序号	名　称	代号	型号规格	数　量
1	闸刀开关	QS	HK1-60/3	1
2	熔断器	FU$_1$	RL1-60/30A	3
3	熔断器	FU$_2$	RL1-15/5A	2
4	热继电器	FR	JR16-60/3　20～32A	1
5	交流接触器	KM$_1$	CJ20-25A　380V	1
6	交流接触器	KM$_2$、KM$_3$	CJ20-16A　380V	2
7	按钮	SB$_1$	LA18-22（绿）	1
8	按钮	SB$_2$	LA18-22（黄）	1
9	按钮	SB$_3$	LA18-22（红）	1

2.2.8　QX3 系列磁力启动器自动控制 Y-△ 降压启动线路

自动控制 Y-△ 降压启动器有 QX3 和 QX4 系列。自动控制 Y-△ 降压启动是通过时间继电器实现的。

QX3 系列磁力启动器自动控制 Y-△ 降压启动线路如图 2-26 所示。

（1）控制目的和方法

控制目的：电动机 Y-△ 降压启动。

控制方法：启动时，将定子绕组接成 Y，启动完毕，将定子绕组接成 △，全压运行。通过时间继电器和接触器自动切换来实现。

保护元件：断路器 QF（电动机短路保护）；熔断器 FU（控制电路短路保护）；热继电器 FR（电动机过载保护）。

（2）线路组成

① 主电路。由断路器 QF、接触器 KM$_1$～KM$_3$ 主触点、热继电器 FR 和电动机 M 组成。

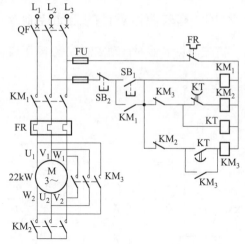

图 2-26　QX3 系列磁力启动器自动
控制 Y-△ 降压启动线路

② 控制电路。由熔断器 FU、启动按钮 SB$_1$、停止按钮 SB$_2$、接触器 KM$_1$～KM$_3$、时间继电器 KT 和热继电器 FR 常闭触点组成。

（3）工作原理

合上断路器 QF，按下启动按钮 SB$_1$，接触器 KM$_1$ 得电吸合并自锁。接触器 KM$_2$ 得电吸合，而 KM$_3$ 失电处于释放状态，电动机定子绕组接成 Y，降压启动。在 KM$_1$ 吸合的同时，时间继电器 KT 线圈得电，经过一段延时后（电动机转速接近稳定），其延时断开常闭触点断开，使 KM$_2$ 失电释放，主触点断开，其常闭辅助触点闭合。KT 的延时闭合常开触点闭合，使接触器 KM$_3$ 得电吸合，这时电动机定子绕组接成 △，全压运行。在 KM$_3$ 吸合时，其常闭辅助触点断开，从而使 KT 和 KM$_2$ 在电动机正常运行时不参加工作。

断路器 QF 的热脱扣整定值为 50A，作为电动机过载的后备保护。

（4）元件选择

电气元件参数见表2-22。

表2-22　电气元件参数

序号	名称	代号	型号规格	数量
1	断路器	QF	TH-100　$I_{dz}=50A$	1
2	熔断器	FU	RL1-15/5A	2
3	热继电器	FR	JR16-60/3　40～63A	1
4	交流接触器	KM_1	CJ20-40A　380V	1
5	交流接触器	KM_2、KM_3	CJ20-25A　380V	2
6	时间继电器	KT	JS23-1　0.2～30s	1
7	按钮	SB_1	LA18-22（绿）	1
8	按钮	SB_2	LA18-22（红）	1

2.2.9　QX4系列磁力启动器自动控制 Y-△降压启动线路

QX4系列磁力启动器自动控制 Y-△降压启动线路如图2-27所示。

QX4系列磁力启动器与QX3系列磁力启动器的结构基本相同。图中，虚线框中按钮为远程控制用，H_1为电源（停机）指示灯，H_2为启动指示灯，H_3为运行指示灯。

2.2.10　有较高可靠性的自动控制 Y-△降压启动线路

有较高可靠性的自动控制 Y-△降压启动线路如图2-28所示。

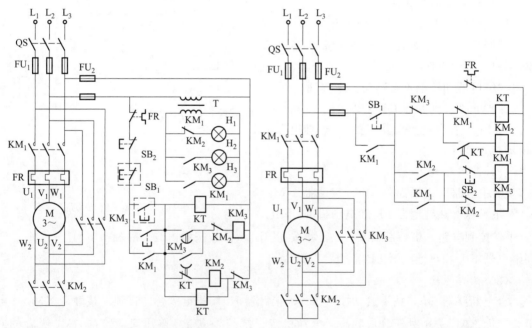

图2-27　QX4系列磁力启动器
自动控制 Y-△降压启动线路

图2-28　有较高可靠性的自动
控制 Y-△降压启动线路

由图2-28可见，该电路有以下三个优点：第一，时间继电器 KT 的得电必须经接触器 KM_1 和 KM_3 的常闭辅助触点，而 KM_2 的失电必须经 KT 的延时断开常开触点，因此 KM_1、KM_2 和 KM_3 三者绝不会同时得电，消除了由于接触器 KM_1、KM_3 有剩磁、油垢、机械故障等原因滞释，造成 KM₂ 与 KM₃ 之间相间短路的隐患；第二，当 KT 不工作或失灵时，KM₂ 就不能吸合，克服了一旦时间继电器失灵，电动机将长时间在启动状态下运行的缺陷；第三，将停止按钮 SB₂ 移至靠近 KM₁ 处，当按下 SB₂ 后复位，即使 KM₁ 来不及释放，也只会使电动机不停转，避免了电动机停转后直接以△启动的故障发生。

2.2.11　防止不能自动转换的 Y-△降压启动线路

图 2-29 所示 QX3 系列 Y-△降压启动线路，有时会因时间继电器 KT 线圈断线或机械卡死无法动作，使电动机启动后一直处于 Y 连接下运行，当带负载时，电动机会发生堵转过热甚至烧毁。另外，如果接触器 KM₃ 触点熔焊，停机后再启动，KM₂ 无法得电吸合，电动机就会在△连接下全压启动。为了防止以上两种事故的发生，可采用图 2-28 所示的线路。

（1）控制目的和方法

控制目的：电动机 Y-△降压启动，避免不能自动切换。

控制方法：启动时，将定子绕组接成 Y，启动完毕，将定子绕组接成△，全压运行。通过时间继电器和接触器自动切换来实现。同时增加两副触点：①KT 的瞬时闭合常开触点；②在 KM₁ 线圈回路串联 KM₃ 常闭辅助触点。

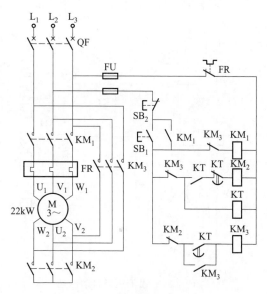

图 2-29　防止不能自动转换的
Y-△降压启动线路

保护元件：断路器 QF（电动机短路保护）；熔断器 FU（控制电路短路保护）；热继电器 FR（电动机过载保护）。

（2）线路组成

线路组成参见图 2-29。

（3）工作原理

合上断路器 QF，按下启动按钮 SB₁，接触器 KM₁ 得电吸合并自锁。同时时间继电器 KT 线圈通电，其瞬时闭合常开触点闭合，接触器 KM₂ 得电吸合，而 KM₃ 尚处于释放状态，电动机定子绕组接成 Y，降压启动。如果 KT 发生线圈断线或机械卡死，KT 瞬时闭合常开触点不能闭合，KM₂ 无法得电吸合，电动机也就不能启动。

KT 得电后，经过一段延时（电动机转速接近稳定），其延时断开常闭触点先断开，使 KM₂ 失电释放，主触点断开，其常闭辅助触点闭合，随即 KT 的延时闭合常开触点闭合，使接触器 KM₃ 得电吸合，这时电动机定子绕组接成△，全压运行。在 KM₃ 吸合时，其常闭辅助触点断开，使 KT 和 KM₂ 在电动机正常运行时不参加工作。

在 KM₁ 线圈回路串联一副 KM₃ 常闭辅助触点的目的是：如果 KM₃ 主触点熔焊，其常闭辅助触点已断开，停机后再按启动按钮 SB₁，KM₁、KM₂ 无法得电，电动机不可能再启动，从而提高了 Y-△启动器的可靠性。

（4）元件选择

电气元件参数见表 2-23。只是时间继电器 KT 带有一副瞬时常开、一副延时闭合和一副延时断开触点，如 JS7-2A、JS16-2 型等。

2.2.12 用于频繁启动电动机的 Y-△ 降压启动线路

用于频繁启动电动机的 Y-△ 降压启动线路如图 2-30 所示。

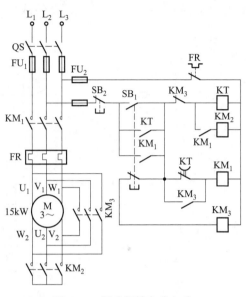

图 2-30 用于频繁启动电动
机的 Y-△ 降压启动线路

（1）控制目的和方法

控制目的：用于频繁启动的电动机，以避免因频繁启动而发生短路故障。

控制方法：在断电的情况下完成 Y-△ 转换过程。

保护元件：熔断器 FU$_1$（电动机短路保护），FU$_2$（控制电路的短路保护）；热继电器 FR（电动机过载保护）。

（2）线路组成

① 主电路。由开关 QS、熔断器 FU$_1$、接触器 KM$_1$～KM$_3$ 主触点、热继电器 FR 及电动机 M 组成。

② 控制电路。由熔断器 FU$_2$、启动按钮 SB$_1$、停止按钮 SB$_2$、接触器 KM$_1$～KM$_3$、时间继电器 KT 和热继电器 FR 常闭触点组成。

（3）工作原理

按下启动按钮 SB$_1$，接触器 KM$_1$ 得电吸合，其常开辅助触点闭合，KM$_2$ 得电吸合。KM$_2$ 的常开辅助触点闭合，常闭辅助触点断开，此时，定子绕组接成 Y 降压启动。在按下 SB$_1$ 的同时，时间继电器 KT 线圈通电并自锁。经过一段延时，KT 延时断开常闭触点断开，KM$_1$ 失电释放，其常开辅助触点断开，KM$_2$ 失电释放，而 KM$_3$ 得电吸合，KM$_3$ 常开辅助触点闭合，KM$_1$ 得电吸合，定子绕组接成△，电动机进入全压正常运行。

由以上启动过程可见，采用改进后的接线，在 Y-△ 转换过程中，接触器 KM$_1$ 经历了接通-断开-再接通的过程。即电动机是在断电的情况下完成转换的。另外，KM$_3$ 的主触点只有在 KM$_2$ 断开时才能接通，两者不可能同时处于接通状态，因此可避免短路事故发生。

（4）元件选择

电气元件参数见表 2-23。

表 2-23 电气元件参数

序号	名　称	代号	型号规格	数　量
1	闸刀开关	QS	HK1-60/3	1
2	熔断器	FU$_1$	RL1-60/40A	3
3	熔断器	FU$_2$	RL1-15/5A	2
4	热继电器	FR	JR16-60/3　28～45A	1
5	交流接触器	KM$_1$	CJ20-40A　380V	1

续表

序号	名　称	代号	型号规格	数　量
6	交流接触器	KM₂、KM₃	CJ20-25A 380V	2
7	时间继电器	KT	JS23-1 0.2～30s	1
8	按钮	SB₁	LA18-22(绿)	1
9	按钮	SB₂	LA18-22(红)	1

2.2.13 带防飞弧短路功能的 Y-△降压启动线路（一）

带防飞弧短路功能的 Y-△降压启动线路（一）如图 2-31 所示。

（1）控制目的和方法

控制目的：消除接触器触点间的飞弧短路故障；当时间继电器失灵时，也能避免电动机长期在低于额定电压下运行带来的危害。

控制方法：采用时间继电器完成 Y-△转换过程；利用电路的巧妙接线。

保护元件：断路器 QF（电动机短路保护）；热继电器 FR（电动机过载保护）；熔断器 FU（控制电路的短路保护）。

（2）线路组成

① 主电路。由断路器 QF、接触器 KM₁～KM₃ 主触点、热继电器 FR 及电动机 M 组成。

② 控制电路。由熔断器 FU、启动按钮 SB₁、停止按钮 SB₂、接触器 KM₁～KM₃、时间继电器 KT 和热继电器 FR 常闭触点组成。

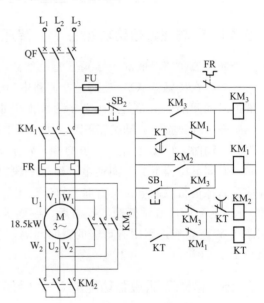

图 2-31 带防飞弧短路功能的
Y-△降压启动线路（一）

（3）工作原理

按下启动按钮 SB₁，接触器 KM₂ 得电吸合，其常开辅助触点闭合，KM₁ 得电吸合。KM₁ 的常闭辅助触点断开，保证 KM₃ 在电动机启动过程中不能吸合。在按下 SB₁ 的同时，时间继电器 KT 线圈也得电，其瞬动常开触点闭合，起自锁作用。此时定子绕组接成 Y，电动机降压启动。经过一段延时，KT 的延时断开常闭触点断开，KM₂ 失电释放，其常开辅助触点断开，KM₁ 失电释放，KM₁ 的常闭辅助触点闭合。在此之前 KT 的延时闭合常开触点已闭合，因此，KM₃ 得电吸合并自锁，其常闭辅助触点断开。此时，由于与其并联的 KM₁ 的常闭辅助触点已闭合，因此 KT 仍处于工作状态。KM₃ 常开辅助触点闭合，KM₁ 重新得电吸合，定子绕组接成△，电动机在全压下正常运行。同时，由于 KM₁ 的常闭辅助触点再次断开，KT 失电释放，退出工作。

当时间继电器 KT 失灵后，该线路仍有保护作用。KT 失灵后，其瞬动常开触点就不会闭合，只要松开启动按钮 SB₁，就使 KM₂、KM₁ 无法保持在吸合状态，电动机就不能启动，从而避免了电动机长时间在△接线下运行带来的危害。

（4）元件选择

电气元件参数见表 2-24。

表 2-24　电气元件参数

序号	名　　称	代号	型号规格	数　量
1	断路器	QF	DZ5-50　瞬时脱扣器	1
2	熔断器	FU	RL1-15/5A	2
3	热继电器	FR	JR16-60/3　28~45A	1
4	交流接触器	KM_1	CJ20-40A　380V	1
5	交流接触器	KM_2、KM_3	CJ20-25A　380V	2
6	时间继电器	KT	JS23-1　0.2~30s	1
7	按钮	SB_1	LA18-22(绿)	1
8	按钮	SB_2	LA18-22(红)	1

2.2.14　带防飞弧短路功能的 Y-△ 降压启动线路（二）

带防飞弧短路功能的 Y-△ 降压启动线路（二）如图 2-32 所示。

该线路在接触器 KM_3 线圈控制回路中串联两对触点，能保证在 Y-△ 降压启动过程中有足够的时间间隔，从而完全杜绝接触器触点间的飞弧短路。

工作原理：按下启动按钮 SB_1，接触器 KM_2 得电吸合，其常闭辅助触点断开，KM_3 线圈失电。同时，KM_1 得电吸合并自锁，定子绕组接成 Y，电动机降压启动。在 KM_1 得电的同时，时间继电器 KT 线圈通电。经过一段延时，KT 延时断开常闭触点断开，KM_2 失电释放。而△运行控制电路是由 KT 的延时闭合常开触点和 KM_2 联锁常闭辅助触点串联而成的。KT 的延时闭合常开触点接通后，还要等 KM_2 触点闭合，KM_3 才能得电吸合。因此，保证在 Y-△ 切换过程中有足够的时间间隔，也就彻底消除了接触器触点间产生飞弧短路的隐患。

2.2.15　带防飞弧短路功能的 Y-△ 降压启动线路（三）

带防飞弧短路功能的 Y-△ 降压启动线路（三）如图 2-33 所示。

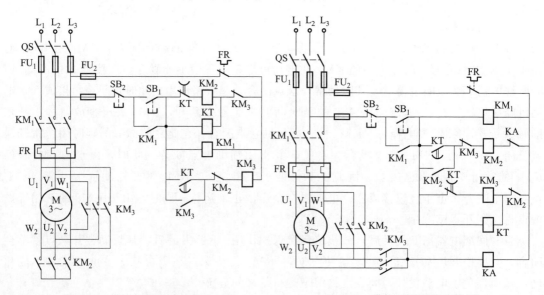

图 2-32　带防飞弧短路功能的
Y-△降压启动线路（二）

图 2-33　带防飞弧短路功能的
Y-△降压启动线路（三）

工作原理：在接触器 KM_3 的主触点电路中，增加一只 220V 交流中间继电器 KA。只要电路中有电弧形成的残压，KA 就吸合。KA 吸合，其常闭触点切断接触器 KM_2 线圈回路，KM_2 不能吸合。只有待电弧熄灭后才完成 Y-△ 转换，从而起到飞弧短路保护的作用。

2.2.16 带防飞弧短路功能的 Y-△ 降压启动线路（四）

带防飞弧短路功能的 Y-△ 降压启动线路（四）如图 2-34 所示。

该线路也是采用延长 Y-△ 切换间隔时间的办法防止飞弧短路。

工作原理：在 Y 接法接触器 KM_2 断电后，不要马上切换到 △ 接法上，而是通过时间继电器 KT_2 0.1～0.3s 的延时，使电弧完全熄灭，再合上 △ 接法接触器 KM_3，过渡到 △ 接法上。需要注意的是，采用该电路，需要将时间继电器的时间间隔调整适当，否则会造成二次启动涌流。

2.2.17 带断相保护的 Y-△ 降压启动线路

带断相保护的 Y-△ 降压启动线路如图 2-35 所示。

该线路采用断相保护装置（断相保护线路见图 7-18）。当电动机正常运行时，保护装置不动作。当电动机的电源有一相断电时，

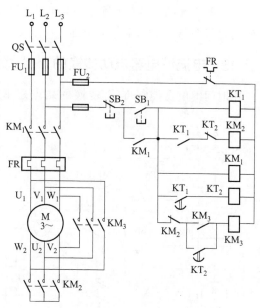

图 2-34 带防飞弧短路功能的
Y-△ 降压启动线路（四）

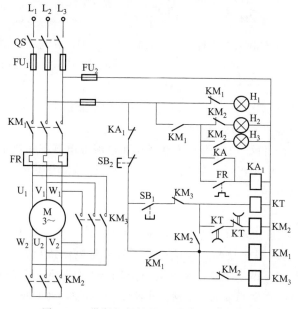

图 2-35 带断相保护的 Y-△ 降压启动线路

保护装置中的继电器 KA（见图 7-18）动作。其常开触点（见图 2-35 中 KA）闭合，中间继电器 KA₁ 得电吸合，其常闭触点断开。接触器 KM₁ 失电释放，电动机停止运行。

工作原理：合上电源开关 QS，电源指示灯 H₁ 亮。按下启动按钮 SB₁，时间继电器 KT 线圈通电，其延时断开常开触点闭合，接触器 KM₂ 得电吸合，其常开辅助触点闭合，KM₁ 得电吸合并自锁，电动机接成 Y 降压启动。启动指示灯 H₃ 亮，而 H₁ 熄灭。经过一段延时，时间继电器 KT 延时断开，常闭触点断开，KM₂ 失电释放，其常闭辅助触点闭合，KM₃ 得电吸合，电动机接成 △ 全压正常运行。运行指示灯 H₂ 亮，而 H₃ 熄灭。

三只电流互感器 TA（见图 7-18）为断相保护装置的电流检测元件。异步电动机断电保护的内容将在第 7 章 7.4 节中详细介绍。

2.2.18 电流继电器自动转换的 Y-△ 降压启动线路

用时间继电器控制 Y-△ 转换的缺点是不能随电动机负载变化自动调整启动时间。图 2-36 所示的线路能随电动机负载轻重在一定范围内自动调整启动时间。图中的时间继电器用于中间转接和后备保护。

（1）控制目的和方法

控制目的：电动机启动时间随负载轻重能在一定范围内自动地调整。

控制方法：采用电流互感器作探测元件，根据负载大小，控制中间继电器，从而控制 Y-△ 转换时间。

保护元件：断路器 QF（电动机短路保护）；热继电器 FR（电动机过载保护）；熔断器 FU（控制电路短路保护）。

（2）线路组成

① 主电路。由断路器 QF、接触器 KM₁～KM₃ 主触点、热继电器 FR 和电动机 M 组成。

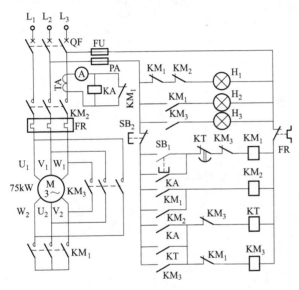

图 2-36 电流继电器自动转换的 Y-△ 降压启动线路

② 控制电路。由熔断器 FU、启动按钮 SB₁、停止按钮 SB₂、接触器 KM₁～KM₃、时间继电器 KT 和热继电器 FR 常闭触点组成。

③ 电流探测及执行元件。由电流互感器 TA 和电流继电器 KA 组成。

④ 指示灯。H₁——电源指示（红色）；H₂——Y 连接降压启动指示（黄色）；H₃——△ 连接全压运行指示（绿色）。

（3）工作原理

合上断路器 QF，红色指示灯 H₁ 点亮，按下启动按钮 SB₁，接触器 KM₁ 得电吸合，其常开辅助触点闭合，KM₂ 得电吸合并自锁。由于启动时电动机启动电流大，经电流互感器 TA 感应，电流继电器 KA 得电吸合，其常开触点闭合，使 KM₁ 在松开 SB₁ 后仍保持吸合状态。这时 KM₁、KM₂ 主触点闭合，KM₃ 因 KM₁ 常闭辅助触点断开而释放，电动机定子绕组接成 Y，降压启动。指示灯 H₁ 熄灭，黄色指示灯 H₂ 点亮。在 KA 吸合后，其常开触点闭合，时间继电器 KT 线圈得电，为后备保护做好准备。

当电动机负载电流降至额定值，KA 释放，接触器 KM_1 失电释放，KM_1 常闭辅助触点闭合，KM_3 得电吸合并自锁，电动机定子绕组接成△，全压运行。指示灯 H_2 熄灭，绿色指示灯 H_3 点亮。

图 2-36 中设置时间继电器 KT 的目的是：确保当电流继电器 KA 因故障不能释放时，将 KM_1 线圈断开，从而保证电动机能接成△全压运行，避免电动机长期在 Y 连接下造成过热甚至烧毁。

（4）元件选择

电气元件参数见表 2-25。

表 2-25　电气元件参数

序号	名　称	代号	型号规格	数　量
1	断路器	QF	DW15-200/31	1
2	熔断器	FU	RL1-15/5A	2
3	热继电器	FR	JR16-150/3　100～160A	1
4	交流接触器	KM_1、KM_3	CJ20-100A　380V	2
5	交流接触器	KM_2	CJ20-160A　380V	1
6	时间继电器	KT	JS7-2A　0.4～60s	1
7	电流继电器	KA	JL17-5　2～5A	1
8	电流互感器	TA	LM-0.5　200/5A	1
9	按钮	SB_1	LA18-22(绿)	1
10	按钮	SB_2	LA18-22(红)	1
11	指示灯	H_1	AD11-10　380V(红)	1
12	指示灯	H_2	AD11-10　380V(黄)	1
13	指示灯	H_3	AD11-10　380V(绿)	1
14	交流电流表	PA	42L6-200/5A	1

2.2.19　手动操作的自耦变压器降压启动线路

在自耦变压器降压启动线路中，电动机启动电流的限制是依靠自耦变压器的降压作用来实现的。电动机启动时，定子绕组得到的电压是自耦变压器的二次电压。启动完毕，自耦变压器从电路里退出，电源额定电压直接加在定子绕组上，电动机进入全压正常运转。

自耦降压启动方式对运行时为 Y 接线或△接线的异步电动机均适用。自耦变压器的二次侧一般有几个抽头，可根据具体情况选择不同的变化比，用于调节电动机启动电流和启动转矩。

手动操作的自耦变压器降压启动线路如图 2-37 所示。

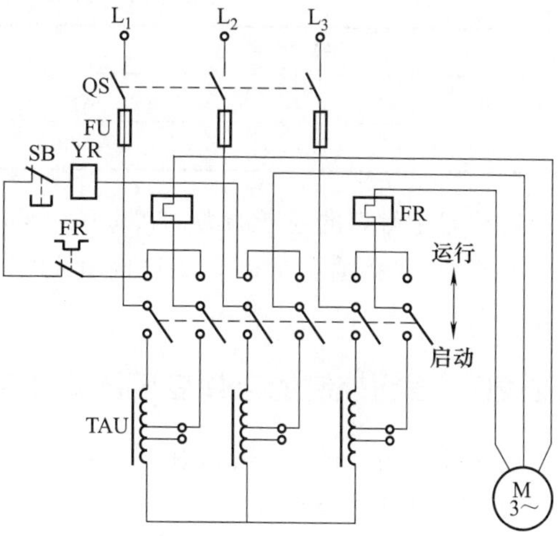

（1）控制目的和方法

控制目的：电动机自耦变压器降压启动。

控制方法：启动时，经自耦变压器降压，

图 2-37　手动操作的自耦变压器降压启动线路

启动完毕，自耦变压器退出，电动机全压运行。通过手动操作开关实现。

保护元件：熔断器 FU（电动机短路保护）；热继电器 FR（电动机过载保护）；脱扣线圈 YR（欠电压保护）。

（2）线路组成

① 主电路。由开关 QS、熔断器 FU、操作开关 SA、自耦变压器 TAU、热继电器 FR 和电动机 M 组成。

② 控制电路。由操作开关 SA、停止按钮 SB、失压脱扣线圈 YR 和热继电器 FR 常闭触点组成。

（3）工作原理

合上电源开关 QS，启动时，将操作开关 SA 推到"启动"侧，三相交流电源经 SA 触点将自耦变压器绕组串入电动机定子三相绕组，电动机降压启动。

待电动机转速接近稳定时，将操作开关 SA 迅速拉回"运行"侧，自耦变压器 TAU 退出运行，电动机经 SA 触点全压运行。此时失压脱扣线圈 YR 得电吸合，通过联锁机构将手柄保持在运行位置。

停机时，按下停止按钮 SB，失压脱扣器失电动作，将操作开关跳掉，切断电源，电动机停止运行。

（4）元件选择

电气元件参数见表 2-26。

表 2-26　电气元件参数

序号	名　称	代号	型号规格	数　量
1	负荷开关	QS	HD13-100/30	1
2	熔断器	FU	NT00-125	3
3	自耦变压器	TAU	30kW　抽头 60%、80%、100%	1
4	热继电器	FR	JR16-60/30　40～63A	1
5	按钮	SB	LA18-22(红)	1

自耦降压启动器的正常操作条件见表 2-27。

表 2-27　自耦降压启动器正常操作条件

接通条件			分断条件		
电压/V	电流/A	$\cos\varphi$	电压/V	电流/A	$\cos\varphi$
380	$4.5I_e$	0.4	380×0.16	I_e	0.4

启动器主触点的通断能力，在电压为额定值的 105%、$\cos\varphi$ 不大于 0.4 时，能承受 8 倍额定电流 20 次接通与分断，每次时间间隔为 30s，通电时间不大于 0.5s，之后仍能继续工作。

2.2.20　按钮控制的自耦变压器降压启动线路

按钮控制的自耦变压器降压启动线路如图 2-38 所示。

（1）控制目的和方法

控制目的：电动机自耦变压器降压启动。

控制方法：启动时，经自耦变压器降压，启动完毕，自耦变压器退出，电动机全压运行。通过按钮来实现。

保护元件：熔断器 FU_1（电动机短路保护），FU_2（控制电路短路保护）；热继电器 FR（电动机过载保护）。

（2）线路组成

① 主电路。由开关 QS、熔断器 FU_1、接触器 KM_1 及 KM_2 主触点、自耦变压器 TAU、热继电器 FR 和电动机 M 组成。

② 控制电路。由熔断器 FU_2、启动按钮 SB_1、运行按钮 SB_2、停止按钮 SB_3、接触器 KM_1 及 KM_2 和热继电器 FR 常闭触点组成。

（3）工作原理

① 初步分析。启动时，接触器 KM_1 吸合并自锁，KM_2 释放，电动机经自耦变压器 TAU 降压启动；经

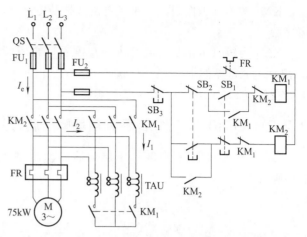

图 2-38　按钮控制的自耦变压器降压启动线路

过一段时间，待电动机转速接近稳定后，KM_1 释放，KM_2 吸合并自锁，电动机全压运行。

② 顺着分析。合上电源开关 QS，启动时，按下启动按钮 SB_1，接触器 KM_1 得电吸合并自锁，其常闭辅助触点断开，KM_2 失电释放，电动机经自耦变压器 TAU 降压启动。待电动机转速接近稳定时，按下运行按钮 SB_2，KM_1 失电释放，其常闭辅助触点闭合，KM_2 得电吸合并自锁，自耦变压器 TAU 退出运行，电动机全压运行。

图中，KM_1、KM_2 常闭辅助触点相互联锁，使接触器 KM_1、KM_2 不可能同时吸合，从而避免启动时发生短路事故。

停机时，按下停止按钮 SB_3，KM_1 失电释放，电动机停转。

（4）元件选择

电气元件参数见表 2-28。

表 2-28　电气元件参数

序号	名　称	代号	型号规格	数　量
1	负荷开关	QS	HD13-400/30	1
2	熔断器	FU_1	RT0-400/250A	3
3	熔断器	FU_2	RL1-15/5A	2
4	自耦变压器	TAU	75kW　抽头 65％、80％、100％	1
5	热继电器	FR	JR16-150/3D　100～160A	1
6	交流接触器	KM_1	见计算，需五副主触点	1
7	交流接触器	KM_2	见计算	1
8	按钮	SB_1	LA18-22（绿）	1
9	按钮	SB_2	LA18-22（黄）	1
10	按钮	SB_3	LA18-22（红）	1

交流接触器的选择：

假设电动机的额定功率为 75kW，额定电压 U_e 为 380V，额定电流 I_e 为 142A，启动电流为额定电流的 6 倍（$K=6$），当 $k=65％$ 时，则有

$$I_1 = k^2 K I_e = 0.65^2 \times 6 \times 142 = 360(A)$$

$$I_3 = k(1-k) K I_e = 0.65 \times (1-0.65) \times 6 \times 142 = 194(A)$$

KM_2 按连续工作制，其额定电流选择与电动机额定电流 I_e 相同，可选用 CJ20-160A 交流接触器。

KM_1 为短时工作制，从发热的角度看，它的额定电流可选较小，但它应能通断 I_3 和 I_1 启动电流，显然 $I_1>I_3$，应按 I_1 选择，即应为 $I_1/K=360/6=60$(A)。因此可选用具有五副主触点的 CJ24-100A 交流接触器。

2.2.21 QJ10、QJ10D 系列自耦降压启动器启动线路

QJ10、QJ10D 系列自耦降压启动器启动线路如图 2-39 所示。其主电路脱扣电路如图 2-40所示。

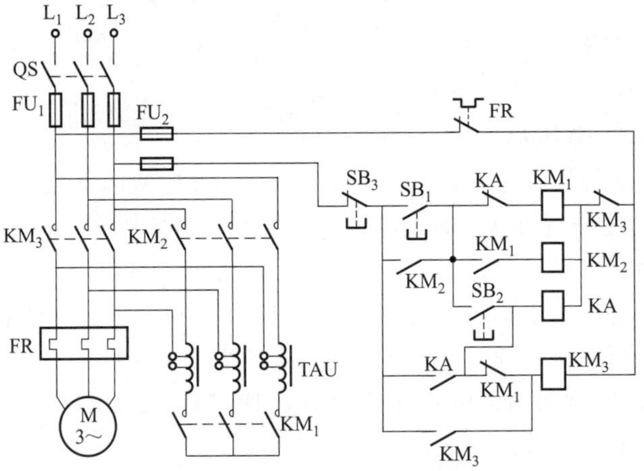

图 2-39 QJ10、QJ10D 系列自耦降压启动器启动线路

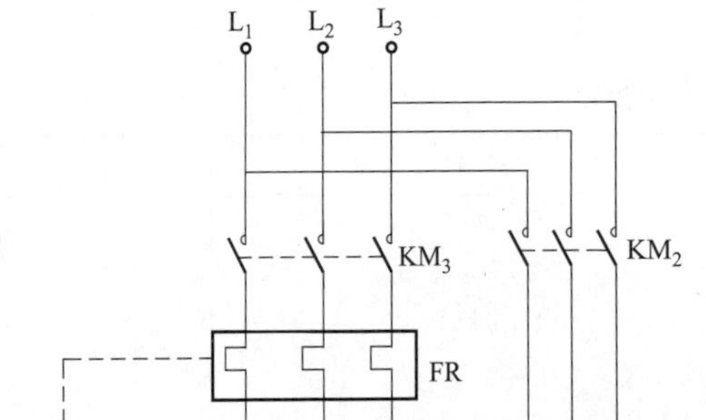

图 2-40 脱扣电路

QJ10、QJ10D 系列自耦降压启动器适用于功率为 75kW 及以下异步电动机，作为不频繁降压启动用。启动器具有过载、断相和失压保护功能。过载保护采用 JR16-□/3D 型带断相保护的热继电器，当启动器通过 120%额定电流以及一相断电、另两相电流达到 115%额定电流时，均可在不大于 20min 的时间内动作，切断电源。

该线路的控制目的、控制方法、保护元件、主电路均同图 2-38，控制电路除多了一只接触器 KM_3 和中间继电器 KA 外，其余元件同图 2-38。

工作原理：合上电源开关 QS，按下降压启动按钮 SB_1，接触器 KM_1 得电吸合，自耦变压器一次侧三相绕组接成 Y。同时 KM_1 常开辅助触点闭合，接触器 KM_2 得电吸合并自锁，自耦变压器一次侧接通电源，二次侧低电压加在电动机定子绕组上，电动机降压启动运行。当电动机接近额定转速时，按下升压按钮

SB_2，中间继电器 KA 得电吸合，其常闭触点断开 KM_1 电源回路，KM_1 失电释放，KM_1 常开辅助触点打开，使 KM_2 失电释放。同时中间继电器 KA 常开触点闭合，在 KM_1 释放其常闭辅助触点闭合后，接触器 KM_3 得电吸合并自锁，电动机进入全压正常运行。KM_3 吸合后，其常闭辅助触点打开，KM_1、KM_2 和 KA 均退出工作。

欲停机时，按下停止按钮 SB_3，控制回路断电，接触器 KM_3 失电释放，电动机停转。

2.2.22　XJ01-14～20 型自耦降压启动器启动线路

XJ01-14～20 型自耦降压启动器启动线路如图 2-41 所示。

（1）控制目的和方法

控制目的：电动机自耦变压器降压启动。

控制方法：启动时，将自耦变压器降压，启动完毕，自耦变压器退出，电动机全压运行。通过时间继电器自动实现。

保护元件：熔断器 FU_1（电动机短路保护），FU_2（控制电路短路保护）；热继电器 FR（电动机过载保护）。

（2）线路组成

① 主电路。由开关 QS、熔断器 FU_1、接触器 KM_1 及 KM_2 主触点、自耦变压器 TAU、热继电器 FR 和电动机 M 组成。

② 控制电路。由熔断器 FU_2、启动按钮

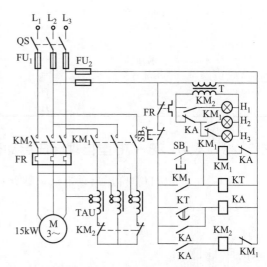

图 2-41　XJ01-14～20 型自耦降压启动器启动线路

SB_1、停止按钮 SB_2、接触器 KM_1 及 KM_2、中间继电器 KA、时间继电器 KT 和热继电器 FR 常闭触点组成。

③ 指示灯电路。由降压变压器 T，指示灯 H_1～H_3 及 KM_1、KM_2 辅助触点和 KA 触点组成。

H_1——运行指示（绿色）；H_2——降压启动指示（黄色）；H_3——控制电源指示（红色）。

（3）工作原理

合上电源开关 QS，红色指示灯 H_3 点亮。启动时，按下启动按钮 SB_1，接触器 KM_1 得电吸合并自锁，KM_2 失电释放，电动机接入自耦变压器 TAU 降压启动。同时黄色指示灯 H_2 点亮，表示电动机在降压启动。

在接触器 KM_1 得电吸合的同时，时间继电器 KT 线圈得电，经过一段延时后，其延时闭合常开触点闭合（这时电动机转速已接近稳定），中间继电器 KA 得电吸合并自锁，其常闭触点断开，KM_1 失电释放，其主触点断开，而常开辅助触点断开，时间继电器 KT 退出运行；KA 的常开触点闭合，KM_2 得电吸合，其两副常闭主触点断开，三副主触点闭合，自耦变压器 TAU 退出运行，电动机全压运行。同时绿色指示灯 H_1 点亮。

停机时，按下停止按钮 SB_2，KM_2、KA 均失电释放，电动机停转。

（4）元件选择

电气元件参数见表 2-29。

表 2-29 电气元件参数

序号	名　称	代号	型号规格	数　量
1	闸刀开关	QS	HK1-60/3	1
2	熔断器	FU_1	RL1-60/50A	3
3	熔断器	FU_2	RL1-15/5A	2
4	自耦变压器	TAU	15kW　65%、80%、100%	1
5	热继电器	FR	JR16-60/3　28～45A	1
6	交流接触器	KM_1	CJ20-40A　380V	1
7	交流接触器	KM_2	CJ20-20A　380V	1
8	中间继电器	KA	JZ7-44　380V	1
9	时间继电器	KT	SJ23-1　0.2～30s	1
10	变压器	T	3V·A　380/36V	1
11	按钮	SB_1	LA18-22(绿)	1
12	按钮	SB_2	LA18-22(红)	1
13	指示灯	H_1	AD14　36V(绿)	1
14	指示灯	H_2	AD14　36V(黄)	1
15	指示灯	H_3	AD14　36V(红)	1

2.2.23 XJ01-28～75型自耦降压启动器启动线路

XJ01-28～75 型自耦降压启动器启动线路如图 2-42 所示。

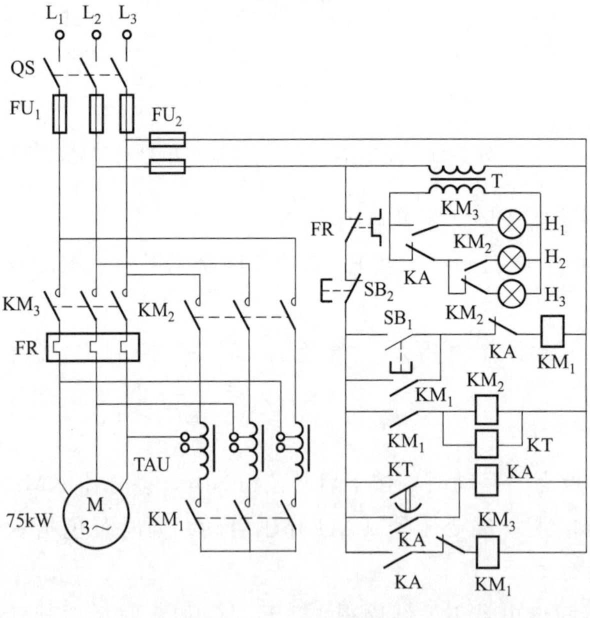

图 2-42　XJ01-28～75 型自耦降压启动器启动线路

工作原理：合上电源开关 QS，控制回路电源接通，电源指示灯 H_3 点亮。按下启动按钮 SB_1，接触器 KM_1 得电吸合，其主、辅常开触点闭合，接触器 KM_2 得电吸合，其主、辅常开触点闭合，电动机经自耦变压器 TAU 降压启动。

由于时间继电器 KT 线圈与 KM_2 线圈并联连接，故在 KM_2 得电吸合的同时，KT 便开始延时。经过一段时间延时，KT 延时闭合的常开触点接通中间继电器 KA 线圈回路，KA 吸合并自锁，其常闭触点切断 KM_1 线圈回路，常开触点接通 KM_3 线圈回路，自耦变压器退出工作，主触点闭合接通主电路，电动机进入全压正常运行。

欲停机，按下停止按钮 SB_2，控制回路电源切断，KM_3 失电释放，电动机停转。

其他类同图 2-41。

2.2.24 XJ01-80～300型自耦降压启动器启动线路

XJ01-80～300 型自耦降压启动器启动线路如图 2-43 所示。它具有手动和自动两种启动方式。

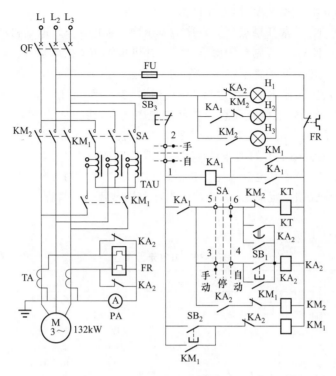

图 2-43 XJ01-80～300 型自耦降压启动器启动线路

(1) 控制目的和方法

控制目的：电动机自耦变压器降压启动；启动过程中防止热继电器动作。

控制方法：可手动和自动控制。手动时用按钮控制；自动时用时间继电器控制。

保护元件：断路器 QF（电动机短路保护）；熔断器 FU（控制电路短路保护）；热继电器 FR（电动机过载保护）；中间继电器 KA₂（防止启动过程中热继电器动作）。

(2) 线路组成

① 主电路。由断路器 QF、接触器 KM₁ 及 KM₂ 主触点、自耦变压器 TAU 和电动机 M 组成。热继电器 FR 通过电流互感器接入。

② 控制电路。由熔断器 FU、转换开关 SA、手动及自动启动按钮 SB₂、手动运行按钮 SB₁、停止按钮 SB₃、接触器 KM₁ 及 KM₂、中间继电器 KA₁ 及 KA₂、时间继电器 KT 和热继电器 FR 常闭触点组成。

③ 指示灯电路。由指示灯 H₁～H₃ 及 KM₂ 辅助触点和 KA₁、KA₂ 触点组成。

H₁——控制电源指示（红色）；H₂——降压启动指示（黄色）；H₃——全压运行指示（绿色）。

④ 指示仪表。PA——定子电流指示。

(3) 工作原理

合上断路器 QF，红色指示灯 H₁ 点亮。自动控制时，将转换开关 SA 置于"自动"位置，这时触点 1-2、5-6 接通，3-4 断开。按下启动按钮 SB₂，接触器 KM₁ 得电吸合并自锁，其主触点闭合，电动机经自耦变压器 TAU 降压启动。KM₁ 常开辅助触点闭合，中间继电器 KA₁ 得电吸合并自锁，KA₁ 常开触点闭合，降压启动的黄色指示灯 H₂ 点亮。KA₁ 另一副常开触点闭合，时间继电器 KT 线圈通电，延时计时开始。经过一段延时后，其延时闭合常开触点闭合，中间继电器 KA₂ 得电并自锁。其常闭触点断开，KM₁ 失电释放，自耦变压器 TAU 退出运行。KA₂ 常开触点闭合，接触器 KM₂ 得电吸合，电动机全压运行。同时绿色指示灯 H₃ 点亮。KA₂ 另两副常闭触点断开，热继电器 FR 投入运行。

手动控制时，将转换开关 SA 置于"手动"位置，这时触点 1-2、3-4 接通，5-6 断开。按下启动按钮 SB₂，接触器 KM₁ 得电吸合并自锁，其主触点闭合，电动机经自耦变压器 TAU 降压启动。其常开辅助触点闭合，中间继电器 KA₁ 得电吸合并自锁，KA₁ 常开触点闭合。经过一段时间，当电动机转速接近稳定后，按下全压运行按钮 SB₁，中间继电器 KA₂ 得电吸合并自锁。接下去的动作过程同"自动"时的过程。

按下停止按钮 SB₃，控制电路失电，接触器和中间继电器均释放，电动机停转。

断路器 QF 的热脱扣整定值为 330A，作为电动机过载的后备保护。

（4）元件选择

电气元件参数见表 2-30。

表 2-30 电气元件参数

序号	名　称	代号	型号规格	数　量
1	断路器	QF	DW15-400　$I_{dz}=330A$	1
2	熔断器	FU	RL1-15/10A	2
3	自耦变压器	TAU	132kW　65%、80%、100%	1
4	热继电器	FR	JR16-20/2　3.2～5A	2
5	电流互感器	TA	LQG-0.5　400A/5A	2
6	交流接触器	KM₁	CJ20-250A　380V	1
7	交流接触器	KM₂	CJ24-125A　380V	1
8	中间继电器	KA₁、KA₂	JZ7-44　380V	2
9	时间继电器	KT	JS7-1A　0.4～60s	1
10	转换开关	SA	LW5-16　D869/5	1
11	按钮	SB₁	LA18-22(绿)	1
12	按钮	SB₂	LA18-22(黄)	1
13	按钮	SB₃	LA18-22(红)	1
14	指示灯	H₁	AD11-25/40　380V(红)	1
15	指示灯	H₂	AD11-25/40　380V(黄)	1
16	指示灯	H₃	AD11-25/40　380V(绿)	1
17	电流表	PA	42L6-A　400/5A	1

电流互感器和热继电器的选择计算：

① 电流互感器 TA 的选择。设电动机功率为 132kW，额定电流 I_e 为 272A，则电流互感器可选用 LQG-0.5，400/5A。

② 热继电器 FR 的选择。热继电器的整定电流按（0.95～1.05）I_e' 确定。式中 I_e' 为 I_e 折算到电流互感器二次的值，即

$$I_e'=\frac{5}{400}\times272=3.4(A)$$

因此热继电器的整定值为（0.95～1.05）×3.4＝3.2～3.6(A)，故可选用电流调节范围为 3.2～5A 的 JR16-20/2 型热继电器。

2.2.25 XJ01 系列自耦降压启动器启动线路的不足及改进

（1）原线路存在的主要缺陷

仔细分析该启动器的控制线路，不难看出有以下不合理的问题：

① 实际使用表明，XJ01 系列自耦降压启动器的自耦变压器容易烧毁。这时由于启动器在长期使用过程中，接触器主触点磨损、表面氧化、电灼伤，以及短时间内操作频率过高、触点弹簧压力降低、负载侧短路等，都有可能造成接触器主触点熔焊。接触器 KM₁ 或 KM₂ 主触点一旦熔焊，便有可能烧毁自耦变压器。其原因如下（见图 2-42）。

假设 KM₁ 主触点熔焊，在启动结束时，KM₁ 的常开辅助触点不能从闭合状态恢复到断开状态，导致 KM₂ 继续吸合，又造成 KM₃ 不能得电吸合，因而电动机一直处在自耦降压状态下运行。如果操作者没有及时发现并采取措施，则会导致自耦变压器过热、烧毁。

假设 KM₂ 主触点熔焊，当线路按程序使 KM₁ 失电复位、KA 及 KM₃ 得电吸合时，流向电动机的电流有经 KM₃、KM₂ 主触点及自耦变压器两条途径。虽然流经自耦变压器的电流较小，绕组发热相对小些，但由于 KM₃ 正常工作，操作者很难及时发现故障的存在，导致自耦变压器长时间连续运行，热量会不断积聚而使绕组绝缘层受损，最终造成自耦变压器损坏。

② 接触器 KM₃ 的正常工作必须以中间继电器 KA 线圈长期通电为前提，这对中间继电器不利，会降低启动器的可靠性。应设法在电动机正常运行时使中间继电器不工作。

③ 电动机存在着直接启动的可能性（这是很危险的）。当接触器 KM₂ 线圈断线、接头连接不良或出现机械卡阻而不能闭合时，按下启动按钮 SB₁，时间继电器 KT 线圈在 KM₁ 常开辅助触点闭合后即通电延时，而不管 KM₂ 闭合与否。延时一到，KT 的延时闭合常开触点便闭合，于是中间继电器 KA 得电吸合，其常开触点闭合，KM₃ 即得电吸合，电动机便在全电压下启动。

（2）改进线路

① 改进线路之一（如图 2-44 所示）。在该线路中，接触器 KM₁、KM₂ 的常开辅助触点与时间继电器 KT 的延时断开常闭触点串联，兼有自锁和联锁作用。当启动按钮 SB₁ 松开后，两者共同起自锁作用，保持 KM₁ 和 KM₂ 继续吸合，而在 KM₁ 和 KM₂ 之间又起联锁作用。这样，不论是 KM₁ 主触点熔焊还是 KM₂ 的主触点熔焊，都不会烧毁自耦变压器。

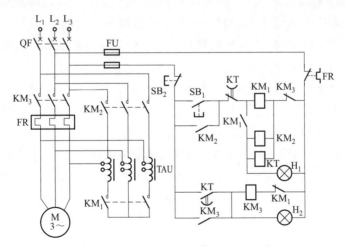

图 2-44　改进线路（一）

假设 KM₁ 主触点熔焊，由于 KT 延时断开常闭触点的作用，启动结束后，切断 KM₁、KM₂ 线圈的电源，KM₂ 释放。由于 KM₂ 常开辅助触点已断开，即使 KM₁ 主触点熔焊，其常开辅助触点不能断开，KM₂ 也不能重新吸合，自耦变压器也就无电流通过。

　　假设 KM$_2$ 主触点熔焊，当 KT 延时释放常闭触点断开时，KM$_1$、KM$_2$ 线圈失电，KM$_1$ 释放。串接在 KM$_3$ 线圈回路中的 KM$_1$ 常闭辅助触点闭合，KM$_3$ 得电吸合，其常闭辅助触点断开，KM$_1$ 也不能重新吸合，从而切断了自耦变压器与电动机之间的电路。此时自耦变压器处于空载运行状态。

　　当然，如果 KM$_1$ 和 KM$_2$ 的主触点同时发生熔焊，而操作者又没有及时发现而去停机，也会使自耦变压器烧毁。但这种故障概率极小。

　　② 改进线路之二（如图 2-45 所示）。在该线路中，时间继电器 KT 线圈与中间继电器 KA 的常开触点串联，而 KA 吸合需以接触器 KM$_2$ 吸合为前提，这就有效地克服了 KM$_2$ 与 KT 线圈并联连接带来的隐患。

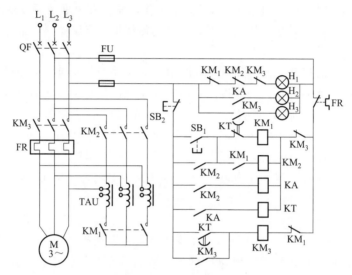

图 2-45　改进线路（二）

　　工作原理：按下启动按钮 SB$_1$，接触器 KM$_1$ 得电吸合，其常闭辅助触点断开，接触器 KM$_3$ 失电释放，而 KM$_1$ 的常开辅助触点闭合，接触器 KM$_2$ 得电吸合并自锁，电动机便接入自耦变压器降压启动。KM$_2$ 常开辅助触点闭合，中间继电器 KA 得电吸合，其常开触点闭合，时间继电器 KT 线圈通电。

　　经过一段延时，KT 延时断开常闭触点断开，KM$_1$ 失电释放。而 KT 的延时闭合常开触点闭合，KM$_3$ 得电吸合并自锁，KM$_3$ 的常闭辅助触点断开，KM$_1$、KM$_2$、KA、KT 均失电释放，退出工作。这时电动机进入全电压正常运行。

　　③ 改进线路之三（如图 2-46 所示）。该线路只是将接触器 KM$_2$ 的常闭辅助触点（见图 2-43）拿掉，改换成 KM$_1$ 的常开辅助触点而已。改后线路，当 KM$_1$ 因自锁触点接触不良而造成点动启动时，时间继电器 KT 就无法得电工作，从而可避免电动机直接启动引发的事故。

2.2.26　XJ10 系列自耦降压启动器启动线路

　　XJ10 系列自耦降压启动器启动线路如图 2-47 所示。

　　（1）控制目的和方法

　　控制目的：电动机自耦变压器降压启动。

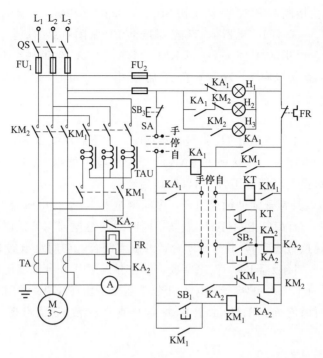

图 2-46　改进线路（三）

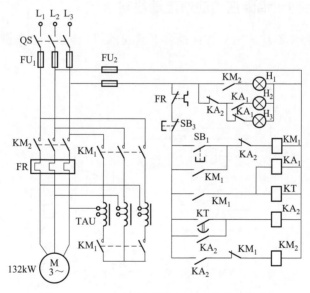

图 2-47　XJ10 系列自耦降压启动器启动线路

控制方法：启动时，经自耦变压器降压，启动完毕，自耦变压器退出，电动机全压运行。通过时间继电器自动实现。

保护元件：断路器 QF（电动机短路保护）；熔断器 FU（控制电路短路保护）；热继电器 FR（电动机过载保护）。

（2）线路组成

① 主电路。由断路器 QF、接触器 KM₁ 及 KM₂ 主触点、自耦变压器 TAU、热继电器 FR 和电动机 M 组成。

② 控制电路。由熔断器 FU、启动按钮 SB₁、停止按钮 SB₂、接触器 KM₁ 及 KM₂、中间继电器 KA₁ 及 KA₂、时间继电器 KT 和热继电器 FR 常闭触点组成。

③ 指示灯电路。由指示灯 H₁～H₃ 及 KM₂、KA₁、KA₂ 辅助触点组成。

H₁——运行指示（绿色）；H₂——降压启动指示（黄色）；H₃——控制电源指示（红色）。

（3）工作原理

合上断路器 QF，红色指示灯 H₃ 点亮。启动时，按下启动按钮 SB₁，接触器 KM₁ 得电吸合并自锁，其主触点闭合，而接触器 KM₂ 由于中间继电器 KA₂ 常开触点断开而处于释放状态，因此电动机接入自耦变压器 TAU 降压启动。

在 KM₁ 吸合时，其常开辅助触点闭合，中间继电器 KA₁ 得电吸合，其常闭触点断开，红色指示灯 H₃ 熄灭，而黄色指示灯 H₂ 点亮。同时时间继电器 KT 线圈得电，经过一段延时（这时电动机转速接近稳定），其延时闭合常开触点闭合，中间继电器 KA₂ 得电吸合并自锁，其常闭触点断开，接触器 KM₁ 失电释放，其主触点断开，自耦变压器退出运行；KM₁ 常闭辅助触点闭合，KM₂ 得电吸合，电动机全压运行。由于 KA₂ 常闭触点断开，指示灯 H₂、H₃ 均熄灭，而绿色指示灯 H₁ 由于 KM₂ 常开辅助触点闭合而点亮。

（4）元件选择

电气元件选择参见表 2-30。

2.2.27　LZQ1 系列自耦降压启动器启动线路

LZQ1-10-55 型和 LZQ1-70-13 型自耦降压启动器启动线路分别如图 2-48 和图 2-49 所示。

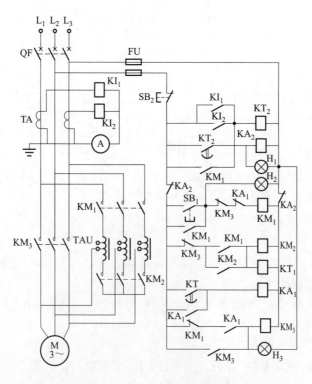

图 2-48　LZQ1-10-55 型自耦降压启动器启动线路

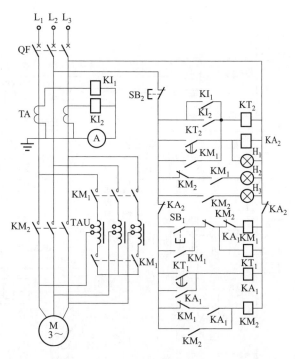

图 2-49　LZQ1-70-13 型自耦降压启动器启动线路

在图 2-48 和图 2-49 所示电路中，采用过电流继电器用于过载、短路保护。它们的工作原理与 XJ01 系列基本相同。

2.2.28　JJ1 系列自耦降压启动器启动线路

JJ1 系列自耦降压启动器适用于功率为 315kW 及以下的异步电动机，作不频繁自耦降压启动用。它具有过载保护、断相保护和短路保护等功能。对于自耦变压器装有启动时间的过载保护装置。对于额定容量为 90kW 以上的产品，带节能无声运行装置，可节省电能，减少噪声。节能装置由主令开关控制，可手动投入或切除。

JJ1 系列自耦降压启动器允许从冷态连续启动 2 次。每次启动时间为 15s，间隔时间为 30s。为了保证启动时工作可靠，通过 DJ1-A 型电流-时间转换器，采用电流和时间双重控制转换方式来达到。一般电流转换装置先动作，延时基本不起作用。但当电流转换电路发生故障或由于负载变化、启动电流在规定时间内仍不能衰减到小于 1.5 倍额定电流时，时间转换电路发生作用，同时发出转换信号。在不同工作条件下，DJ1-A 型电流-时间转换器整定值分别不大于 40s（第一种工作制）和不大于 100s（第二种工作制）。

第一种工作制，包括 8h 工作制、不间断工作制、短时工作制、断续周期和断续非周期工作制。断续周期工作制允许 1h 内操作 3 次，断续非周期工作制，允许 1h 内操作 6 次（时间间隔均匀），然后冷却 2h。

第二种工作制，包括 8h 工作制、不间断工作制、短时工作制、断续周期和断续非周期工作制。断续周期工作制允许 1h 内操作 6 次，断续非周期工作制，允许 1h 内操作 12 次（时间间隔均匀），然后冷却 2h。

（1）JJ1B-11～75/380-$\frac{1}{2}$ 型自耦降压启动器启动线路
线路如图 2-50 所示。

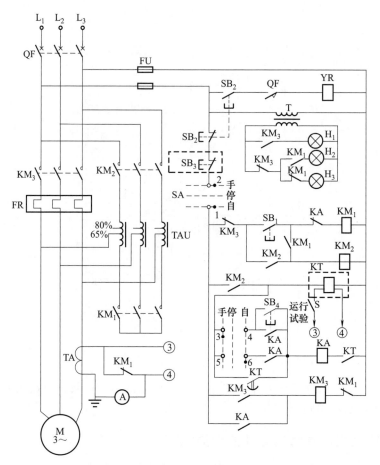

图 2-50　JJ1B-11～75/380-½型自耦降压启动器启动线路

图中，SB_1 为启动按钮，SB_2 为停止按钮，SB_3 为远控停止按钮，SB_4 为运行按钮；H_1 为全压运行指示灯（绿色），H_2 为降压启动指示灯（黄色）；H_3 为电源指示灯（红色）；虚线框内为电流-时间转换器；YR 为断路器 QF 的跳闸线圈。

工作原理：合上断路器 QF，电源指示灯 H_3 点亮。当采用自动操作时，将转换开关 SA 置于"自动"位置，触点 1-2 和 5-6 闭合。将电流-时间转换器钮子开关 S 切换到"运行"位置。按下启动按钮 SB_1，接触器 KM_1 得电吸合，其常开辅助触点闭合，接触器 KM_2 得电吸合并自锁。自耦变压器一次侧接通电源，二次侧加在电动机定子绕组上，电动机降压启动运行。同时，降压启动指示灯 H_2 点亮，H_3 熄灭。在 KM_2 吸合时，其常开辅助触点闭合，时间继电器 KT 线圈通电。待电动机启动电流降到额定电流的 1.5 倍（电动机转速相当于额定转速的 80%）时，时间继电器 KT 的常开触点和延时闭合常开触点先后闭合，中间继电器 KA 得电吸合。其常闭触点断开，使 KM_1、KM_2 失电释放，而其常开触点闭合，使接触器 KM_3 得电吸合并自锁，电动机进入全压正常运行。同时，全压运行指示灯 H_1 点亮，H_2、H_3 熄灭。当需要停机时，按下停止按钮 SB_2，KM_3 失电释放，电动机停转。同时，断路器 QF 跳闸，切断电源。

手动操作时，将转换开关 SA 置于"手动"位置，触点 1-2 和 3-4 闭合，电源指示灯 H_3 点亮。将电流-时间转换器钮子开关 S 切换到"试验"位置。按下启动按钮 SB_1，电动机经自耦变压器降压启动。同时，降压启动指示灯 H_2 点亮，H_3 熄灭。待电动机启动电流降到额定电流的 1.5 倍（电动机转速相当于额定转速的 80%）时，按下运行按钮 SB_4，中间继电器 KA 得电吸合并自锁，KM_1、KM_2 失电释放，KM_3 得电吸合并自锁，电动机进入全压正常运行。同时 H_1 点亮，H_2、H_3 熄灭。当需要停机时，按下停止按钮 SB_2 即可。

当采用自动操作时，若启动电流长时间降不到 1.5 倍的额定电流（手动操作未按"运行"按钮），在整定时间内，电流互感器 TA 输出电流至时间继电器 KT 的另一线圈，使 KT 动作，强迫电路切换到全压运行位置。

在启动器接入电动机前，需将电流-时间转换器钮子开关 S 切换到"试验"位置，将时间继电器的延时时间按规定要求整定好。

（2）JJ1B-90～315/380-2 型自耦降压启动器启动线路（如图 2-51 所示）

该线路与图 2-50 所示线路类似，但因其配用的电动机功率较大，故热继电器串接在电流互感器回路，且可选用容量较小的热继电器。

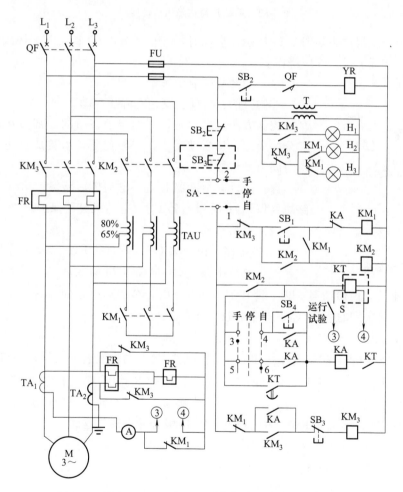

图 2-51　JJ1B-90～315/380-2 型自耦降压启动器启动线路

2.2.29　手动延边△降压启动线路

手动延边△降压启动线路如图 2-52 所示。

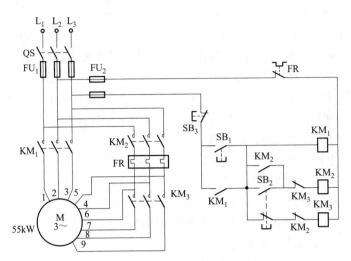

图 2-52　手动延边△降压启动线路

电动机定子绕组抽头如图 2-53 所示。启动时，三相绕组 1-7、2-8、3-9 接成 Y，形成延边△的接法，实际上成为降压绕组。

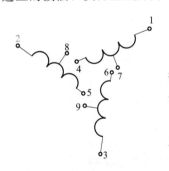

图 2-53　电动机定
子绕组抽头

（1）控制目的和方法

控制目的：电动机延边△降压启动。

控制方法：启动时，三相定子绕组的一部分接成 Y，另一部分接成△，待启动完毕，三相定子绕组接成△正常运行。启动时间由操作按钮决定。

保护元件：熔断器 FU_1（电动机短路保护），FU_2（控制电路短路保护）；热继电器 FR（电动机过载保护）。

（2）线路组成

① 主电路。由开关 QS、熔断器 FU_1、接触器 $KM_1 \sim KM_3$ 主触点、热继电器 FR 和电动机 M 组成。

② 控制电路。由熔断器 FU_2、降压启动按钮 SB_1、全压运行按钮 SB_2、停止按钮 SB_3、接触器 $KM_1 \sim KM_3$ 和热继电器 FR 常闭触点组成。

（3）工作原理

合上电源开关 QS，按下启动按钮 SB_1，接触器 KM_1 得电吸合并自锁，绕组 1、2、3 端头与电源 L_1、L_2、L_3（即 U、V、W 相）接通，由于 KM_1 自锁，接触器 KM_3 也得电吸合，于是绕组 4、5、6 端头分别与 8、9、7 端头接通，电动机定子绕组接成延边△。启动完毕，按下按钮 SB_2，接触器 KM_3 失电释放，KM_2 吸合并自锁，这时 4、5、6 与 8、9、7 端头已切断，而 4、5、6 端头与电源接通，1、6 与 L_1 相接，2、4 与 L_2 相接，3、5 与 L_3 相接，电动机定子绕组转为△连接，进入正常运行。

停机时，按下停止按钮 SB_3 即可。

（4）元件选择

电气元件参数见表 2-31。

接触器 KM_2、KM_3 的选择：

① 接触器 KM_2 的选择。由于电动机在正常运行时 KM_2 的触点只通过相电流，因此在

选择 KM_2 时，其额定电流可等于或略小于电动机额定电流。

② 接触器 KM_3 的选择。KM_3 的额定电流可按电动机额定电流的 $1/3 \sim 1/2$ 选取。

表 2-31　电气元件参数

序号	名　称	代号	型号规格	数　量
1	铁壳开关	QS	HH3-200/200A	1
2	熔断器	FU_1	RT0-200/200A(配 QS)	3
3	熔断器	FU_2	RL1-15/5A	2
4	热继电器	FR	JR16-150/3　75~120A	1
5	交流接触器	KM_1	CJ20-160A　380V	1
6	交流接触器	KM_2	CJ20-160A　380V	1
7	交流接触器	KM_3	CJ20-100A　380V	1
8	按钮	SB_1	LA18-22(绿)	1
9	按钮	SB_2	LA18-22(黄)	1
10	按钮	SB_3	LA18-22(红)	1

2.2.30　自动延边△降压启动线路

自动延边△降压启动线路如图 2-54 所示。

（1）控制目的和方法

控制目的：电动机延边△降压启动。

控制方法：启动时，三相定子绕组的一部分接成 Y，另一部分接成△，待启动完毕，三相定子绕组接成△，正常运行。启动时间由时间继电器控制。

保护元件：熔断器 FU_1（电动机短路保护），FU_2（控制电路短路保护）；热继电器 FR（电动机过载保护）。

（2）线路组成

① 主电路。由开关 QS、熔断器 FU_1、接触器 $KM_1 \sim KM_3$ 主触点、热继电器 FR 和电动机 M 组成。

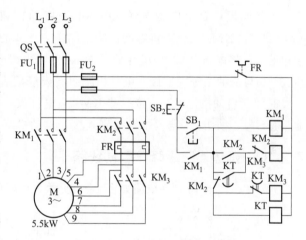

图 2-54　自动延边△降压启动线路

② 控制电路。由熔断器 FU_2、启动按钮 SB_1、停止按钮 SB_2、接触器 $KM_1 \sim KM_3$、时间继电器 KT 和热继电器 FR 常闭触点组成。

（3）工作原理

合上电源开关 QS，按下启动按钮 SB_1，接触器 KM_1 得电吸合并自锁，KM_3 吸合，电动机定子绕组接成延边△降压启动。同时时间继电器 KT 线圈通电，经过一段延时后，其延时断开常闭触点断开，KM_3 失电释放，而延时闭合常开触点闭合，接触器 KM_2 得电吸合，其常闭辅助触点断开，KM_3 和 KT 失电释放，电动机定子绕组转为△连接，进入正常运行。

（4）元件选择

时间继电器 KT 可选用 JS23-1 10~180s；其他元件同图 2-53。

2.2.31　延边△两级降压启动线路

延边△两级降压启动线路如图 2-55 所示。该降压启动线路为按钮手动控制式。启动时，电动机绕组先接成 Y，然后转换成延边△，最后接成△，属两级降压启动。

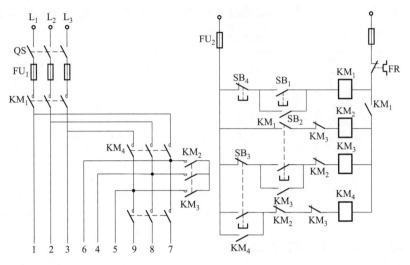

图 2-55　延边△两级降压启动线路

工作原理：合上电源开关 QS，按下启动按钮 SB_1，接触器 KM_1、KM_2 先后吸合，KM_1 自锁。KM_2 主触点将电动机绕组的 4、5、6 抽头连成 Y 启动。经过一段时间，按启动按钮 SB_2，接触器 KM_2 失电释放，而 KM_3 得电吸合并自锁，使绕组的 6 与 7 抽头、4 与 8 抽头、5 与 9 抽头分别连接，电动机绕组转换成延边△接法，开始第二级降压启动。再经过一段时间，启动按钮 SB_3，接触器 KM_3 失电释放，KM_4 得电吸合并自锁，使绕组的 1 与 6 抽头、2 与 4 抽头、3 与 5 抽头分别连接，电动机绕组转换成△连接，进入正常运行。

2.2.32　延边△三级降压启动线路

延边△三级降压启动线路如图 2-56 所示。该降压启动线路为按钮手动控制式。启动时，

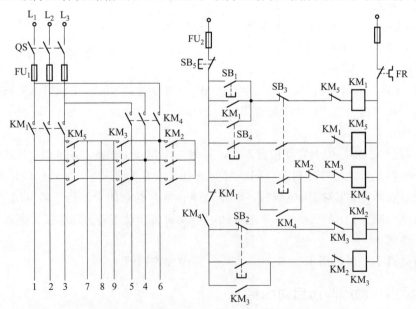

图 2-56　延边△三级降压启动线路

先将电动机绕组接成 Y，再将电动机绕组先后转换成延边△（2∶1）、延边△（1∶2），最后
转换成△进入正常运行，属三级降压启动。

2.2.33　△启动、Y 运行的控制线路

前面介绍的 Y-△降压启动，定子绕组先接成 Y 启动，再接成△正常运行，这是为了减
小启动电流。但在某些特殊场合，则正好相反。比如，某些机械设备惯性很大，启动时要求
有很大的转矩，而运行时要求的转矩却较小，运行电流不足额定值的 1/3。若采用功率较小
的电动机无法启动，这时，可采用将电动机绕组接成△启动，再接成 Y 运行。其线路如图
2-57 所示。

这种线路的工作原理与 Y-△降压启动线路恰恰相反。但要注意，由于启动电流大，电
网的容量必须足够大。否则，不但会使电动机的启动困难，而且会造成电网电压下降严重，
导致上一级电路保护装置动作，影响其他设备的正常工作。

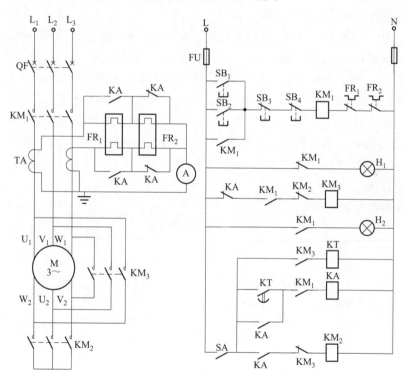

图 2-57　△启动、Y 运行的控制线路

2.3　特殊的启动与控制线路

2.3.1　电动机启动与运转熔断器自动切换线路

电动机启动与运转熔断器自动切换线路如图 2-58 所示。

（1）控制目的和方法

控制目的：防止启动时因启动电流过大而烧断作为过电流保护用的熔断器。

控制方法：启动时投入容量大的熔断器，正常运行时投入正常保护的熔断器。

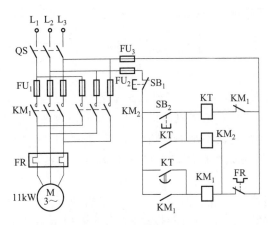

图 2-58　电动机启动与运转熔断器自动切换线路

保护元件：熔断器 FU_1［电动机过电流保护（后备）］，FU_2（电动机启动时保护），FU_3（控制电路短路保护）；热继电器 FR［电动机过电流（过载）保护］。

（2）线路组成

① 主电路。由开关 QS、熔断器 FU_1 及 FU_2、接触器 KM_1 及 KM_2 主触点、热继电器 FR 和电动机 M 组成。

② 控制电路。由熔断器 FU_3、启动按钮 SB_2、停止按钮 SB_1、接触器 KM_1 及 KM_2、时间继电器 KT 和热继电器 FR 常闭触点组成。

（3）工作原理

① 初步分析。启动时，KM_2 主触点闭合，KM_1 主触点断开，致使 KM_2 吸合、KM_1 释放。经过一段延时，电动机转速稳定后，再变成 KM_2 释放，KM_1 吸合并自锁。

② 顺着分析。合上电源开关 QS，按下启动按钮 SB_2，接触器 KM_2 得电吸合，其主触点闭合，电动机经熔断器 FU_2 启动。在 KM_2 吸合的同时，时间继电器 KT 线圈通电，其常开触点闭合，使 KM_2 自锁。当电动机转速稳定后，KT 的延时闭合常开触点闭合，接触器 KM_1 得电吸合并自锁，其常闭辅助触点断开，KT 失电释放，其常开触点断开，KM_2 失电释放，KM_2 主触点断开，熔断器 FU_2 退出运行。

（4）元件选择

电气元件参数见表 2-32。

表 2-32　电气元件参数

序号	名　称	代号	型号规格	数　量
1	铁壳开关	QS	HH3-60/50A	1
2	熔断器	FU_1	RC1A-60/50A(配 QS)	3
3	熔断器	FU_2	RL1-60/60A	3
4	熔断器	FU_3	RL1-15/5A	2
5	交流接触器	KM_1	CJ20-25A　380V	1
6	交流接触器	KM_2	CJ20-25A　380V	1
7	时间继电器	KT	JS23-1　0.2～30s	1
8	热继电器	FR	JR14-20/2　14～22A	1
9	按钮	SB_1	LA18-22(红)	1
10	按钮	SB_2	LA18-22(绿)	1

熔断器的选择计算：

① FU_1 熔体电流 I_{er} 的选择公式为

$$I_{er} = 1.05 I_{ed}$$

式中　I_{ed}——电动机额定电流，A。

② FU_2 熔体电流 I_{er} 的选择公式为

$$I_{er} = K I_q$$

式中　I_q——电动机启动电流，A；

K——按启动时间 t_q 选择：在 $t_q<3s$ 时，$K=0.25\sim0.35$；在 $t_q=3\sim6s$ 时，$K=0.4\sim0.8$。

2.3.2　防止启动时热继电器动作的启动线路

防止启动时热继电器动作的启动线路如图 2-59 所示。

（1）控制目的和方法

控制目的：启动时热继电器不动作（短接），以便电动机顺利启动；启动完毕后，热继电器再投入工作。

控制方法：启动时，接触器 KM₂ 主触点闭合，KM₁ 主触点断开，使热继电器不接入主电路；启动完毕后，KM₂ 主触点断开，KM₁ 主触点闭合，热继电器投入工作。

保护元件：断路器 QF（电动机短路保护）；熔断器 FU（控制电路的短路保护）；热继电器 FR（电动机过载保护）。

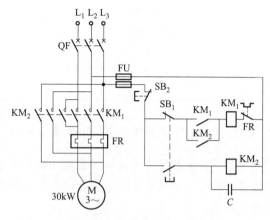

图 2-59　防止启动时热继电器动作的启动线路

（2）线路组成

① 主电路。由断路器 QF、接触器 KM₁ 主触点、热继电器 FR 和电动机 M 组成。接触器 KM₂ 主触点在主电路中仅在启动时接入。

② 控制电路。由熔断器 FU、启动按钮 SB₁、停止按钮 SB₂、接触器 KM₁ 及 KM₂、电容 C 和热继电器 FR 常闭触点组成。

（3）工作原理

合上断路器 QF，按下启动按钮 SB₁，接触器 KM₂ 得电吸合，其主触点闭合，短接热继电器 FR，电动机带负载启动。经过一段时间（30s 左右），待电动机转速趋近额定转速时，松开按钮 SB₁，于是接触器 KM₁ 得电吸合，其常开主、辅触点闭合，而 KM₂ 失电释放，主、辅触点断开，电路将热继电器 FR 接入正常运行。

在 KM₂ 线圈上并联电容 C 的目的是，利用切换瞬间电容两端电压不能突变的性质，保证 KM₁ 常开主、辅触点闭合后 KM₂ 主触点才能释放。

停机时，按下停止按钮 SB₂，接触器 KM₁ 失电释放，电动机停转。

当电动机过载时，热继电器 FR 动作，其常闭触点断开，KM 失电释放，电动机停止运行，从而保护了电动机；当主电路（电动机）发生短路事故时，断路器 QF 跳闸，电动机停转；当控制电路发生短路事故时，熔断器 FU 熔断，电动机也停转。

断路器 QF 的热脱扣整定值为 63A，作为电动机过载的后备保护。

（4）元件选择

电气元件参数见表 2-33。

热继电器 FR 的整定，参见第 1 章 1.2.5。

电容 C 的选择：

对于额定电流为 40~80A 的接触器，可选用 2.5μF 的电容器；对于额定电流为 100~150A 的接触器，可选用 3.7μF 的电容器；对于额定电流为 250A 的接触器，可选用 4.7μF 的电容器。

表 2-33 电气元件参数

序号	名　称	代号	型号规格	数　量
1	断路器	QF	DZ15-100/63　$I_{dz}=63A$	1
2	熔断器	FU	RL1-15/5A	2
3	热继电器	FR	JR16-60/3　40～63A	1
4	交流接触器	KM_1	CJ20-63A　380V	1
5	交流接触器	KM_2	CJ20-40A　380V	1
6	电容器	C	见调试	1
7	按钮	SB_1	LA18-22(绿)	1
8	按钮	SB_2	LA18-22(红)	1

2.3.3　单按钮控制单向启动线路（一）

控制一台三相异步电动机的启动和停止，通常需要用两只按钮。一只为启动按钮，另一只为停止按钮。但在某些特殊场合或某些特殊设备上，为减少控制导线及按钮数目，需采用单按钮控制。

单按钮控制单向启动线路（一）如图 2-60 所示。

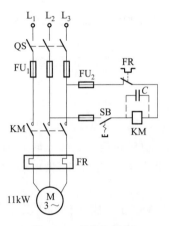

图 2-60　单按钮控制
单向启动线路（一）

（1）控制目的和方法

控制目的：用一只按钮控制电动机启动/停止。

控制方法：采用自锁式按钮来实现。

保护元件：熔断器 FU_1（电动机短路保护），FU_2（控制电路的短路保护）；热继电器 FR（电动机过载保护）。

（2）线路组成

① 主电路。由开关 QS、熔断器 FU_1、接触器 KM 主触点、热继电器 FR 和电动机 M 组成。

② 控制电路。由熔断器 FU_2、启动与停止按钮 SB、热继电器 FR 常闭触点和电容 C 组成。

（3）工作原理

SB 采用自锁式（又称锁扣）按钮。按下 SB，动合触点闭合并自锁，接触器 KM 得电吸合，电动机启动运转。停机时，再按一下 SB，触点复位（断开），KM 失电释放，电动机停转。

为防止按钮触点被火花烧损或熔连，可在接触器线圈两端并联一只电容器。

须指出的是采用自锁式按钮，电动机无欠压自停功能。

（4）元件选择

电气元件参数见表 2-34。

表 2-34　电气元件参数

序号	名　称	代号	型号规格	数　量
1	闸刀开关	QS	HK1-60/3	1
2	熔断器	FU_1	RL1-60/30A	3
3	熔断器	FU_2	RL1-15/5A	2

序号	名　　称	代号	型号规格	数　　量
4	交流接触器	KM	CJ20-25A　380V	1
5	热继电器	FR	JR16-60/3　20～32A	1
6	按钮	SB	LA32-ZS 或 LAY3-ZS	1
7	电容	C	CBB22 型 1～2μF　450V	1

2.3.4　单按钮控制单向启动线路（二）

利用电子线路实现单按钮控制电动机运转的控制线路如图 2-61 所示。

（1）控制目的和方法

控制目的：用一只按钮控制电动机启动、停止。

控制方法：利用晶闸管及其在反向电压下会关断的特性来实现。

保护元件：熔断器 FU_1（电动机短路保护），FU_2（控制电路的短路保护）；热继电器 FR（电动机过载保护）。

（2）线路组成

① 主电路。由开关 QS、熔断器 FU_1、接触器 KM 主触点、热继电器 FR 和电动机 M 组成。

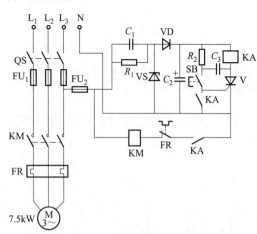

图 2-61　单按钮控制单向启动线路（二）

② 控制电路。由按钮 SB、晶闸管 V、继电器 KA、接触器 KM、电阻 R_2、电容 C_3 以及热继电器 FR 常闭触点组成。

③ 直流工作电源。由电容 C_1、稳压管 VS、二极管 VD 和电容 C_2 组成。

（3）工作原理

合上电源开关 QS，220V 交流电压经电容 C_1 降压、稳压管 VS 进行正半波稳压、负半周对电容 C_1 放电、二极管 VD 整流、电容 C_2 滤波稳压，得到的直流电压为晶闸管 V 和直流继电器 KA 提供工作电压。

启动时，按下按钮 SB，晶闸管 V 经电阻 R_2 触发导通，继电器 KA 得电吸合。由于加在晶闸管阳极与阴极上的电压是直流电，因此松开 SB 后，晶闸管仍保持导通状态。继电器 KA 常开触点闭合，接触器 KM 得电吸合，电动机启动运行。KA 另一常开触点闭合，为停机做好准备。这时电容 C_3 上被充电成左正右负的电压。

欲使电动机停转，第二次按下按钮 SB，电容 C_3 上的电压给晶闸管 V 以反向电压，致使其截止，继电器 KA 失电释放，其常开触点断开，接触器 KM 失电释放，电动机停止运行，电路恢复到初始状态。

第三次按下 SB，重复上述过程。

（4）元件选择

电气元件参数见表 2-35。

表 2-35　电气元件参数

序号	名　称	代号	型号规格	数　量
1	铁壳开关	QS	HH3-60/40A	1
2	熔断器	FU_1	RC1A-60/40A(配 QS)	3
3	熔断器	FU_2	RL1-15/5A	1
4	热继电器	FR	JR14-22/2 14～22A	1
5	交流接触器	KM	CJ20-16A　220V	1
6	直流继电器	KA	JRX-13F 或 DZ-100 DC 24V	1
7	晶闸管	V	KP1A　100A	1
8	稳压管	VS	2CW65　U_z=20～24V	1
9	二极管	VD	1N4004	1
10	炭膜电阻	R_1	RX1-510kΩ　½W	1
11	金属膜电阻	R_2	RJ-3kΩ　½W	1
12	电容器	C_1	CBB22　0.47μF　630V	1
13	电解电容器	C_2	CD11　100μF　50V	1
14	电容器	C_3	CBB22　0.1μF　160V	1
15	按钮	SB	LA18-22(黄色)	1

2.3.5　单按钮控制单向启动线路（三）

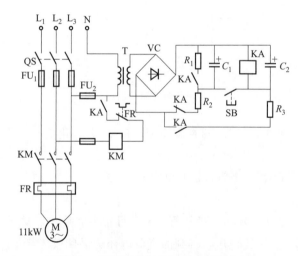

图 2-62　单按钮控制单向启动线路（三）

利用电容特性实现单按钮控制电动机运转的控制线路如图 2-62 所示。

（1）控制目的和方法

控制目的：用一只按钮控制电动机启动、停止。

控制方法：利用电容储能及充、放电特性来实现。

保护元件：熔断器 FU_1（电动机短路保护），FU_2（控制电路的短路保护）；热继电器 FR（电动机过载保护）。

（2）线路组成

① 主电路。由开关 QS、熔断器 FU_1、接触器 KM 主触点、热继电器 FR 和电动机 M 组成。

② 控制电路。由按钮 SB、电容 C_1 和 C_2 及电阻 R_1～R_3 和继电器 KA、接触器 KM 以及热继电器 FR 常闭触点组成。

③ 直流工作电源。由降压变压器 T 和整流桥 VC 组成。

（3）工作原理

合上电源开关 QS，220V 交流电压经变压器 T 降压、整流桥 VC 整流后，得到一直流电压，并经电阻 R_2 向电容 C_1 充电。此时按下按钮 SB，C_1 立即通过继电器 KA 线圈放电，使 KA 吸合，其常闭触点断开，常开触点闭合，从而维持 KA 继续吸合状态。接触器 KM 得电吸合，电动机启动运行。同时电容 C_1 向电阻 R_1 放电，为下一个动作做好准备。

欲使电动机停转，第二次按下按钮 SB，直流电压通过电阻 R_3 向电容 C_1 充电，由于此时的 C_1 两端电压已为零，因此 R_3 两端电压降增加，加在继电器 KA 线圈上的电压减小

（瞬间为 0V），致使 KA 失电释放，其常开触点断开，接触器 KM 失电释放，电动机停止运行，电路恢复到初始状态。

第三次按下 SB，重复上述过程。

该线路关断 KA 后到下一次接通 KA，中间需要间隔不足 1s，这是因为 C_1 的充电时间常数 $(R_1 /\!/ R_2)C_1 = (470\text{k}\Omega /\!/ 470\text{k}\Omega) \times 220 \times 10^{-6}\text{F} = 0.52\text{s}$。

（4）元件选择

电气元件参数见表 2-36。

表 2-36　电气元件参数

序号	名　称	代号	型号规格	数　量
1	铁壳开关	QS	HH3-60/50A	1
2	熔断器	FU_1	RC1A-60/50A（配 QS）	3
3	熔断器	FU_2	RL1-15/5A	2
4	热继电器	FR	JR14-20/2　14~22A	1
5	直流继电器	KA	JRX-13F 或 DZ-100　DC 24V	1
6	交流接触器	KM	CJ20-25A　380V	1
7	变压器	T	3V·A　220V/24V	1
8	整流桥	VC	1N4004	4
9	金属膜电阻	R_1、R_2	RJ-470kΩ　½W	2
10	金属膜电阻	R_3	RJ-360Ω　½W	1
11	电解电容器	C_1	CD11　220μF　50V	1
12	电解电容器	C_2	CD11　50μF　50V	1
13	按钮	SB	LA18-22 黄色	1

2.3.6　单按钮控制单向启动线路（四）

单按钮控制单向启动线路（四）如图 2-63 所示。

（1）控制目的和方法

控制目的：用一只按钮控制电动机启动/停止。

控制方法：通过两个继电器和一个接触器的巧妙接线来实现。

保护元件：熔断器 FU_1（电动机短路保护），FU_2（控制电路的短路保护）；热继电器 FR（电动机过载保护）。

（2）线路组成

① 主电路。由开关 QS、熔断器 FU_1、接触器 KM 主触点、热继电器 FR 和电动机 M 组成。

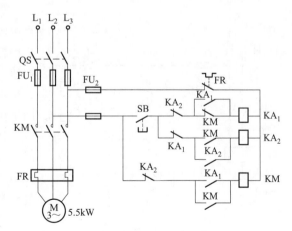

图 2-63　单按钮控制单向启动线路（四）

② 控制电路。由熔断器 FU_2、启动与停止按钮 SB、继电器 KA_1 和 KA_2、接触器 KM 以及热继电器 FR 常闭触点组成。

（3）工作原理

合上电源开关 QS，按下按钮 SB，中间继电器 KA_1 得电吸合，其常开触点闭合，接触器 KM 得电吸合并自锁,电动机启动运转。KM 的常开辅助触点闭合,常闭辅助触点断开。这时中间继电器 KA₂ 因 KA₁ 的常闭触点断开而断电,KA₂ 不能吸合。松开按钮 SB 后,KM 因自锁仍吸合,电动机继续运转。这时 KA₁ 因 SB 松开而失电释放,其触点复位,为 KA₂ 工作做好准备。

欲使电动机停转,第二次按下按钮 SB,这时由于 KM 的常闭辅助触点断开,KA₁ 不会吸合,而 KA₂ 却得电吸合。KA₂ 的常闭触点断开,KM 失电释放,电动机停转。同时,KA₂ 的常闭触点切断 KA₁ 线圈回路,使 KA₁ 在 KM 复位后仍不能吸合。松开 SB 后,KA₂ 释放,电路恢复到初始状态。

第三次按下 SB,重复上述过程。

(4)元件选择

电气元件参数见表 2-37。

表 2-37　电气元件参数

序号	名　　称	代号	型号规格	数　量
1	闸刀开关	QS	HH3-60/3	1
2	熔断器	FU₁	RL1-60/35A	3
3	熔断器	FU₂	RL1-15/5A	2
4	交流接触器	KM	CJ20-16A　380V	1
5	中间继电器	KA₁、KA₂	JZ7-44　380V	2
6	热继电器	FR	JR14-20/2　10～16A	1
7	按钮	SB	LA18-22(黄)	1

2.3.7　单按钮控制单向启动线路(五)

单按钮控制单向启动线路(五)如图 2-64 所示。

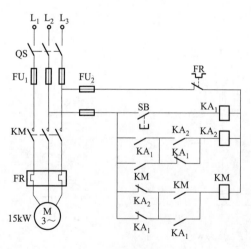

图 2-64　单按钮控制单向启动线路(五)

(1)工作原理

启动时,按下按钮 SB,中间继电器 KA₁ 得电吸合,其常闭触点断开,而常开触点闭合,接触器 KM 得电吸合,电动机启动运转。松开按钮 SB 后,虽然 KA₁ 失电释放,但 KM 的常开辅助触点闭合,KM 仍继续吸合。这时,中间继电器 KA₂ 得电吸合,并为停机做好准备。

欲使电动机停转,第二次按下按钮 SB。这时,KA₁ 再次得电吸合,其常闭触点断开,KA₂ 和 KM 均失电释放,电动机停转,电路恢复到初始状态。

(2)元件选择

电气元件参数见表 2-38。

表 2-38　电气元件参数

序号	名　　称	代号	型号规格	数　量
1	闸刀开关	QS	HK1-60/3	1
2	熔断器	FU₁	RL1-60/40A	3

续表

序号	名　称	代号	型号规格	数　量
3	熔断器	FU₂	RL1-15/5A	2
4	热继电器	FR	JR16-60/3　28～45A	1
5	交流接触器	KM	CJ20-40A　380V	1
6	中间继电器	KA₁、KA₂	JZ7-44　380V	2
7	按钮	SB	LA18-22(黄)	1

2.3.8　单按钮控制单向启动线路（六）

单按钮控制单向启动线路（六）如图 2-65 所示。

（1）工作原理

合上电源开关 QS，控制回路接通电源，中间继电器 KA₁ 得电吸合。启动时，按下按钮
SB，中间继电器 KA₂ 得电吸合并自锁，其常开
触点闭合，为接触器 KM 工作做好准备。松开 SB
后，其常闭触点闭合，KM 得电吸合并自锁，电
动机启动运转。同时，KM 的常闭辅助触点断开，
KA₁ 失电释放，其常开触点断开，KA₂ 失电释
放。KA₂ 的常闭触点闭合，KA₁ 又得电吸合。

欲使电动机停转，第二次按下按钮 SB，
KA₁ 和 KM 失电释放，电动机停转。松开按钮
SB，又接通 KA₁ 线圈回路，KA₁ 吸合，电路恢
复到初始状态。

该线路的特点是，第一次按下按钮 SB，电
动机并不启动，松开按钮后，电动机才启动运
转。因此，当按钮被卡住时，电动机不会被启动，比较安全。

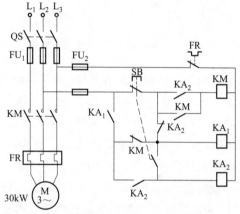

图 2-65　单按钮控制单向启动线路（六）

（2）元件选择

电气元件参数见表 2-39。

表 2-39　电气元件参数

序号	名　称	代号	型号规格	数　量
1	负荷开关	QS	HD13-100/31	1
2	熔断器	FU₁	RT0-100/100A	3
3	熔断器	FU₂	RL1-15/5A	2
4	热继电器	FR	JR16-150/3　53～85A	1
5	交流接触器	KM	CJ20-63A　380V	1
6	中间继电器	KA₁、KA₂	JZ7-44　380V	2
7	按钮	SB	LA18-22(黄)	1

2.3.9　单按钮控制 Y-△降压启动线路

单按钮控制 Y-△降压启动线路如图 2-66 所示。

（1）控制目的和方法

控制目的：电动机 Y-△降压启动。

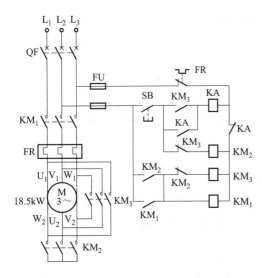

图 2-66　单按钮控制 Y-△降压启动线路

控制方法：启动时将定子绕组接成 Y，启动完毕，再将定子绕组接成△，全压运行。要求用一只按钮控制。

保护元件：断路器 QF（电动机短路保护）；熔断器 FU（控制电路的短路保护）；热继电器 FR（电动机过载保护）。

（2）线路组成

① 主电路。由断路器 QF、接触器 KM₁～KM₃ 主触点、热继电器 FR 和电动机 M 组成。

② 控制电路。由熔断器 FU、按钮（兼作启动和停止用）、接触器 KM₁～KM₃、中间继电器 KA 和热继电器 FR 常闭触点组成。

（3）工作原理

合上断路器 QF，启动时，按下并一直按着按钮 SB，接触器 KM₂ 得电吸合，其常闭辅助触点断开，切断接触器 KM₃ 回路，而 KM₂ 常开辅助触点闭合，接触器 KM₁ 得电吸合并自锁。此时 KM₂ 和 KM₁ 的主触点均闭合，电动机绕组接成 Y 降压启动。经过一段时间，待电动机转速趋近额定转速时，松开按钮 SB，KM₂ 失电释放，其常闭辅助触点闭合，KM₃ 得电吸合，电动机切换成△连接，在全压下运行。KM₃ 的常闭辅助触点串入 KM₂ 线圈回路，从而保证在 KM₃ 吸合时，不使 KM₂ 也吸合。

欲使电动机停转，第二次按下按钮 SB，中间继电器 KA 得电吸合，其常闭触点断开，KM₁、KM₃ 失电释放，电动机停转。再松开 SB 时，KA 失电释放，线路恢复到初始状态。

（4）元件选择

电气元件参数见表 2-40。

表 2-40　电气元件参数

序号	名　称	代号	型号规格	数　量
1	断路器	QF	DZ5-50　瞬时脱扣器	1
2	熔断器	FU	RL1-15/5A	2
3	热继电器	FR	JR16-60/3　28～45A	1
4	交流接触器	KM₁	CJ20-40A　380V	1
5	交流接触器	KM₂、KM₃	CJ20-25A　380V	2
6	中间继电器	KA	JZ7-44　380V	1
7	按钮	SB	LA18-22（黄）	1

2.3.10　单按钮和行程开关控制正反转线路

单按钮和行程开关控制正反转线路如图 2-67 所示。

（1）控制目的和方法

控制目的：电动机正反转运行。

控制方法：用一只按钮，通过行程开关实现。

保护元件：熔断器 FU₁（电动机短路保护），FU₂（控制电路的短路保护）；热继电器

FR（电动机过载保护）。

（2）线路组成

① 主电路。由开关 QS、熔断器 FU$_1$、接触器 KM$_1$ 和 KM$_2$ 主触点、热继电器 FR 和电动机M 组成。

② 控制电路。由熔断器 FU$_2$、按钮 SB（兼作正转和反转启动用）、行程开关 SQ$_1$ 及 SQ$_2$、接触器 KM$_1$ 及 KM$_2$ 和热继电器 FR 常闭触点组成。

（3）工作原理

合上电源开关 QS，按下按钮 SB，接触器 KM$_1$ 得电吸合并自锁，电动机启动正转，并带动设备（如小车）向前运行。当达到设定位置时，推动行程开关 SQ$_1$ 触点断开，接触器 KM$_1$ 失电释放，电动机停转。再次按下按钮 SB，接触器 KM$_2$ 得电吸合，其常开辅助触点闭合实现

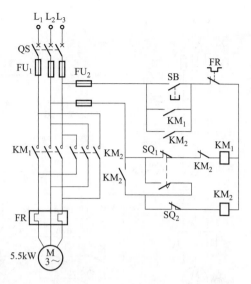

图 2-67　单按钮和行程开关控制正反转线路

自锁，电动机启动反转，并带动设备向后运行，行程开关 SQ$_1$ 触点复位。当达到设定位置时，推动行程开关 SQ$_2$ 触点断开，KM$_2$ 失电释放，电动机停转，电路恢复到初始状态。如此反复操作。

（4）元件选择

电气元件参数见表 2-41。

表 2-41　电气元件参数

序号	名　称	代号	型号规格	数　量
1	闸刀开关	QS	HH3-60/3	1
2	熔断器	FU$_1$	RL1-60/35A	3
3	熔断器	FU$_2$	RL1-15/5A	2
4	热继电器	FR	JR14-20/2　10～16A	1
5	交流接触器	KM$_1$、KM$_2$	CJ20-16A　380V	2
6	按钮	SB	LA18-22（黄）	1
7	行程开关	SQ$_1$、SQ$_2$	LX19-111	2

2.3.11　单按钮控制正反转线路

单按钮控制正反转线路如图 2-68 所示。

（1）控制目的和方法

控制目的：电动机正反转运行。

控制方法：采用自锁式按钮和电路的巧妙接线来实现。

保护元件：熔断器 FU$_1$（电动机短路保护），FU$_2$（控制电路的短路保护）；热继电器FR（电动机过载保护）。

（2）线路组成

① 主电路。由开关 QS、熔断器 FU$_1$、接触器 KM$_1$ 和 KM$_2$ 主触点、热继电器 FR 和电

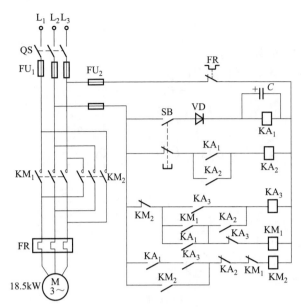

图 2-68 单按钮控制正反转线路

动机 M 组成。

② 控制电路。由熔断器 FU_2、按钮 SB（兼作正转和反转启动用）、接触器 KM_1 及 KM_2、中间继电器 $KA_1 \sim KA_3$、二极管 VD、电容 C 和热继电器 FR 常闭触点组成。

（3）工作原理

合上电源开关 QS，按下按钮 SB，中间继电器 KA_1 得电吸合，其常开触点闭合，接触器 KM_1 得电吸合并自锁，电动机启动正转运行。KA_1 常开触点闭合，为中间继电器 KA_2 吸合做好准备。

欲使电动机停转，第二次按下按钮 SB，SB 复位。由于电容 C 的作用，按钮 SB 复位后，KA_1 的线圈延时断电释放，KA_1 的常开触点延时断开，KA_2 得电吸合并自锁。其常开触点闭合，中间继电器 KA_3 得电吸合，其常闭触点断开，KM_1 失电释放，电动机停转。

欲使电动机反转运行，第三次按下按钮 SB，KA_1 得电吸合，其常开触点闭合，并与已闭合的 KA_3 常开触点一起接通接触器 KM_2 线圈。KM_2 吸合并自锁，电动机启动反转运行。

欲使电动机停转，第四次按下按钮 SB。SB 复位，KA_2 得电吸合，其常闭触点断开，使 KM_2 失电释放，电动机停转。

第五次按下按钮 SB，重复上述过程。

（4）元件选择

电气元件参数见表 2-42。

表 2-42　电气元件参数

序号	名　　称	代号	型号规格	数　　量
1	铁壳开关	QS	HH4-100/80A	1
2	熔断器	FU_1	RL1-100/80A	3
3	熔断器	FU_2	RL1-15/5A	2
4	热继电器	FR	JR16-60/3　25～45A	1
5	交流接触器	KM_1、KM_2	CJ20-40A　380V	2
6	中间继电器	KA_1	522 型　DC 110V	1
7	中间继电器	KA_2、KA_3	JZ7-44　380V	2
8	二极管	VD	1N4007	1
9	电容器	C	CD11,220～470μF　500V	1
10	按钮	SB	LA32-ZS 或 LAY3-ZS	1

2.3.12　一根导线控制启停的线路

一根导线控制启停的线路如图 2-69 所示。

（1）控制目的和方法

控制目的：远距离控制电动机，为节省导线，或者当控制电缆线芯不够用时，采用单根导线控制电动机的启停。可就地控制和远地控制。

控制方法：利用远地的一相电源线和零线，以及按钮的巧妙接线来实现。

保护元件：熔断器 FU_1（电动机短路保护），FU_2（控制电路就地短路保护），FU_3（控制电路远地短路保护），热继电器 FR（电动机过载保护）。

（2）线路组成

① 主电路。由开关 QS、熔断器 FU_1、接触器 KM 主触点、热继电器 FR 和电动机 M 组成。

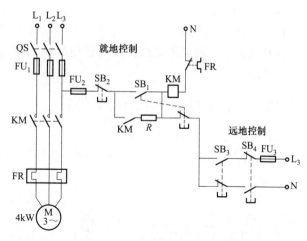

图 2-69　一根导线控制启停的线路

② 控制电路。就地控制由熔断器 FU_2、启动按钮 SB_1、停止按钮 SB_2、接触器 KM、电阻 R 和热继电器 FR 常闭触点组成；远地控制由熔断器 FU_3、启动按钮 SB_3、停止按钮 SB_4、接触器 KM 和热继电器 FR 常闭触点组成。

（3）工作原理

① 就地控制。合上电源开关 QS，按下启动按钮 SB_1，接触器 KM 得电吸合并自锁，电动机启动运转。按下停止按钮 SB_2，电动机停转。

② 远地控制。合上电源开关 QS，按下启动按钮 SB_3，接触器 KM 得电吸合并自锁，电动机启动运转。按下停止按钮 SB_4，电动机停转。

在 KM 自锁触点回路中串接一只电阻 R 的作用是能在远地实现安全停机。当按下停止按钮 SB_4 时，有一电流从 W 相经电阻 R、远控导线至 N 端（零线），从而在 R 上产生电压降，这样就不会造成 W 相只经过远控导线而短路。

启动按钮 SB_1 和 SB_3 均采用双联按钮。SB_1 采用双联按钮的目的是，防止在按动按钮 SB_1 的同时按动停止按钮 SB_4 而造成 W 相短路事故。SB_3 采用双联按钮的目的是，防止按动 SB_3 时，发生远地 W 相电源与零线短路事故。

在接线时必须注意，控制线路就地控制线接哪一相（如 U 相），远地控制线的停止按钮 SB_4 的常闭触点也要接哪一相（如 U 相）。

（4）元件选择

电气元件参数见表 2-43。

表 2-43　电气元件参数

序号	名　　称	代号	型号规格	数　量
1	闸刀开关	QS	HK2-30/3	1
2	熔断器	FU_1	RL1-60/25A	3
3	熔断器	FU_2、FU_3	RL1-15/5A	2
4	热继电器	FR	JR14-20/2　10~16A	1
5	交流接触器	KM	CJ20-16A　220V	2
6	按钮	SB_1、SB_3	LA18-22(绿)	2
7	按钮	SB_2、SB_4	LA18-22(红)	2
8	电阻	R	试验决定	1

电阻 R 的阻值要选择合适。阻值过大，启动时接触器会产生回跳；阻值过小，在远地停车时，流过 R 的电流太大，会烧坏电阻。这就要求电阻的阻值和功率都要大，电阻的体积也必然增大。一般可由试验决定，即使接触器能可靠吸合，也要使远地停车时，流过 R 的电流不能太大。

2.3.13　多地控制电动机启停的线路

（1）多地控制电动机单向启停的线路

线路如图 2-70 所示。各控制点之间的连线只需两条。

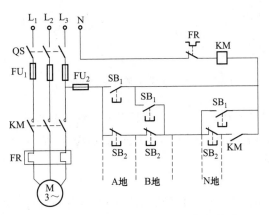

图中，SB$_1$ 为启动按钮，SB$_2$ 为停止按钮。

工作原理：开机时，按下任一地点的启动按钮 SB$_1$，接触器 KM 得电吸合，其常开辅助触点闭合自锁，电动机启动运转。停机时，按下任一地点的停止按钮 SB$_2$，KM 失电释放，其常开辅助触点断开复位，电动机停转。

（2）多地控制电动机单向启动、点动、停止的线路

线路如图 2-71 所示。各控制点之间的连线只需两条。

图 2-70　多地控制电动机单向启停的线路

图中，SB$_1$ 为启动按钮，按动任一地点的 SB$_1$，接触器 KM 得电吸合并自锁，电动机启动运转；SB$_2$ 为点动按钮，采用双联式，可以避免 KM 的自锁触点；SB$_3$ 为停止按钮。

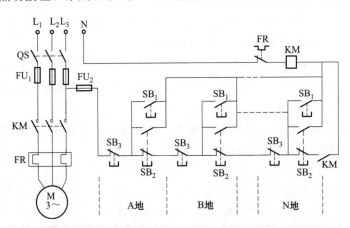

图 2-71　多地控制电动机单向启动、点动、停止的线路

（3）多地控制电动机正反向启停的线路

线路如图 2-72 所示。各控制点之间的连线需要三条。

图中，SB$_1$ 为正转启动按钮；SB$_2$ 为反转启动按钮；SB$_3$ 为停止按钮。正转接触器 KM$_1$ 和反转接触器 KM$_2$，分别通过各自的常开辅助触点和常闭辅助触点实现自锁和联锁。

工作原理：按下任一地点的正转启动按钮 SB$_1$，接触器 KM$_1$ 得电吸合，其常开辅助触点闭合自锁，电动机启动正转运转。按下停止按钮 SB$_3$，KM$_1$ 失电释放，电动机停转。按

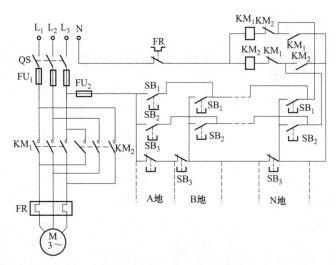

图 2-72 多地控制电动机正反向启停的线路

下任一地点的反转启动按钮 SB_2，接触器 KM_2 得电吸合，其常开辅助触点闭合自锁，电动机启动反转运转。

（4）多地控制电动机正反向启动、点动、停止的线路

线路如图 2-73 所示。各控制点之间的连线需要三条。

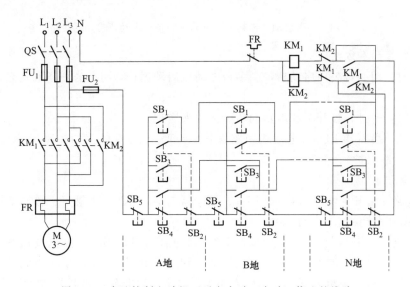

图 2-73 多地控制电动机正反向启动、点动、停止的线路

图中，SB_1 为正向启动按钮；SB_2 为正向点动按钮；SB_3 为反向启动按钮；SB_4 为反向点动按钮；SB_5 为停止按钮。正转接触器 KM_1 和反转接触器 KM_2 相互联锁。

2.3.14 一台启动器控制工作电动机和备用电动机启动的线路

一台启动器控制工作电动机和备用电动机启动的线路如图 2-74 所示。该线路是在图 2-41所示线路的基础上，在自耦降压启动器的输出端加装一只转换开关 SA 和两只接触器 KM_4、KM_5。图中，$KM_1 \sim KM_3$、KT、KA 均为原自耦降压启动器中的元件。

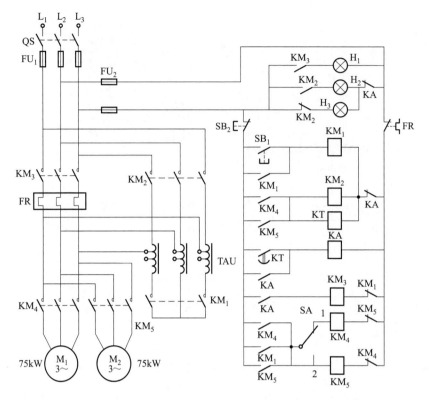

图 2-74　一台启动器控制工作电动机和备用电动机启动的线路

（1）控制目的和方法

控制目的：用一台公用启动器控制多台电动机启动运行，可节省设备和资金，并减少场地占用。

控制方法：通过转换开关和电路的巧妙接线来实现。

保护元件：熔断器 FU_1（电动机短路保护），FU_2（控制电路的短路保护）；热继电器 FR（电动机过载保护）。

（2）线路组成

① 主电路。由开关 QS、熔断器 FU_1、接触器 $KM_1 \sim KM_3$ 主触点、自耦变压器 TAU、热继电器 FR 和电动机 M_1、M_2 组成。

② 控制电路。由熔断器 FU_2、转换开关 SA、启动按钮 SB_1、停止按钮 SB_2、接触器 $KM_1 \sim KM_4$、中间继电器 KA、时间继电器 KT 和热继电器 FR 常闭触点组成。

③ 指示灯电路。由指示灯 $H_1 \sim H_3$ 及 KM_2、KM_3 辅助触点和 KA 触点组成。

H_1——运行指示（绿色）；H_2——降压启动指示（黄色）；H_3——控制电源指示（红色）。

（3）工作原理

若要启动工作电动机 M_1，可将转换开关 SA 置于"1"位置；若要启动备用电动机 M_2，可将 SA 置于"2"位置。

线路工作原理参见图 2-41。

（4）元件选择

电气元件参数见表 2-44。

表 2-44　电气元件参数

序号	名称	代号	型号规格	数量
1	负荷开关	QS	HD13-400/30	1
2	熔断器	FU_1	RT0-400/250A	3
3	熔断器	FU_2	RL1-15/5A	2
4	自耦变压器	TAU	75kW 抽头 65%、80%、100%	1
5	热继电器	FR	JR16-150/3D 100~160A	1
6	交流接触器	KM_1、KM_2	CJ24-100A 380V	2
7	交流接触器	KM_3	CJ20-160A 380V	1
8	交流接触器	KM_4、KM_5	CJ20-10A 380V	2
9	中间继电器	KA	JZ7-44 380V	1
10	时间继电器	KT	JS7-1A 0.4~60s	1
11	转换开关	SA	LS2-2	1
12	按钮	SB_1	LA18-22（绿）	1
13	按钮	SB_2	LA18-22（红）	1
14	指示灯	H_1	AD11-25/40 380V（绿）	1
15	指示灯	H_2	AD11-25/40 380V（黄）	1
16	指示灯	H_3	AD11-25/40 380V（红）	1

2.3.15　一台启动器启动两台电动机的线路（一）

对于需要同时工作，但不要求同时启动的两台电动机，可采用如图 2-75 所示的线路。

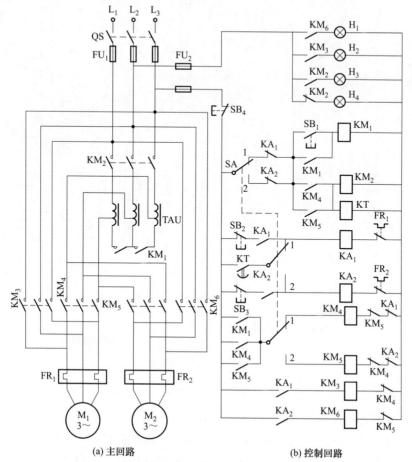

(a) 主回路　　　　　　　　(b) 控制回路

图 2-75　一台启动器启动两台电动机的线路（一）

对照本章 2.2.24 XJ01 系列自耦降压启动器启动线路可知，该线路是在图 2-43 所示线路的基础上，增加了接触器 KM$_4$～KM$_6$，以及中间继电器 KA$_2$、转换开关 SA 等元件。

工作原理：若要启动电动机 M$_1$，则可将三极转换开关 SA 打到图 "1" 的位置。按下启动按钮 SB$_1$，接触器 KM$_1$ 得电吸合并自锁，其常开辅助触点闭合，接触器 KM$_4$ 得电吸合。KM$_4$ 的常开辅助触点闭合，接触器 KM$_2$ 得电吸合，电动机经自耦变压器降压启动。

在 KM$_4$ 常开辅助触点闭合的同时，时间继电器 KT 线圈通电。经过一段延时后，其延时闭合常开触点闭合，中间继电器 KA$_1$ 得电吸合并自锁，其常闭触点断开，KM$_4$、KM$_1$、KM$_2$ 均失电释放。与此同时，KA$_1$ 常开触点闭合，接触器 KM$_3$ 得电吸合，电动机进入全压正常运行。

若要启动电动机 M$_2$，可将转换开关 SA 打到图中 "2" 的位置。此时，KM$_3$、KM$_4$ 不工作，而 KM$_5$、KM$_6$ 工作。

2.3.16　一台启动器启动两台电动机的线路（二）

一台启动器启动两台电动机的线路（二）如图 2-76 所示。该线路是在原自耦降压启动器的基础上再增加四只接触器并变更部分线路而成的。

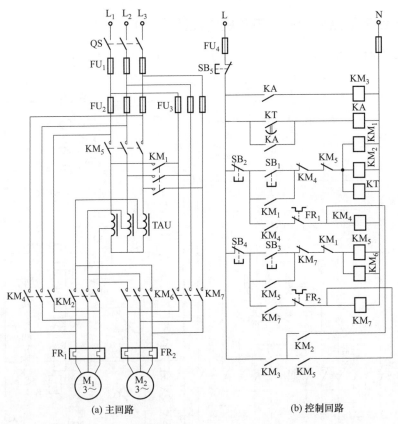

图 2-76　一台启动器启动两台电动机的线路（二）

图中，KM$_1$～KM$_3$、KA、KT 为原自耦降压启动器中的元件。其中，在原线路中 KM$_3$ 负责全压运行。在此图中 KM$_3$ 仅利用其辅助触点。为了节电，KM$_3$ 也可改用中间继电器。

此图中，负责电动机 M$_1$ 和 M$_2$ 全压运行的接触器是 KM$_4$ 和 KM$_7$。接触器 KM$_1$、KM$_2$ 和 KM$_4$ 控制电动机 M$_1$ 启动；KM$_5$～KM$_7$ 控制电动机 M$_2$ 启动。为了保证在任何情况下只允许一台电动机处于启动状态，在控制线路中采用联锁措施。

工作原理：若要启动电动机 M_1，可按下该电动机的启动按钮 SB_1，则接触器 KM_1 和 KM_2 得电吸合并自锁，电动机经自耦变压器降压启动。同时，时间继电器 KT 线圈通电，经过一段延时，其延时闭合常开触点闭合，中间继电器 KA 和接触器 KM_3 先后得电吸合。KM_3 常开辅助触点闭合，接触器 KM_4 得电吸合，其常闭辅助触点断开，KM_1、KM_2 失电释放，断开自耦变压器，电动机在全压下正常运行。

若要启动电动机 M_2，可按下启动按钮 SB_3，工作原理与上述相同。

SB_2、SB_4 分别为电动机 M_1 和 M_2 的停止按钮。

2.3.17 一台启动器启动三台电动机的线路

一台启动器启动三台电动机的线路如图 2-77 所示。此图是图 2-76 所示线路的扩展，其线路结构及工作原理与图 2-76 相同。

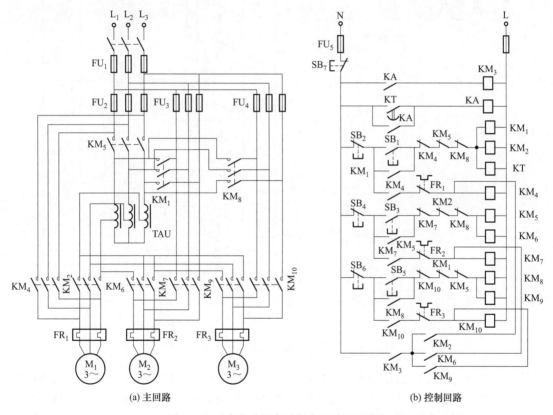

图 2-77 一台启动器启动三台电动机的线路

2.3.18 一台启动器启动多台电动机的线路

如图 2-78 所示为一台自耦降压启动器控制四台电动机启动的线路（如果更多台，则可依次类推）。为了简洁起见，主回路的三相电路用一根线来表示，接触器的三副主触点也用一副表示。该线路是利用继电器的联锁工作原理来实现多台电动机分别启动控制的。

工作原理：若要启动电动机 M_1，可按下该电动机的启动按钮 SB_1，接触器 KM_1 得电吸合并自锁，其常开辅助触点闭合，接触器 KM_0 得电吸合，电动机经自耦变压器降压启动。

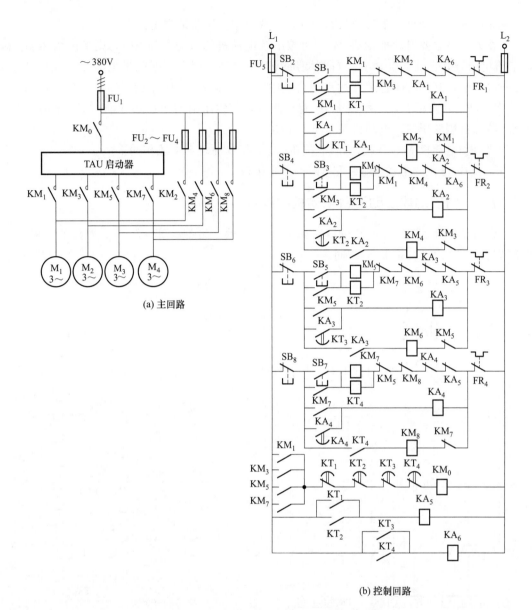

(a) 主回路

(b) 控制回路

图 2-78 一台启动器启动多台电动机的线路

同时，时间继电器 KT_1 线圈通电，经过一段延时，其延时闭合常开触点闭合，中间继电器 KA_1 得电吸合，其常开触点闭合，接触器 KM_2 得电吸合，电动机进入全压正常运行。与此同时，KA_1、KM_2 常闭触点断开，KM_1 失电释放，其常开辅助触点断开，接触器 KM_0 失电释放，切除自耦变压器，电动机在全压下运行。

在控制回路中，KM_1 与 KM_3、KM_5 与 KM_7 之间，利用各自的常闭辅助触点互相联锁，以避免两台电动机同时启动。KM_1 与 KM_3、KM_5 与 KM_7 两组接触器之间的联锁控制，是利用中间继电器 KA_5、KA_6 的常闭触点分别完成的。

多台电动机启动用自耦降压启动器的容量，应大于电动机群中最大一台电动机的功率。

2.3.19 排灌站电动机远方直接启动的有线集中控制线路

直接启动的有线集中控制线路如图 2-79 所示。每个排灌站都有一根信号线和控制室相连。

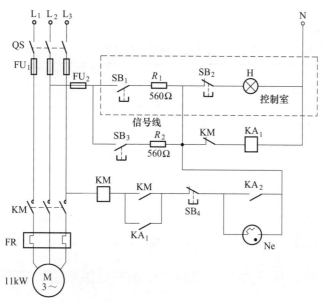

图 2-79　排灌站电动机远方直接启动的有线集中控制线路

（1）控制目的和方法

控制目的：可就地控制，也可集中控制。在控制室内设有接触器，控制箱简洁明了。

控制方法：利用氖泡（荧光灯启辉器）的特性及电路的巧妙接线来实现。

保护元件：熔断器 FU_1（电动机短路保护），FU_2（控制电路的短路保护）；热继电器 FR（电动机过载保护）。

（2）电路组成

① 主电路。由开关 QS、熔断器 FU_1、接触器 KM 主触点、热继电器 FR 和电动机 M 组成。

② 控制电路。就地控制：由熔断器 FU_2、接触器 KM、中间继电器 KA、启动按钮 SB_3、停止按钮 SB_4、氖泡 Ne 和电阻 R_2 组成；集中控制：由启动按钮 SB_1、停止按钮 SB_2、指示灯 H 和电阻 R_1 组成。

（3）工作原理

在控制室启动电动机时，按下启动按钮 SB_1，则 V 相电源经 SB_1 触点、电阻 R_1、信号线、接触器 KM 常闭辅助触点、中间继电器 KA_1 至零线 N 构成回路。KA_1 得电吸合，荧光灯启辉器 Ne（作时间继电器用）在 V、W 两相电源的作用下得到约 220V 电压，启辉器放电，内部触点接通。于是，W 相电源经接触器 KM 和 KA_1 的常开辅助触点（此时已闭合）、按钮 SB_4、启辉器 Ne、信号线、按钮 SB_2、信号灯 H 至零线构成回路。KM 得电吸合，电动机启动运转。同时，KM 常闭辅助触点断开，KA_1 失电释放。这时，电动机自动保护装置（图中未画出）开始工作，保护装置中的灵敏继电器 KA_2 吸合，使启辉器 Ne 延时断开。

在泵房（现地）启动时，只要按下泵房内启动按钮 SB_3 即可，动作过程与上述基本相同。

欲使电动机停转，只要按下控制室内或泵房内的停止按钮 SB_2 或 SB_4 即可。

当电动机出现断相、过载、水泵不出水等故障时，电动机自动保护装置中的灵敏继电器 KA_2 动作，其常开触点断开。接触器 KM 失电释放，电动机停转，信号灯 H 熄灭。

（4）元件选择

电气元件参数见表 2-45。

表 2-45 电气元件参数

序号	名 称	代号	型号规格	数 量
1	铁壳开关	QS	HH3-60/50A	1
2	熔断器	FU_1	RC1A-60/50A(配 QS)	3
3	熔断器	FU_2	RL1-15/5A	1
4	交流接触器	KM	CJ20-25A 380V	1
5	中间继电器	KA	522 型 AC 220V	1
6	按钮	SB_1、SB_3	LA18-22(绿)	2
7	按钮	SB_2、SB_4	LA18-22(红)	2
8	指示灯	H	AD11-10 220V(绿)	1
9	氖泡	Ne	荧光灯启辉器	1
10	电阻	R_1、R_2	RJ-560Ω 1W	2

2.3.20 排灌站电动机远方 Y-△ 降压启动的有线集中控制线路

排灌站电动机远方 Y-△ 降压启动的有线集中控制线路如图 2-80 所示。

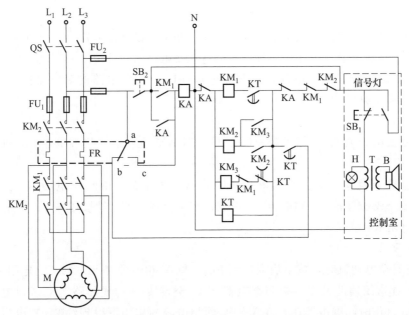

图 2-80 排灌站电动机远方 Y-△ 降压启动的有线集中控制线路

工作原理：合上电源开关 QS，按下控制室内的按钮 SB_1 或泵房内的按钮 SB_2，时间继电器 KT 线圈通电。接触器 KM_3 得电吸合，其常开辅助触点闭合，接触器 KM_2 得电吸合，电动机接成 Y 降压启动。经过一段延时，KT 的延时闭合和延时释放触点动作，接触器 KM_3 失电释放，接触器 KM_1 得电吸合。电动机接成 △ 全压运行。

若要停机，只要按一下控制室内的按钮 SB_1 或泵房内的按钮 SB_2，中间继电器 KA 得电吸合，其常闭触点断开，切断控制电源，电动机停止运行。

当电动机出现断相、过载、水泵不出水等故障时，热继电器 FR 动作，使 a、b 断开，a、c 接通，中间继电器 KA 得电吸合，电动机停转。同时 U 相电源经 a、c 触点，KA 常开触点（现已闭合），按钮 SB₁ 和指示灯 H 至零线 N 构成回路。指示灯 H 亮，喇叭 B 发出报警信号。

须指出，当用于远距离控制的导线长度超过一定限度时，受控制线路上的电压降及控制线回路间存在分布电容等因素的影响，交流接触器有可能失控。如当控制线长度超过 200m（或 60m）时，220V（或 380V）交流接触器就可能失控。当采用 LC1 系列交流接触器时，电缆的允许长度见表 2-46。

表 2-46　当采用 LC1 系列交流接触器时电缆的允许长度

型　号	线圈额定电压 U_e/V	释放电压 U_f/V	线圈电阻 R/kΩ	线圈电抗 X_L/kΩ	电缆允许长度 /m
LC1-D09	220	66	1.361	5.895	136
	380	114	4.061	17.583	46
LC1-D16	220	66	1.200	4.233	188
	380	114	3.580	12.630	63
LC1-D40	220	66	0.726	2.309	342
	380	114	2.166	6.887	115

由表 2-46 可知，接触器与控制导线之间有如下关系：其一，接触器的额定电流越小，即被控制的电动机功率越小，电缆允许长度越短；其二，接触器线圈额定电压越高，电缆允许长度越短。

当控制导线长度超过临界值、释放信号发出后接触器不能释放时，必须采取防分布电容干扰措施。这些措施有：

① 调换导线的芯线，以改变线间距离。此法简单，但效果不一定好。

② 选用阻抗小的接触器，效果好，但增加了接触器的功耗。

③ 换用释放电压下限高的接触器，可从同型号接触器中挑选或调整。

④ 选用满足要求的其他型号接触器。

⑤ 采用直流控制。

⑥ 采用低压控制。但要注意，采用低控制电压后，线圈启动电流要增大，控制线路压降也增大。

⑦ 接触器线圈并联附加负荷。这样能使通过线圈的电流减小并保持其压降低于吸持电压，使接触器能可靠释放。并联负荷的计算方法如下：

a. 并联电阻负荷。电阻参数可按下列公式选择

$$R = 1000/C_L, C_L = 1000 I_c/(2\pi f U_e)$$

$$P = U_e^2/R$$

式中　R——并联电阻的电阻值，Ω；

P——电阻的功率，W；

C_L——控制线路电容，μF；

I_c——实际测量所得的控制线路的杂散电流，mA；

U_e——线圈额定电压，V。

一般并联电阻的损耗应小于 10W。

b. 并联阻容负荷。此法是将电阻和电容串联，然后并联在接触器线圈上。并联阻容负

荷损耗较小。电容和电阻的参数可按下列公式选择

$$C=0.45C_{\mathrm{L}},R=100\Omega$$
$$P=R(2\pi fU_{\mathrm{e}}C\times10^{-6})^2$$

式中　C——电容，μF；

　　　P——电阻的功率，W。

　当 $U_{\mathrm{e}}=220\mathrm{V}$、$F=50\mathrm{Hz}$、$R=100\Omega$ 时，$P=0.5C^2$。

　c. 并联电容。一般可并联一只 $2\sim4\mu\mathrm{F}/600\mathrm{V}$ 的电容器。具体电容量可由试验决定。

　⑧ 接触器释放时将线圈短路。此方法动作可靠，但需要增加一根控制线。其线路如图 2-81 所示。

　⑨ 选用较大容量的接触器。因为线圈额定功率较大的接触器允许控制回路临界电容及导线长度均较大。

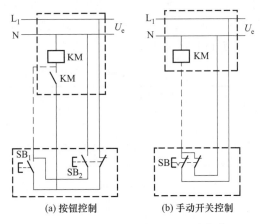

图 2-81　接触器释放时线圈短路线路

2.3.21　在电压偏低场所使电动机顺利启动的线路（一～三）

（1）线路之一

　在远离供电电源而导致供电电压偏低的场所启动电动机，启动电流很大，线路压降大，接触器因得不到足够的电压而吸力不足，造成触点频繁跳动、跳火，电动机启动困难。为此可采用如图 2-82 所示的线路。由图可见，该线路在主回路中串入一只电流互感器 TA，将互感器次级串入控制回路。

　工作原理：合上电源开关 QS，按下启动按钮 SB_1，接触器 KM 得电吸合，启动电流经电流互感器 TA 初级，在次级感应出电压。此电压与加在 KM 线圈上的 U_{UW} 电压叠加，使 KM 线圈上的电压增大，从而使 KM 正常吸合，电动机得以顺利启动。当电动机进入正常运行时，主回路中的电流大大地小于电动机的启动电流，电源电压也减小，从而使电流互感器次级感应出的电压也随之减小。加在 KM 线圈上的电压得以保证，KM 不会释放。

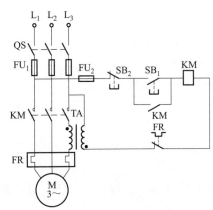

图 2-82　在电压偏低场所使电动机
顺利启动的线路（一）

　电流互感器 TA 可用 40W 荧光灯镇流器铁芯改制。具体做法是：初级用直径 0.2mm 漆包线绕 220 匝，次级绕 3～8 匝。实际绕制的匝数视电动机容量而定，容量大取小值，次级线径由电动机负载电流决定。

（2）线路之二

　线路之二如图 2-83 所示。该线路在交流接触器控制回路中串联一只二极管 VD，将交流启动改为脉动直流启动、交流运行。这是因为，交流接触器线圈的直流电阻值较小，故改为直流启动后，启动电流较大，能在较低的电压下可靠吸合。虽然启动电流较大，但由于启动

时间很短，故不会烧毁线圈。

工作原理：按下启动按钮 SB₁，交流电源经二极管 VD 半波整流后，将脉动直流电压加在交流接触器 KM 线圈上，KM 吸合。其常开辅助触点将二极管 VD 短接，交流接触器投入交流运行。一般情况下，交流接触器的释放电压为额定电压的 40%～65%。因此，接触器吸合后不会因电源电压偏低而跳开。

这种控制线路，对于额定电压为 380V 的小容量交流接触器，当线圈电压下降到 240V 左右时，能可靠地吸合；对于额定电压为 220V 的交流接触器，当线圈电压下降到 150V 左右时，也能可靠地吸合。

（3）线路之三

线路之三如图 2-84 所示。该线路与线路之二的工作原理基本相同，只是在线路中增加了一个转换开关 SA。其目的是，用户可根据电压波动大小选择运行方式。当电网电压下降较大时，将 SA 置于"1"位置，这时的线路与线路之二相同，即直流启动、交流运行；当电网电压下降不大时，将 SA 置于"2"位置，恢复交流接触器原有线路，即交流启动、交流运行。

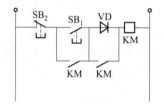

图 2-83　在电压偏低场所使电动机顺利启动的线路（二）

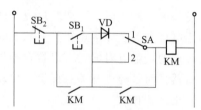

图 2-84　在电压偏低场所使电动机顺利启动的线路（三）

2.3.22　冷却风扇自启动线路

冷却风扇自启动线路如图 2-85 所示。

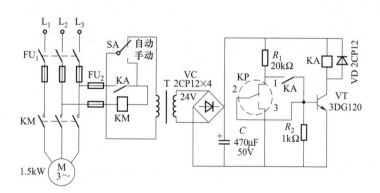

图 2-85　冷却风扇自启动线路

（1）控制目的和方法

控制目的：当变压器等设备发热温度达到上限值时，冷却风扇自动开启为其冷却；下降到设定值后，风扇自动停止运行。

控制方法：利用电接点温度计实现。为了保护电接点不被烧毛粘接失控，采用了电子保护电路。

保护元件：熔断器 FU_1（电动机短路保护），FU_2（控制电路的短路保护）；三极管 VT 等（电接点保护）。

（2）线路组成

① 主电路。由开关 QS、熔断器 FU_1、接触器 KM 主触点和电动机 M 组成。

② 控制电路。由熔断器 FU_2、接触器 KM、转换开关 SA，以及自动控制电路（由降压变压器 T、整流桥 VC、电接点温度计 KP、中间继电器 KA、三极管 VT、电容 C 和电阻 R_1、R_2 及二极管 VD 组成）组成。

（3）工作原理

当温度达到上限值（电力变压器为 85℃）时，电接点温度计 KP 指针动接点 2 与上限接点 1 闭合，开关三极管 VT 导通。中间继电器 KA 得电吸合，其常开触点闭合。接触器 KM 得电吸合，冷却风扇启动运行。KA 的另一副常开触点闭合，接通开关三极管的基极回路。这样，当被冷却设备（如变压器）开始降温、电接点温度计上限接点断开时，三极管基极也不会失去电流。只有当温度下降到下限值（变压器为 65℃）时，温度计指针动接点 2 与下限接点 3 闭合，开关三极管 VT 才会失去基极电流而截止。继电器 KA 失电释放，KM 失电释放，冷却风扇停止运行。如此反复，达到自动控制的目的。

由于电接点温度计接点在临界状态时不能迅速分离或接通，因此常常产生火花、烧坏接点，使接点的接触电阻增大，以致自控失灵。该线路中，电接点温度计的接点不是直接启动中间继电器，而是经过开关三极管去启动中间继电器，所以可避免以上情况的发生。

（4）元件选择

电气元件参数见表 2-47。

表 2-47　电气元件参数

序号	名　称	代号	型号规格	数　量
1	闸刀开关	QS	HK2-15/3	1
2	熔断器	FU_1	RL1-15/10A	3
3	熔断器	FU_2	RL1-15/5A	2
4	交流接触器	KM	CJ20-10A　380V	1
5	中间继电器	KA	JRX13F　DC 24V	1
6	电接点压力式温度计	KP	WTQ-288 型　0～200℃	1
7	变压器	T	380/24V　5V·A	1
8	转换开关	SA	LS2-2	1
9	整流桥、二极管	VC、VD	2CP12	5
10	三极管	VT	3DG120	1
11	电阻	R_1	RJ-20kΩ　½ W	1
12	电阻	R_2	RJ-1kΩ　⅛ W	1
13	电解电容器	C	CD11-470μF　50V	1

2.3.23　单相电容启动异步电动机连续正反转线路

单相电容启动异步电动机有两个绕组：工作绕组和启动绕组。当绕组按图 2-86（a）连接时为正转；按图 2-86（b）连接时为反转。图中，C 为启动电容，S 为装在电动机转轴上的离心开关。当电动机低于正常转速的 75％～90％ 时，离心开关是闭合的，超过这个转速时断开。

因为单相异步电动机正常运行后（即 S 断开），转子只在工作绕组的作用下运转，所以转向与电源的相位无关。这时如果将接线切换为图 2-86（b）所示线路，电动机也不会反向运转。只有在电动机转速降低至开关 S 闭合甚至停转时，将启动线路接成图 2-86（b）所示的线路重新启动电动机，电动机才会反转。

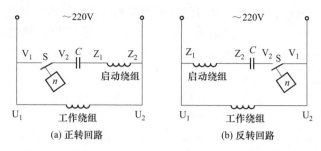

图 2-86　单相电容启动异步电动机连续正反转接线原理

据此，画出单相电容启动异步电动机连续正反转启动（正向启动—停止供电—反向启动）的控制线路如图 2-87 所示。图中，SQ_1 为正向限位行程开关，SQ_2 为反向限位行程开关。

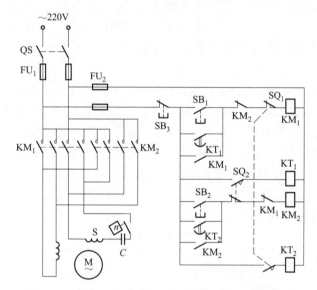

图 2-87　单相电容启动电动机连续正反转启动线路

工作原理：合上电源开关 QS，按下正转启动按钮 SB_1，接触器 KM_1 得电吸合，电动机正向启动运转，并带动设备（如小车）运行。当运行到正向限位点时，机械挡铁碰到行程开关 SQ_1。SQ_1 触点动作，KM_1 失电释放。同时，接通时间继电器 KT_2 线圈，经过一段延时（小电动机约 1s，大电动机长一些，可视实际情况调整），电动机转速降低甚至停转，离心开关 S 闭合，KT_2 的延时闭合常开触点也闭合，接触器 KM_2 得电吸合，电动机反向启动运转。如此周而复始，达到电动机连续自动正反转运行的目的。

如果要求电动机正反向运转的转换迅速准确，可以在线路中增加电动机制动装置。制动线路见第 4 章有关内容。

当然，对于电容启动电容运转的单相异步电动机（即没有离心开关 S），正反转控制线路比较简单，不需要设时间继电器来控制间歇供电。

2.3.24　增大单相电容运转电动机启动转矩的线路

单相电容运转异步电动机的启动转矩较小，一般只能空载或轻载启动。为了提高这类电

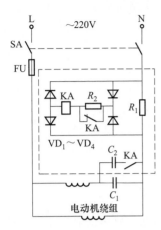

图 2-88 增大单相电容运转电动机启动转矩的线路

动机的启动转矩，可采用如图 2-88 所示的线路。

（1）控制目的和方法

控制目的：增加单相电容运转电动机的启动转矩。

控制方法：启动时，增加移相启动电容的容量，启动完毕，将所增加的电容退出，电动机正常运行。通过电流继电器控制实现。

保护元件：熔断器 FU（电动机短路保护）。

（2）线路组成

① 正常运行电路。由开关 SA、熔断器 FU、移相启动电容 C_1 和电动机 M（包括主绕组和辅助绕组）组成。

② 为增大启动转矩的附加电路。由电流继电器 KA、电容 C_2 及二极管 $VD_1 \sim VD_4$ 和电阻 R_1、R_2 组成。

（3）工作原理

① 初步分析。启动时，电容 C_2 投入，启动完毕，C_2 退出运行。C_2 的投入与切除由电流继电器 KA 动作决定，而 KA 的动作与否与电动机启动电流大小有关。

② 顺着分析。合上电源开关 SA，电动机开始启动，由于启动电流远大于额定电流，因此在电阻 R_1 上产生较大的电压降，这一压降经二极管 $VD_1 \sim VD_4$ 整流后，加于灵敏继电器 KA 上，并使其吸合，其常开触点闭合，电容 C_2 接入电路。此电容接入，能使电动机启动转矩增大到额定转矩的 2～4 倍。电动机启动后，随着转速的升高，电流逐渐减小，电阻 R_1 上的电压降也减小，直至中间继电器 KA 释放，其常开触点断开，电容 C_2 被切除。

（4）元件选择

电气元件参数见表 2-48。

表 2-48 电气元件参数

序号	名　称	代号	型号规格	数　量
1	开关	SA	DZ12-60/2　10A	1
2	熔断器	FU	RT14-16/2A	1
3	中间继电器	KA	JQX-4F　DC 6V	1
4	二极管	$VD_1 \sim VD_4$	1N4001	4
5	电阻	R_1	见计算	1
6	电阻	R_2	调试确定	1
7	电容器	C_2	CJ41 型,容量见计算	1

（5）电容、电阻的选择计算

① 电容 C_2 的选择。容量计算公式为

$$C_2 = (1 \sim 2)C_1$$

式中　C_1——电动机原配的移相电容容量，μF。

耐压：应大于 400V，通常采用 CJ41 型 630V。

② 电阻 R_1 的选择。当采用工作电压为 U_e（V）的灵敏继电器时，R_1 的计算公式为

$$R_1 \approx \frac{U_e}{2I_{de}}$$

式中　R_1——电阻，Ω；

U_{e}——继电器 KA 的额定电压，V；

I_{de}——电动机额定电流，A。

【例 2-3】　有一台 CO2-90L4 型单相电容启动异步电动机。已知：功率 $P_{\mathrm{e}}=750\mathrm{W}$，额定电压 $U_{\mathrm{de}}=220\mathrm{V}$，额定电流 $I_{\mathrm{de}}=6.77\mathrm{A}$；采用 JQX-4F DC 6V 直流灵敏继电器。试选择电阻 R_1。

解　电阻 R_1 的阻值为

$$R_1=\frac{U_{\mathrm{e}}}{2I_{\mathrm{de}}}=\frac{6}{2\times6.77}=0.44(\Omega)$$

R_1 的功率为

$$P=I_{\mathrm{de}}^2R_1=6.77^2\times0.44=20(\mathrm{W})$$

电动机正常运行时，R_1 上的电压降为

$$\Delta U=IR_1=6.77\times0.44=3(\mathrm{V})$$

电阻可用 3000W 或 2000W、220V 的电炉丝取其一小段制成。如 3000W 电炉丝，额定电流为 13.6A（大于 6.77A），电阻约为 18Ω，约取其 2% 作为 R_1 的阻值。

第**3**章 ▶▶▶

笼型异步电动机控制及调速线路

3.1 互投、循环、顺序控制线路

3.1.1 转换开关控制的电动机自动互投线路

转换开关控制的电动机自动互投线路如图 3-1 所示。

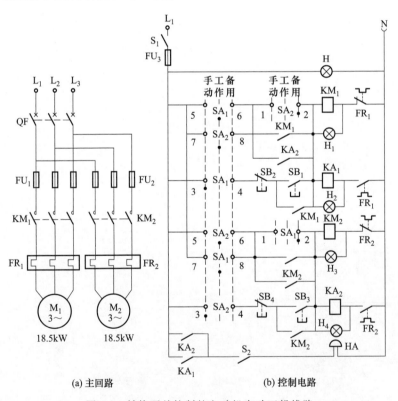

(a) 主回路   (b) 控制电路

图 3-1 转换开关控制的电动机自动互投线路

（1）控制目的和方法

控制目的：两台电动机自动互投。即当一台工作的电动机发生故障时，另一台能自动投入运行。另外，还可以手动控制切换。

控制方法：利用两只转换开关及电路巧妙接线来实现。

保护元件：断路器 QF（电动机 M_1、M_2 短路保护）；熔断器 FU_1、FU_2（电动机 M_1、M_2 短路保护），FU_3（控制电路的短路保护）；热继电器 FR_1、FR_2（电动机 M_1、M_2 过载保护）。

（2）线路组成

① 主电路。由断路器 QF、熔断器 FU_1、接触器 KM_1 主触点、热继电器 FR、电动机 M_1 以及 FU_2、KM_2 主触点、FR 和 M_2 组成。

② 控制电路。由开关 S_1、S_2，熔断器 FU_3，转换开关 SA_1、SA_2，启动按钮 SB_1、SB_3，停止按钮 SB_2、SB_4，接触器 KM_1、KM_2，中间继电器 KA_1、KA_2 和热继电器 FR_1、FR_2 常开常闭触点组成。

③ 指示灯及报警电路。由指示灯 H、$H_1 \sim H_3$、电铃 HA 和各触点组成。

H_1——控制电源指示（白色）；H_1，H_3——M_1 和 M_2 运行指示灯（绿色）；H_2，H_4——M_1 和 M_2 故障指示灯（红色）；HA——电动机故障报警。

（3）工作原理

设 M_1 为工作电动机，M_2 为备用电动机（反之也行）。合上低压断路器 QF。当转换开关 SA_1 置于"工作"位置而 SA_2 置于"备用"位置时，合上开关 S_1 和 S_2，电源指示灯 H 亮。同时接触器 KM_1 得电吸合并自锁，电动机 M_1 启动运行，指示灯 H_1 亮。

当电动机 M_1 发生过载故障时，热继电器 FR_1 动作，KM_1 失电释放，电动机 M_1 停止工作。同时中间继电器 KA_1 得电吸合，其常开触点闭合，接触器 KM_2 得电吸合并自锁，电动机 M_2 启动运行，指示灯 H_3 亮。在 KA_1 吸合同时，指示灯 H_2 亮，表示电动机 M_1 有故障。KA_1 常开触点闭合，电铃 HA 发出报警声。操作者得知后，可断开 S_2，停止报警。将 SA_2 转换至"工作"位置、SA_1 转换至"备用"位置，继电器 KA_1 复位，可查找 M_1 的故障原因。

故障消除后，将热继电器 FR_1 复位，将 S_2 闭合，电动机 M_1 处于备用状态。同理，当电动机 M_2 发生过载故障时，通过 FR_2 和 KA_2 的动作，处于备用状态的电动机 M_1 自动代替电动机 M_2 投入运行。

当将转换开关 SA_1 和 SA_2 都置于"手动"位置时，则可分别对电动机 M_1 和 M_2 进行手动控制。

（4）元件选择

电气元件参数见表 3-1。

表 3-1　电气元件参数

序号	名　　称	代号	型号规格	数　　量
1	断路器	QF	DZ5-50 瞬时脱扣器	1
2	熔断器	FU_1、FU_2	RL1-100/80A	3
3	熔断器	FU_3	RL1-15/5A	1
4	热继电器	FR_1、FR_2	JR16-60/3　$28 \sim 45A$	2
5	交流接触器	KM_1、KM_2	CJ20-40A　220V	2
6	中间继电器	KA_1、KA_2	JZ7-44　220V	2
7	转换开关	SA_1、SA_2	LW5-15D0404/2	2
8	开关	S_1、S_2	AN4	2
9	按钮	SB_1、SB_3	LA18-22(绿)	2

序号	名　　称	代号	型号规格	数　　量
10	按钮	SB$_2$、SB$_4$	LA18-22(红)	2
11	指示灯	H	AD11-25/40　220V(白)	1
12	指示灯	H$_1$、H$_3$	AD11-25/40　220V(绿)	2
13	指示灯	H$_2$、H$_4$	AD11-25/40　220V(红)	2
14	电铃	HA	SCF-0.3　220V	1

3.1.2　采用干簧继电器直接启动的电动机自动互投线路

采用干簧继电器直接启动的电动机自动互投线路如图 3-2 所示。两台水泵互为备用。当工作泵发生故障或其热继电器动作时，备用泵即自动投入运行。该线路也可手动操作。水位控制可采用干簧管或电接点压力表等。

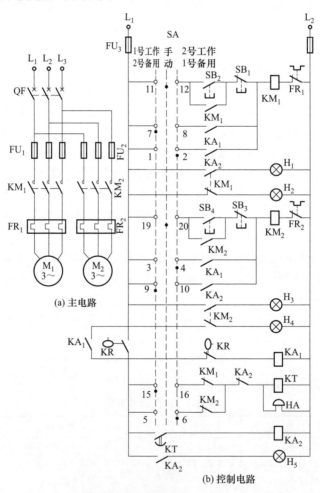

图 3-2　采用干簧继电器直接启动的电动机自动互投线路

该线路可用于高位水箱自动给水，也可用于自动排水。当用于高位水箱自动给水时，高水位停泵、低水位开泵。

下面以自动给水为例，介绍工作原理。合上电源开关 QF，将转换开关 SA 置于图中"1号工作2号备用"位置，触点 7-8、9-10、15-16 闭合。假设此时水箱中水位处于低水位（下限位），则浮标磁环将干簧继电器 KR 的常开触点闭合，水位继电器 KA$_1$ 得电吸合并自锁，其常开触点闭合，接触器 KM$_1$ 得电吸合，1 号泵启动运行给水。当水箱中的水位上升到高水位（上限位）时，浮标磁环将 KR 的常闭触点断开，KA$_1$ 失电释放，其常开触点打开，KM$_1$ 失电释放，水泵停止运行。当水箱水位下降到下限位时，水泵又启动给水。如此重复上述过程，使水箱水位保持在一定的范围内。

如果 1 号泵在运行中发生故障使热继电器 FR$_1$ 动作，则接触器 KM$_1$ 失电释放，水泵停转。KM$_1$ 常闭辅助触点闭合，时间继电器 KT 线圈通电，电铃 HA 发出报警信号。经过一段延时，时间继电器 KT 的延时闭合常开触点闭合，中间继电器 KA$_2$ 得电吸合并自锁，事故指示灯 H$_5$ 亮。同时，KT 的常开触点闭合，接触器 KA$_2$ 得电吸合，2 号泵投入运行；KA$_2$ 常闭触点打开，时间继电器 KT 失电复位，退出工作，电铃 HA 停止报警。

若设 2 号泵作为工作泵，1 号泵作为备用，只要将转换开关 SA 置于图中"1 号备用 2 号工作"位置即可。这时，开关触点 1-2、3-4、5-6 闭合。其他工作过程同前。

如要手动操作，可将转换开关 SA 置于"手动"位置。这时，开关触点 11-12、19-20 闭合，自动部分退出工作。1 号、2 号泵分别通过按动各自的按钮使其启动和停止。

干簧继电器 KR 选用 JAG-4-Z（转换型）。

3.1.3　采用电接点仪表 Y-△降压启动的电动机自动互投线路

采用电接点仪表 Y-△降压启动的电动机自动互投线路如图 3-3 所示。在该线路中，当参数测量回路的电接点仪表到达下限位时，或当运行电动机发生故障及其热继电器动作时，线路能自动将备用电动机投入运行。两台电动机可以互为备用。

在需要用电接点仪表等测量物质在传输过程中某一参数（如压力、流量、温度等）的场所，可以采用此线路。

工作原理：合上电源开关 QS。开始时，电接点仪表 KP 处于下限位置，其接点闭合。假如 M$_1$ 为工作电动机，M$_2$ 为备用电动机，则将转换开关 SA 置于图中"1 号工作 2 号备用"位置。按下启动按钮 SB$_1$，接触器 KM$_2$ 得电吸合，其常开辅助触点闭合，接触器 KM$_1$ 得电吸合，电动机 M$_1$ 接成 Y 降压启动。同时，KM$_1$ 常闭辅助触点断开，切断电动机 M$_2$ 控制回路。在 KM$_1$ 吸合的同时，时间继电器 KT$_1$ 线圈通电。电接点仪表 KP 的下限位接点断开，中间继电器 KM$_1$ 失电释放，其常闭触点闭合，为电动机 M$_1$ 全压启动做好准备。经过一段延时，KT$_1$ 延时断开常闭触点，KM$_2$ 失电释放，其常闭辅助触点闭合，接触器 KM$_3$ 得电吸合，电动机接成△在全压下运行。

这时自投控制回路中的接触器 KM$_3$ 常开辅助触点闭合，中间继电器 KA$_2$ 得电吸合并自锁，其四对触点改变状态，当电动机 M$_1$ 因故停止工作后，为电动机 M$_2$ 自动投入运行做好准备。当因生产设备工作不良，致使传输物质的参数测量值为零时，电接点仪表下限位接通。由于 KM$_3$ 常开辅助触点已闭合，KA$_1$ 得电吸合，其常闭触点断开，KM$_3$ 失电释放，随之 KM$_1$ 失电释放，电动机 M$_1$ 停止运行。此时，虽然 KM$_3$ 常开辅助触点已断开，但与其并联的 KA$_2$ 常开触点已闭合自锁。所以继电器 KA$_2$ 的四对触点在第一次改变后的状态不变，电动机 M$_2$ 控制回路供电正常，实现了自锁和对电动机 M$_1$ 控制回路的联锁。电动机 M$_2$ 在电动机 M$_1$ 停止运行时，即自动投入运行。

如果以 M$_2$ 作为工作电动机，M$_1$ 为备用电动机，应将转换开关 SA 置于"2 号工作 1 号

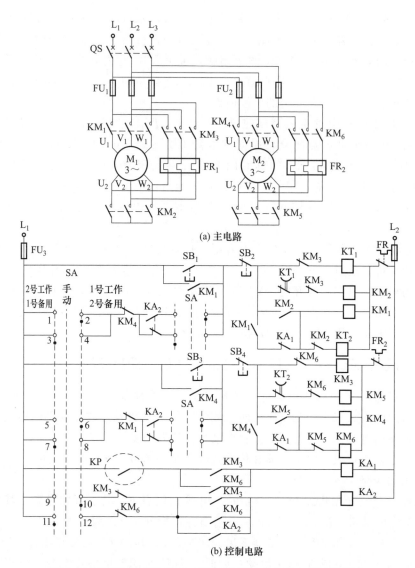

(a) 主电路

(b) 控制电路

图 3-3   采用电接点仪表 Y-△降压启动的电动机自动互投线路

备用"位置，其他动作过程与前类同。

若要求人工操作实现互投，可按下停止按钮，使工作电动机停机，备用电动机自动投入运行。若将转换开关 SA 置于"手动"位置，分别按下 SB₁ 和 SB₃，则可实现单台电动机的手动操作，也可将两台电动机同时投入运行。

3.1.4　继电器控制电动机定时正反转线路

继电器控制电动机定时正反转线路如图 3-4 所示。

（1）控制目的和方法

控制目的：电动机定时正反转运行。

控制方法：利用继电器和时间继电器来实现。

保护元件：熔断器 FU_1（电动机短路保护），FU_2（控制电路的短路保护）；热继电器 FR（电动机过载保护）。

（2）线路组成

① 主电路。由开关 QS、熔断器 FU_1、接触器 KM_1 和 KM_2 主触点、热继电器 FR 和电动机 M 组成。

② 控制电路。由熔断器 FU_2，启动按钮 SB_1，停止按钮 SB_2，接触器 KM_1、KM_2，中间继电器 KA_1、KA_2，时间继电器 KT_1、KT_2 和热继电器 FR 常闭触点组成。

③ 指示灯。H_1——正转指示灯（绿色）；H_2——反转指示灯（黄色）。

（3）工作原理

合上电源开关 QS，按下启动按钮 SB_1，接触器 KM_1 得电吸合并自锁，电动机正转启动运行，正转运行指示灯 H_1 亮。同时，时间继电器 KT_1 线圈通电，经过一段延时，其延时闭合常开触点闭合，中间继电器 KA_1 得电

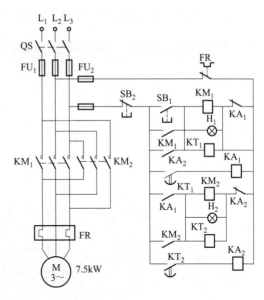

图 3-4　继电器控制电动机定时正反转线路

吸合，其常闭触点断开，接触器 KM_1 失电释放，而 KA_1 常开触点闭合，接触器 KM_2 得电吸合并自锁。电动机反转启动运行，反转运行指示灯 H_2 亮。同时，时间继电器 KT_2 线圈通电。经过一段延时，其延时闭合常开触点闭合，中间继电器 KA_2 得电吸合，其常闭触点断开，KM_2 失电释放，而 KA_2 常开触点闭合，接触器 KM_1 得电吸合并自锁，电动机又进入正向运行。正反转运行由中间继电器 KA_1 和 KA_2 的常闭触点进行联锁。

正反转运行时间，分别由时间继电器 KT_1 和 KT_2 的定时决定。

该线路的缺点是，正反转每交替一次，电动机就要经受两次反接制动过程。而每一次反接制动都会在电动机中产生较大的反接制动电流和机械冲击力。因此这种线路只适用于控制正反转循环周期较长的设备，否则，应在正反转交替前先制动停机，再启动电动机。当然，对于力矩电动机，则不存在此问题。

（4）元件选择

电气元件参数见表 3-2。

表 3-2　电气元件参数

序　号	名　　称	代　号	型号规格	数　　量
1	闸刀开关	QS	HK1-30/3	1
2	熔断器	FU_1	RL1-60/20A	3
3	熔断器	FU_2	RL1-15/5A	2
4	热继电器	FR	JR16-60/3　14～22A	1
5	交流接触器	KM_1、KM_2	CJ20-16A　380V	2
6	中间继电器	KA_1、KA_2	JZ7-44　380V	2
7	时间继电器	KT_1、KT_2	根据正反转时间选择	2
8	按钮	SB_1	LA18-22(绿)	1
9	按钮	SB_2	LA18-22(红)	1
10	指示灯	H_1	AD11-10　380V(绿)	1
11	指示灯	H_2	AD11-10　380V(黄)	1

3.1.5 晶闸管控制电动机定时正反转线路

晶闸管控制电动机定时正反转线路如图 3-5 所示。

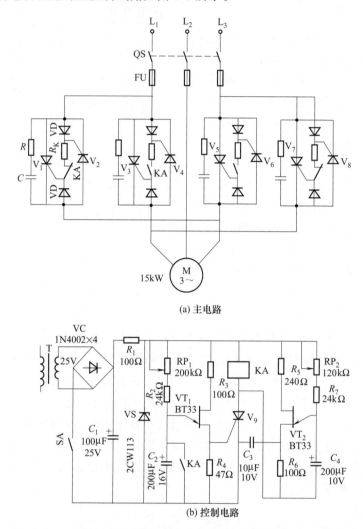

(a) 主电路

(b) 控制电路

图 3-5 晶闸管控制电动机定时正反转线路

（1）控制目的和方法

控制目的：在一些定时控制电动机正反转运行比较频繁的场所，如果用继电器进行控制，受反接制动电流的影响，往往容易烧坏继电器和交流接触器的触点。为此，可采用晶闸管作为无触点开关代替交流接触器。

控制方法：晶闸管 V_1、V_2 及 V_7、V_8 用于正转控制，$V_3 \sim V_6$ 用于反转控制；电动机正转运行和反转运行时间，分别由单结晶体管 VT_1 等构成的延时电路和由 VT_2 等构成的延时电路控制；电阻 R 与电容 C 用于晶闸管保护。

保护元件：熔断器 FU（电动机短路保护兼晶闸管过流保护）；阻容 RC（晶闸管 $V_1 \sim V_8$ 换相保护）。

（2）线路组成

① 主电路。由开关 QS、熔断器 FU、晶闸管 $V_1 \sim V_8$ 和电动机 M 组成。

② 控制电路。由降压变压器 T、开关 SA、整流桥 VC、两组单结晶体管延时电路（单结晶体管 VT_1、VT_2，电位器 RP_1、RP_2，电阻 R_2、R_7，R_3、R_5，R_4、R_6，电容 C_2、C_4）、滤波电容 C_1、降压电阻 R_1、稳压管 VS 和继电器 KA 组成。

（3）工作原理

合上电源开关 QS 和控制回路开关 SA，晶闸管 V_1、V_2 及 V_7、V_8 控制极经二极管 VD、限流电阻 R_K 和继电器 KA 常闭触点获得触发电流而导通，电动机正转运行。同时，由单结晶体管 VT_1 和电阻 R_2~R_4，以及电位器 RP_1、电容 C_2 组成的延时电路（即张弛振荡器）得到电源，电容 C_2 经 R_1、RP_1 被充电。当 C_2 上的电压达到 VT_1 的峰点电压时，VT_1 导通，在 R_4 上产生触发脉冲，小晶闸管 V_9 被触发导通，继电器 KA 得电吸合，其常闭触点断开，晶闸管 V_1、V_2 及 V_7、V_8 截止，而 KA 的常开触点闭合，晶闸管 V_3~V_6 触发导通，电动机反转运行。同时，KA 的另一副常开触点闭合，将电容 C_2 短路放电，为下一次重新充电做好准备。

由于控制回路的电压是经变压器 T 降压、整流桥 VC 整流、电容 C_1 滤波、稳压管 VS 稳压后得到的直流电压，因此，小晶闸管 V_9 导通后，即使 R_4 上已无输出脉冲，V_9 仍导通，继电器 KA 仍吸合着。

从 V_9 导通开始，由单结晶体管 VT_2 和电阻 R_5~R_7 以及电位器 RP_2、电容 C_4 组成的另一组张弛振荡器即得到电源，电容 C_4 经 R_7、RP_2 及 V_9 充电。当 C_4 上的电压达到 VT_2 的峰值电压时，VT_2 导通，在电阻 R_6 上的正电压脉冲通过 C_3 加到小晶闸管 V_9 的阴极，迫使 V_9 关断，继电器 KA 失电释放，晶闸管 V_3~V_6 关断，而 V_1、V_2 及 V_7、V_8 导通，电动机转为正转运行。

调节电位器 RP_1 和 RP_2，可分别改变电动机正转运行和反转运行的时间。单结晶体管的振荡周期（即电路的延时时间）可由公式 $T=RC\ln\left(\dfrac{1}{1-\eta}\right)$ 决定。其中，η 为单结晶体管的分压比，一般为 0.5~0.7。按图 3-5 中所示参数，正反转运行时间均约为 40s。

如果采用双向晶闸管，则主回路可简化。

（4）元件选择

电气元件参数见表 3-3。

表 3-3　电气元件参数

序号	名　　称	代号	型号规格	数　　量
1	闸刀开关	QS	HK1-60/3	1
2	熔断器	FU	RL1-60/40A	3
3	晶闸管	V_1~V_8	KP30A　800V	8
4	二极管	VD	1N4007	8
5	金属膜电阻	R_K	RJ-200Ω　1W	4
6	金属膜电阻	R	RJ-40Ω　2W	4
7	电容器	C	CBB22　0.15μF　50V	4
8	晶闸管	V_9	KP1A　100V	1
9	变压器	T	380V/25V 或 220V/25V　5V·A	1

其他元件参数见图 3-5（b）。

3.1.6　晶闸管控制电动机正反转及点动线路（一、二）

对于某些在较恶劣环境（如煤场、大灰场、水泥厂等）使用的电动机，若采用接触器控制电动机正反转，接触器触点容易被粉尘污染而导致触点接触不良或粘连，烧毁接触器。为此，可采用晶闸管控制。

（1）线路之一

线路之一如图 3-6 所示。

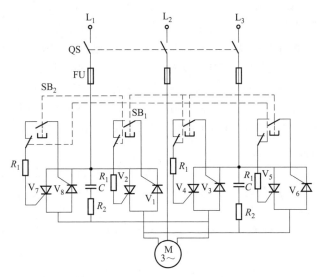

图 3-6　晶闸管控制电动机正反转及点动线路（一）

工作原理：合上电源开关 QS，晶闸管 V_2、V_4、V_5、V_7 的阳极和晶闸管 V_1、V_3、V_6、V_8 的阴极分别接 U 相和 W 相电源。按下正转点动按钮 SB_1，$V_1 \sim V_4$ 被触发导通，电动机正转运行。

如果需要电动机反转运行，可按下反转点动按钮 SB_2，晶闸管 $V_5 \sim V_8$ 被触发导通，电动机反转运行。

元件选择。晶闸管的耐压值不应小于 900V，额定电流应根据电动机的容量决定，一般不小于电动机额定电流的 2 倍。降压电阻 R_1 选大了触发不了晶闸管，选小了容易损坏晶闸管，具体数值可由试验确定，并要使导通角尽可能大，使晶闸管能全导通。本例 R_1 取 20Ω 0.5W。阻容保护电路，R_2 取 10Ω 15W，C 取 0.1μF 630V。

（2）线路之二

线路之二如图 3-7 所示。

工作原理：由于采用了双向晶闸管，线路显得较简单。按下正转按钮 SB_1，双向晶闸管 V_1、V_2 被触发导通，电动机正转运行。按下反转按钮 SB_2，双向晶闸管 V_3、V_4 被触发导通，电动机反转运行。

由于两按钮接线互相联锁，当同时按下 SB_1 和 SB_2 时，不会引起短路事故，只会使电动机停转。

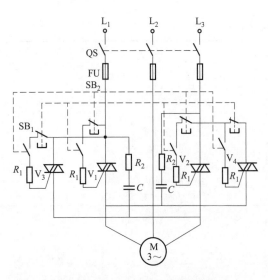

图 3-7　晶闸管控制电动机正反转及点动线路（二）

3.1.7　双稳态电路控制电动机正反转线路

双稳态电路控制电动机正反转线路如图 3-8 所示。

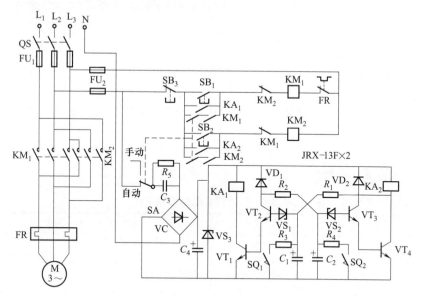

图 3-8　双稳态电路控制电动机正反转线路

（1）控制目的和方法

控制目的：电动机正反转运行。转换过程中电动机不受冲击。可手动，也可自动。

控制方法：采用限位开关控制变形的双稳态电路来实现自动控制电动机正反转运行。由于在正反转转换时有停机延时过程（时间可调），从而保护电动机不受冲击。

保护元件：熔断器 FU_1（电动机短路保护），FU_2（控制电路的短路保护）；热继电器 FR（电动机过载保护）。

（2）线路组成

① 主电路。由开关 QS、熔断器 FU_1、接触器 KM_1 和 KM_2 主触点、热继电器 FR 和电动机 M 组成。

② 控制电路。由熔断器 FU_2、正转启动按钮 SB_1（手动用）、反转启动按钮 SB_2（手动用）、停止按钮 SB_3（手动用）、转换开关 SA、正转接触器 KM_1、反转接触器 KM_2 和热继电器 FR 常闭触点组成。

在自动控制部分（双稳态电路），由降压电容 C_3，整流桥 VC，滤波电容 C_4，稳压管 VS_3，三极管 $VT_1 \sim VT_4$，二极管 VD_1、VD_2，稳压管 VS_1、VS_2，电阻 $R_1 \sim R_4$，电容 C_1、C_2，中间继电器 KA_1、KA_2 和限位开关 SQ_1、SQ_2 组成。

（3）工作原理

合上电源开关 QS，将开关 SA 置于"自动"位置。交流电源经电容 C_3 降压，整流桥 VC 整流、稳压管 VS_3 稳压、电容 C_4 滤波，为双稳态电路提供 12V 直流电源。设初始时三极管 VT_1、VT_2 导通，VT_3、VT_4 截止，则中间继电器 KA_1 得电吸合，其常闭触点闭合，接触器 KM_1 得电吸合，电动机正转启动运行。当所带设备（如小车）运行到设定位置时，限位开关 SQ_1 动作，三极管 VT_2 基极失去偏压而截止，VT_1 截止。中间继电器 KA_1 失电释放，继而接触器 KM_1 失电释放，电动机停转。此时，VT_2 的集电极为高电位，经电阻 R_2 向电容 C_2 充电。当 C_2 上的电压达到稳压管 VS_2 的击穿电压时，VS_2 导通，三极管 VT_3 得到基极电流而导通，VT_4 导通，而 VT_1、VT_2 截止，中间继电器 KA_2 得电吸合。其常开触点闭合，接触器 KM_2 得电吸合，电动机反转启动运行。当运行到另一设定位置时，另一限位开关 SQ_2 动作，VT_3、VT_4 截止，KA_2 失电释放，电动机停转。此时，C_1 通过 R_1 充电，当 C_1 上的电压达到稳压管 VS_1 的击穿电压时，VS_1 导通，三极管 VT_1、VT_2 不导通，重复上述过程。于是，电动机进行正转—停机（延时）—反转—停机（延时）—正转……

调整 R_1、R_2、C_1、C_2 的数值以及选择不同型号、规格的稳压管 VS_1 和 VS_2，可改变停机（延时）时间。

（4）元件选择

自动控制电路元件参数见表 3-4。

表 3-4　自动控制电路元件参数

序号	名　称	代号	型号规格	数　量
1	转换开关	SA	LS2-2	1
2	三极管	$VT_1 \sim VT_4$	3DG130　$\beta \geqslant 50$	4
3	稳压管	VS_1、VS_2	2CW130　$U_z = 3.2 \sim 4.5V$	2
4	稳压管	VS_3	2CW110　$U_z = 11 \sim 12.5V$	1
5	整流桥、二极管	VC、VD_1、VD_2	1N4007	6
6	电解电容器	C_1、C_2	CD11　$47\mu F$　25V	2
7	电解电容器	C_4	CD11　$100\mu F$　25V	1
8	电容器	C_3	CBB22　$0.47\mu F$　630V	1
9	金属膜电阻	R_1、R_2	RJ-$10k\Omega$　½W	2
10	金属膜电阻	R_3、R_4	RJ-200Ω　½W	2
11	金属膜电阻	R_5	RJ-$500k\Omega$　1W	1
12	限位开关	SQ_1、SQ_2	LX19-001	2
13	中间继电器	KA_1、KA_2	JRX-13F　DC 12V	2

3.1.8　双稳态电路作限位开关的自动停机线路

由于机械式限位开关容易损坏而造成失控事故，因此在安全性要求较高的场所，宜采用非机械式限位开关。图 3-9 为利用双稳态电路作限位开关的电动机正转、反转运行及自动停机线路。

（1）控制目的和方法

控制目的：电动机能正转、反转运行，停机受电子式限位开关控制，安全性高。

控制方法：采用永磁铁运动部件控制干簧管，进而控制双稳态电路工作，达到电动机停机的目的。

保护元件：熔断器 FU_1（电动机短路保护），FU_2（控制电路短路保护）；热继电器 FR（电动机过载保护）；二极管 VD（保护三极管免受继电器 KA 反电势而损坏）。

（2）线路组成

① 主电路。由开关 QS、熔断器 FU_1、接触器 KM_1 及 KM_2 主触点、热继电器 FR 和电动机 M 组成。

② 控制电路。由熔断器 FU_2、正转按钮 SB_1、反转按钮 SB_2、停止按钮 SB_3、正转接触

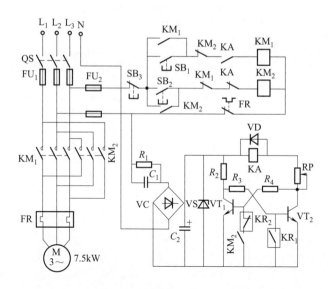

图 3-9　双稳态电路作限位开关的自动停机线路

器 KM_1、反转接触器 KM_2、中间继电器 KA 触点和热继电器 FR 常闭触点组成。

③ 电子控制电路。由三极管 VT_1 及 VT_2、电阻 $R_2 \sim R_4$、电位器 RP、干簧管 KR_1 及 KR_2 组成的双稳态电路，以及中间继电器 KA 组成。

④ 电子控制电路的直流电源。由电容 C_1、整流桥 VC、电容 C_2 和稳压管 VS 组成。

（3）工作原理

合上电源开关 QS，220V 交流电经电容 C_1 降压、整流桥 VC 整流、电容 C_2 滤波、稳压管 VS 稳压后，给双稳态电路提供 12V 直流电压。假设永磁铁的运动部件处于不能使干簧管 KR_1（常开型）吸合的地方，12V 电压通过电阻 R_2、R_3 向三极管 VT_2 提供基极电流，VT_2 导通，中间继电器 KA 得电吸合，其常开触点闭合，常闭触点断开。这时按反转按钮 SB_2，KM_2 不会吸合。

正转时，按下正转按钮 SB_1，接触器 KM_1 得电吸合并自锁，电动机带动设备正转运行。当带有永磁铁的运动部件运动到设定位置上的干簧管 KR_1 处时，KR_1 触点闭合，三极管 VT_2 失去基极偏压而截止，其集电极电位升高，三极管 VT_1 导通，中间继电器 KA 失电释放，其常开触点断开，接触器 KM_1 失电释放，达到断电停机的目的。

反转时，由于 KA 常闭触点已闭合，按下反转按钮 SB_2，接触器 KM_2 得电吸合并自锁，电动机反转运动，当永磁铁的运动部件运行到另一端设定位置上的干簧管 KR_2（常闭型）处时，KR_2 触点断开，双稳态电路翻转，三极管 VT_2 得到基极偏压而导通，其集电极电位降低，三极管 VT_1 截止，中间继电器 KA 得电吸合，其常闭触点断开，常开触点闭合，接触器 KM_2 失电释放，电动机停止运行。

这时再按 SB_1，电动机又正向运行，到达设定限位位置后，电动机停转，再按 SB_2，电动机又反向运行，到达另一端限位位置后，电动机停转。

为了确保电路翻转的可靠性，可将几个干簧管并接使用。

（4）元件选择

电气元件参数见表 3-5。

表 3-5 电气元件参数

序号	名 称	代号	型号规格	数 量
1	铁壳开关	QS	HH3-60/40A	1
2	熔断器	FU_1	RC1A-60/40A(配 QS)	3
3	熔断器	FU_2	RL1-15/5A	2
4	热继电器	FR	JR14-20/2 14~22A	1
5	交流接触器	KM_1、KM_2	CJ20-25A 380V	2
6	中间继电器	KA	JRX-13F DC 12V	1
7	按钮	SB_1	LA18-22(绿)	1
8	按钮	SB_2	LA18-22(黄)	1
9	按钮	SB_3	LA18-22(红)	1
10	三极管	VT_1、VT_2	3DG130 $\beta \geqslant 50$	2
11	稳压管	VS	2CW110 $U_z = 11 \sim 12.5V$	1
12	整流桥、二极管	VC、VD	1N4004	5
13	金属膜电阻	R_1	RJ-1MΩ 1/2W	1
14	金属膜电阻	R_2	RJ-680Ω 1/2W	1
15	金属膜电阻	R_3、R_4	RJ-5.1kΩ 1/2W	1
16	电位器	RP	WS-0.5W 1kΩ	1
17	电容器	C_1	CBB22 0.47μF 630V	1
18	电解电容器	C_2	CD11 470μF 25V	1
19	干簧管	KR_1	GAG-2 1H(常开型)	1
20	干簧管	KR_2	GAG-2 1Z(转换型,用常闭触点)	1

3.1.9 用电容换向的电动机正反转线路

用电容换向的电动机正反转线路如图 3-10 所示。图中,C_g 为工作电容,C_q 为启动电容,SA 为正反转开关。

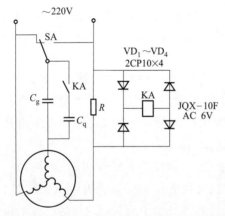

图 3-10 用电容换向的电动机正反转线路

灵敏继电器 KA 从电阻 R 两端接出,经二极管 $VD_1 \sim VD_4$ 整流后供电。由于电动机启动电流较大,R 两端的电压降能可靠地使继电器 KA 吸合。其常开触点闭合,将启动电容 C_q 并入工作电容,电动机启动运行。随着转速的升高,电流减小,R 两端的电压下降。当转速趋近额定值时,KA 释放,其常开触点断开,启动电容 C_q 退出运行,完成启动过程。

元件选用:KA 可选用额定电压为 6V 的交流灵敏继电器。电阻 R 的阻值以启动时能可靠吸合,启动完毕能可靠释放为宜。其阻值可由试验确定,也可先按公式 $RI_e = 3V$ 选取(I_e 为电动机额定电流),再在试验中调整。

3.1.10 利用时间继电器防止电动机非正常停机的线路(一)

当电源电压波动超出允许范围或瞬间停电时,会造成有些生产设备非正常停机,给生产带来很大的经济损失。为此,应对电动机控制线路进行改进,以防止非正常停机事故的发生。

利用时间继电器防止电动机非正常停机的线路(一)如图 3-11 所示。

工作原理：合上电源开关 QS，按下启动按钮 SB$_1$，接触器 KM 和时间继电器 KT$_1$ 得电吸合并自锁，电动机启动运行。当电源电压波动超出允许的范围或瞬时停电时，接触器 KM 和时间继电器 KT$_1$ 均会释放（此时电动机失电做惯性旋转）。但由于时间继电器 KT$_1$ 需要经过一段延时（1～3s，可调，应根据实际情况调整），其延时断开常开触点才能断开，故在未断开之前，当电源电压又恢复正常供电时，KM 和 KT$_1$ 又得到正常电压而吸合，因此电动机不会停机。

需要停机时，按下停止按钮 SB$_2$，时间继电器 KT$_2$ 线圈通电并自锁，其常闭触点断开，接触器 KM 和时间继电器 KT$_1$ 失电释

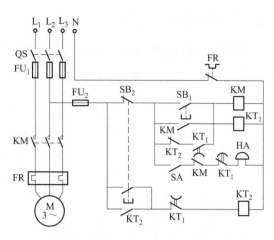

图 3-11　利用时间继电器防止
电动机非正常停机的线路（一）

放，电动机停止运行。经过一段延时（2～4s，其整定值应较 KT$_1$ 的整定值稍长，否则不能准确地起到停机作用），其延时断开常闭触点断开，KT$_2$ 失电释放，其常开触点断开，电路中的 KM、KT$_1$ 和 KT$_2$ 均处于释放状态，电路恢复至初始状态。

在电动机运行过程中，若系统停电时间超出设定时间后重新来电，则电动机无法再自动启动。这时 KT$_1$ 的延时闭合常闭触点也已闭合，电铃 HA 回路接通（开关 SA 平时闭合），发出报警信号，告知操作者前来处理。断开开关 SA，报警解除。

3.1.11　利用时间继电器防止电动机非正常停机的线路（二）

利用时间继电器防止电动机非正常停机的线路（二）如图 3-12 所示。

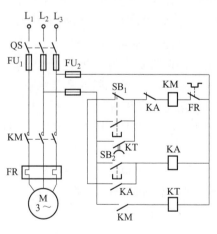

图 3-12　利用时间继电器防止
电动机非正常停机的线路（二）

工作原理：合上电源开关 QS，按下启动按钮 SB$_1$，接触器 KM 得电吸合，其常开辅助触点闭合，时间继电器 KT 线圈通电，其延时断开常开触点闭合，使 KM 保持吸合状态。

当电源电压向下波动超过允许范围或瞬时停电时，KM 释放。由于与启动按钮 SB$_1$ 并联的延时断开常开触点的延时断开作用，若电压在短时间内恢复正常，KM、KT 便能立即吸合。时间继电器 KT 的延时整定值为 1～3s（可根据实际情况调整）。

当需要停机时，按下停止按钮 SB$_2$，中间继电器 KA 得电吸合，其常开触点通过按钮 SB$_1$ 的常闭触点形成自锁。同时，其常闭触点断开，接触器 KM 失电释放，电动机停止运行。

中间继电器 KA 的常开触点通过按钮 SB$_1$ 常闭触点，是为了防止 KA 在电动机停机后仍带电。另外，当电动机在短时间内反复启动、停止时，即使时间继电器 KT 的延时断开常开触点来不及断开，启动也不受其影响，克服了在启动或停止过程中需躲过延时的弊病。

3.1.12 利用时间继电器防止电动机非正常停机的线路（三）

利用时间继电器防止电动机非正常停机的线路（三）如图 3-13 所示。

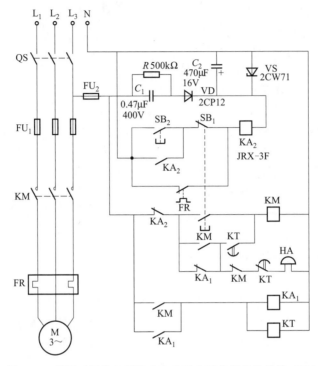

图 3-13　利用时间继电器防止电动机非正常停机的线路（三）

工作原理：合上电源开关 QS，按下启动按钮 SB_1，接触器 KM 得电吸合，电动机启动运行。KM 常开辅助触点闭合，中间继电器 KA_1 和时间继电器 KT 得电吸合，且 KA_1 的常开触点闭合自锁，KT 延时断开常开触点闭合，使 KM 自锁。同时，KA_1 的常闭触点断开，为电源电压波动过大或瞬时停电后恢复供电重新自启动电动机做好准备。

当电源电压波动过大或瞬时停电时，KA_1、KM、KT 同时释放，电动机失去电源做惯性旋转。由于 KA_1 释放，其常闭触点闭合。但由于时间继电器 KT 延时断开常开触点需经一段延时（1～3s，可调）才能断开，故在未断开之前，若电源又恢复正常供电，接触器 KM 则通过小型中间继电器 KA_2 的常闭触点、KA_1 的常闭触点、KT 的延时断开常开触点（已闭合）形成回路而得电吸合，使电动机立即启动运行。

当需要停机时，按下停止按钮 SB_2，小型中间继电器 KA_2 得电吸合并自锁，其常闭触点断开。接触器 KM 失电释放，电动机停止运行。当电动机过载时，热继电器 FR 动作，其常开触点闭合，同样使 KA_2 得电吸合，KM 失电释放，电动机停止运行。

电动机在运行过程中，若系统停电时间超出时间继电器设定时间，即使重新来电，电动机也无法再自动启动。同时，电铃 HA 发出报警信号。

3.1.13 利用直流运行的交流接触器防止电动机非正常停机的线路

线路如图 3-14 所示。直流运行的交流接触器，具有在电压降低至额定电压的 $40\%\sim60\%$ 时也能可靠吸合和释放时间较长（约 0.3s）的特点。该线路正是利用交流接触器的这一特点，来达到在电源电压波动过大或瞬时停电时接触器不会断开的目的。

图中，虚线框内所示线路为无声运行节电器线路。如果电动机为正反转运行，则在反转控制回路中也需如正转控制回路一样，加装一套无声运行节电器线路。

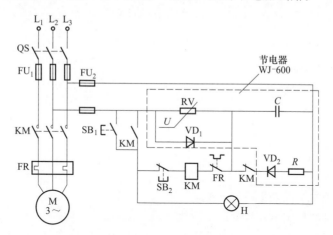

图 3-14　利用直流运行的交流接触器防
止电动机非正常停机的线路

3.1.14　利用自感电动势实现瞬间停机保护线路

线路如图 3-15 所示。该线路是利用电源瞬时停电时，电动机所产生的自感电动势来实现瞬间停机保护的。

工作原理：合上电源开关 QS，按下启动按钮 SB₁，接触器 KM 得电吸合并自锁，电动机启动运行。KM 常闭辅助触点断开，直流继电器 KA 失电释放，保护电路不参加工作。

3.1.15　小功率三相电动机用于单相电源的接线（一）

在实际工作中，经常遇到手头有小功率三相异步电动机，但安装处只有单相电源，若现敷设三相电源不但时间来不及，投资上也不合算。这时，可以用相序变换法将三相电动机用于单相电源。

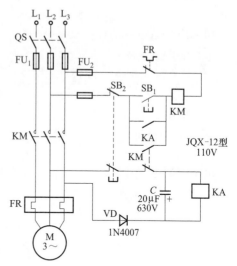

图 3-15　利用自感电动势实现
瞬间停机保护线路

当电源瞬时停电时，KM 失电释放，电动机做惯性旋转。此时，KM 常闭辅助触点闭合，电动机 V、W 相间的自感电动势通过二极管 VD 向直流继电器 KA 供电，KA 得电吸合，其常开触点闭合。若这时电源已恢复供电，则接触器 KM 即得电吸合并自锁，电动机重新接上电源运转。KM 常闭辅助触点断开，KA 失电释放。电容 C 的作用是，使继电器 KA 可靠动作。

相序变换法，实际上是将单相电源通过 L-C 电路或通过电容 C 转换成三相对称电源。转换的关键是正确确定电感值和电容值。

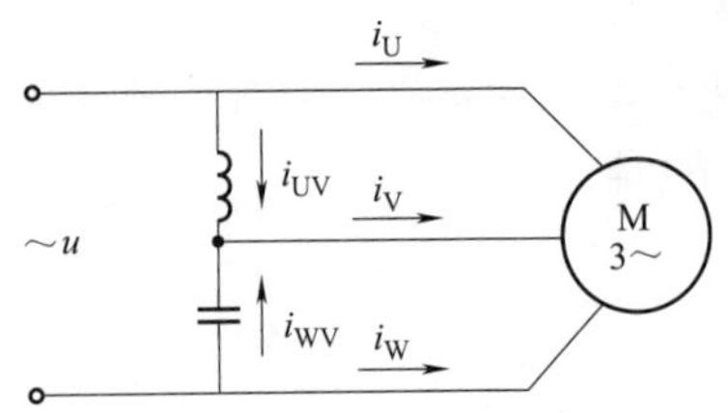

图 3-16　小功率三相电动机用于单相
电源的接线（一）（用 L-C 电
路做相序变换的线路）

小功率三相电动机用于单相电源的接线（一）如图 3-16 所示。

用 L-C 电路做相序变换。

L、C 值的计算公式如下：

$$L = \frac{1.5U_e^2}{S\omega\sin(60°-\varphi)}$$

$$C = \frac{S\sin(60°+\varphi)}{1.5U_e^2\omega}$$

式中　L——电感，H；

　　C——电容，F；

　　ω——角频率；

　　S——电动机的视在功率，V·A；

　　U_e——电动机的额定电压，V；

　　φ——功率因数电角度，(°)。

【例 3-1】　一台额定电压为 380V、额定功率为 1.1kW、功率因数为 0.8 的三相异步电动机，欲在单相 220V 电源上运行，求 L-C 电路中 L、C 的值。

由 $P = 1.1\text{kW} = 1100\text{W}$，$\cos\varphi = 0.8$ 得

电动机的视在功率

$$S = P/\cos\varphi = 1100/0.8 = 1375(\text{V·A})$$

功率因数角 $\varphi = \arccos(\cos\varphi) = \arccos 0.8 \approx 36.87°$

电感的电感量 L：

$$L = \frac{1.5U_e^2}{S\omega\sin(60°-\varphi)} = \frac{1.5\times380^2}{1375\times314\times\sin23.13°} \approx 1.277(\text{H})$$

电容的电容量 C：

$$C = \frac{S\sin(60°+\varphi)}{1.5U_e^2\omega} = \frac{1375\times\sin(60°+36.87°)}{1.5\times380^2\times314} \approx 20\times10^{-6}(\text{F}) = 20(\mu\text{F})$$

由于自制电感较麻烦，可用 40W 荧光灯镇流器代用。因为 40W 荧光灯镇流器的工作电压为 165V，工作电流为 0.41A，由

$$U = IX_c = I\omega L$$

得

$$L = \frac{U}{\omega I} = \frac{165}{314\times0.4} \approx 1.282(\text{H})$$

计算结果说明，荧光灯镇流器的电感量与所需的电感量接近。为了能在 380V 电压下运行，可将三只镇流器串联成一组，再将三组镇流器并联即可（共需 9 只镇流器）。电容可用 $10\mu\text{F}$ 500V 洗衣机用电容。为了降低电容的工作电压，使电容可靠运行，可将两只电容串联成一组，再将四组电容并联即可（共需 8 只电容），电容量为 $20\mu\text{F}$。

3.1.16　小功率三相电动机用于单相电源的接线（二）

小功率三相电动机用于单相电源的接线（二）如图 3-17 所示。用电容 C 做相序变换。图中，C_g 为工作电容，C_q 为启动电容。

工作电容器的电容量按下式计算：

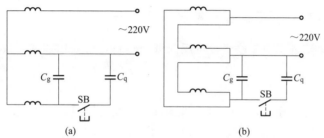

图 3-17　小功率三相电动机用于单相电源的
接线（二）用电容做相序变换的线路

$$C_g = \frac{1950 I_e}{U\cos\varphi}$$

式中　I_e——电动机额定电流，A；

　　　U——电动机额定电压，V；

　　$\cos\varphi$——功率因数，小功率电动机可取 $0.7\sim0.8$。

选用接近计算值的标准电容。

启动电容的电容量 C_q 可根据电动机启动负载而定，一般为工作电容电容量的 $1\sim4$ 倍，即

$$C_q = (1\sim4)C_g$$

实际上 1kW 以下的电动机可以不加启动电容，只要把工作电容的电容量适当加大一些即可。一般每 0.1kW 用电容为 $3.5\sim6.5\mu F$，耐压不小于 450V。

使用时应注意：当电动机启动后，转速达到额定值时，应立即切除启动电容。否则，时间长了会烧坏电动机。因为启动电容与工作电容并联，总容量增加了好几倍，此时启动转矩比额定转矩大 1 倍左右，定子绕组会发热，时间长了会损坏绕组的绝缘层。

经此法改造的电动机功率为原来功率的 $55\%\sim90\%$，其具体功率大小与电动机本身的功率因数有关。

【例 3-2】　一台额定功率为 600W、额定电压为 220V/380V、额定电流为 2.8A/1.6A、额定功率因数为 0.76 的三相异步电动机，原运行在 380V 三相电源（定子绕组为 Y 接法），欲在单相 220V 电源下运行，试求工作电容和启动电容的容量。

解　可不改动绕组接线，也可将 Y 接线改成△接线。

如果为 Y 接线，将 $U_e = 380V$、$I_e = 1.6A$、$\cos\varphi = 0.76$ 代入公式，则工作电容的容量为

$$C_g = \frac{1950 I_e}{U_e\cos\varphi} = \frac{1950\times1.6}{380\times0.76} = 10.8(\mu F)$$

可选择容量为 $12\mu F$ 的标准电容。

启动电容的容量为

$$C_q = (1\sim4)C_g = (1\sim4)\times10.8 = 10.8\sim43.2(\mu F)$$

若该机启动负载不大，可取 $C_q = 35\mu F$。

如果为△接线，则将 $U_e = 220V$、$I_e = 2.8A$、$\cos\varphi = 0.76$ 代入公式即可，所算得的 C_g、C_q 值与 Y 接线相同。

实测表明，该电动机单相运行的负载电流为 1.82A（Y 接法时），折算输出功率为 $P = UI = 220\times1.82 = 400(W)$，相当于原电动机功率的 67%。

3.1.17 电动机改转向后低速运行控制线路（一、二）

欲使电动机在运转过程中先停机，再反向低速运行，可采用如图 3-18 或图 3-19 所示的线路。

（1）线路之一

电动机定子绕组为△连接，改转向低速运行控制线路如图 3-18 所示。

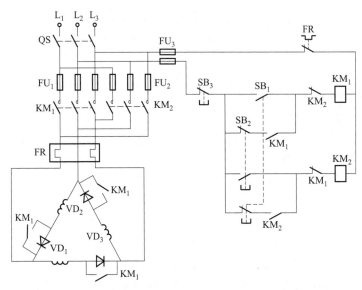

图 3-18　电动机绕组为△连接时改转向后低速运行控制线路

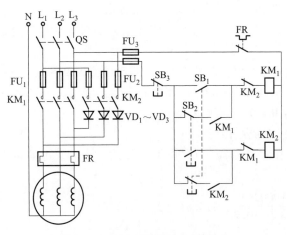

图 3-19　电动机绕组为 Y 连接时
改转向后低速运行控制线路

工作原理：合上电源开关 QS，按下启动按钮 SB_1，接触器 KM_1 得电吸合并自锁，电动机三相绕组为△连接启动正向运转。欲使电动机迅速停机并反向低速运行，则可按下反转按钮 SB_2。这时，接触器 KM_1 失电释放，而接触器 KM_2 得电吸合，使电动机三相绕组反相序接上电源，并串入整流二极管 $VD_1 \sim VD_3$。由于整流管的作用，三相绕组流过三相对称半波整流电流。这种含有直流分量的电流，能使电动机迅速停机，并使其进入低速反向运转状态。

按下停止按钮 SB_3，可使电动机停转。

熔断器 FU_2 是用来保护整流二极管的。

（2）线路之二

电动机定子绕组为 Y 连接改向低速运行控制线路如图 3-19 所示。其工作原理与图 3-18 完全相同。只是该线路反向低速运行时，绕组以 Y 连接，经整流二极管，反相序接电源。

3.1.18　电动机间歇式自动循环启停机控制线路（一）

电动机间歇式自动循环启停机控制线路（一）如图3-20所示。

（1）控制目的和方法

控制目的：电动机可连续运行，也可间歇自动循环运行。

控制方法：连续运行通过转换开关 SA 来实现；间歇运行通过转换开关 SA 和中间继电器 KA 及时间继电器 KT$_1$、KT$_2$ 来实现。

保护元件：熔断器 FU$_1$（电动机短路保护），FU$_2$（控制电路的短路保护）；热继电器 FR（电动机过载保护）。

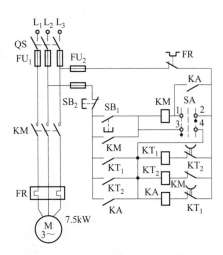

图 3-20　电动机间歇式自动循环启停机控制线路（一）

（2）线路组成

① 主电路。由开关 QS、熔断器 FU$_1$、接触器 KM 主触点、热继电器 FR 和电动机 M 组成。

② 控制电路。由熔断器 FU$_2$、转换开关 SA、启动按钮 SB$_1$、停止按钮 SB$_2$、中间继电器 KA、时间继电器 KT$_1$ 和 KT$_2$ 以及热继电器 FR 常闭触点组成。

（3）工作原理

合上电源开关 QS，将转换开关 SA 置于连续运行（图 3-20 中右边）位置，则触点 1-2 闭合，按下启动按钮 SB$_1$，电动机可连续运行。

将转换开关 SA 置于间歇运行（图 3-20 中左侧）位置，触点 3-4 闭合，按下启动按钮 SB$_1$，中间继电器 KA 得电吸合，其常开触点闭合，接触器 KM 得电吸合并自锁，电动机启动运行。同时，时间继电器 KT$_1$ 线圈通电，经过一段延时后，其延时断开常闭触点断开，KA 失电释放，其常开触点断开，接触器 KM 失电释放，电动机停止运行。KM 常闭触点闭合，使时间继电器 KT$_2$ 通过 KT$_1$ 的常开闭合触点得电，经过一段延时后，其延时断开常闭触点断开，KT$_1$ 失电释放，其常闭触点闭合，使 KA 经过 KT$_2$ 的常开闭合触点得电吸合，其常开触点闭合，接触器 KM 再次得电吸合，电动机又启动运行。由于 KM 常闭辅助触点断开，KT$_2$ 失电，其延时断开常闭触点闭合，KT$_1$ 又得电吸合，重复上述过程。

调整时间继电器 KT$_1$ 和 KT$_2$，可分别改变电动机的运行时间和停机时间。

（4）元件选择

电气元件参数见表3-6。

表 3-6　电气元件参数

序号	名　称	代号	型号规格	数　量
1	铁壳开关	QS	HH3-60/40A	1
2	熔断器	FU$_1$	RC1A-60/40A(配 QS)	3
3	熔断器	FU$_2$	RL1-15/5A	2
4	热继电器	FR	JR14-20/2　14～22A	1
5	交流接触器	KM	CJ20-16A　380V	1
6	中间继电器	KA	JZ7-44　380V	1
7	时间继电器	KT$_1$、KT$_2$	JS23-1　0.2～30s	2

序　号	名　　称	代号	型号规格	数　量
8	转换开关	SA	LW5-15　D0083/1	1
9	按钮	SB_1	LA18-22(绿)	1
10	按钮	SB_2	LA18-22(红)	1

3.1.19　电动机间歇式自动循环启停机控制线路（二）

电动机间歇式循环启停机控制线路（二）如图 3-21 所示。该线路利用时间继电器来实现自动控制，有手动和自动两种控制方式。

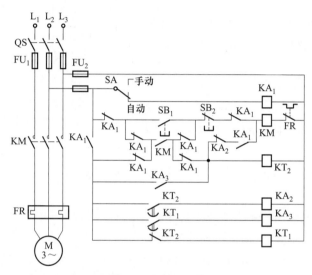

图 3-21　电动机间歇式自动循环启停机控制线路（二）

工作原理：合上电源开关 QS，将控制开关 SA 置于"手动"位置，按下启动按钮 SB_1，接触器 KM 得电吸合并自锁，电动机启动运行。按下停止按钮 SB_2，则电动机停转。

若要线路自动工作，将 SA 置于"自动"位置，中间继电器 KA_1 得电吸合，其各触点切换，时间继电器 KT_1 线圈通电，经过一段延时（该时间为电动机自动循环的停机时间），其延时闭合常开触点闭合，中间继电器 KA_3 得电吸合，其常开触点闭合，接触器 KM 得电吸合，电动机启动运行。同时，时间继电器 KT_2 线圈通电，其常闭触点断开，KT_1 失电，其延时闭合常开触点断开，KA_3 失电释放。KT_2 延时一段时间（该时间为电动机自动循环的运行时间），其延时闭合常开触点闭合，KA_2 得电吸合，其常闭触点断开，KM 失电释放，电动机停止运行。同时，KM 的常开辅助触点断开，KT_2 失电复位。继而 KA_2 失电复原，KT_1 得电吸合，为下一次循环做好准备。

时间继电器 KT_1、KT_2 的延时时间，分别是电动机自动启停循环的停机时间和运行时间。调整时间继电器 KT_1 和 KT_2，可分别改变电动机的停机时间和运行时间。

3.1.20　电动机间歇式自动循环启停机控制线路（三）

电动机间歇式自动循环启停机控制线路（三）如图 3-22 所示。该线路由两组电子延时电路控制。

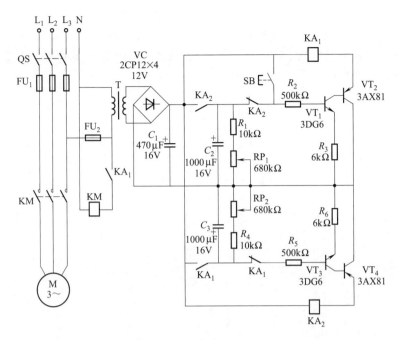

图 3-22　电动机间歇式自动循环启停机控制线路（三）

工作原理：由三极管 VT_1 和 VT_2、电容 C_2 及电阻 R_1、电位器 RP_1 等组成一组延时电路；由三极管 VT_3 和 VT_4、电容 C_3、电阻 R_4、电位器 RP_2 等组成另一组延时电路。合上开关 QS，因三极管 VT_1、VT_3 无基极电流，$VT_1 \sim VT_4$ 均截止，继电器 KA_1、KA_2 均处于释放状态。当按下按钮 SB 后，电容 C_2 被充电，于是晶体管 VT_1、VT_2 导通，继电器 KA_1 吸合，其常开触点闭合，接触器 KM 得电吸合，电动机启动运行（尽管此时已松开按钮 SB，因为电容 C_2 两端电压不能突变，所以 VT_1、VT_2 仍导通）。同时，KA_1 的另一副常开触点闭合，电容 C_3 被充电，为第二组延时电路工作做好准备。

当电容 C_2 通过电阻 R_1、RP_1 及三极管 VT_1、VT_2 放电完毕，三极管 VT_1、VT_2 截止时，继电器 KA_1 失电释放，电动机停转。同时，KA_1 常闭触点闭合。电容 C_3 通过它向电阻 R_4、RP_2 及晶体管 VT_3、VT_4 放电，VT_3、VT_4 导通，继电器 KA_2 得电吸合，其常开触点闭合。于是电容 C_2 便通过它被充电，为第一组延时电路工作做好准备。

当电容 C_3 放电完毕，VT_3、VT_4 截止时，继电器 KA_2 失电释放，其常闭触点闭合。电容 C_2 又通过它向 VT_1、VT_2 放电，使 VT_1、VT_2 导通，继电器 KA_1 吸合。如此反复循环。

调节电位器 RP_1 和 RP_2 的阻值，可分别改变电动机运行和停止时间的长短（在 1h 内任意改变）。

3.1.21　电动机间歇式自动循环启停机控制线路（四）

电动机间歇式自动循环启停机控制线路（四）如图 3-23 所示。其控制部分采用晶体管多谐振荡器。多谐振荡器是具有强烈正反馈的放大器，它的两个耦合支路均为 RC 定时电路，所以没有稳定状态。

工作原理：由三极管 VT_1、VT_2 构成多谐振荡器。其振荡频率及输出方波脉冲的占空比，可以通过电位器 RP_1 和 RP_2 任意调节，从而可任意改变电动机运行时间和停止时间。

当多谐振荡器输出脉冲为高电平时，三极管 VT_3 导通，晶闸管 V 得到触发而导通。脉冲变压器 TM 初级得电，次级便产生触发脉冲，使主电路中双向晶闸管 V_1、V_2 导通，电动机运转。当多谐振荡器输出为低电平时，三极管 VT_3 截止，晶闸管 V 截止，脉冲变压器 TM 没有触发脉冲输出，双向晶闸管 V_1、V_2 截止，电动机停止。

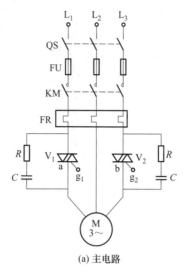

(a) 主电路

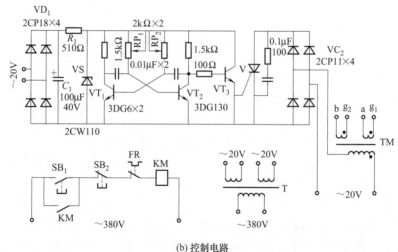

(b) 控制电路

图 3-23　电动机间歇式自动循环启停机控制线路（四）

为了使线路简单，采用了双向晶闸管正负交流触发形式。但采用这种形式，必须注意加在晶闸管控制极上电压的相位。即当晶闸管处于正向工作电压时，控制极须加正向触发电流；当晶闸管处于反向工作电压时，控制极必须加负向触发电流。在这种状况下，晶闸管性能最佳，输出电压波形比用负脉冲触发性能要好，同时电动机运行时噪声、振动都较小。

3.1.22　电动机间歇式自动循环启停机控制线路（五）

电动机间歇式自动循环启停机控制线路（五）如图 3-24 所示。该线路可以手动控制，也可以自动控制。该线路采用 555 时基集成电路，可以控制电动机频繁地启动、停止、运行，且不会引起大电流干扰。

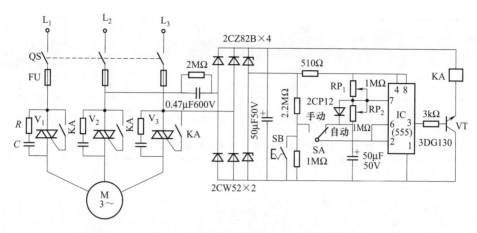

图 3-24 电动机间歇式自动循环启停机控制线路（五）

（1）555 时基集成电路简介

555 时基集成电路产品型号很多，其中：国产型号有 5G1555、SL555、FX555 等；进口型号有 NE555、LM555、XR555、CA555、MC14555、KA555、μA555、SN52555、LC555等。它们的内部结构和引脚序号都相同，可以互相直接代换。

① 555 时基集成电路及真值表　555 时基集成电路内部电路及引脚排列如图 3-25 所示。

图中，A_1 为上比较器，A_2 为下比较器。555 时基集成电路的 5 脚电位固定在 $2V_{DD}/3$ 上（V_{DD} 为时基集成电路的工作电源电压）；A_2 的同相输入端电位被固定在 $V_{DD}/3$ 上，反相输入端（2 脚）为触发输入端。

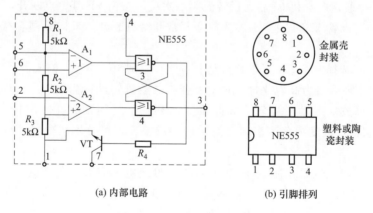

(a) 内部电路　　　　(b) 引脚排列

图 3-25　555 时基集成电路

1—接地端；2—低触发端；3—输出端；4—强制复位端；

5—电压控制端；6—高触发端；7—放电端；8—电源端

555 时基集成电路真值见表 3-7。

表 3-7　555 时基集成电路真值

引脚	低触发端（2 脚）	高触发端（6 脚）	强制复位端（4 脚）	输出端（3 脚）	放电端（7 脚）
电平高低	$\leqslant V_{DD}/3$	任意	高	高	悬空
	$>V_{DD}/3$	$\geqslant 2V_{DD}/3$	高	低	低

续表

引脚	低触发端 （2脚）	高触发端 （6脚）	强制复位端 （4脚）	输出端 （3脚）	放电端 （7脚）
电平高低	$>V_{DD}/3$	$<2V_{DD}/3$	高	维持原电平不变	与3脚相同
	任意	任意	低（$\leqslant 0.4V$）	低	低

② 555 时基集成电路的主要参数　常用的几种 555 时基集成电路主要性能参数见表 3-8。

表 3-8　常用的几种 555 时基集成电路主要性能参数

参　数	NE555　NE556	CC7555　CC7556	
电源电压/V	4.5～18	3～18	
静态电流	10mA	80μA	160μA
触发电流	250nA	50pA	
上升及下降时间/ns	100	40	
输出驱动能力/mA	200	1	
吸收电流/mA	10	3.2	
输出转换时电源电流尖峰	300～400mA，需加退耦电容	2～3mA，控制端为高阻抗，故不需 加退耦电容	

（2）图 3-24 的工作原理

手动控制。将选择开关 SA 置于"手动"位置，按下按钮 SB，其触点闭合，IC（555）的 3 脚输出高电平，三极管 VT 导通，继电器 KA 吸合，其常开触点闭合，双向晶闸管 $V_1 \sim V_3$ 被触发导通，电动机 M 启动运转。第二次按下按钮 SB 其触点断开，IC（555）的 3 脚输出低电平，三极管 VT 截止，KA 释放，其常开触点断开，双向晶闸管截止，电动机停止运行。

自动控制。将选择开关 SA 置于"自动"位置，这时 IC（555）构成极低频方波振荡器。当 IC（555）的 3 脚输出为高电平时，KA 吸合，电动机转动；当 IC（555）的 3 脚输出为低电平时，KA 释放，电动机停转。如此重复循环。重复周期在 100s 内连续可调。调节 RP_1 和 RP_2 的阻值可改变振荡频率和方波脉冲的占空比，可分别改变电动机运行和停止时间的长短。

元件选择：双向晶闸管耐压应在 600V 以上，额定电流应大于负载电流的 3 倍以上；继电器 KA 选用 JZX-17F（4Z24）型，带四对常开触点，工作电压为直流 24V；按钮 SB 采用自锁式按钮，如 LA32-ZS、LAY3-ZS 型等。

3.1.23　电动机间歇式自动循环启停机控制线路（六）

电动机间歇式自动循环启停机控制线路（六）如图 3-26 所示。该线路利用三极管延时电路来实现启停机循环控制。可以采取手动和自动两种方式操作。

线路主要由电动机运行时间控制电路和停机时间控制电路两部分组成。其中：电动机运行时间控制线路是由场效应管 VT_1、三极管 VT_2 和 VT_3、电阻 R_1、电位器 RP_1 及电容 C_2 组成的延时电路；电动机停机时间控制线路是由场效应管 VT_4、三极管 VT_5 和 VT_6、电阻 R_4、电位器 RP_2 及电容 C_3 组成的延时电路。

工作原理。合上电源开关 QS，当选择手动操作时，将控制开关 SA 置于"手动"位置，

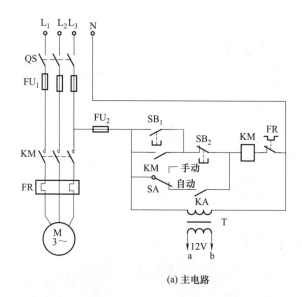

(a) 主电路

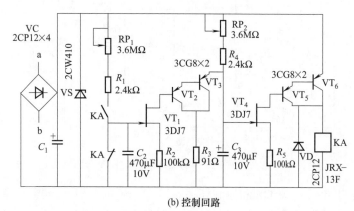

(b) 控制回路

图 3-26 电动机间歇式自动循环启停机控制线路（六）

即可利用启动按钮 SB_1 和停止按钮 SB_2 实现电动机启动和停止。当选择自动控制时，将 SA 置于"自动"位置，则接触器 KM 的动作由中间继电器 KA 来控制。控制过程如下：220V 电源经变压器 T 降压至 12V，再经整流桥 VC 整流、稳压管 VS 稳压、电容 C_1 滤波，供给控制回路直流电源。电源经电位器 RP_2、电阻 R_4 对电容 C_3 充电。当 C_3 上的电压达到一定值时，场效应管 VT_4 由截止变为导通。于是，复合三极管 VT_5、VT_6 导通，中间继电器 KA 得电吸合，其常开触点闭合，接触器 KM 得电吸合，电动机启动运行。KA 的常开触点闭合，常闭触点断开，电源便经 RP_1、R_1 对电容 C_2 充电。当 C_2 上的电压达到一定值时，场效应管 VT_1 由截止变为导通。于是，复合晶体管 VT_2、VT_3 导通，使 C_3 迅速放电。VT_4 栅极电压下降，使 $VT_4 \sim VT_6$ 由导通变为截止，继电器 KA 失电释放，其常开触点断开，KM 失电释放，电动机停止运行。同时，KA 的另一副常开触点断开，而常闭触点闭合，电容 C_2 迅速放电，使 $VT_1 \sim VT_3$ 截止，为下一次循环做好准备。

调节电位器 RP_1 和 RP_2 的阻值，可改变电动机运行时间和停止时间。

3.1.24 电动机间歇式自动循环启停机控制线路（七）

电动机间歇式自动循环启停机控制线路（七）如图 3-27 所示。该线路利用 555 时基集成电路 A 来实现自动控制启停和循环。

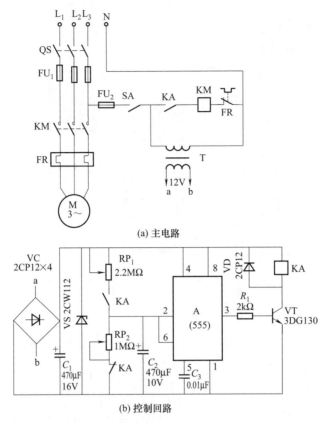

(a) 主电路

(b) 控制回路

图 3-27　电动机间歇式自动循环启停机控制线路（七）

工作原理：合上电源开关 QS 和控制开关 SA，220V 电源经变压器 T 降压、整流桥 VC 整流、电容 C_1 滤波、稳压管 VS 稳压，供给控制回路 12V 直流电源。由于时基集成电路 A（555）的 2 脚为负脉冲触发，因此当开关 SA 闭合后，2 脚处于低电平（即加入一个负脉冲），3 脚输出高电平，使三极管 VT 导通，中间继电器 KA 得电吸合，其常开触点闭合，接触器 KM 得电吸合，电动机启动运行。同时，KA 的常闭触点断开，常开触点闭合，电源经电位器 RP_1 向电容 C_2 充电。经过一段延时，当 C_2 上的电压达到 $2V_{DD}/3$（V_{DD} 为时基集成电路 A 的电源电压）时，时基集成电路 A（555）的 3 脚输出低电平，三极管 VT 截止，中间继电器 KA 失电释放，随之接触器 KM 失电释放，电动机停止运行。同时，KA 的触点复位，电容 C_2 通过电位器 RP_2 放电。电路恢复到初始状态。过一段时间，时基集成电路 A 的 2 脚又处于低电平，3 脚输出高电平，三极管 VT 再次导通，开始第二个循环。

调节电位器 RP_1 和 RP_2 的阻值，可分别改变电动机运行和停止时间。

3.1.25　电动机间歇式自动循环启停机控制线路（八）

电动机间歇式自动循环启停机控制线路（八）如图 3-28 所示。电动机 M 为串励式小型交流电动机。线路采用 555 时基集成电路和双向晶闸管控制。由 555 时基集成电路 A，二极管 VD_1、VD_2，电阻 R_1、R_2 和电容 C_1、C_2 组成无稳态电路。

工作原理：闭合电源开关 SA，220V 交流电经电容 C_4 降压、二极管 VD_3 半波整流、

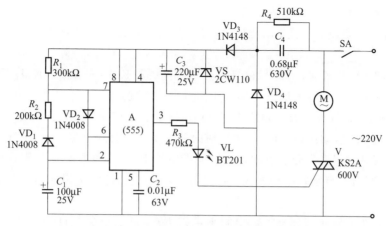

图 3-28　电动机间歇式自动循环启停机控制线路（八）

稳压管 VS 稳压、电容 C_3 滤波后，提供给电路 12V 直流电源 V_{DD}。二极管 VD_4 的作用是为电源负半波提供一条通路（经电容 C_4）。由于电容两端电压不能突变，当 A 的 2 脚为低电平时，3 脚输出为高电平，发光二极管 VL 点亮，双向晶闸管 V 触发导通，电动机启动运行。同时 R_1 通过二极管 VD_2 向 C_1 充电。当 C_1 上的电压达到 $2V_{DD}/3$（约 8V）时，A 的 3 脚输出低电平，发光二极管 VL 熄灭，双向晶闸管 V 关闭，电动机停止运行。同时 C_1 通过 R_2、二极管 VD_1 和时基集成电路 A 的 7 脚经内部放电管放电。当 C_1 上的电压降到 $V_{DD}/3$（4V）时，A 又置位，A 的 2 脚为低电平，3 脚输出高电平，触发双向晶闸管导通，发光二极管 VL 点亮，电动机又运行。随后 C_1 又充电，重复上述过程。

3.1.26　两台有启停顺序要求电动机的联锁控制线路

用时间继电器的两台电动机先启后停的联锁线路如图 3-29 所示。

（1）控制目的和方法

控制目的：保证电动机 M_1 先开机，M_2 后开机；M_2 先停机，M_1 后停机。

控制方法：通过时间继电器 KT_1、KT_2 及中间继电器 KA_1、KA_2 及联锁电路来实现。

保护元件：熔断器 FU_1（电动机 M_1、M_2 的短路保护），FU_2（控制电路短路保护）；热继电器 FR_1（电动机 M_1 过载保护），FR_2（电动机 M_2 过载保护）。

（2）线路组成

① 主电路。由开关 QS、熔断器 FU_1、接触器 KM_1 和 KM_2 主触点、热继电器 FR_1 和 FR_2 以及电动机 M_1、M_2 组成。

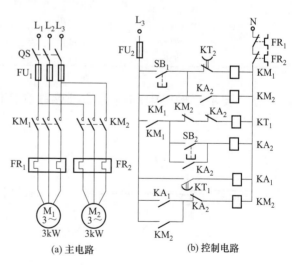

(a) 主电路　　(b) 控制电路

图 3-29　用时间继电器的两台电动
机先启后停的联锁控制线路

② 控制电路。由熔断器 FU_3、启动按钮 SB_1、停止按钮 SB_2、接触器 KM_1 和 KM_2、中间继电器 KA_1 和 KA_2、时间继电器 KT_1 和 KT_2 以及热继电器 FR_1、FR_2 常闭触点组成。

（3）工作原理

① 初步分析。要使电动机 M_1 先启动、M_2 后启动，必须使接触器 KM_1 先吸合、KM_2 后吸合。

要使电动机 M_2 先停机、M_1 后停机，必须使接触器 KM_2 先释放、KM_1 后释放。

为实现上述要求，需用时间继电器及中间继电器实现。

② 顺着分析。启动时，合上电源开关 QS，按下启动按钮 SB_1，接触器 KM_1 得电吸合并自锁，电动机 M_1 启动运行。KM_1 常开辅助触点闭合，时间继电器 KT_1 线圈通电，经过一段延时后，其延时闭合常开触点闭合，中间继电器 KA_1 得电吸合，其常开触点闭合，接触器 KM_2 得电吸合并自锁，电动机 M_2 启动运行。同时，KM_2 常闭辅助触点断开，KT_1 失电释放。

欲要停机，按下停止按钮 SB_2，中间继电器 KA_2 得电吸合并自锁，其常闭触点断开，KM_2 失电释放，电动机 M_2 停止运行。KA_2 常开触点闭合，时间继电器 KT_2 线圈通电，经过一段延时后，其延时断开常闭触点断开，KM_1 失电释放，电动机 M_1 停止运行。

调整时间继电器 KT_1，可改变两台电动机启动的间隔时间；调整 KT_2，可改变两台电动机停机的间隔时间。

（4）元件选择

电气元件参数见表3-9。

表 3-9 电气元件参数

序号	名　称	代号	型号规格	数　量
1	闸刀开关	QS	HK2-30/3	1
2	熔断器	FU_1	RL1-60/40A	3
3	熔断器	FU_2	RL1-15/5A	1
4	热继电器	FR_1、FR_2	JR14-20/2　6.8～11A	2
5	交流接触器	KM_1、KM_2	CJ20-16A　220V	2
6	中间继电器	KA_1、KA_2	JZ7-44　220V	2
7	时间继电器	KT_1、KT_2	JS23-1　0.2～30s	2
8	按钮	SB_1	LA18-22(绿)	1
9	按钮	SB_2	LA18-22(红)	1

3.1.27　皮带运输机电动机工作顺序联锁控制线路

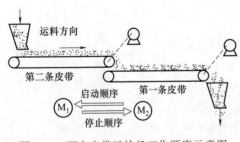

图 3-30　两台皮带运输机工作顺序示意图

有两台皮带运输机，分别由两台异步电动机带动。为了防止物料在皮带上堵塞，对两台皮带运输机的启动和停止有一定的顺序要求。启动时，只有当第一台皮带运输机启动后，第二台皮带运输机才能启动；停止时，只有当第二台皮带运输机停止后，第一台皮带运输机才能停止，如图 3-30 所示。

两台皮带运输机联锁控制线路如图 3-31 所示。

工作原理：合上电源开关 QS_3，按下启动按钮 SB_1，接触器 KM_1 得电吸合并自锁，电动机 M_1 启动，第一台皮带运输机运行。同时，KM_1 常开辅助触点闭合，为电动机 M_2 启

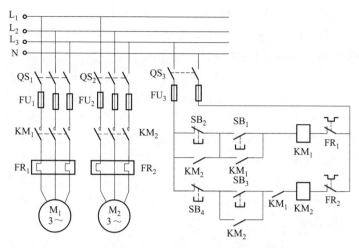

图 3-31　皮带运输机电动机工作顺序联锁自控线路

动做好准备。如果启动时先按按钮 SB_3，由于 KM_1 常开辅助触点是断开的，因此 M_2 不能启动。

再按下启动按钮 SB_3，接触器 KM_2 得电吸合并自锁，电动机 M_2 启动，第二台皮带运输机运行。同时，KM_2 常开辅助触点闭合，使 M_1 的停止按钮 SB_2 失去控制作用，保证在 M_2 运转期间 M_1 不会先停下来。

要使皮带运输机停止工作，需按停止按钮 SB_4，接触器 KM_2 失电释放，M_2 停转，第二台皮带运输机停止运行。同时，KM_2 常开辅助触点断开，恢复 SB_2 的作用。按下按钮 SB_1，接触器 KM_1 失电释放，M_1 停转，第一台皮带运输机停止运行。

3.1.28　三台有启停顺序要求电动机的联锁控制线路

三台有启停顺序要求电动机的联锁控制线路如图 3-32 所示。

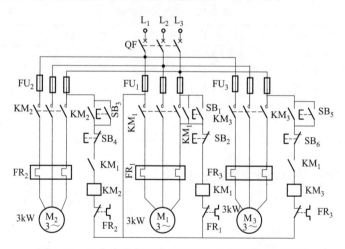

图 3-32　三台有启停顺序要求电动机的联锁控制线路

（1）控制目的和方法

控制目的：保证电动机 M_1 启动后，才允许其他两台电动机启动；其他两台电动机可单独停机，也可按下电动机 M_1 的停止按钮，三台电动机同时停机。

控制方法：通过接触器 $KM_1 \sim KM_3$ 的联锁回路来实现。

保护元件：熔断器 $FU_1 \sim FU_3$（分别是电动机 $M_1 \sim M_3$ 短路保护）；热继电器 $FR_1 \sim FR_3$（分别是电动机 $M_1 \sim M_3$ 过载保护）。

（2）线路组成

① 主电路。由总开关 QF 及熔断器 FU_1、接触器 KM_1 主触点、热继电器 FR_1 和电动机 M_1 组成第一路；由熔断器 FU_2、接触器 KM_2 主触点、热继电器 FR_2 和电动机 M_2 组成第二路；由熔断器 FU_3、接触器 KM_3 主触点、热继电器 FR_3 和电动机 M_3 组成第三路。

② 控制电路。由电动机 M_1 的启动按钮 SB_1、停止按钮 SB_2、接触器 KM_1 和热继电器 FR_1 常闭触点组成第一路；由 M_2 的启动按钮 SB_3、停止按钮 SB_4、接触器 KM_2 和热继电器 FR_2 常闭触点组成第二路；由 M_3 的启动按钮 SB_5、停止按钮 SB_6、接触器 KM_3 和热继电器 FR_3 常闭触点组成第三路。

（3）工作原理

① 初步分析。启动：由于电动机 M_1 控制的接触器 KM_1 的常开辅助触点断开，因此接触器 KM_2、KM_3 是释放的，电动机 M_2、M_3 不可能先于 M_1 启动。停机：三只接触器的控制回路是独立的，所以按下各自的停止按钮即可使各电动机单独停机。而 KM_2、KM_3 线圈回路串接有 KM_1 的常开辅助触点，所以 KM_1 释放，也可使电动机 M_2、M_3 停机。

② 顺着分析。合上断路器 QF，先按下电动机启动按钮 SB_1，接触器 KM_1 得电吸合并自锁（由于一般交流接触器只有两副常开辅助触点，而它们都用作联锁了，因此利用主触点自锁），电动机 M_1 启动运行。

停机时，电动机 M_2、M_3 可以先停，但只要电动机 M_1 停机（按下 SB_2），则电动机 M_2、M_3 也同时停机。

调整时间继电器 KT_1 和 KT_2，可分别改变电动机的运行时间和停机时间。

（4）元件选择

电气元件参数见表 3-10。

表 3-10　电气元件参数

序号	名　称	代号	型号规格	数　量
1	断路器	QF	DZ5-50　瞬时脱扣器	1
2	熔断器	$FU_1 \sim FU_3$	RL1-60/20A	9
3	交流接触器	$KM_1 \sim KM_3$	CJ20-10A　380V	3
4	热继电器	$FR_1 \sim FR_3$	JR14-20/2　6.8~11A	3
5	按钮	SB_1、SB_3、SB_5	LA18-22（绿）	3
6	按钮	SB_2、SB_4、SB_6	LA18-22（红）	3

3.1.29　只允许电动机单向运转的自控线路（一）

在某些场合，只允许电动机按一个指定的方向运转，即使当电源相序由于外线路检修后或其他原因而反相时，也要保证电动机按指定方向运转，否则会造成人身及设备事故。为此可采用如图 3-33 所示的自控线路。

（1）控制目的和方法

控制目的：只允许电动机按一个指定的方向运转。

控制方法：利用相序保护电路来实现。

保护元件：熔断器 FU_1（电动机短路保护），FU_2（控制电路的短路保护）；热继电器

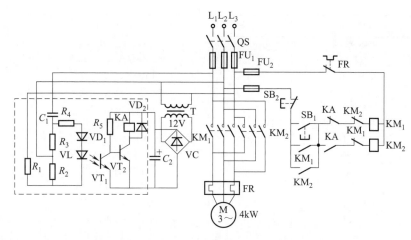

图 3-33　只允许电动机单向运转的自控线路（一）

FR（电动机过载保护）；二极管 VD_2（保护三极管 VT_2 免受继电器 KA 反电势而损坏）。

（2）线路组成

① 主电路。由开关 QS、熔断器 FU_1、接触器 KM_1 及 KM_2 的主触点、热继电器 FR 和电动机 M 组成。

② 控制电路。由熔断器 FU_2、启动按钮 SB_1、停止按钮 SB_2、接触器 KM_1 及 KM_2、中间继电器 KA 触点和热继电器 FR 常闭触点组成。

③ 相序保护电路。由电阻 $R_1 \sim R_5$、电容 C_1、二极管 VD_1 及 VD_2、发光二极管 VL、光电三极管 VT_1、三极管 VT_2 和中间继电器 KA 组成。

④ 相序保护器的直流电源。由变压器 T、整流桥 VC 和电容 C_2 组成。

（3）工作原理

合上电源开关 QS，380V 交流电经变压器 T 降压、整流桥 VC 整流、电容 C_2 滤波后，给相序保护器提供约 12V 直流电压。当电源相序正确时，即为 U、V、W 相序时，发光二极管 VL 点亮，光电三极管 VT_1 导通，三极管 VT_2 截止，中间继电器 KA 失电释放，其常闭触点闭合、常开触点断开。按下启动按钮 SB_1，接触器 KM_1 得电吸合并自锁，电动机正向启动运行。

如果相序不对，则发光二极管 VL 不亮，光电三极管 VT_1 截止，三极管 VT_2 导通，继电器 KA 得电吸合，其常闭触点断开、常开触点闭合。按下启动按钮 SB_1，接触器 KM_2 得电吸合并自锁，将电动机改变相序后接入电源，因此电动机仍正向启动运行。

（4）元件选择

电气元件参数见表 3-11。

表 3-11　电气元件参数

序号	名　称	代号	型号规格	数　量
1	闸刀开关	QS	HK2-30/3	1
2	熔断器	FU_1	RC1A-30/20A	3
3	熔断器	FU_2	RL1-15/5A	2
4	热继电器	FR	JR14-20/2　6.8～11A	1
5	交流接触器	KM_1、KM_2	CJ20-16A　380V	2

序号	名　　　称	代号	型号规格	数　　量
6	中间继电器	KA	JZ7-44　380V	1
7	变压器	T	3V·A 380/12V	1
8	发光二极管	VL	LED702 2EF601	1
9	光电三极管	VT_1	3DU5	1
10	三极管	VT_2	3DG120 $\beta \geqslant 50$	1
11	二极管、整流桥	VD_1、VD_2、VC	1N4001	6
12	电阻	$R_1 \sim R_3$	RJ-10kΩ 2W	3
13	电阻	R_4	RJ-15kΩ 1/2W	1
14	电阻	R_5	RJ-43kΩ 1/2W	1
15	电容器	C_1	CBB22 0.22μF 450V	1
16	电解电容器	C_2	CD11 100μF 25V	1
17	按钮	SB_1	LA18-22(绿)	1
18	按钮	SB_2	LA18-22(红)	1

另外两种相序判别器电路如图 3-34（a）和图 3-34（b）所示。

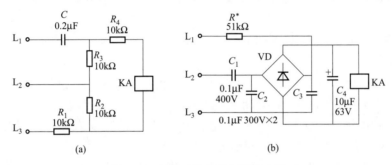

图 3-34　另外两种相序判别器电路

如果用图 3-34（a）的相序判别器代替图 3-33 中的虚线框部分，只要将中间继电器 KA 的常开、常闭触点分别取代图 3-33 中的中间继电器 KA 的常开、常闭触点即可。当电源相序正确时，调整电阻 $R_1 \sim R_4$ 的阻值，使 KA 可靠吸合，当电源反相时，KA 可靠释放。

当采用图 3-34（b）的相序判别器代替图 3-33 中的虚线框部分时，则要将中间继电器 KA 的常开、常闭触点分别取代图 3-33 中的中间继电器 KA 的常闭、常开触点。当电源相序正确时，KA 不吸合，电源相序反相时，KA 吸合。调整电阻 R 的阻值，使相序为 U、V、W 时，KA 线圈上的电压最小，KA 可靠释放。

当中间继电器 KA 选用 JZC-22F 型（直流 48V 6400Ω）时，相序判别器各元件参数如图中所标。

3.1.30　只允许电动机单向运转的自控线路（二）

只允许电动机单向运转的自控线路（二）如图 3-35 所示。该线路采用双感相序保护继电器。

（1）工作原理

合上电源开关 QS。当三相电源为顺向相序（U、V、W）时，变压器 T_1 的一次侧电压为 88V，二次侧电压为 0.88V。该电压经整流桥 VC_1 整流后，加在发光二极管 VL 上的电压极小，VL 不发光。变压器 T_2 的二次侧电压为 10V。该电压经整流桥 VC_2 整流、电容 C

滤波后，加在继电器 KA 上的电压约为直流 12V。故 KA 吸合，其常开触点闭合，为电动机启动做好准备。按下启动按钮 SB_1，接触器 KM 得电吸合并自锁，电动机启动运转。

当三相电源为逆向相序时，T_1 的一次侧电压为 330V，二次侧电压为 3.3V。该电压经整流桥 VC_1 整流后，使发光二极管 VL 发光报警。同时，变压器 T_2 的一次侧仅有 88V 电压，二次侧电压不是 2.6V。继电器 KA 无法吸合，其常开触点处于断开状态，接触器 KM 无法吸合，电动机不能工作。

（2）元件选择

变压器 T_1、T_2 的变比分别为 100:1 和 100:3，其一次侧额定电压为 380V，容量为数伏·安；整流桥 VC_1、VC_2 均采用 QL 型 50mA/50V；继电器 KA 选用 JRX-13F 等型号、额定电压为 12V 的小型继电器。

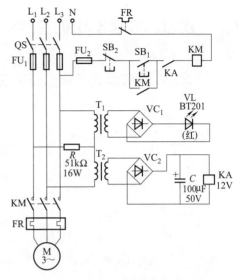

图 3-35　只允许电动机单向
运转的自控线路（二）

3.1.31　只允许电动机单向运转的自控线路（三）

只允许电动机单向运转的自控线路（三）如图 3-36 所示。该线路采用光电耦合相序保护继电器。

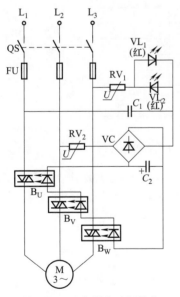

图 3-36　只允许电动机单向
运转的自控线路（三）

（1）工作原理

合上电源开关 QS。当三相电源为顺向相序（U、V、W）时，在压敏电阻 RV_2 两端出现有效值为 330V 的电压，峰值电压为 $\sqrt{2} \times 330 = 467(V)$。该电压大于 RV_2 的额定电压（300V），故 RV_2 导通。整流桥 VC 输出约 6V 的直流电压，施加于光电耦合器 B_U、B_V 和 B_W 的控制端子上，三个光控双向晶闸管导通，电动机正常运转。

当三相电源为逆向相序时，压敏电阻 RV_1 两端出现有效值为 330V 的电压，峰值电压为 $\sqrt{2} \times 330 = 467(V)$。该电压大于 RV_1 的额定电压（300V），故 RV_1 导通。发光二极管 VL_1 和 VL_2 发光。而压敏电阻 RV_2 这时仅有 $\sqrt{2} \times 88 = 124(V)$ 的峰值电压。该电压小于 RV_2 的额定电压，故 RV_2 能导通。整流桥 VC 因无交流输入而无直流输出，三个光控双向晶闸管关闭，三个光控双向晶闸管不导通，电动机不逆向运转。

（2）元件选择

电容 C_1 选用 CBB22 型 $0.033\mu F$、630V；C_2 选用 CD11 型 $470\mu F$、16V 电解电容；压敏电阻 RV_1、RV_2 均选用 MY31 型 300V、1kA；整流桥 VC 选用 QL 型 50mA/20V；光电耦合器 B_U、B_V、B_W 选用 TAC 型 20A、380V；发光二极管 VL_1、VL_2 选用 BT201 型等。

3.2 双速、多速电动机控制线路

3.2.1 2Y/△接法双速电动机开关控制线路

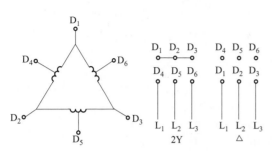

图 3-37　2Y/△接法双速电动机定子绕组引出线接线

小容量双速电动机可用组合开关（如经改装的 LW5 型）进行控制。2Y/△接法的双速电动机定子绕组引出线的接线如图 3-37 所示，转换开关 SA 各触点接线如图 3-38 所示。

工作原理：合上电源开关 QS，当转换开关 SA 置于"0"位置时，由 SA 触点闭合表可知，各组触点均处于断开状态，因此电动机为停机状态。当 SA 置于右侧位置时，触点 1-2、5-6、9-10 闭合，三相电源与电动机引出线 $D_1 \sim D_3$ 接通，电动机为△连接，电动机低速运行。

位置 触点	左 2Y	0 停	右 △
1-2			×
3-4	×		
5-6			×
7-8	×		
9-10			×
11-12	×		
13-14	×		
15-16	×		

SA触点闭合表

图 3-38　2Y/△接法双速电动机开关控制线路组合开关各触点接线

当 SA 置于左边位置时，触点 3-4、7-8、11-12 闭合，三相电源与电动机引出线 $D_4 \sim D_6$ 接通，又由于触点 13-14、15-16 闭合，电动机引出线 $D_1 \sim D_3$ 短接，电动机为 2Y 连接，电动机高速运行。

3.2.2 2Y/△接法双速电动机接触器控制线路（一）

2Y/△接法双速电动机接触器控制线路（一）如图 3-39 所示。电动机低速运行时，三相电源与电动机引出线 $D_1 \sim D_3$ 接通，$D_4 \sim D_6$ 空着，电动机绕组为△接法；高速运行时，电动机引出线 $D_1 \sim D_3$ 接通绕组的中心点，三相电源与电动机引出线 $D_4 \sim D_6$ 接通，此时电动机绕组作 2Y 并联，转速增加一倍。

2Y/△接法的双速电动机定子绕组引出线的接线如图 3-40 所示。

（1）控制目的和方法

控制目的：电动机可低速运行和高速运行。

控制方法：电动机低速运行时，将定子绕组接成△；高速运行时，定子绕组接成 2Y（2Y 并联）。

保护元件：熔断器 FU_1（电动机短路保护），FU_2（控制电路短路保护）；热继电器 FR（电动机过载保护）。

（2）线路组成

① 主电路。由开关 QS、熔断器 FU_1、热继电器 FR、接触器 $KM_1 \sim KM_3$ 主触点和电动机 M 组成。

② 控制电路。由熔断器 FU_2、高速启动按钮 SB_1、低速启动按钮 SB_2、停止按钮 SB_3、接触器 $KM_1 \sim KM_3$ 和热继电器 FR 常闭触点组成。

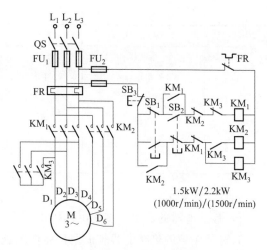

图 3-39　2Y/△接法双速电动机接触器控制线路（一）

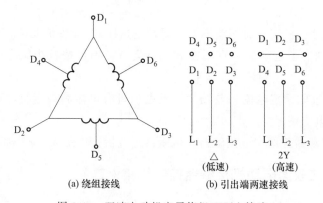

(a) 绕组接线　　　(b) 引出端两速接线

图 3-40　双速电动机定子绕组 2Y/△接法

（3）工作原理

合上电源开关 QS，低速运行时，按下低速启动按钮 SB_2，接触器 KM_1 得电吸合并自锁，三相电源与电动机引出线 $D_1 \sim D_3$ 接通，$D_4 \sim D_6$ 空着，电动机为△连接，电动机低速运行。

高速启动时，按下高速启动按钮 SB_1，接触器 KM_3、KM_2 先后吸合并自锁，$D_1 \sim D_3$ 被 KM_3 主触点短接，三相电源与电动机引出线 $D_4 \sim D_6$ 接通，此时电动机为 2Y 连接，电动机高速运行。

在该线路中，电动机接成 2Y 时，先由接触器 KM_3 接通定子绕组的中心点，然后 KM_2 才得电吸合，接通电流。这样，可避免接通电源时，因电流过大而烧坏 KM_3 主触点。

$KM_1 \sim KM_3$ 的常闭辅助触点为联锁触点。

（4）元件选择

电气元件参数见表 3-12。

表 3-12　电气元件参数

序号	名　称	代号	型号规格	数　量
1	闸刀开关	QS	HK2-15/3	1
2	熔断器	FU_1	RL1-15/15A	3

序号	名　称	代号	型号规格	数　量
3	熔断器	FU$_2$	RL1-15/5A	2
4	热继电器	FR	JR14-20/2　4.5～7.2A	1
5	交流接触器	KM$_1$～KM$_3$	CJ20-10A　380V	3
6	按钮	SB$_1$	LA18-22(绿)	1
7	按钮	SB$_2$	LA18-22(黄)	1
8	按钮	SB$_3$	LA18-22(红)	1

元件选择要求：

1）热继电器的选用　多速电动机由于在不同速度挡运行时，额定电流是不相同的，因此作为过载保护的热继电器应根据具体情况进行选用和整定。

① 如果使用中大多数时间运行在低速（或高速）挡，则热继电器应按低速挡（或高速挡）的额定电流整定。

② 如果电动机一直不在满载下运行，则可将热继电器动作电流整定在电动机小的额定电流一挡。

③ 如果两挡速度的额定电流相差不大（通常是这样），可按稍大额定电流一挡整定热继电器；如果在该挡速度下电动机一直不在满载下运行，则可按较小额定电流一挡整定热继电器。

④ 如果两挡速度的额定电流相差较大，且电动机有可能满载运行，则宜分别用两个热继电器按各挡额定电流整定。

2）接触器、熔断器等选用　接触器、熔断器等电器按应最大一挡额定电流来选用。

3.2.3　2Y/△接法双速电动机接触器控制线路（二）

2Y/△接法双速电动机接触器控制线路（二）如图3-41所示。该线路只用两只接触器，线路简单，但只能适用于4kW以下的双速电动机。

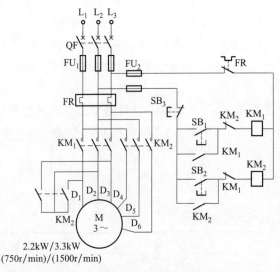

图 3-41　2Y/△接法双速电动机接触器控制线路（二）

合上电源开关 QS，低速运行时，按下低速启动按钮 SB$_1$，接触器 KM$_1$ 得电吸合并自锁，三相电源与电动机引出线 D$_1$～D$_3$ 接通，D$_4$～D$_6$ 空着，电动机为△连接，电动机低速运行。

高速运行时，按下高速启动按钮 SB$_2$，接触器 KM$_2$ 得电吸合并自锁，电动机引出线 D$_1$～D$_3$ 被 KM$_2$ 常开辅助触点短接，三相电源与 D$_4$～D$_6$ 接通，电动机为 2Y 连接，电动机高速运行。

图 3-41 中交流接触器 KM$_2$ 采用 B 系列，该系列辅助触点额定电流为 10A，而 B460 型接触器为 16A。

3.2.4　2Y/△接法双速电动机接触器控制线路（三）

2Y/△接法双速电动机接触器控制线路（三）如图 3-42 所示。

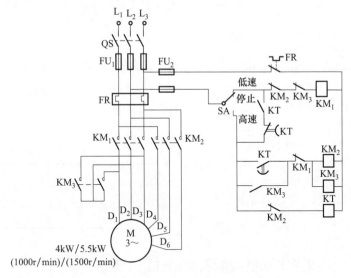

图 3-42　2Y/△接法双速电动机接触器控制线路（三）

（1）控制目的和方法

控制目的：电动机可低速运行，也可由低速自动加速到高速，实现高速运行。

控制方法：电动机低速运行时，将定子绕组接成△；高速运行时，定子绕组接成 2Y。速度转换通过选择开关和时间继电器来实现。

保护元件：熔断器 FU_1（电动机短路保护），FU_2（控制电路短路保护）；热继电器 FR（电动机过载保护）。

（2）线路组成

① 主电路。由开关 QS、熔断器 FU_1、热继电器 FR、接触器 $KM_1 \sim KM_3$ 主触点和电动机 M 组成。

② 控制电路。由熔断器 FU_2、速度选择开关 SA、接触器 $KM_1 \sim KM_3$、时间继电器 KT 和热继电器 FR 常闭触点组成。

（3）工作原理

合上电源开关 QS，当转换开关 SA 置于"低速"位置时，接触器 KM_1 得电吸合，三相电源与电动机引出线 $D_1 \sim D_3$ 接通，电动机为△连接，电动机低速运行。

当 SA 置于"高速"位置时，时间继电器 KT 线圈通电，其常开触点闭合，接触器 KM_1 得电吸合，其常闭辅助触点分断联锁，电动机首先接成△而低速运行。经过一段延时后，KT 的延时断开常闭触点断开，延时闭合常开触点闭合，接触器 KM_1 失电释放，其常闭辅助触点闭合，接触器 KM_2、KM_3 得电吸合并自锁，电动机为 2Y 连接，电动机高速运行。同时，由于 KM_2 常闭辅助触点断开，时间继电器 KT 退出工作。

调整时间继电器 KT，可以改变电动机从低速启动到高速运行间隔的时间。

（4）元件选择

电气元件参数见表 3-13。

表 3-13　电气元件参数

序号	名　　称	代号	型号规格	数　　量
1	闸刀开关	QS	HK2-60/3	1
2	熔断器	FU_1	RL1-60/35A	3
3	熔断器	FU_2	RL1-15/5A	2
4	热断电器	FR	JR14-20/2　10~16A	1
5	交流接触器	KM_1~KM_3	CJ20-16A　380V	3
6	时间继电器	KT	JS7-2A　0.4~60s	1
7	转换开关	SA	LW12-16　0081/41	1

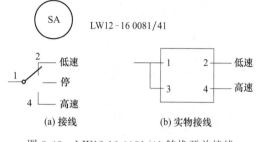

(a) 接线　　(b) 实物接线

图 3-43　LW12-16 0081/41 转换开关接线

转换开关 SA 的接线。SA 选用 LW12-16 系列小型万能转换开关，其触点闭合见表 3-14。其接线如图 3-43 所示。

表 3-14　LW12-16 0081/41 触点闭合

操作角度		45°	0°	45°
触点	1-2			×
	3-4	×		

3.2.5　2Y/△接法双速电动机接触器控制线路（四）

2Y/△接法双速电动机接触器控制线路（四）如图 3-44 所示。

（1）控制目的和方法

控制目的：电动机低速启动，经过一段延时后自动转换到高速运行。

控制方法：电动机低速运行时，将定子绕组接成△；经过一段延时后，定子绕组自动接成 2Y，进入高速运行。通过时间继电器自动实现。

保护元件：熔断器 FU_1（电动机短路保护），FU_2（控制电路短路保护）；热继电器 FR（电动机过载保护）。

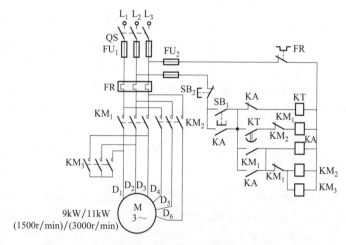

图 3-44　2Y/△接法双速电动机接触器控制线路（四）

（2）线路组成

① 主电路。由开关 QS、熔断器 FU_1、热继电器 FR、接触器 KM_1~KM_3 主触点和电动机 M 组成。

② 控制电路。由熔断器 FU_2、启动按钮 SB_1、停止按钮 SB_2、接触器 KM_1~KM_3、中间继电器 KA、时间继电器 KT 和热继电器 FR 常闭触点组成。

（3）工作原理

合上电源开关 QS，按下启动按钮 SB_1，时间继电器 KT 线圈通电，其常开触点闭合，接触器 KM_1 得电吸合，继而中间继电器 KA 得电吸合并自锁，KM_1 常开触点闭合，三相电源与电动机引出线 D_1~D_3 接通，电动机为△连接，投入低速运行。

由于 KA 吸合，其常闭触点断开，时间继电器 KT 失电，经过一段延时后，其延时断开常开触点断开，接触器 KM_1 失电释放，接触器 KM_2 和 KM_3 得电吸合，KM_2、KM_3 常开触点闭合，电动机引出线 $D_1 \sim D_3$ 被短接，三相电源与 $D_4 \sim D_6$ 接通，电动机为 2Y 连接，自动进入高速运行。

调整时间继电器 KT，可以改变电动机从低速启动到高速运行间隔的时间。

(4) 元件选择

电气元件参数见表 3-15。

表 3-15　电气元件参数

序号	名　称	代号	型号规格	数　量
1	铁壳开关	QS	HH4-60/50A	1
2	熔断器	FU_1	RC1A-60/50A(配 QS)	3
3	熔断器	FU_2	RL1-15/5A	2
4	热继电器	FR	JR16-60/3　20～32A	1
5	交流接触器	$KM_1 \sim KM_3$	CJ20-25A　380V	3
6	中间继电器	KA	JZ7-44　380V	1
7	时间继电器	KT	JS7-1A　0.4～60s	1
8	按钮	SB_1	LA18-22(绿)	1
9	按钮	SB_2	LA18-22(红)	1

3.2.6　2△/Y 接法双速电动机开关控制线路

2△/Y 接法的双速电动机定子绕组引出线的接线如图 3-45 所示，转换开关 SA 各触点接线如图 3-46 所示。

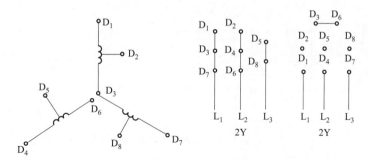

图 3-45　2△/Y 接法双速电动机定子绕组引出线接线

SA触点闭合表

触点 \ 闭合情况 \ 手柄位置	左 (2△)	0 (停)	右 (Y)
1-2	×		×
3-4	×		
5-6	×		
7-8	×		
9-10			×
11-12	×		
13-14	×		
15-16	×		
17-18			×
19-20			×

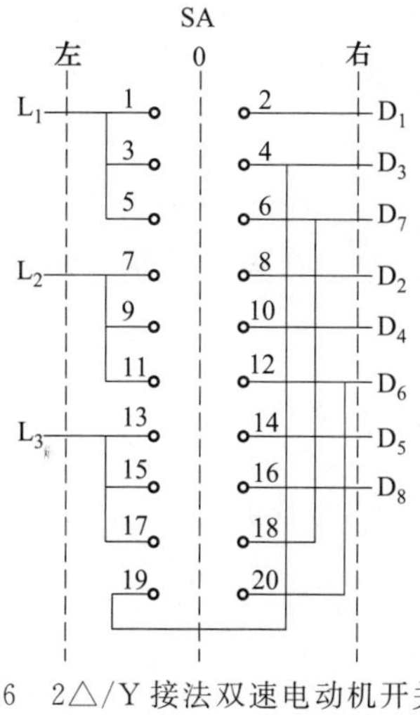

图 3-46　2△/Y 接法双速电动机开关控制线路转换开关 SA 各触点接线

工作原理：合上电源开关 QS，当转换开关 SA 置于"0"位置时，由 SA 触点闭合表可知，各组触点均处于断开状态，电动机处于停机状态。当 SA 置于右侧位置时，触点 1-2、9-10、17-18 闭合，三相电源与电动机引出线 D_1、D_4、D_7 接通，又由于触点 19-20 闭合，将 D_3、D_6 短接，电动机为 Y 连接，电动机低速运行。

当 SA 置于左侧位置时，触点 1-2、3-4、5-6、7-8、9-10、11-12、13-14、15-16 均闭合，三相电源与电动机引出线 $D_6 \sim D_8$ 接通，电动机为 2△ 连接，投入高速运转。

3.2.7 2△/Y 接法双速电动机接触器控制线路

2△/Y 接法双速电动机接触器控制线路如图 3-47 所示。

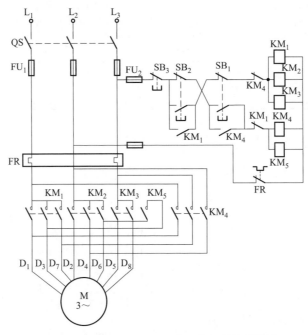

图 3-47 2△/Y 接法双速电动机接触器控制线路

工作原理：合上电源开关 QS，按下低速启动按钮 SB_1，接触器 KM_4、KM_5 得电吸合并自锁，KM_4 常闭辅助触点断开，切断接触器 $KM_1 \sim KM_3$ 线圈回路。此时，三相电源与电动机引出线 D_1、D_4、D_7 接通，D_2、D_5、D_8 断开，D_3、D_6 短接，电动机为 Y 连接，电动机低速运行。

按下高速启动按钮 SB_2，接触器 $KM_1 \sim KM_3$ 得电吸合并自锁，U 相电源与电动机引出线 D_1、D_3、D_7 接通，V 相电源与 D_2、D_4、D_6 接通，W 相电源与 D_5、D_8 接通，电动机为 2△ 连接，电动机高速运行。

3.2.8 2Y/Y 接法双速电动机接触器控制线路

2Y/Y 接法双速电动机接触器控制线路如图 3-48 所示。2Y/Y 接法的双速电动机定子绕组引出线的接线如图 3-49 所示。

（1）控制目的和方法

控制目的：电动机可低速运行和高速运行。

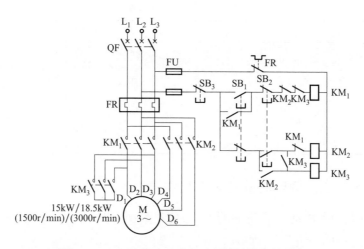

图 3-48 2Y/Y 接法双速电动机接触器控制线路

控制方法：电动机低速运行时，将定子绕组接成 Y；高速运行时，定子绕组接成 2Y。

保护元件：断路器 QF（电动机短路保护）；熔断器 FU（控制电路短路保护）；热继电器 FR［电动机过载保护（后备保护）］。

（2）线路组成

① 主电路。由断路器 QF、热继电器 FR、接触器 $KM_1 \sim KM_3$ 主触点和电动机 M 组成。

② 控制电路。由熔断器 FU、低速启

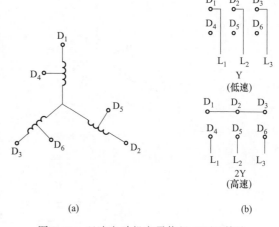

图 3-49 双速电动机定子绕组 2Y/Y 接法

动按钮 SB_1、高速启动按钮 SB_2、停止按钮 SB_3、接触器 $KM_1 \sim KM_3$ 和热继电器 FR 常闭触点组成。

（3）工作原理

合上断路器 QF。低速运行时，按下低速启动按钮 SB_1，接触器 KM_1 得电吸合并自锁，主触点闭合，定子绕组接成 Y，电动机低速启动运行。SB_1 常闭触点断开，KM_1 常闭辅助触点断开，双重联锁，接触器 KM_2、KM_3 不可能吸合。

高速运行时，按下高速启动按钮 SB_2，其常闭触点断开，接触器 KM_1 失电释放，主触点断开。同时 SB_2 的常开触点闭合，接触器 KM_2、KM_3 得电吸合并自锁，主触点闭合，定子绕组接成 2Y，电动机高速启动运行。

控制电路中 KM_3 常开辅助触点的作用是：保证 KM_3 先于 KM_2 吸合，使 KM_3 主触点先于 KM_2 主触点闭合，这样可避免接通电源时，因电流过大而烧坏 KM_3 主触点。

（4）元件选择

电气元件参数见表 3-16。

表 3-16　电气元件参数

序号	名　称	代号	型号规格	数　量
1	断路器	QF	DZ5-50　瞬时脱扣器	1
2	熔断器	FU	RL1-15/5A	2
3	热继电器	FR	JR16-60/30　28～45A	1
4	交流接触器	$KM_1 \sim KM_3$	CJ20-40A　380V	3
5	按钮	SB_1	LA18-22(绿)	1
6	按钮	SB_2	LA18-22(黄)	1
7	按钮	SB_3	LA18-22(红)	1

3.2.9　2Y/2Y 接法双速电动机开关控制线路

2Y/2Y 接法的双速电动机定子绕组引出线接线如图 3-50 所示，电动机开关控制线路转换开关 SA 各触点接线如图 3-51 所示。

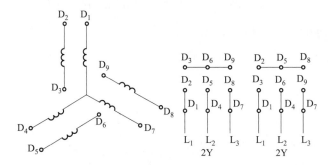

图 3-50　双速电动机定子绕组 2Y/2Y 接法

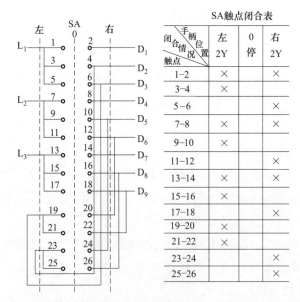

图 3-51　2Y/2Y 接法的双速电动机开关控制线路转换开关 SA 各触点接线

工作原理：合上电源开关 QS。当转换开关 SA 置于"0"位置时，由 SA 触点闭合表可知，各组触点均处于断开状态，电动机处于停机状态。当 SA 置于右侧位置时，触点 1-2、5-6、7-8、11-12、13-14、17-18 闭合，三相电源与电动机引出线 D_1、D_4、D_7 接通，又由于触点 23-24、25-26 闭合，D_2、D_5、D_8 被短接，电动机接成第一种 2Y 连接，投入低速运行。

当转换开关 SA 置于左侧位置时，SA 触点 1-2、3-4、7-8、9-10、13-14、15-16 闭合，三相电源与电动机引出线 D_1、D_4、D_7 接通，又由于触点 19-20、21-22 闭合，D_3、D_6、D_9 被短接，电动机接成第二种 2Y 连接投入高速运行。

3.2.10　2Y/2Y 接法双速电动机接触器控制线路

2Y/2Y 接法双速电动机接触器控制线路如图 3-52 所示。

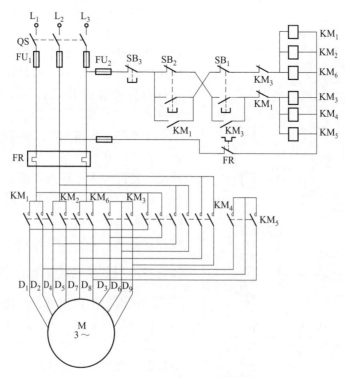

图 3-52　2Y/2Y 接法双速电动机接触器控制线路

工作原理：合上电源开关 QS，按下低速启动按钮 SB_1，接触器 $KM_3 \sim KM_5$ 得电吸合并自锁，电动机引出线 D_1、D_3、D_4、D_6、D_7、D_9 分别与电源 U 相、V 相和 W 相接通，D_2、D_5、D_8 被短接，电动机接成第一种 2Y 连接，电动机低速运行。

按下高速启动按钮 SB_2，接触器 KM_1、KM_2、KM_6 得电吸合并自锁，电动机引出线 D_1、D_2、D_4、D_5、D_7、D_8 分别与电源 U 相、V 相、W 相接通，D_3、D_6、D_9 被短接，电动机接成第二种 2Y 连接，投入高速运行。

3.2.11　带能耗制动的双速电动机正反转控制线路

线路如图 3-53 所示。SB_3 为正转按钮；SB_4 为反转按钮；SB_1 为低速启动按钮；SB_2 为高速启动按钮；SB_5 为停止按钮；KM_6 为制动接触器，制动时间由时间继电器 KT 来控制；中间继电器 KA 的作用是控制电动机转换的先后顺序，即先选择所需要的转速，后选择正反转运行。

工作原理：如选择低速正转运行，则可先按下低速启动按钮 SB_1，接触器 KM_3 得电吸

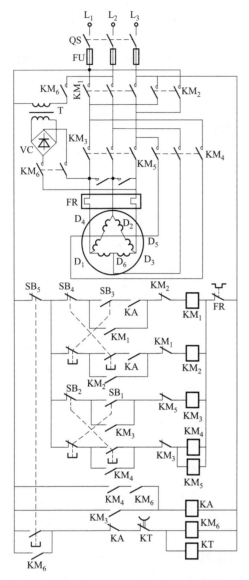

图 3-53 带能耗制动的双速电动机正反转控制线路

合并自锁，电动机为△连接；再按下正转按钮 SB_3，接触器 KM_1 得电吸合并自锁，电动机低速正转运行。

如果在电动机低速正转运行中要改成反转运行，可按下反转按钮 SB_4。这时，接触器 KM_1 失电释放，而接触器 KM_2 得电吸合并自锁。电动机的电源改变相序，电动机改变转向。

如选择高速反转运行，应先按下高速启动按钮 SB_2，接触器 KM_4、KM_5 得电吸合并自锁，电动机为 2Y 连接；再按下反转按钮 SB_4，电动机高速反转运行。如果在电动机高速反转运行中要改成正转运行，按下正转按钮 SB_3 即可。

按下停止按钮 SB_5，则接触器 KM_6 得电吸合并自锁，其常开触点闭合，电源经变压器 T 降压、整流桥 VC 整流，供给电动机以直流电源，进行能耗制动。同时，时间继电器 KT 线圈通电，经过一段延时，其延时断开常闭触点断开，继电器 KM_6 失电释放，制动过程结束。

3.2.12　三速电动机自动加速控制线路

三速电动机可用组合开关手动控制（原理与双速电动机类同），也可用接触器自动控制。

图 3-54 所示为双层绕组、恒转矩、三速电动机定子绕组引出线接线图。

三速电动机自动加速控制线路如图 3-54 所示。

（1）控制目的和方法

控制目的：电动机先从低速启动，经中速过渡，再进入高速运行。自动进行。

控制方法：利用时间继电器自动转换电动机速度。

保护元件：熔断器 FU_1（电动机短路保护），FU_2（控制电路短路保护）；热继电器 FR（电动机过载保护）。

（2）线路组成

① 主电路。由开关 QS、熔断器 FU_1、热继电器 FR、接触器 $KM_1 \sim KM_3$ 主触点和电动机 M 组成。

② 控制电路。由熔断器 FU_2、启动按钮 SB_1、停止按钮 SB_2、接触器 $KM_1 \sim KM_3$、中间继电器 KA、时间继电器 KT_1 及 KT_2 和热继电器 FR 常闭触点组成。

（3）工作原理

① 初步分析。低速启动运行时，定子绕组接成 1△，则接触器 KM_1 应吸合，KM_2、

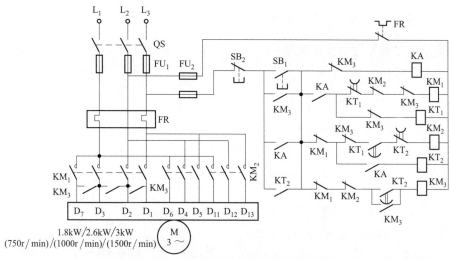

图 3-54　三速电动机自动加速控制线路

KM$_3$ 应释放。

由低速自动转换为中速运行时，定子绕组由 1△变成 Y，则 KM$_1$、KM$_3$ 释放，KM$_2$ 吸合。

由中速自动转换为高速运行时，定子绕组由 Y 变成 2△，则 KM$_1$、KM$_2$ 释放，KM$_3$ 吸合。

② 顺着分析。合上电源开关 QS，按下启动按钮 SB$_1$，中间继电器 KA 得电吸合并自锁，其常开触点闭合，接触器 KM$_1$ 得电吸合，电动机为 1△连接，电动机低速启动运行。同时，时间继电器 KT$_1$ 线圈通电，经过一段延时后，其延时断开常闭触点断开，KM$_1$ 失电释放，而延时闭合常开触点闭合，接触器 KM$_2$ 得电吸合，电动机为 Y 连接，并进入中速运行。同时，时间继电器 KT$_2$ 线圈通电，经过一段延时后，其延时断开常闭触点断开，KM$_2$ 失电释放，而延时闭合常开触点闭合，接触器 KM$_3$ 得电吸合并自锁，电动机为 2△连接，进入高速运行。

由于 KM$_3$ 的常闭辅助触点断开，中间继电器 KA、接触器 KM$_1$ 及 KM$_2$ 和时间继电器 KT$_1$ 及 KT$_2$ 均失电释放。

（4）元件选择

电气元件参数见表 3-17。

接触器采用 B 系列，其辅助触点额定电流为 10A。若采用 B460 专用型，辅助触点额定电流为 16A。

表 3-17　电气元件参数

序号	名　称	代号	型号规格	数　量
1	闸刀开关	QS	HK2-30/3	1
2	熔断器	FU$_1$	RL1-60/20A	3
3	熔断器	FU$_2$	RL1-15/5A	2
4	热继电器	FR	JR16-20/3　6.8～11A	1
5	交流接触器	KM$_1$～KM$_3$	B9　10A　380V	3
6	中间继电器	KA	JZ-44　380V	1
7	时间继电器	KT$_1$、KT$_2$	SJ23-1　0.2～30s	2
8	按钮	SB$_1$	LA18-22（绿）	1
9	按钮	SB$_2$	LA18-22（红）	1

3.2.13 三速电动机接触器控制线路

三速电动机接触器控制线路如图3-55所示。图中$SB_1 \sim SB_3$分别是电动机低速、中速和高速运行的启动按钮。

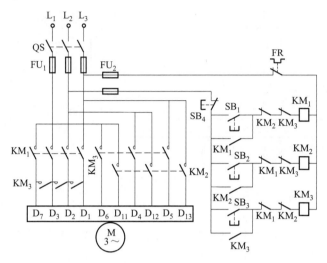

图3-55 三速电动机接触器控制线路

工作原理：合上电源开关QS，按下启动按钮SB_1，接触器KM_1得电吸合并自锁，电动机为1△连接，电动机低速启动运行。在电动机运行过程中，若按下启动按钮SB_2，接触器KM_2得电吸合并自锁，其常闭辅助触点断开，KM_1失电释放，电动机转换为Y连接，投入中速运行。同样，按下启动按钮SB_3，电动机2△连接，投入高速运行。低、中、高三速均由各自接触器的常闭辅助触点联锁，从而保证不能同时启动两种速度而引起短路事故。

若KM_1、KM_3采用只有三副主触点的普通交流接触器，则可各将两只接触器并联使用。

3.2.14 四速电动机转换开关控制线路

四速电动机转换开关控制线路如图3-56所示。线路中转换开关SA触点闭合情况见表3-18。

表3-18 转换开关SA触点闭合情况

触点标号	手 柄 位 置			
	I	II	III	IV
	定子绕组接线			
	1△	2△	1Y	2Y
1			×	
2			×	
3			×	
4	×			
5	×			
6	×			
7			×	
8			×	
9	×		×	
10				

续表

触点标号	手柄位置			
	I	II	III	IV
	定子绕组接线			
	1△	2△	1Y	2Y
11				×
12				×
13				×
14		×		
15		×		
16		×		
17				×
18				×
19		×		×
20	×	×	×	×

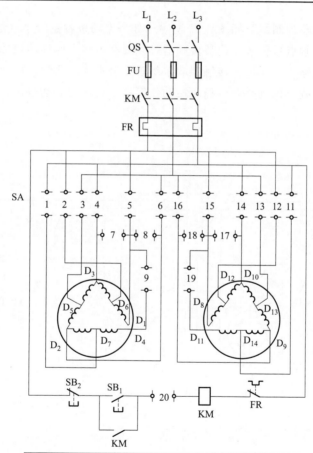

转速级别	SA位置	SA 的闭合触点	线圈接头
1正转	I	4，5，6，9，20	1△
2正转	II	14，15，16，19，20	2△
3正转	III	1，2，3，7，8，9，20	1Y　Y
4正转	IV	11，12，13，17，18，19，20	2Y　Y

图 3-56　四速电动机转换开关控制线路

定子绕组 1△、2△、1Y、2Y 接线，分别对应电动机转速 n_1、n_2、n_3、n_4（$n_1 < n_2 < n_3 < n_4$）。

工作原理：合上电源开关 QS，将转换开关 SA 置于所需要的转速挡位。假如要得到第一挡转速（低速），可将 SA 置于"Ⅰ"的位置，这时，SA 触点（副）4、5、6、9 闭合，电动机为 1△连接。同时，SA 触点 20 也闭合。按下启动按钮 SB$_1$，接触器 KM 得电吸合并自锁，电动机启动运行。触点 20 是联锁触点，在每次更换速度时，它先于主电路触点断开。

若要在电动机运行过程中改变转速，可扳动转换开关 SA。这时，触点 20 断开，接触器 KM 失电释放，电动机和电源分开。触点 4、5、6、9 则在电动机电路断开时分开。转换开关 SA 在新位置，另一组触点闭合。同时，触点 20 再次闭合。再按动启动按钮 SB$_1$，则电动机在另一转速下启动运行。

3.2.15　四速电动机接触器控制线路

四速电动机接触器控制线路如图 3-57 所示。如果电动机容量较小（额定电流小于 5A），则可用中间继电器（触点数较多）代替接触器。该线路可实现四种转速的正转运行和一种最高速的反转运行。线路中，通过各接触器的常闭辅助触点实现联锁，以保证不能同时启动两种转速而引起短路事故。该线路允许随时按动任何一个转速的启动按钮，便可获得相应的转

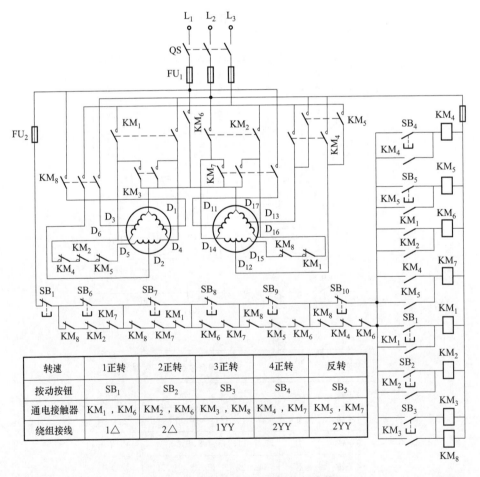

转速	1正转	2正转	3正转	4正转	反转
按动按钮	SB$_1$	SB$_2$	SB$_3$	SB$_4$	SB$_5$
通电接触器	KM$_1$，KM$_6$	KM$_2$，KM$_6$	KM$_3$，KM$_8$	KM$_4$，KM$_7$	KM$_5$，KM$_7$
绕组接线	1△	2△	1YY	2YY	2YY

图 3-57　四速电动机接触器控制线路

速。既不必事先按停止按钮，也不必考虑电动机在工作时的转速。图中，SB_1 与 SB_6，SB_2 与 SB_7，SB_3 与 SB_8，SB_4 与 SB_9，SB_5 与 SB_{10} 均为联动按钮。

工作原理：合上电源开关 QS。假如需要按第二挡转速运行，则可按下启动按钮 SB_2。接触器 KM_2 得电吸合并自锁，电动机为 2△ 连接，电动机按第二挡转速运行。由于 KM_2 常开辅助触点闭合，KM_6 得电吸合，使得 KM_6 常闭辅助触点断开，为操作其他按钮（转速）做好准备。欲使电动机按同方向的第四挡转速运行，可按下按钮 SB_4。接触器 KM_4 得电吸合，使 KM_7 吸合，其常闭辅助触点断开，KM_2 失电释放，继而 KM_6 也释放。同时，KM_4 失电释放，又使 KM_7 释放，故常闭辅助触点 KM_7、KM_5、KM_6 均闭合。于是，KM_4 吸合并自锁，电动机为 2YY 连接，进入第四挡转速运行。

3.3　专用控制线路

3.3.1　压滤机控制线路

压滤机控制线路如图 3-58 所示。

（1）控制目的和方法

控制对象：压滤机电动机。

控制目的：用一只按钮完成压滤机板框的拉开和压紧（电动机正转、反转）；压紧程度可设定。

控制方法：通过限位开关来实现电动机正转、反转，用电流继电器设定板框的压紧程序。

保护元件：断路器 QF（电动机短路保护）；FU（控制电路的短路保护）；热继电器 FR（电动机过载保护）。

（2）线路组成

① 主电路。由断路器 QF、接触器 $KM_1 \sim KM_3$ 主触点、过电流继电器 KA、热继电器 FR 和电动机 M 组成。

② 控制电路。由熔断器 FU、启动

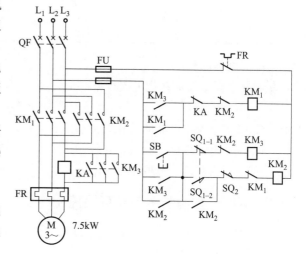

图 3-58　压滤机控制线路

按钮（拉开和压紧按钮）SB、接触器 $KM_1 \sim KM_3$、限位开关 SQ_1 及 SQ_2 和热继电器 FR 常闭触点组成。

（3）工作原理

① 初步分析。若要板框下压，电动机必须正转，因而要求 KM_1、KM_3 吸合，KM_2 释放。KM_2 主触点并接在电流继电器 KA 线圈上的目的是，避免电动机启动电流引起 KA 误吸合。

当板框达到设定的压紧程度（即电动机定子电流增大到一定值）时，KA 吸合，KM_1 释放，电动机停止运行。

② 顺着分析。压滤机开启，板框完全拉开，限位开关 SQ_2 被压下，其常闭触点断开。

合上断路器 QF，按下按钮 SB，接触器 KM$_3$ 得电吸合并自锁，其主触点闭合，电流继电器 KA 线圈被短接，KM$_3$ 常开辅助触点闭合，接触器 KM$_1$ 得电吸合并自锁，电动机启动运行，带动板框向压紧方向移动。当板框离开 SQ$_2$ 时，SQ$_2$ 复位。当板框运行到限位开关 SQ$_1$ 时，SQ$_1$ 触点断开，KM$_3$ 失电释放，其主触点断开，电流继电器 KA 投入运行，随着板框被压紧，电动机负载增大，流过 KA 线圈的电流不断地增大，当达到设定值时，KA 吸合，其常闭触点断开，KM$_1$ 失电释放，电动机停转，板框压紧动作完成。

当再次按下按钮 SB 时，接触器 KM$_2$ 得电吸合，电动机反转启动运行，板框往开启方向移动。当板框离开限位开关 SQ$_1$ 时，SQ$_1$ 复位。当板框运行到 SQ$_2$ 时，SQ$_2$ 常闭触点断开，KM$_2$ 失电释放，电动机停转，拉开板框动作完成。

（4）元件选择

电气元件参数见表 3-19。

表 3-19　电气元件参数

序号	名　　　称	代号	型号规格	数　　量
1	断路器	QF	DZ6-20　瞬时脱扣器	1
2	熔断器	FU	RL1-15/5A	2
3	交流接触器	KM$_1$～KM$_3$	CJ20-16A　380V	3
4	电流继电器	KA	JT4-S　20A	1
5	热继电器	FR	JR14-20/2　14～22A	1
6	按钮	SB	LA18-22（黄）	1
7	限位开关	SQ$_1$	LX19-212	1
8	限位开关	SQ$_2$	LX19-121	1

电流继电器的整定：

电流继电器 KA 的动作电流可整定为

$$I_{dz} = KI_{ed}$$

式中　I_{dz}——电流继电器的动作电流整定值，A；

I_{ed}——电动机额定电流，A；

K——系数，一般取 1.2～1.5。

3.3.2　XF05 型消防泵自动互投控制线路

线路如图 3-59 所示。该线路能手动和自动操作。当在"自动"位置时，工作泵和备用泵能自动进行切换。

工作原理：设 1 号泵为工作泵、2 号泵为备用泵（反之也行）。合上低压断路器 QF$_1$ 和 QF$_2$，合上控制回路开关 SA$_1$，电源指示灯 H 亮。将转换开关 SA$_2$ 置于"自动"位置（图中右侧），则触点 1-2、3-4 闭合，其余触点断开，中间继电器 KA$_1$ 得电吸合，其常开触点闭合，时间继电器 KT$_3$ 线圈通电。经过一段延时，其延时闭合常开触点闭合，中间继电器 KA$_2$（泵控制）得电吸合并自锁，其常开触点闭合，接触器 KM$_1$ 得电吸合，1 号泵投入运行。同时，指示灯 H$_1$ 亮，表示 1 号泵运行。接触器 KM$_2$ 失电，2 号泵停机。

当 1 号泵因故跳闸或热继电器 FR$_1$ 动作时，KM$_1$ 释放，其常闭辅助触点闭合，时间继电器 KT$_1$ 线圈通电，经过一段延时，其延时闭合常开触点闭合，接触器 KM$_2$ 得电吸合，2 号泵投入运行。同时，指示灯 H$_2$ 亮，表示 2 号泵运行。

图中，接触器 KM$_1$ 和 KM$_2$ 通过各自常闭辅助触点实现联锁。

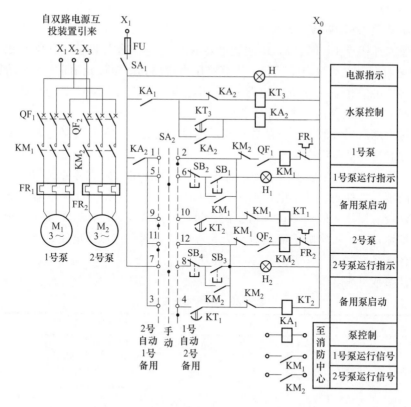

图 3-59　XF05 型消防泵自动互投控制线路

当转换开关 SA_2 置于"手动"位置（图中中间位置）时，便可进行手动操作。

3.3.3　常用液压机用油泵电动机控制线路

常用液压机用油泵电动机控制线路如图 3-60 所示。

（1）控制目的和方法

控制对象：液压机电动机。

控制目的：使管路中的油压维持在一定范围内。

控制方法：采用电接点压力表；可手动和自动控制。

保护元件：熔断器 FU_1（电动机短路保护），FU_2（控制电路的短路保护）；热继电器 FR（电动机过载保护）。

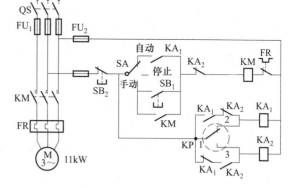

图 3-60　常用液压机用油泵电动机控制线路

（2）线路组成

① 主电路。由开关 QS、熔断器 FU_1、接触器 KM 主触点、热继电器 FR 和电动机 M 组成。

② 控制电路。由熔断器 FU_2、启动按钮 SB_1、停止按钮 SB_2、转换开关 SA、接触器 KM、维电器 KA_1 及 KA_2 和电接点压力表 KP 组成。

（3）工作原理

合上电源开关 QS，将转换开关 SA 置于"自动"位置，这时电接点压力表 KP 动针与低位接点接通（即接点 1-2 闭合），中间继电器 KA$_1$ 得电吸合并自锁，其常开触点闭合，接触器 KM 得电吸合，电动机启动运行。当管路压力增加到高压设定值时，KP 动针与高位接点接通（即接点 1-3 闭合），中间继电器 KA$_2$ 得电吸合并自锁，KA$_1$ 失电释放，其常开触点断开，接触器 KM 失电释放，电动机停转。

当管路压力随着用气而逐渐下降并达到低位设定值时，又重复上述过程，从而使管路中的压力维持在高位和低位设定值之间。

欲手动控制时，将 SA 置于"手动"位置，用启动按钮 SB$_1$ 和停止按钮 SB$_2$ 控制即可。

该线路的不足之处是：由于电接点压力表 KP 的接点容量小，在继电器线圈启动电流的频繁冲击下，较易损坏，使得静接点粘连在一起，从而造成失控，若不及时发现，将会使电动机或油缸损坏，并严重影响产品质量。为此可增加一套失控保护电路。

（4）元件选择

电气元件参数见表 3-20。

表 3-20　电气元件参数

序号	名　　称	代号	型号规格	数　量
1	铁壳开关	QS	HH4-60/50A	1
2	熔断器	FU$_1$	RC1A-60/50A(配 QS)	3
3	熔断器	FU$_2$	RL1-15/5A	2
4	交流接触器	KM	CJ20-25A　380V	1
5	中间继电器	KA$_1$、KA$_2$	JZ7-44　380V	2
6	热继电器	FR	JR16-60/3　20~32A	1
7	转换开关	SA	LS2-2	1
8	按钮	SB$_1$	LA18-22(绿)	1
9	按钮	SB$_2$	LA18-22(红)	1
10	电接点压力表	KP	0~1MPa	1

3.3.4　带失控保护的液压机用油泵电动机控制线路

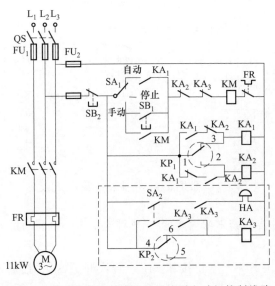

图 3-61　带失控保护的液压机用油泵电动机控制线路

带失控保护的液压机用油泵电动机控制线路如图 3-61 所示。它是在图 3-60 的基础上增加一套保护线路（图中虚线框内所示）。

图 3-61 中，KP$_2$ 为一只启动保护用的电接点压力表，将其高限位调整于工艺允许的最高压力。平时，由 KP$_1$ 随时调整工艺所需要的高、低压力，一旦 KP$_1$ 损坏，管路压力增加，使 KP$_2$ 的动针与高位接点接通（即 4-6 接点闭合），中间继电器 KA$_3$ 得电吸合并自锁，其常闭触点断开，接触器 KM 失电释放，及时断开电动机电源，同时电铃 HA 发出报警信号（平时开关 SA$_2$ 闭合），告诉操作者前来处理。拉

开开关 SA_2，电铃停止发声。

KP_2 高限位应调整于工艺允许的最高压力（比 KP_1 高限位的压力要大）。KP_2 选择同 KP_1，KA_3 同 KA_1，电铃 HA 选用 SCF0、3AC 380V，开关 SA_1 选用 LW5-15、D0083/1，SA_2 选用 LS2-2。

其他电路的调试同图 3-60。

3.3.5　空压机控制线路

空压机控制线路如图 3-62 所示。

（1）控制目的和方法

控制对象：液压机电动机。

控制目的：使管路中的气压维持在一定范围内；电接点压力表动、静触点间不会冒火花。

控制方法：采用电接点压力表；可手动和自动控制。

保护元件：断路器 QF（电动机短路保护）；熔断器 FU（控制电路的短路保护）；热继电器 FR（电动机过载保护）。

（2）线路组成

① 主电路。由断路器 QF、接触器 KM 主触点、热继电器 FR 和电动机 M 组成。

② 控制电路。由熔断器 FU、启动按钮 SB_1、停止按钮 SB_2、转换开关 SA、接触器 KM、继电器 KA_1 及 KA_2 和电接点压力表 KP 组成。

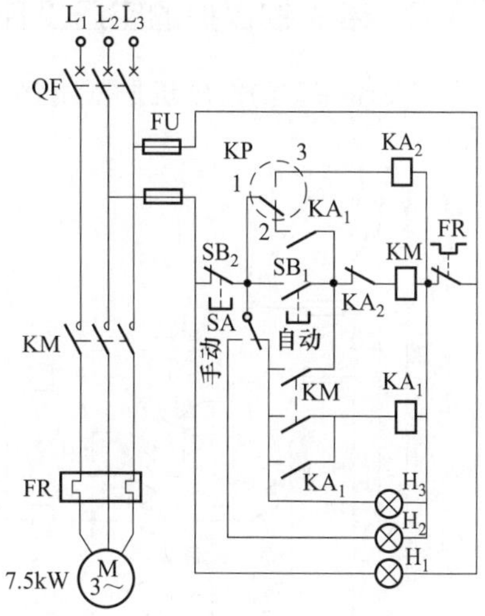

图 3-62　空压机控制线路

③ 指示灯。H_1——电源指示（红色）；H_2——手动控制指示（黄色）；H_3——自动控制指示（绿色）。

（3）工作原理

合上断路器 QF，将转换开关 SA 置于"自动"位置，按下启动按钮 SB_1，接触器 KM 得电吸合并自锁，空压机开始工作。KM 常开辅助触点闭合，中间继电器 KA_1 得电吸合并自锁。当空气压力达到所要求的上限值（如 0.6MPa）时，电接点压力表 KP 的接点 1-3 闭合，中间继电器 KA_2 得电吸合，其常闭触点打开，KM 失电释放，空压机停止工作。此时生产线仍在使用压缩空气，压力开始下降，KP 的接点 1-3 断开，KA_2 失电释放，其常闭触点闭合，为 KM 动作做好准备。当空气压力开始低于下限值（如 0.4MPa）时，电接点压力表 KP 的接点 1-2 闭合，接触器 KM 得电吸合并自锁，空压机又开始工作，使储气罐内的压力始终保持在所要求的 0.4~0.6MPa 范围内。

因该电路也采用电接点压力表控制，且没有保护装置，故在使用中存在着与图 3-60 同样的不足。

（4）元件选择

电气元件参数见表 3-21。

表 3-21 电气元件参数

序号	名 称	代号	型号规格	数 量
1	断路器	QF	DZ5-20 瞬时脱扣器	1
2	熔断器	FU	RL1-15/5A	2
3	交流接触器	KM	CJ20-16A 380V	1
4	中间继电器	KA_1、KA_2	JZ7-44 380V	2
5	热继电器	FR	JR14-20/2 14~22A	1
6	电接点压力表	KP	0~1MPa	1
7	转换开关	SA	LS2-2	1
8	按钮	SB_1	LA18-22(绿)	1
9	按钮	SB_2	LA18-22(红)	1
10	指示灯	H_1	AD11-25/40 380V(红)	1
11	指示灯	H_2	AD11-25/40 380V(黄)	1
12	指示灯	H_3	AD11-25/40 380V(绿)	1

3.3.6 带失控保护的空压机控制线路

带失控保护的空压机控制线路如图 3-63 所示。

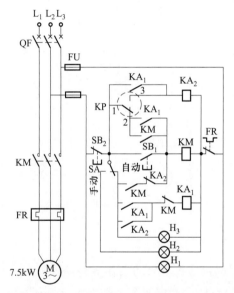

图 3-63 带失控保护的空压机控制线路

(1) 控制目的和方法

控制对象：空压机电动机。

控制目的：使管路中的气压维持在一定范围内；防止电接点压力表触点粘连或打断，防止空压机失控。

控制方法：采用电接点压力表；可手动和自动控制；通过继电器和接触器触点的巧妙连接，保护电接点压力表，防止空压机失控。

保护元件：断路器 QF（电动机短路保护）；熔断器 FU（控制电路短路保护）；热继电器 FR（电动机过载保护）。

(2) 线路组成

① 主电路。由断路器 QF、接触器 KM 主触点、热继电器 FR 和电动机 M 组成。

② 控制电路。由熔断器 FU、启动按钮 SB_1、停止按钮 SB_2、转换开关 SA、接触器 KM、继电器 KA_1 及 KA_2 和电接点压力表 KP 组成。

③ 指示灯。H_1——电源指示（红色）；H_2——手动控制指示（黄色）；H_3——自动控制指示（绿色）。

(3) 工作原理

合上断路器 QF，将转换开关 SA 置于"自动"位置，按下启动按钮 SB_1，接触器 KM 得电吸合并自锁，空压机启动运转。当空气压力达到上限值时，电接点压力表 KP 的接点 1-3 闭合，中间继电器 KA_2 得电吸合，由于 KA_2 常闭触点断开，接触器 KM 失电释放，空压机停止工作。其常开触点闭合，中间继电器 KA_1 得电吸合并自锁，KA_1 常开触点闭合，将 KP 的接点 1-3 短路。这时无论 KP 的接点 1-3 由于振动如何频繁地通、断，其接点都不会产生火花。当空气压力开始低于下限值时，KP 的接点 1-2 闭合，KM 得电吸合并自锁，空压机又启动运转。KM 的常闭辅助触点打开，KA$_1$、KA$_2$ 先后失电释放。当空气压力高于上限值时，KP 的接点 1-2 断开，KM 线圈通过 KA$_2$ 常闭触点和自己的自保触点而得电吸合，空压机继续运转，直到空气压力上升到上限位置，KP 的接点 1-3 闭合，开始第二次循环。

（4）元件选择

电气元件参数见表 3-21。

3.3.7　Y-△启动的空压机控制线路

线路如图 3-64 所示。该线路能使储气罐压力自动保持在 $0.09\sim0.12$MPa 之间并可手动和自动控制。

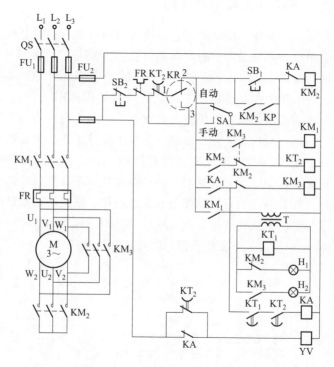

图 3-64　Y-△启动的空压机控制线路

图中，YV 为电磁排气阀，接于单向阀之前。它的作用是，保证空压机轻载启动。只要空压机工作，YV 就由时间继电器 KT$_2$ 和中间继电器 KA 断开电源而关闭。空压机停止工作，YV 就被接通而将空压机内气体排放干净，以保证空压机下次启动时保持轻载工况。

工作原理：合上电源开关 QS，将转换开关 SA 置于"自动"位置。接触器 KM$_2$ 得电吸合，其常开辅助触点闭合，接触器 KM$_1$ 得电吸合，电动机为 Y 连接，降压启动运行。同时，时间继电器 KT$_2$ 线圈通电，其延时闭合常开触点闭合，为中间继电器 KA 吸合做好准备。KM$_1$ 的常开辅助触点闭合，时间继电器 KT$_1$ 线圈通电，经过一段延时后，其延时闭合常开触点闭合，中间继电器 KA 得电吸合并自锁，其常闭触点断开，接触器 KM$_2$ 失电释放。同时，接触器 KM$_3$ 得电吸合，电动机为△连接，电动机进入全压正常运行。

当电动机开始工作时，空压机润滑油的油压随之上升，油压开关（或电接点压力表）KP 的 1-3 接点闭合，其后时间继电器 KT$_2$ 的延时断开常闭触点断开。当 KM$_1$ 吸合时，无论电动机工作在 Y 接线还是△接线，只要油压开关（或电接点压力表）KP 接通控制回路，而时间继电器 KT_2 延时断开常闭触点总是在 KP 的 1-3 接点接通后才延时断开，就可以保证控制回路电源不致在 KT_2 延时断开常闭触点断开时中断。若空压机润滑不足或 KP 故障，则电动机不能启动。

如需手动控制，可将转换开关 SA 置于"手动"位置，按下启动按钮 SB_1，电动机便能自动实现 Y-△启动。

在电动机降压启动过程中，指示灯 H_1 亮；在电动机全压正常运行时，指示灯 H_2 亮。

时间继电器 KT_1 的延时时间整定值，视电动机容量而定。大功率电动机（如 55kW），可整定为 100s。

3.3.8　JC3.5 型冷冻机油压控制器线路

冷冻机油压控制器又称油压差继电器。它是冷冻机运行的一种安全保护装置。当冷冻机润滑油压力低于曲轴箱压力某一整定值时，自动停止冷冻机运行。油压控制器的种类较多，但控制原理基本相同。现以 JC3.5 型油压控制器为例，介绍其工作原理及接线方法。

油压控制器是一种靠压力差动作的继电器，其内部结构如图 3-65 所示。控制器是以油压表压力与吸气压力之间的压差来控制压差开关动作，达到停机目的的。控制器带有延时机构，其作用是使控制器执行机构开关触点的动作滞后于压差机构开关触点的动作。冷冻机刚启动时，润滑油压尚未建立（油压随冷冻机的运转而上升，上升到正常值需要 10~20s），如果不延时，冷冻机无法启动。延时控制是靠加热器加热双金属片，使其弯曲并推动延时开关动作实现的。另外，控制器还设有试验按钮和复位按钮。试验按钮是供随时测试延时机构的可靠性的；复位按钮是用来使延时开关恢复原位的。当油压机因故障停机、必须进行维修时，检查修复后（5min 后）须按下复位按钮，方可启动冷冻机。

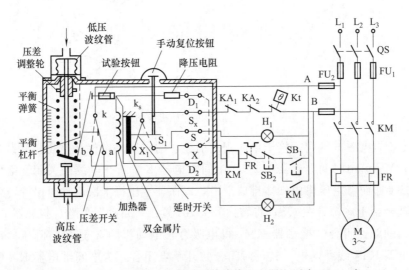

图 3-65　JC3.5 型油压控制器及其接线（电源电压为 380V 时）

接线方式：油压控制器的电源电压不同，其接线方式也不同。图 3-65 是电源电压为 380V 的接线，将端子 D_1 和 X 短接，见图 3-65 中虚线。图 3-66 是电源电压为 220V 的接线，将端子 D_2 和 X 短接，见图 3-66 中虚线。

工作原理（图 3-65）：作用在低压波纹管（与冷冻机曲轴箱连通）和作用在高压波纹管

（与润滑油泵出口相通）上的压力差，由主平衡弹簧平衡。当压差大于调定值（一般为 0.15～0.3MPa）时，杠杆处于图中实线位置。压差开关的接点 k 与 a 接通，电流由 A 点经 k、a 回到 B，正常运行指示灯 H_2 亮。这时，延时开关的接点 k_s 与 X_1 相通，电流由 A 经启动按钮 SB_1、停止按钮 SB_2、热继电器 FR、接触器线圈 KM 及接点 X、X_1、k_s、S_x 和低压继电器 KA_1、高压继电器 KA_2、温度继电器 Kt 的常闭触点回到 B 点。此时，冷冻机仍继续运行。但加热器通电发热，加热双金属片。经过约 60s 后，双金属片向右侧弯曲，推动延时开关断开，接触器 KM 失电释放，冷冻机停止运行。同时，接点 k_s 与 S_1 接通，事故指示灯 H_1 亮。

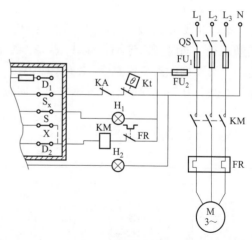

图 3-66　JC3.5 型油压控制器及接线
（电源电压为 220V 时）

3.3.9　确保远控电动机准确停机的控制线路

在某些远距离控制电动机的场合，会出现按下停止按钮后（不管是就地还是远控停止按钮），电动机不能马上断电停机，而是需经过几秒甚至十几秒后，接触器才能释放停机。控制线路越长，则延时停机时间越长。这是很不安全的一种现象。

这种现象是由导线的分布电容引起的。由于控制导线之间靠得很近，尤其是铠装电缆之类的导线芯线与铠装层靠得更近，很容易造成芯线与芯线之间、芯线与铠装层之间存在较大的分布电容。按下停止按钮时，控制线路分布电容上的充电电压将对接触器线圈放电，使其维持一段时间吸合状态，待放电至低于接触器的释放电压时，接触器才能释放，电动机才停机。

为了消除这一现象，可采用如图 3-67 所示的控制线路。

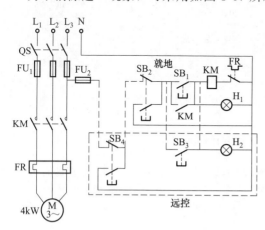

图 3-67　确保远控电动机准确停机的控制线路

（1）控制目的和方法

控制目的：电动机能及时停机，即按停止按钮时接触器能立即释放。

控制方法：按下停止按钮时，利用停止按钮另一副触点将接触器 KM 线圈短接，使控制线路上的分布电容的电压迅速降至零，KM 立即释放。

保护元件：熔断器 FU_1（电动机短路保护），FU_2（控制电路的短路保护）；热继电器 FR（电动机过载保护）。

（2）线路组成

① 主电路。由开关 QS、熔断器 FU_1、接触器 KM 主触点、热继电器 FR 和电动机 M 组成。

② 控制电路。由熔断器 FU_2、近控和远控启动按钮 SB_1 和 SB_3、近控和远控停止按钮 SB_2 和 SB_4、接触器 KM 和热继电器 FR 常闭触点组成。

③ 指示灯。H_1——电动机运行就地指示（绿色）；H_2——电动机运行远控指示（绿色）。

（3）工作原理

合上电源开关 QS，按下启动按钮 SB₁（或 SB₃），接触器 KM 得电吸合并自锁，电动机启动运行。同时指示灯 H₁ 和 H₂ 点亮。按下停止按钮 SB₂（或 SB₄），其一副触点切断控制电源；另一副触点将接触器 KM 线圈短接，使控制线路上分布电容的电荷迅速放电，KM立即释放，从而实现电动机准确停机。同时指示灯 H₁ 或 H₂ 熄灭。

（4）元件选择

电气元件参数见表 3-22。

表 3-22　电气元件参数

序号	名称	代号	型号规格	数量
1	闸刀开关	QS	HK2-30/3	1
2	熔断器	FU₁	RL1-60/25A	3
3	熔断器	FU₂	RL1-15/5A	1
4	交流接触器	KM	CJ20-16A　220V	1
5	热继电器	FR	JR14-20/2　10～16A	1
6	按钮	SB₁、SB₃	LA18-22（绿）	2
7	按钮	SB₂、SB₄	LA18-22（红）	2
8	指示灯	H₁、H₂	AD11-25/40　220V（绿）	2

3.3.10　额定电压为 127V 的可逆电动机接于 220V 电源的线路

ND-9 型、ND-30 型等微型可逆电动机，其标称电压为 127V，如按标称电压使用，需按图 3-68（a）所示，接一只变比为 220:127 的降压变压器，这很不方便。实际工作中，可以利用这类电动机的工作绕组和启动绕组参数基本一致的特点，将两绕组串联后接到 220V电源上，再在任一绕组上并联一只启动电容即可，如图 3-68（b）所示。如要电动机反转，只要调换两绕组中任一组的头尾，即这项工作可由双掷双刀开关 SA 来完成。

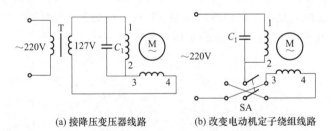

(a) 接降压变压器线路　　　　(b) 改变电动机定子绕组线路

图 3-68　额定电压为 127V 的可逆电动机接于 220V 电源的线路

3.3.11　降低晶闸管调速电容启动电动机噪声的线路

图 3-69（a）为带有抑制无线电干扰的晶闸管调速线路。该线路采用低通滤波的方式降

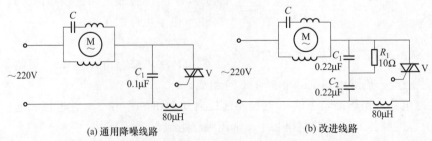

(a) 通用降噪线路　　　　(b) 改进线路

图 3-69　采用低通滤波降低电容启动电动机噪声的线路

低电动机的噪声。但调速时，电动机的绕组电感、启动电容 C 与滤波器会产生谐振，使电动机振动并发出噪声。

图 3-69（b）是图 3-69（a）的改进线路。实践证明它有较好的减振作用。

3.3.12　锅炉自动给煤装置控制线路

小型锅炉通常采用手动给煤，不但增加司炉工的劳动强度，还很难保证加煤均匀。为此，可采用如图 3-70 所示的自动给煤装置控制线路。

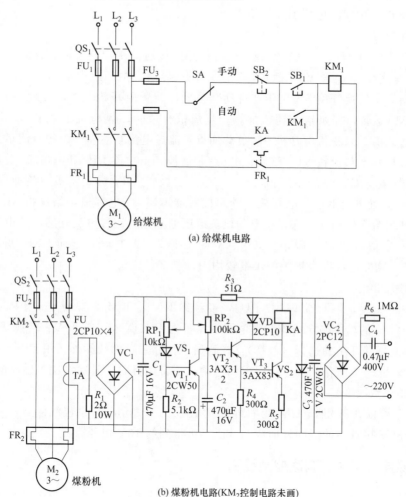

(a) 给煤机电路

(b) 煤粉机电路(KM₂ 控制电路未画)

图 3-70　锅炉自动给煤装置控制线路

（1）控制目的和方法

控制目的：自动给锅炉供煤。

控制方法：利用电流互感器检出煤粉机上煤的重量，然后控制给煤机是否供煤。

保护元件：熔断器 FU_1、FU_2（电动机 M_1、M_2 短路保护）；热继电器 FR_1、FR_2（电动机 M_1、M_2 过载保护）；熔断器 FU_3（控制电路短路保护）；二极管 VD（保护三极管 VT_2、VT_3 免受继电器 KA 反电势而损坏）。

（2）线路组成

① 给煤机主电路：由开关 QS_1、熔断器 FU_1、接触器 KM_1 主触点、热继电器 FR_1 和

电动机 M_1 组成；给煤机控制电路：由熔断器 FU_3、启动按钮 SB_1、停止按钮 SB_2、转换开关 SA、接触器 KM_1 和热继电器 FR_1 常闭触点组成。

② 煤粉机主电路：由开关 QS_2、熔断器 FU_2、接触器 KM_2 主触点、热继电器 FR_2 和电动机 M_2 组成；KM_2 控制电路图中未画。

③ 煤粉机煤粉重量检测的电子电路：重量探测电路：由电流互感器 TA、整流桥 VC_1、滤波电容 C_1、分压电路（由 R_2、RP_1 和稳压管 VS_1 组成）和三极管 VT_1 组成；执行电路：由直流电源电路（电容 C_4、电阻 R_6、整流桥 VC_2、滤波电容 C_3 和稳压管 VS_2 组成）和三极管 VT_2、VT_3、中间继电器 KA 等组成。

（3）工作原理

首先启动煤粉机 M_2，使其在空载下运行，然后接通控制回路电源。这时，电流互感器 TA 中的电流较小，三极管 VT_1 截止，VT_2、VT_3 导通，中间继电器 KA 吸合，其常开触点闭合。把给煤机转换开关 SA 置于"自动"位置，装置便开始工作，接触器 KM_1 得电吸合，给煤机 M_1 运转，开始给煤粉机加煤。当煤量合适时，煤粉机正常工作，煤粉正常送入。当煤量过多时，煤粉机电动机 M_2 负载加重，流过电流互感器 TA 的电流增大，其输出电压增大。该电压经整流桥 VC_1 整流、电流 C_1 滤波、电位器 RP_1 和电阻 R_2 分压，将使稳压管 VS_1 被击穿（2CW50 的稳压值 $1\sim2.8V$）。三极管 VT_1 得到基极电流而导通，VT_2、VT_3 截止，中间继电器 KA 失电释放，继而接触器 KM_1 失电释放，给煤机 M_1 停止工作。煤粉机 M_2 继续给锅炉加煤，煤粉机电动机负载逐渐减轻，流过电流互感器的电流减小。当电流减小到一定值时，VT_1 截止，VT_2、VT_3 导通，KA 吸合，继而 KM_1 吸合，给煤机 M_1 继续工作。这样，使送入炉膛的煤量较均匀，燃烧稳定。

（4）元件选择

开关 QS_1、QS_2，熔断器 FU_1、FU_2，接触器 KM_1、KM_2，热继电器 FR_1、FR_2 根据电动机 M_1 和 M_2 的功率确定；中间继电器 KA 可选用 JQX-4F DC 12V；转换开关 SA 选用 LS2-2；电流互感器 TA 的选择（改绕）：在普通电流互感器的线圈外面用和电动机电流相适应的绝缘导线绕 $2\sim4$ 匝作为初级。要求当电动机正常运行时，其次级绕组感应电压应在 8V 以上（可调整匝数改变）。

变压器 T 可以在接触器 KM 线圈外面用直径为 0.2mm 的漆包线绕数百匝代替，如 CJ20-10 型 380V 接触器的线圈外面绕 250 匝，可得到约 10V 电压。

3.3.13 搅拌机定时、调速控制线路

线路如图 3-71 所示。该线路是一种经过一定时间间隔，自动关断电动机并可调速的线路。

工作原理：当开关 SA 置于"断"的位置时，220V 交流电源经二极管 VD_1 及电阻 R_1 和电位器 RP_1 对电容 C_1 反向充电，使晶闸管 V_1 控制极反偏而关闭。此时，晶闸管 V_2 回路也不导通，电动机不工作。当开关 SA 置于"通"的位置时，晶闸管 V_2 得到触发电压而导通，搅拌机电动机启动运转。同时电源经二极管 VD_5 半波整流及 R_3 和 RP_2 分压后，向电容 C_3 充电。电容 C_1 通过 R_2、V_1 控制极反偏电阻缓慢放电。经过一段延时，电容 C_1 放电完毕。此时电源经 VD_3、RP_1、R_1 和 VD_2 向电容 C_2 正向充电，充电电压导致晶闸管 V_1 导通，C_3 通过 V_1 放电，于是 B 点电位下降，晶闸管 V_2 由导通转为关闭，搅拌机电动机停转。

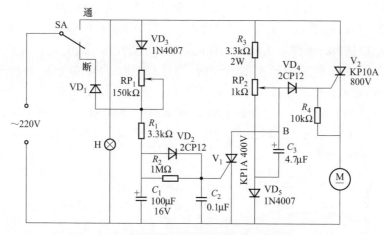

图 3-71 搅拌机定时、调速控制线路

调节电位器 RP_1，可改变延时时间（即电动机的工作时间），最长延时可达 30s；调节电位器 RP_2，可改变晶闸管 V_2 导通角的大小，从而改变电动机的转速。

3.3.14 混凝土骨料上料和称量控制线路

混凝土搅拌前需要将黄沙和石子按比例称好。水泥每包质量为 50kg，不必再称。

混凝土骨料上料和称量控制线路如图 3-72 所示。图中，M_1 和 YA_1 分别为黄沙拉铲电动机和黄沙称量斗门控制电磁铁；M_2 和 YA_2 分别为石子拉铲电动机和石子称量斗门控制电磁铁。接触器 $KM_1 \sim KM_4$ 分别控制黄沙和石子拉铲电动机的正反转，正转使拉铲拉着骨料上升，反转使拉铲回到原处，以备下一次拉料。接触器和电磁铁的工作状态分别由各自的启动按钮和停止按钮控制。

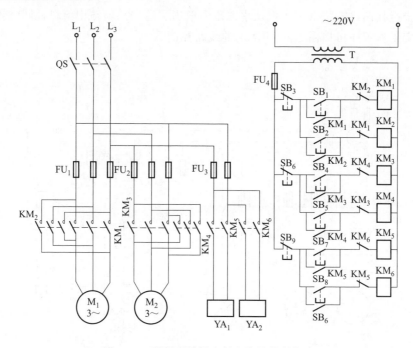

图 3-72 混凝土骨料上料和称量控制线路

电磁铁控制料斗斗门如图 3-73 所示。当骨料铲入料斗，并达到称量要求时，接触器 KM_5（或 KM_6）吸合，电磁铁 YA_1（或 YA_2）得电吸合，打开下料斗的活动门，骨料下落。

实际上，电磁铁吸合动作是由磅秤秤杆的状态来控制的，如图 3-74 所示。料斗未称足质量时，秤杆与设在磅秤下的触点是断开的，即限位开关 SQ_1、SQ_2 是断开的，接触器 KM_5、KM_6 失电释放，电磁铁 YA_1、YA_2 不吸合；当料斗称足质量时，秤杆与触点闭合，限位开关 SQ_1（或 SQ_2）闭合，接触器 KM_5（或 KM_6）得电吸合并自锁，电磁铁 YA_1（或 YA_2）吸合，打开下料斗门。卸料完毕，按一下按钮 SB_9，接触器 KM_5、KM_6 失电释放，斗门闭合。

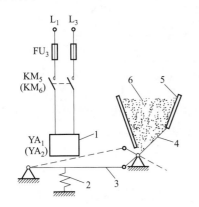

图 3-73　电磁铁控制料斗斗门示意图

1—电磁铁；2—弹簧；3—杠杆；

4—活动门；5—料斗；6—骨料

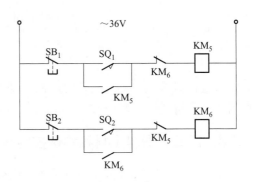

图 3-74　接触器控制磅秤秤杆电路

3.3.15　散装水泥自动秤控制线路

在混凝土搅拌站，需将散装水泥从水泥罐中取出、运送到料斗中给料，同时还需称量和计数。这一套工作程序可以由图 3-75 所示的线路控制。

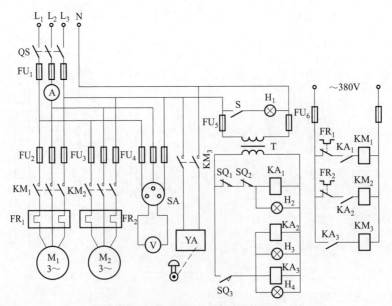

图 3-75　散装水泥自动秤控制线路

图中，M₁ 为螺旋运输机驱动电动机，M₂ 为振动给料器驱动电动机。水泥通过振动给料器从水泥罐中给出，并经螺旋运输机进入称量斗。称量斗上装有水银开关 SQ₁ 和 SQ₂，它们利用称量的杠杆机构接通和断开，用以判断水泥的质量。

工作原理：当水泥未达到规定质量时，SQ₁ 和 SQ₂ 是接通的，继电器 KA₁ 得电吸合，其常开触点闭合，接触器 KM₁ 得电吸合，电动机 M₁ 转动，继续给料。当水泥达到规定质量时，SQ₁ 和 SQ₂ 断开，继电器 KA₁ 和接触器 KM₁ 先后失电释放，电动机 M₁ 停止转动，螺旋给料机停止给料。这时，行程开关 SQ₃ 也断开，继电器 KA₂、KA₃ 失电释放，它们的常开触点断开，接触器 KM₂、KM₃ 失电释放，电动机 M₂ 停止转动，振动给料器停止工作，同时，电磁铁 YA 失电释放，带动计数器计数 1 次。

3.3.16　混凝土搅拌机控制线路

混凝土搅拌机控制线路如图 3-76 所示。图中，M₁ 为搅拌机滚筒电动机。其正转时搅拌混凝土，反转时使搅拌好的混凝土出料，正、反转分别由接触器 KM₁ 和 KM₂ 控制。M₂ 为料斗电动机。其正转时牵引料斗起仰上升，将骨料和水泥倒入搅拌机滚筒，反转时使料斗下降放平，等待下一次下料。为了及时刹住料斗，电动机 M₂ 采用电磁抱闸（YB）制动。YV 为给水电磁阀，在搅拌混凝土过程中，由操作人员按动按钮 SB₇ 来控制给水量。SQ₁ 和 SQ₂ 为料斗限位开关，用以限制料斗上端和下端的极限位置。当料斗碰着 SQ₁ 或 SQ₂ 时，接触器 KM₃ 或 KM₄ 便失电释放，电动机 M₂ 停止转动，从而保护机械设备免受损坏。

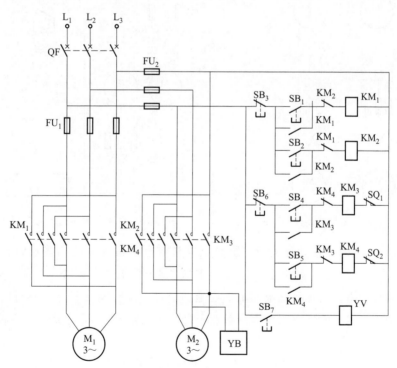

图 3-76　混凝土搅拌机控制线路

3.3.17　混凝土振捣器控制线路（一、二）

混凝土振捣器能增大混凝土混合料的流动性，排出混凝土中的空气，增加混凝土的强度。

振捣器由变频机组供电,发电机输出频率约为 200Hz,可以提高电动机的转速,从而使振捣器得到较高的振动频率。

振捣器有手动和自动两种控制方式。

（1）线路之一

图 3-77 所示为手动混凝土振捣器控制线路。图中,M 为三相异步电动机,G 为三相绕线式异步发电机,两者转子同轴。M 带动发电机 G 旋转,输出约 200Hz 频率的交流电。该交流电送至振捣电动机 M_1 和 M_2,使它们产生振幅不大,但频率较高的振动。

（2）线路之二

图 3-78 所示为自动混凝土振捣器控制线路。图中,M、G 同图 3-77,M_1 为振捣电动机,YA 为电磁铁。电磁铁 YA 控制开关 S（照明拉线开关）的开与关。发电机 G 与电动机 M_1 之间用四芯电缆连接。四芯电缆中的一根与设在手把下的触点开关 P 连接,按动开关 P 能短时接触到接有电磁铁 YA 的一根相线。

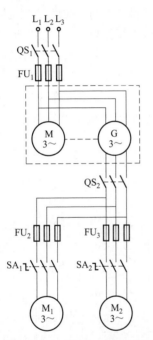

图 3-77　手动混凝土振捣器控制线路

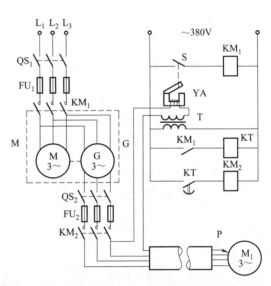

图 3-78　自动混凝土振捣器控制线路

工作原理:启动时,按动开关 P,使 P 点与接有电磁铁 YA 的相线短时相接,电磁铁 YA 短时得电吸合,开关 S 被拉合,接触器 KM_1 得电吸合,电动机 M 启动运转。同时,KM_1 常开辅助触点闭合,时间继电器 KT 通电。经过一段时间延时（延时时间等于电动机 M 启动所需时间）,KT 的延时闭合常开触点闭合,接触器 KM_2 得电吸合,接通振捣器电动机 M_1。

当需要停止时,再次按动开关 P,使开关 P 与相线短时相接,电磁铁 YA 又短时吸合,开关 S 断开,KM_1、KT 和 KM_2 相继失电释放,电动机 M 和 M_1 都停止工作。

3.3.18　单台电动机控制的电动门线路

采用一台电动机控制的简易型电动门线路如图 3-79 所示。

（1）控制目的和方法

控制目的：用电动机开/关大门。

控制方法：通过电动机正转、反转开/关大门，到位后通过限位开关使电动机停转。按一下按钮即可自动控制，配有指示灯和警铃。

保护元件：熔断器 FU_1（电动机短路保护），FU_2（控制电路的短路保护）；热继电器 FR（电动机过载保护）；限位开关 SQ_1、SQ_2（电动机限位保护）。

（2）线路组成

① 主电路。由开关 QS、熔断器 FU_1、接触器 KM_1 及 KM_2 主触点、热继电器 FR 和电动机 M 组成。

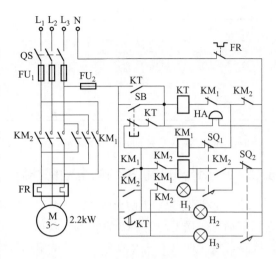

图 3-79　单台电动机控制的电动门线路

② 控制电路。由熔断器 FU_2、按钮 SB、接触器 KM_1 及 KM_2、时间继电器 KT、限位开关 SQ_1 及 SQ_2 和热继电器 FR 常闭触点组成。

③ 指示灯及报警电路。H_1——开门指示（绿色）；H_2——门运行指示（黄色）；H_3——关门指示（红色）；HA——开/关门预告报警。

（3）工作原理

合上电源开关 QS，门完全打开时，限位开关 SQ_1 被压下，绿色指示灯 H_1 点亮。按下启动按钮 SB，电铃 HA 发出预告报警声。同时时间继电器 KT 线圈通电，其瞬动触点动作，并经过一段延时后，其延时闭合常开触点闭合，黄色指示灯 H_2 亮，接触器 KM_2 得电吸合并自锁，其主触点闭合，电动机 M 启动运转，门开始往关闭方向运行，其常闭辅助触点断开，KT 失电释放。当门离开限位开关 SQ_1 时，SQ_1 复位。当门运行至限位开关 SQ_2 时，SQ_2 被压下，其常闭触点断开，KM_2 失电释放，黄色指示灯 H_2 熄灭，电动机停转，大门被关闭。同时 SQ_2 常开触点闭合，红色指示灯 H_3 亮，关门动作完成。

开门时，再次按下按钮 SB，其动作过程与上述相同，但这时接触器 KM_1 得电吸合，电动机 M 反转，门往开启方向运行。当门离开限位开关 SQ_2 时，SQ_2 复位，红色指示灯 H_3 熄灭。当门运行至 SQ_1 时，SQ_1 被压下，KM_1 失电释放，电动机停转，门被打开。

（4）元件选择

电气元件参数见表 3-23。

表 3-23　电气元件参数

序号	名　　称	代号	型号规格	数　量
1	电动机	M	Y132S-8　2.2kW	1
2	闸刀开关	QS	HK2-30/3	1
3	熔断器	FU_1	RL1-15/15A	3
4	熔断器	FU_2	RL1-15/5A	1
5	热继电器	FR	JR14-20/2　4.5~7.2A	1
6	交流接触器	KM_1、KM_2	CJ20-16A　220V	2
7	时间继电器	KT	JS7-2A　0.4~120s	1
8	指示灯	H_1	AD11-25/40　220V(绿)	1

序号	名　称	代号	型号规格	数　量
9	指示灯	H_2	AD11-25/40　220V(黄)	1
10	指示灯	H_3	AD11-25/40　220V(红)	1
11	电铃	HA	SCF0.3　AC 220V	1
12	按钮	SB	LA18-22(绿)	1
13	限位开关	SQ_1、SQ_2	LX19-111	2

时间继电器 KT 延时时间的整定。可根据实际需要确定，一般为 5~8s。

3.3.19　两台电动机控制的电动门线路

图 3-80 所示为采用两台 JTC-170-1.1-31 型 1.1kW 齿轮减速电动机控制的电动门线路。它能带动每扇质量约 200kg 的铁门，以 0.35~0.4m/s 速度运动。8m 宽的门，8s 即可关闭。该线路可以实现以下三大功能：一是单扇门打开与关闭；二是双扇门打开与关闭；三是大门在轨道上的任意一个位置启动和停止。

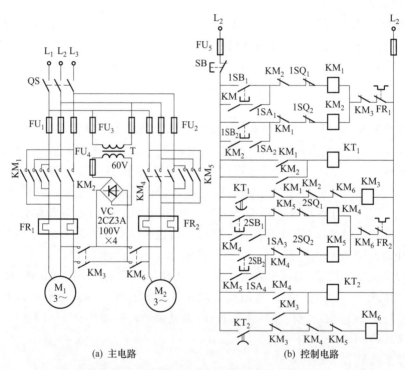

(a) 主电路　　　　　(b) 控制电路

图 3-80　两台电动机控制的电动门线路

图中，$1SB_1$、$1SB_2$ 分别为电动机 M_1 正反转启动按钮；$2SB_1$、$2SB_2$ 分别为电动机 M_2 正反转启动按钮；$1SA_1$、$1SA_2$ 分别为电动机 M_1 点动钮子开关；$2SA_1$、$2SA_2$ 分别为电动机 M_2 点动钮子开关；$1SQ_1$、$1SQ_2$ 分别为电动机 M_1 正反转限位开关；$2SQ_1$、$2SQ_2$ 分别为电动机 M_2 正反转限位开关；SB 为整个控制回路的停电按钮；接触器 KM_3 和 KM_6 分别是当 M_1 和 M_2 断电后向电动机提供能耗制动直流电源的接触器。

工作原理：开门分常动和点动两种操作。

① 要将两扇门一次开到底，可采用常动操作。即先合上钮子开关 $1SA_1$ 和 $2SA_1$，再先后按下 $1SB_1$ 和 $2SB_1$。这时接触器 KM_1 和 KM_4 得电吸合，两扇门徐徐开启。

② 要将两扇门只开启一部分，可采用点动操作。即将 $1SA_1$ 和 $2SA_1$ 打开，间断地按下 $1SB_1$ 和 $2SB_1$，这时可使两扇门开启到任意一位置上。

关闭门的操作方法与开门基本相同，不同的是应按下按钮 $1SB_2$ 和 $2SB_2$。

为了使门能准确停在指定位置，电动机采用能耗制动，有关能耗制动的内容见第 8 章相关内容。

3.3.20　单台直线电动机控制的电动门线路

直线电动机控制的电动门很适合在铁路道口使用。直线电动机在电动门上的安装位置如图 3-81（a）所示，其控制电路如图 3-81（b）所示。电动机采用主令开关控制。

直线电动机为 ZYEG-42 型。在三相电源 380V、电流 12A 供电时，电动机对门栏可产生 42kgf 的推力。一个高度为 1.3m、长度为 10m、质量为 500kg 的栏门，在直线电动机控制下其行走速度可达 $1\sim2$m/s。8m 宽路面的道口，只需约 7s 即可关闭。

工作原理：合上电源开关 QS，当转换开关 SA 置于"正"位置时，接触器 KM_1 得电吸合，其主触点接通直线电动机 M，门打开。当 SA 置于"停"位置时，电动机停转。当 SA 置于"反"位置时，接触器 KM_2 得电吸合，门关闭。当门开或关至极限位置时，限位开关 SQ_1 或 SQ_2 断开，电动机停转，以达到保护电动门的目的。KM_1 和 KM_2 相互联锁。

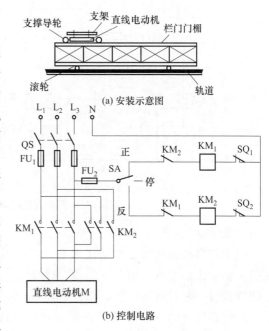

图 3-81　单台直线电动机控制的电动门

由于道口栏门的控制要求不高，因此栏门的速度可由 SA 的"正""停""反"三个位置来控制。

限位开关 SQ_1、SQ_2 接在零线侧较安全。

3.3.21　两台直线电动机控制的电动门线路

两台直线电动机控制的电动门线路如图 3-82 所示。直线电动机采用电磁铁 YB_1、YB_2 制动。

工作原理：为简化操作程序，采用按钮点控制。借助控制开关 SA，可手动和自动控制。SB_1 为两台电动机的正转（关门）按钮；SB_2 为两台电动机的反转（开门）按钮；KM_1 和 KM_3 分别为两台电动机的正转接触器；KM_2 和 KM_4 分别为两台电动机的反转接触器；$SQ_1\sim SQ_4$ 为栏门限位开关。为使栏门准确定位，在电动机前后分别设置了两块直流电磁铁 YB_1、YB_2。电动机断电后，时间继电器 KT_2、KT_3 控制接触器 KM_5、KM_6 向电磁铁提供进流电，励磁产生的强磁力很快将栏门制动。5s 后 KT_2、KT_3 控制 KM_5、KM_6 断开直流电源，磁力制动缓解。为防止误动作，KM_1、KM_2 与 KM_5，KM_3、KM_4 与 KM_6 在控制回路中互相联锁。二极管 VD_1、VD_2 的作用是，防止直流断电后在励磁线圈中感应出高电压

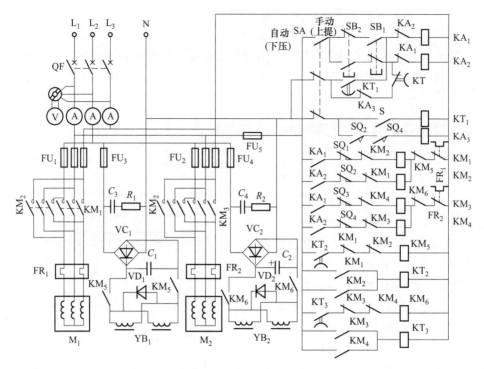

图 3-82　两台直线电动机控制的电动门线路

而击穿其他电气元件。

　　电动门自动控制的工作原理如下：将控制开关 SA 置于"自动"位置（即图示位置）。报警设备发出信号后，触点 S 闭合，时间继电器 KT_1 线圈通电，其延时闭合常开触点按整定值在延时一定时间后闭合，KA_1 得电吸合，其常开触点闭合，接触器 KM_1、KM_3 得电吸合，启动直线电动机推动栏门正向运转。到达关闭位置后，限位开关 SQ_1、SQ_3 被压下，KM_1、KM_3 失电释放，直流电磁铁 YB_1、YB_2 带动电磁制动器制动，完成关门动作。开门时，触点 S 断开，KT_1 失电释放，其常闭触点闭合，KA_2 得电吸合，其常开触点闭合使接触器 KM_2、KM_4 得电吸合，电动机反向运转，直至栏门将限位开关 SQ_2、SQ_4 压下，KM_2、KM_4 失电释放，电磁制动器制动，完成开门动作。当两个栏门到达开启终端位置时，限位开关 SQ_2、SQ_4 的常开触点串联接通 KA_3 线圈，KA_3 吸合，其常闭触点断开，KA_2 失电释放，其常闭触点闭合，解除对 KA_1 联锁，以待下一次由道口自动信号设备控制栏门关闭道口。道口工进行作业时，只需将控制开关 SA 打到自动位置，火车距道口 800m 时栏门可自行关闭。

第 **4** 章 ▶▶▶

笼型异步电动机制动线路

为了使电梯、起重机、提升机、机床等设备能准确定位在要求的位置，并为防止停机后由于机械设备的惯性作用而产生滑行，应采取制动控制。常用的制动方式有机械制动（包括电磁抱闸）、反接制动、能耗制动和电容制动等。

机械制动是利用摩擦阻力来达到制动目的的，其中应用最多的是电磁抱闸制动器。电磁抱闸制动的特点是：行程小、机械部分的冲击小、能承受频繁动作、制动可靠，一般用于起重、卷扬设备。

反接制动就是在断电的同时，把输入电源的相序变换一下，改变电动机定子旋转磁场的方向，使转子产生一个逆旋转的制动力矩。经过短暂的时刻，再把输入的电源切断，电动机就会很快停止转动。反接制动方法简单可靠，常用于 4kW 以下的电动机。

能耗制动又称动力制动，是指在供电电源切除后，立即向电动机定子绕组通以直流电流，形成一个固定（静止）的磁场，以消耗因惯性仍按原方向转动的转子动能，使电动机减速停转。能耗制动对电网无冲击作用，应用较为广泛。

反接制动与能耗制动的优缺点比较见表 4-1。

表 4-1　反接制动与能耗制动的比较

制动方式 比较项目	反 接 制 动	能 耗 制 动
制动设备	需速度继电器	需直流电源
制动效果	制动力强,准确性差,冲击强烈	制动准确、平稳
优缺点	制动迅速,但冲击强烈,易损坏传动零件,不宜经常制动	能量损耗小,低速时制动效果差
适用范围	一般用在铣床、镗床、中型车床的主轴控制中	用于磨床、立铣等机床

发电制动又称再生制动。发电制动发生在电动机转速高于旋转磁场同步转速的时候（如起重设备当重物下降时就可能发生），转子导体产生感应电流，并在旋转磁场的作用下产生一个反方向的制动力矩，电动机便在发电制动的状态下运转。这种制动方式可限制重物下降的速度，并可将储藏的机械能或位能转变为电能，反馈到电网。

电容制动就是断电时，定子绕组接入三相电容器，电容器产生的自励电流建立磁场，与转子感应电流作用，产生一个与旋转方向相反的制动转矩。电容制动需配备电容器，易受电压波动影响，一般用于 10kW 以下的电动机。

4.1 机械制动特点及线路

4.1.1 机械制动方式及特点

机械制动常用的制动器有电磁制动器、电动-液压制动器、带式制动器、圆盘式制动器等几种。其中，最常用的是电磁制动器。几种常用机械制动器的制动方式及特点见表 4-2。

表 4-2 几种常用机械制动器的制动方式及特点

类别	结构示意	制动力	特点
电磁制动器	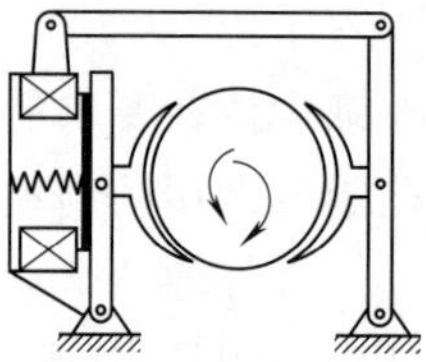	弹簧力	行程小，机械部分的冲击小，能承受频繁动作
电动-液压制动器	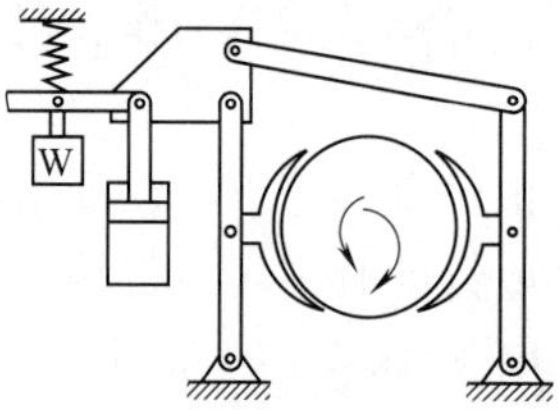	弹簧力 重锤力	制动时的冲击小，通过调节液压缸活塞的行程，可用于缓慢停机
带式制动器	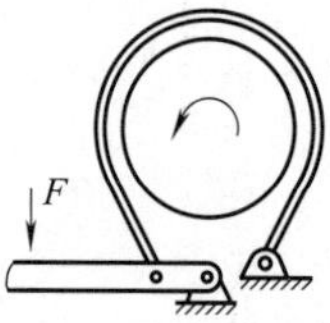	弹簧力 手动力 液压力	摩擦转矩大，用于紧急制动
圆盘式制动器	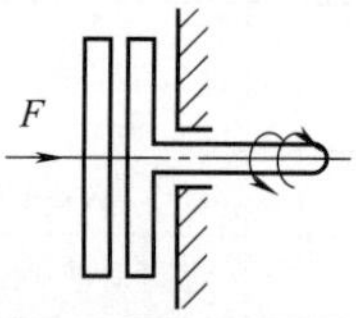	弹簧力 电磁力 液压力	能悬吊在小型的机器上

4.1.2 电磁抱闸制动线路（一、二）

（1）线路之一

线路之一如图 4-1 所示。电磁抱闸制动的关键部件是电磁抱闸制动器，它主要由制动电磁铁和闸瓦制动器两大部分组成。制动电磁铁的电源有 220V 和 380V 两种。闸瓦制动器包括闸瓦、杠杆、弹簧、闸轮等部件。闸轮与电动机装在同一根转轴上。

工作原理：当电动机接入电源时，电磁抱闸线圈 YB 也同时得电吸合，迫使制动杠杆向上移动，从而使制动器上的闸瓦与闸轮松开，电动机正常运转。当电动机电源被切断（按下停止按钮 SB₂）时，YB 也同时失电释放，使闸瓦在弹簧弹力的作用下迅速制动闸轮，使电动机迅速停转。

该线路的缺点是，电源被切断后，主轴的活动受到限制。此时，若需手动调整主轴或工作轴则较困难。

（2）线路之二

线路之二如图 4-2 所示。由图可见，电磁抱闸线圈 YB 电源仅在停止按钮 SB₂ 按下时接通。当 SB₂ 复位后，接触器 KM₂ 失电释放，其常开触点打开。抱闸线圈 YB 失电释放，使闸瓦在弹簧弹力的作用下迅速制动闸轮，使电动机迅速停转。这一制动方式虽然解决了制动后手动调整主轴和工作困难的问题，但其存在的突出缺点是，断电时无法制动。在某些场合下这是很危险的，是不允许的。

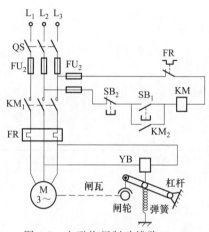

图 4-1 电磁抱闸制动线路（一）

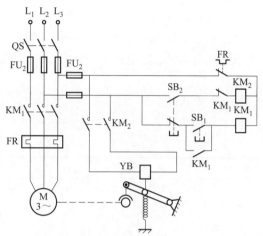

图 4-2 电磁抱闸制动线路（二）

4.2 反接制动线路

4.2.1 单向运转反接制动线路（一）

单向运转反接制动线路（一）如图 4-3 所示。

（1）控制目的和方法

控制目的：停机时，电动机串电阻反接制动，减小制动电流，并迅速停机。

控制方法：停机时，电动机绕组被反接，且三相串电阻限流。制动过程通过速度继电器来实现。

保护元件：熔断器 FU₁（电动机短路保护），FU₂（控制电路短路保护）；热继电器 FR（电动机过载保护）。

（2）线路组成

① 主电路。由开关 QS、熔断器 FU₁、接触器 KM₁ 及 KM₂ 主触点、降压电阻 R、热继电器 FR 和电动机 M 组成。

② 控制线路。由熔断器 FU₂、启动按钮

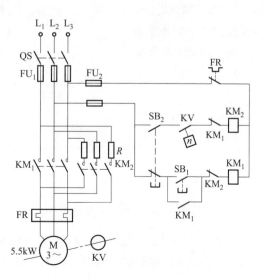

图 4-3 单向运转反接制动线路（一）

SB_1、停止按钮 SB_2、接触器 KM_1 及 KM_2、速度继电器 KV 和热继电器 FR 常闭触点组成。

（3）工作原理

合上电源开关 QS，按下启动按钮 SB_1，接触器 KM_1 得电吸合并自锁，电动机直接启动并带动速度继电器 KV 一起旋转。当电动机转速升高到一定值后（通常大于 120r/min），速度继电器 KV 的触点闭合，为接触器 KM_2 通电（即反接制动）做好准备。

停机时，按下停止按钮 SB_2，接触器 KM_1 失电释放，其常闭触点闭合，接触器 KM_2 得电吸合，改变了电动机定子绕组中电源相序，电动机反接制动，迫使电动机转速迅速下降。当转速低于 100r/min 或接近于零时，速度继电器 KV 触点打开，KM_2 失电释放，制动过程结束。反接制动过程为 1～3s。

接入制动电阻 R 的目的是，限制反接制动电流，以避免产生大的冲击。反接制动电流一般限制在电动机额定电流的 10 倍左右。小容量电动机（如 4.5kW 以下）可不必串入限流电阻。

（4）元件选择

电气元件参数见表 4-3。

表 4-3 电气元件参数

序号	名　称	代号	型号规格	数　量
1	铁壳开关	QS	HH3-30/30A	1
2	熔断器	FU_1	RC1A-30/30A（配 QS）	3
3	熔断器	FU_2	RL1-15/5A	2
4	热继电器	FR	JR14-20/2　10～16A	1
5	交流接触器	KM_1、KM_2	CJ20-16A　380V	2
6	速度继电器	KV	JY1	1
7	电阻	R	见计算	3
8	按钮	SB_1	LA18-22（绿）	1
9	按钮	SB_2	LA18-22（红）	1

① 限流电阻的选择。

【例 4-1】 一台额定功率为 11kW 的三相异步电动机，额定电流 $I_e = 21.8A$，启动电流 $I_q = 152A$，额定电压 $U_e = 380V$，采用两相串接限流电阻，要求反接制动最大电流为 $I_p/2$，试求反接制动限流电阻。

解 限流电阻阻值为

$$R = 1.5 \times 1.5 \frac{U_e}{\sqrt{3} I_q} = 1.5 \times 1.5 \times \frac{380}{\sqrt{3} \times 152} \approx 3.2 (\Omega)$$

电阻功率为

$$P = k I_f^2 R = \frac{1}{4} \times \left(\frac{152}{2}\right)^2 \times 3.2 = 4621 (W) （取 5kW）$$

② 速度继电器 KV 的整定。一般将 KV 触点吸合时的转速整定在 120r/min 即可。

4.2.2 单向运转反接制动线路（二）

图 4-3 线路的缺点是，如果操作人员因工作需要用手转动工件或主轴，当电动机转速达到 120r/min 时，则速度继电器 KV 的常开触点即闭合，KM_2 吸合，电动机向反方向转动，很可能造成工伤事故。

为了克服图 4-3 所示线路的不足，采用如图 4-4 所示的线路。该线路比图 4-3 所示线路增加了一只中间继电器。其工作原理与图 4-3 所示线路的工作原理类似。

4.2.3　单向运转反接制动线路（三）

串电阻降压启动及单向运转反接制动线路如图 4-5 所示。反接制动具有较强的制动效果，制动转矩较恒定，但制动时的振动和冲击力都比较大，影响设备的精度，所以一般只适用于 11kW 以下的电动机。为限制反接制动电流，可串入限流电阻。

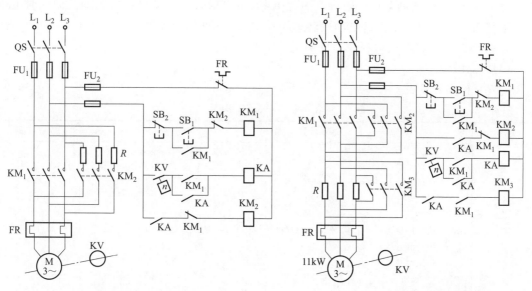

图 4-4　单向运转反接制动线路（二）　　　图 4-5　单向运转反接制动线路（三）

（1）控制目的和方法

控制目的：电动机串电阻降压启动，串电阻反接制动，减小制动电流，避免产生大的冲击，并迅速停机。

控制方法：① 启动时串电阻降压，以减小启动电流；启动完毕，将电阻切除，电动机全压运行；② 停机时，电动机定子绕组被反接并串电阻降压，迅速制动停机。启动过程和反接制动过程通过速度继电器控制。

保护元件：熔断器 FU_1（电动机短路保护），FU_2（控制电路短路保护）；热继电器 FR（电动机过载保护）。

（2）线路组成

① 主电路。由开关 QS、熔断器 FU_1、接触器 $KM_1 \sim KM_3$ 主触点、降压电阻 R、热继电器 FR 和电动机 M 组成。

② 控制电路。由熔断器 FU_2、启动按钮 SB_1、停止按钮 SB_2、接触器 $KM_1 \sim KM_3$、中间继电器 KA、速度继电器 KV 和热继电器 FR 常闭触点组成。

（3）工作原理

① 初步分析。启动时，电动机串电阻 R 降压启动，接触器 KM_1 应吸合，KM_2、KM_3 应释放。经过一段延时后，KM_3 吸合，电阻 R 切除，电动机全压运行。

停机时，电动机串入电阻 R，且反接制动，接触器 KM_1、KM_3 应释放，KM_2 应吸合。

当电动机停转后，KM_2 也释放。

② 顺着分析。合上电源开关 QS，按下启动按钮 SB_1，接触器 KM_1 得电吸合并自锁，其常开触点闭合，电动机经电阻 R 降压启动。当转速上升到一定值时，速度继电器 KV 触点闭合，中间继电器 KA 得电吸合并自锁，其常开触点闭合，接触器 KM_3 得电吸合，其主触点闭合，短接了降压电阻 R，电动机进入全压正常运行。

停机时，按下停止按钮 SB_2，接触器 KM_1、KM_3 先后失电释放，使降压电阻串入电动机定子回路。这时电动机因惯性作用仍然运转，速度继电器 KV 触点仍闭合，故 KA 仍吸合。由于 KM_1 常闭辅助触点已闭合，因此 KM_2 得电吸合，电动机反接制动，而此时电阻 R 起限制制动电流的作用。当电动机转速下降到一定值时，KV 触点断开，KA 失电释放，其常开触点断开，KM_2 失电释放，反接制动结束。

（4）元件选择

电气元件参数见表 4-4。

表 4-4 电气元件参数

序 号	名 称	代 号	型号规格	数 量
1	铁壳开关	QS	HH3-60/50A	1
2	熔断器	FU_1	RC1A-60/50A(配 QS)	3
3	熔断器	FU_2	RL1-15/5A	2
4	热继电器	FR	JR14-20/2 14~22A	1
5	电阻	R	见计算	3
6	交流接触器	$KM_1 \sim KM_3$	CJ20-25A 380V	3
7	中间继电器	KA	JZ7-44 380V	1
8	速度继电器	KV	JY1	1
9	按钮	SB_1	LA18-22(绿)	1
10	按钮	SB_2	LA18-22(红)	1

① 降压电阻 R 的选择。

【例 4-2】 一台额定功率为 7.5kW 三相异步电动机，额定电流 $I_e = 15A$，启动电流 $I_q = 105A$，额定电压 $U_e = 380V$。试求降压电阻。

解 取 $I_q' = 2I_e = 2 \times 15 = 30(A)$，得降压电阻为

$$R = 190 \times \frac{I_q - I_q'}{I_q I_q'} = 190 \times \frac{105 - 30}{150 \times 30} = 4.5(\Omega)$$

每相降压电阻的功率为

$$P = (0.25 \sim 0.33)I_q'^2 R = (0.25 \sim 0.33) \times 30^2 \times 4.5 =$$
$$1012.5 \sim 1336.5(W) \approx 1 \sim 1.3(kW)$$

可以选用 ZB_2-4.5Ω 片形电阻。

② 速度继电器 KV 的整定。一般将 KV 触点吸合时的转速整定在 120r/min 即可。

4.2.4 单向运转反接制动线路（四）

当电动机在灰尘、油污较多的环境下运行时，与电动机装在一起的速度继电器容易失灵，造成反接制动失效。为此，可用一只时间继电器来代替速度继电器。由于时间继电器可装在控制柜内，环境好，工作可靠。采用时间继电器的单向运转反接制动线路如图 4-6 所示。

工作原理：合上电源开关 QS，按下启动按钮 SB_1，中间继电器 KA 得电吸合并自锁，其常开触点闭合，接触器 KM_1 得电吸合，电动机启动运行。同时，KM_1 常开辅助触点闭

合，时间继电器 KT 线圈通电吸合，其延时断开常开触点闭合，为接触器 KM$_2$ 通电（即反接制动）做好准备。

停机时，按下停止按钮 SB$_2$，KA、KM$_1$ 先后失电释放。同时，KT 也因 KM$_1$ 的常开辅助触点断开而失电，反接制动开始。KT 的延时断开常开触点 1～2s（可调）后打开，反接制动结束，电动机停转。

时间继电器 KT 可选用 JST-3A 等型号，时间整定值约 1s。

4.2.5　正反向运转反接制动线路（一）

正反向运转反接制动线路（一）如图 4-7 所示。

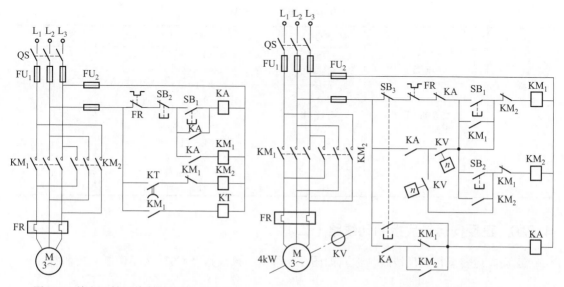

图 4-6　单向运转反接制动线路（四）　　图 4-7　正反向运转反接制动线路（一）

（1）控制目的和方法

控制目的：电动机正转、反转运行；停机时，均可实现反接制动，快速停机。

控制方法：停机时，反接制动。制动停机过程由速度继电器来实现。

保护元件：熔断器 FU$_1$（电动机短路保护），FU$_2$（控制电路短路保护）；热继电器 FR（电动机过载保护）。

（2）线路组成

① 主电路。由开关 QS、熔断器 FU$_1$、接触器 KM$_1$ 及 KM$_2$ 主触点、热继电器 FR 和电动机 M 组成。

② 控制电路。由熔断器 FU$_2$、正转启动按钮 SB$_1$、反转启动按钮 SB$_2$、停止按钮 SB$_3$、接触器 KM$_1$ 及 KM$_2$、中间继电器 KA、速度继电器 KV 和热继电器 FR 常闭触点组成。

（3）工作原理

合上电源开关 QS，按下启动按钮 SB$_1$，接触器 KM$_1$ 得电吸合并自锁，电动机正转。当电动机转速达到一定值后，速度继电器 KV 触点（图中下方的触点）闭合，为接触器 KM$_2$ 通电（即反接制动）做好准备。

停机时，按下停止按钮 SB$_3$，接触器 KM$_1$ 失电释放，其常闭触点闭合，中间继电器 KA 得电吸合，其常开触点闭合，接触器 KM$_2$ 得电吸合，改变了电动机定子绕组电源相序，电动机反接制动，迫使电动机转速迅速下降。当转速低于一定值或接近于零时，KV 触点打开，KM$_2$ 和 KA 先后失电释放，电动机脱离电源，制动结束。

电动机反转及制动与上述过程相似。启动时，按反转启动按钮 SB$_2$。反向正常运转时，速度继电器 KV 的另一副触点（图中上方的触点）闭合。停机时仍按下停止按钮 SB$_3$。

速度继电器 KV 的整定：合上电源开关，将电动机启动并使转速达到一定值（一般约为额定转速的 80％，可用转速表测试），调整 KV 使其触点闭合。再按停止按钮 SB$_3$，看 KV 是否在转速为零时触点才断开。如果断开过早，可将整定值减小，如为额定转速的 70％左右。

（4）元件选择

电气元件参数见表 4-5。

表 4-5　电气元件参数

序号	名称	代号	型号规格	数量
1	闸刀开关	QS	HK2-30/3	1
2	熔断器	FU$_1$	RL1-60/25A	3
3	熔断器	FU$_2$	RL1-15/5A	2
4	热继电器	FR	JR14-20/2　6.8～11A	1
5	交流接触器	KM$_1$、KM$_2$	CJ20-16A　380V	2
6	中间继电器	KA	JZ7-44　380V	1
7	速度继电器	KV	JY1	1
8	按钮	SB$_1$	LA18-22(绿)	1
9	按钮	SB$_2$	LA18-22(黄)	1
10	按钮	SB$_3$	LA18-22(红)	1

4.2.6　正反向运转反接制动线路（二）

正反向运转反接制动线路（二）如图 4-8 所示。该线路是 C650-2 车床制动控制线路。

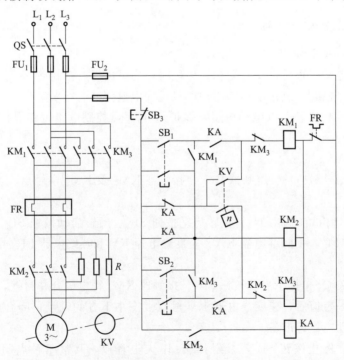

图 4-8　正反向运转反接制动线路（二）

工作原理：合上电源开关 QS，按下正转启动按钮 SB_1，接触器 KM_2 得电吸合，其常开辅助触点闭合，中间继电器 KA 得电吸合，接触器 KM_1 得电吸合，电动机直接启动正转。速度继电器 KV 触点（图中下方的触点）闭合，为反接制动做好准备。

停机时，按下停止按钮 SB_3，中间继电器 KA 失电释放，接触器 KM_2 失电释放，其常开主触点打开，接入制动电阻 R。KM_1 失电释放，电动机正转线路断开，KM_1 常开辅助触点闭合。当 SB_3 复位后，反接制动接触器 KM_3 得电吸合，其常开主触点闭合，电动机串入电阻 R 进入反接制动状态，转速迅速下降。当转速低于一定值或接近于零时，速度继电器 KV 触点打开，KM_3 失电释放，电动机脱离电源，制动结束。

电动机反转及其制动过程与上述过程相似。启动时，按反转启动按钮 SB_2。反向正常运转时，速度继电器 KV 的另一副触点（图 4-8 中上方的触点）闭合。停车时仍按下停止按钮 SB_3。

反接制动限流电阻 R 电阻值的计算如下：

① 如果要求最大反接制动电流等于该电动机直接启动时的启动电流，则反接制动限流电阻的电阻值可按下式估算：

$$R \approx 0.13Z = 0.13 \frac{U}{\sqrt{3} I_q}$$

式中　R——限流电阻，Ω；

　　　Z——电动机启动时每相阻抗，Ω；

　　　U——电源线电压，三相异步电动机为 380V；

　　　I_q——电动机直接启动时启动电流，A，可由产品样本中查得。

② 如果最大反接制动电流取 $I_q/2$，则限流电阻的电阻值可按下式估算：

$$R \approx 1.5 \frac{U}{\sqrt{3} I_q}$$

③ 限流电阻的功率可按下式估算：

$$P = \frac{I_f^2 R}{3}$$

式中　P——限流电阻的功率，W；

　　　I_f——反接制动时的制动电流，A；

　　　R——反接制动限流电阻，Ω。

④ 如果仅有两相接有限流电阻，则限流电阻的电阻值应略大，可分别取上述电阻值的 1.5 倍左右。

4.2.7　正反向运转反接制动线路（三）

正反向运转反接制动线路（三）如图 4-9 所示。它适用于较大功率的三相异步电动机。

（1）控制目的和方法

控制目的：电动机降压启动；正转、反转串电阻反接制动停机。

控制方法：启动时，定子串电阻降压，以减小启动电流，启动完毕，电动机全压运行；停机时，串电阻反接制动。以上过程通过速度继电器来实现。

保护元件：断路器 QF（电动机短路保护）；熔断器 FU（控制电路短路保护）；热继电器 FR（电动机过载保护）。

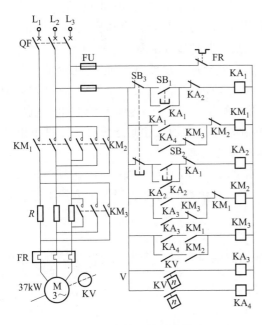

图 4-9　正反向运转反接制动线路（三）

（2）线路组成

① 主电路。由断路器 QF、接触器 $KM_1 \sim KM_3$ 主触点、降压电阻 R、热继电器 FR 和电动机 M 组成。

② 控制电路。由熔断器 FU、正转启动按钮 SB_1、反转启动按钮 SB_2、停止按钮 SB_3、接触器 $KM_1 \sim KM_3$、中间继电器 $KA_1 \sim KA_4$、速度继电器 KV 和热继电器 FR 常闭触点组成。

（3）工作原理

合上断路器 QF，按下启动按钮 SB_1，中间继电器 KA_1 得电吸合并自锁，其常开触点闭合，接触器 KM_1 得电吸合，电动机经限流电阻降压启动正转。当转速上升到一定值后，速度继电器 KV 触点（图 4-9 中上方的一副）闭合，KA_3 得电吸合，其常开触点闭合，接触器 KM_3 得电吸合，其主触点将限流电阻 R 短接，电动机进入全压正常运行。

　　停机时，按下停止按钮 SB_3，中间继电器 KA_2 失电释放，其常开触点断开；同时 KA_1 失电释放，其常开触点断开，KM_1 失电释放，其常开辅助触点断开，KM_3 失电释放，并联在限流电阻 R 上的主触点断开，而接触器 KM_2 得电吸合，电动机串入限流电阻反接制动，电动机转速迅速下降。当转速下降到某一值或接近零时，速度继电器 KV 触点（图 4-9 中上边的一副）断开，中间继电器 KA_3 失电释放，其常开触点断开，KM_2 失电释放，电动机脱离电源，制动结束，电动机停止运转，电路恢复到初始状态。

　　电动机反转及其制动过程与上述过程相似，启动时按反转启动按钮 SB_2。反向正常运转时，速度继电器 KV 另一副触点（图 4-9 中下方的触点）闭合。停车时仍按下停止按钮 SB_3。

　　断路器 QF 的热脱扣整定值为 80A，作为电动机过载的后备保护。

（4）元件选择

电气元件参数见表 4-6。

表 4-6　电气元件参数

序号	名　称	代号	型号规格	数　量
1	断路器	QF	TH-100　$I_{dz}=80A$	1
2	熔断器	FU	RL1-15/5A	2
3	热继电器	FR	JR16-150/3　53～85A	1
4	交流接触器	$KM_1 \sim KM_3$	CJ20-100A　380V	3
5	中间继电器	$KA_1 \sim KA_4$	JZ7-44　380V	4
6	速度继电器	KV	JY1	1
7	按钮	SB_1	LA18-22(绿)	1
8	按钮	SB_2	LA18-22(黄)	1
9	按钮	SB_3	LA18-22(红)	1
10	电阻	R	计算见 4.2.6	3

4.2.8　正反向运转反接制动线路（四）

当电动机所处环境差，灰尘、油污较多时，为避免速度继电器失灵，可改用时间继电器代替，线路如图 4-10 所示。

（1）控制目的和方法

控制目的：电动机可正转、反转运行；停机时，均可反接制动停机。

控制方法：停机时反接制动，通过时间继电器来实现。

保护元件：熔断器 FU$_1$（电动机短路保护），FU$_2$（控制电路短路保护）；热继电器 FR（电动机过载保护）。

（2）线路组成

① 主电路。由开关 QS、熔断器 FU$_1$、接触器 KM$_1$ 及 KM$_2$ 主触点、热继电器 FR 和电动机 M 组成。

② 控制电路。由熔断器 FU$_2$、正转启动按钮 SB$_1$、反转启动按钮 SB$_2$、停止按钮 SB$_3$、接触器 KM$_1$ 及 KM$_2$、中间继电器 KA$_1$ 及 KA$_2$、时间继电器 KT$_1$ 及 KT$_2$ 和热继电器 FR 常闭触点组成。

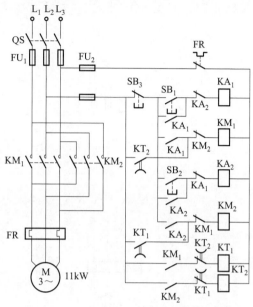

图 4-10　正反向运转反接制动线路（四）

（3）工作原理

合上电源开关 QS，按下启动按钮 SB$_1$，中间继电器 KA$_1$ 得电吸合并自锁，其常开触点闭合，接触器 KM$_1$ 得电吸合，电动机正转运行。KM$_1$ 常开辅助触点闭合，时间继电器 KT$_1$ 线圈通电，其延时断开常开触点闭合，为反接制动做好准备。

停机时，按下停止按钮 SB$_3$，则 KA$_1$、KM$_1$ 和 KT$_1$ 先后失电释放，而接触器 KM$_2$ 得电吸合，反接制动开始。KT$_1$ 的延时断开常开触点经 1～2s（可调）后断开，反接制动结束，电动机停转。

如按启动按钮 SB$_2$ 和停止按钮 SB$_3$，电动机反转及其制动与上述过程相似。

（4）元件选择

电气元件参数见表 4-7。

表 4-7　电气元件参数

序　号	名　　称	代号	型号规格	数　　量
1	铁壳开关	QS	HH3-60/50A	1
2	熔断器	FU$_1$	RC1A-60/50A(配 QS)	3
3	熔断器	FU$_2$	RL1-15/5A	2
4	热继电器	FR	JR14-20/2　14～22A	1
5	交流接触器	KM$_1$、KM$_2$	CJ20-25A　380V	2
6	中间继电器	KA$_1$、KA$_2$	JZ7-44　380V	2
7	时间继电器	KT$_1$、KT$_2$	SJ23-1　0.2～30s	2
8	按钮	SB$_1$	LA18-22(绿)	1
9	按钮	SB$_2$	LA18-22(黄)	1
10	按钮	SB$_3$	LA18-22(红)	1

4.2.9 正反向运转反接制动线路（五）

正反向运转反接制动线路（五）如图 4-11 所示。该线路为自动往返、反接制动线路。为了防止限位开关 SQ_1 或 SQ_2 失灵而造成越位事故，增加了两个保护用限位开关 SQ_3 和 SQ_4。

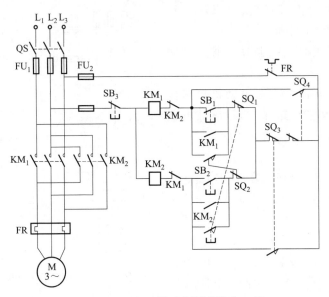

图 4-11 正反向运转反接制动线路（五）

工作原理：正转（或反转）运行时，按启动按钮 SB_1（或 SB_2），停机时，按停止按钮 SB_3，其工作原理同前。由于电动机有惯性，停机时虽加反接制动，仍可能带设备移动，为此在向前及向后极限位置设有限位开关 SQ_1 和 SQ_2。如果限位开关失灵，电动机带设备继续移动，这时会碰到保护用限位开关 SQ_3（向前）或 SQ_4（向后），使接触器 KM_1（或 KM_2）断电释放；同时，其 SQ_3（或 SQ_4）常开触点闭合，接通 KM_2（或 KM_1），电动机倒转，撞块脱离 SQ_3（或 SQ_4），即停止。

4.3 能耗制动线路

4.3.1 单向运转能耗制动线路（一）

单向运转能耗制动线路（一）如图 4-12 所示。图 4-12 （a）~（c）所示三个线路的能耗制动均由手动（按钮）控制。其中，图（a）、（b）所示的能耗制动直流电源采用变压器降压、桥式整流器整流获得；图（c）所示的能耗制动直流电源由二极管获得。它们的工作原理相似，但前者比后者的制动效果好。这种电路，常用于 7.5kW 以下、对制动要求较高的场所。对功率较大的电动机，制动用的直流电源应采用三相整流电路。下面以图 4-12 （a）为例作介绍。

（1）控制目的和方法

控制目的：电动机能耗制动，快速停机。

控制方法：停机时，切断三相交流电源，给定子绕组通以直流电源，产生制动转矩，阻

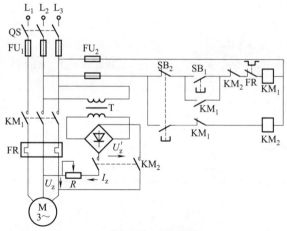

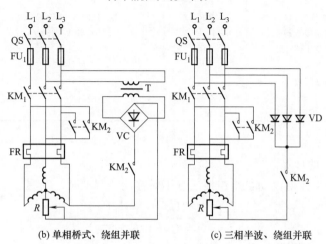

(a) 单相桥式、绕组串联

(b) 单相桥式、绕组并联　　(c) 三相半波、绕组并联

图 4-12　单向运转能耗制动线路（一）

止转子旋转。通过手动（按钮）控制。

　　保护元件：熔断器 FU₁（电动机短路保护）。FU₂（控制电路短路保护）；热继电器 FR（电动机过载保护）。

　　（2）线路组成

　　① 主电路。由开关 QS、熔断器 FU₁、接触器 KM₁ 主触点、热继电器 FR 和电动机 M 组成。

　　② 控制电路。由熔断器 FU₂、启动按钮 SB₁、停止按钮 SB₂、接触器 KM₁ 及 KM₂ 和热继电器 FR 常闭触点组成。

　　③ 能耗制动电路。由变压器 T、整流桥 VC、接触器 KM₂ 主触点和变阻器 R 组成。

　　（3）工作原理

　　① 初步分析。启动时，接触器 KM₁ 吸合，KM₂ 释放；停机时，KM₁ 释放，KM₂ 吸合。制动过程需一直按停止按钮 SB₂。

　　② 顺着分析。合上电源开关 QS，按下启动按钮 SB₁，接触器 KM₁ 得电吸合并自锁，电动机启动运转。若需要对电动机进行能耗制动，可按下停止按钮 SB₂，其常闭触点首先切断接触器 KM₁ 的线圈电路，KM₁ 失电释放，电动机脱离三相交流电源。而后 SB₂ 常开触

点闭合，接触器 KM₂ 得电吸合，其主触点闭合，于是降压变压器 T 二次侧电压经整流桥 VC 整流后加到两相定子绕组上，电动机进入能耗制动状态。待电动机惯性转速迅速下降至零时，松开停止按钮 SB₂，接触器 KM₂ 失电释放，切断直流电源，能耗制动结束。

变阻器 R 的作用是调节制动电流的大小，进而调节制动作用的强度。有的能耗制动线路并不用变阻器 R，而是采用调节变压器 T 二次侧抽头的办法调节整流电压的大小，也能达到调节制动电流的目的。

（4）元件选择

电气元件参数见表 4-8。

表 4-8　电气元件参数

序号	名　称	代号	型号规格	数　量
1	铁壳开关	QS	HH3-60/40A	1
2	熔断器	FU₁	RC1A-60/40A(配 QS)	3
3	熔断器	FU₂	RL1-15/5A	2
4	热继电器	FR	JR14-20/2　14～22A	1
5	交流接触器	KM₁、KM₂	CJ20-25A　380V	2
6	变压器	T	见计算	1
7	整流桥	VC	见计算	4
8	变阻器	R	见计算	1
9	按钮	SB₁	LA18-22(绿)	1
10	按钮	SB₂	LA18-22(红)	1

（5）计算与调试

① 限流电阻 R 的计算

a. Y 绕组，在不改变电动机绕组接法，不对称能耗制动时，则有

$$I_z = 1.22 I_e, P_z = 6 I_e^2 R_1$$

$$U_z' = 4.88 I_e R_1, R = R_1$$

式中　I_z——制动时的励磁电流（制动电流），A；

P_z——直流回路的功率，V·A；

U_z'——外施直流电源的电压，V；

I_e——电动机额定电流，A；

R_1——电动机定子绕组任意两根电源接线柱之间的冷态电阻，Ω；

R——直流回路中的限流电阻，Ω。

b. 改变电动机绕组接法（改成并联或串联），对称能耗制动时，则有

$$I_z = K_c I_e, R = U_z'/I_z \quad （绕组并联时）$$

$$R = \frac{U_z'}{I_z} - R_z \quad （绕组串联时）$$

式中　I_z——制动电流，A；

K_c——强迫系数，由所需制动转矩的大小决定，一般取 1.5～3.5；

R——限流电阻，Ω；

R_z——绕组串联后的总电阻，Ω；

其他符号的含义同上。

② 整流变压器 T 的计算

a. 直流回路中串接限流电阻。变压器二次侧电压为

$$U_2 = 1.11U_z' + 2\Delta U_g$$

式中　ΔU_g——一只整流管的压降，$0.6 \sim 0.7\text{V}$。

变压器二次侧电流为

$$I_2 = 1.11I_z$$

变压器计算容量为

$$S_{2j} = U_2 I_2$$

b. 直流回路不串接限流电阻。直流回路不串接限流电阻，其电动机运行的安全性较串接限流电阻差，这时变压器相关参数的计算公式如下。

直流电源电流为

$$I_z = 1.5I_e$$

直流电源电压为

$$U_z' = I_z R_1$$

变压器二次侧电压为

$$U_2 = 1.11U_z' + 2\Delta U_g$$

变压器二次侧电流为

$$I_2 = 1.11I_z$$

变压器计算容量为

$$S_{2j} = U_2 I_2$$

以上两方案的变压器实际容量为

$$S_2 = S_{2j}/2（制动特别频繁的场合）$$
$$S_2 = S_{2j}/3（制动不频繁的场合）$$

由于整流变压器仅在制动过程中短时间内工作，故变压器实际容量可取得较小。

③ 二极管的选择　单相桥式整流电路中，每个二极管中流过的电流平均值为 $0.5I_z$，最大反向电压为 $1.57U_z$，考虑 $1.5 \sim 2.5$ 的安全系数，选择适当的整流二极管。

注意：除按上述方法计算限流电阻 R 值外，还可按实际试验确定。即在调试过程中，从大到小地调整 R 的限值，使通入电动机绕组内的直流电流既能满足制动要求，又不会使电动机过分发热。调整范围一般为电动机空载电流的 $3 \sim 5$ 倍。

4.3.2　单向运转能耗制动线路（二）

单向运转能耗制动线路（二）如图 4-13 所示。

该线路采用自动控制的能耗制动方式。它是在图 4-12（a）的基础上改进而成的，利用时间继电器控制制动时间。自动控制接线同样可用于图 4-12（b）和图 4-12（c）所示的两种接线。

工作原理：合上电源开关 QS，按下启动按钮 SB₁，接触器 KM₁ 得电吸合并自锁，电动机

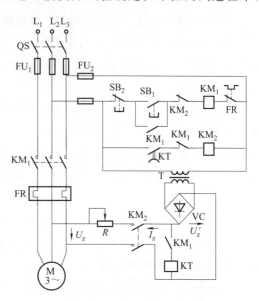

图 4-13　单向运转能耗制动线路（二）

启动运行。KM₁ 常开辅助触点闭合，时间继电器 KT 线圈通电，为制动做好准备。

停机时，按下停止按钮 SB₂，接触器 KM₁ 失电释放，电动机脱离交流电源做惯性旋转，KM₁ 常闭辅助触点闭合，接触器 KM₂ 得电吸合并自锁，接通了硅整流器 VC 的输出回路，电动机处于能耗制动状态。接触器 KM₁ 释放时，时间继电器 KT 线圈失电，经过一段延时后（2～4s，可调），其延时断开常开触点断开，KM₂ 失电释放，电动机脱离直流电源，制动过程结束。

元件选择参见线路之一。

4.3.3　时间原则控制的能耗制动线路（一）

时间原则控制的能耗制动线路（一）如图 4-14 所示。

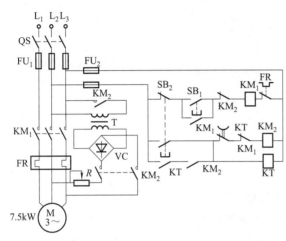

图 4-14　时间原则控制的能耗制动线路（一）

（1）控制目的和方法

控制目的：能耗制动，快速停机。

控制方法：停机时，切断三相交流电源，给定子绕组通以直流电源，产生制动转矩，阻止转子旋转。通过时间继电器控制。

保护元件：熔断器 FU₁（电动机短路保护），FU₂（控制电路短路保护）；热继电器 FR（电动机过载保护）。

（2）线路组成

① 主电路。由开关 QS、熔断器 FU₁、接触器 KM₁ 主触点、热继电器 FR 和电动机 M 组成。

② 控制电路。由熔断器 FU₂、启动按钮 SB₁、停止按钮 SB₂、接触器 KM₁ 及 KM₂、时间继电器 KT 和热继电器 FR 常闭触点组成。

③ 能耗制动电路。由变压器 T、整流桥 VC、接触器 KM₂ 主触点和变阻器 R 组成。

（3）工作原理

合上电源开关 QS，按下启动按钮 SB₁，接触器 KM₁ 得电吸合并自锁，电动机启动运行。

停机时，按下停止按钮 SB₂，接触器 KM₁ 失电释放，电动机脱离交流电源做惯性旋转，同时接触器 KM₂ 得电吸合并自锁，接通了硅整流器 VC 的输出回路，电动机处于能耗制动状态。KM₂ 常开辅助触点闭合，时间继电器 KT 线圈通电，经过一段延时后，其延时断开常闭触点断开，接触器 KM₂ 失电释放，电动机脱离直流电源，制动过程结束。

该线路设有一对时间继电器 KT 的瞬时闭合常开触点。当时间继电器线圈断线或因机械故障使其常闭触点不能断开时，KT 的常开触点就不可能闭合，此时若按下停止按钮 SB₂，接触器 KM₂ 线圈虽能通电但不能自锁，松开 SB₂ 后，KM₂ 立即失电释放，从而消除了直流电长期通过定子绕组的缺陷。

时间继电器 KT 的延时时间，一般整定在 2～4s，具体可实际调试决定。即延时时间为按下停止按钮 SB₂，至电动机完全停止下来为止的这段时间。

（4）元件选择

电气元件选择参见表 4-7。

4.3.4　时间原则控制的能耗制动线路（二）

线路之二如图 4-15 所示。该线路中增加了一个限位开关 SQ，当电动机带机械设备运行到预定位置时，切断电源并进行能耗制动，以实现快速、准确的定位。常用于机床电路。

该线路的工作原理与图 4-14 类同。

4.3.5　利用电容储能放电的能耗制动线路

利用电容储能放电的能耗制动线路如图 4-16 所示。它适用于 11kW 以下的电动机。

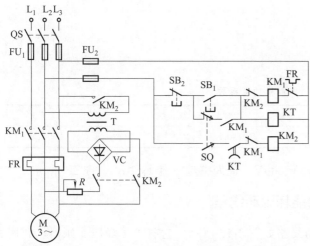

图 4-15　时间原则控制的能耗制动线路（二）

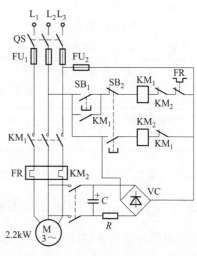

图 4-16　利用电容储能放电的能耗制动线路

（1）控制目的和方法

控制目的：电动机能耗制动，快速停机。

控制方法：利用电容储能放电产生制动转矩。

保护元件：熔断器 FU_1（电动机短路保护），FU_2（控制电路和能耗制动电路的短路保护）；热继电器 FR（电动机过载保护）。

（2）线路组成

① 主电路。由开关 QS、熔断器 FU_1、接触器 KM_1 主触点、热继电器 FR 和电动机 M 组成。

② 控制电路。由熔断器 FU_2、启动按钮 SB_1、停止按钮 SB_2、接触器 KM_1 及 KM_2 和热继电器 FR 常闭触点组成。

③ 能耗控制电路。由整流桥 VC、电容 C、限流电阻 R 和接触器 KM_2 主触点组成。

（3）工作原理

合上电源开关 QS，按下启动按钮 SB_1，接触器 KM_1 得电吸合并自锁，电动机启动运行。同时 380V 交流电源经整流桥 VC 整流后通过限流电阻 R 向电容 C 充电，其电压为电源电压峰值的 $\sqrt{2}$ 倍，即 $\sqrt{2} \times 380 = 537(V)$，作为电动机停机时的制动能源。

停机时，按下停止按钮 SB_2，接触器 KM_1 失电释放，电动机脱离交流电源做惯性旋转。

同时，接触器 KM_2 得电吸合，其常开触点闭合，电容 C 中储存的能源和整流器 VC 输出的电源同时输入电动机定子绕组，产生制动转矩，使电动机瞬时停转。

在制动过程中，停止按钮要一直按着，制动结束后再放开它。这一过程为 $0.3\sim3\mathrm{s}$（电动机容量越大，惯性也越大，则制动时间越长）。

（4）元件选择

① 电容 C 的选择。当电动机功率为 2.2kW 以下时，C 的容量可取 $100\sim200\mu\mathrm{F}$；$2.2\sim7.5\mathrm{kW}$ 时，可取 $200\sim400\mu\mathrm{F}$，电容耐压应大于 600V。

② 电阻 R 的选择。

$$R=\frac{380}{KI_\mathrm{e}},P\geqslant200KI_\mathrm{e}$$

式中　R——电阻值，Ω；

　　　P——电阻功率，W；

　　　K——电动机功率系数，见表 4-9；

　　　I_e——电动机额定电流，A。

表 4-9　电动机功率系数

电动机功率/kW	0.75	1.1	2.2	3	4	5.5	7.5
K	1	0.9	0.8	0.7	0.6	0.5	0.4

③ 整流二极管的选用。可选用耐压大于 600V、最大整流电流 $I_\mathrm{F}\geqslant KI_\mathrm{e}$ 的 ZP 系列。

4.3.6　利用电容放电定制动时间的能耗制动线路

利用电容放电定制动时间的能耗制动线路如图 4-17 所示。它省去了降压变压器，利用电容储能放电的原理控制制动时间的长短，可用于动作不频繁、功率 11kW 以下的电动机。

（1）控制目的和方法

控制目的：电动机能耗制动，快速停机。

控制方法：停机时，切断三相交流电源，给定子绕组通以直流电源，产生制动转矩，阻止转子旋转。制动时间可根据具体情况，改变元件参数加以调整。

保护元件：熔断器 FU_1（电动机短路保护），FU_2（控制电路短路保护），FU_3（制动电路短路保护）；热继电器 FR（电动机过载保护）。

（2）线路组成

① 主电路。由开关 QS、熔断器 FU_1、接触器 KM_1 主触点、热继电器 FR 和电动机 M 组成。

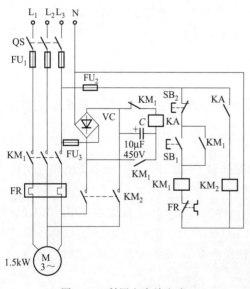

图 4-17　利用电容放电定
制动时间的能耗制动线路

② 控制电路。由熔断器 FU_2、启动按钮 SB_1、停止按钮 SB_2、接触器 KM_1 及 KM_2 和热继电器 FR 常闭触点组成。

③ 能耗制动电路。由熔断器 FU₃、整流桥 VC、中间继电器 KA、电容 C 和接触器 KM₁、KM₂ 触点组成。

（3）工作原理

合上电源开关 QS，按下启动按钮 SB₁，接触器 KM₁ 得电吸合并自锁，电动机启动运行。同时，KM₁ 常开辅助触点闭合，电容 C 被充电。

停机时，按下停止按钮 SB₂，接触器 KM₁ 失电释放，电动机脱离交流电源做惯性旋转。同时，KM₁ 常开辅助触点断开，电容 C 对线圈阻值为 3kΩ 的高灵敏继电器 KA 放电，使 KA 吸合，其常开触点闭合，接触器 KM₂ 得电吸合，接通了整流桥 VC 的输出回路，电动机处于能耗制动状态。经过一段时间后，电容 C 的放电电流减小到不足以维持 KA 吸合，于是 KA 释放，继而 KM₂ 失电释放，制动过程结束。

制动时间的长短，取决于中间继电器 KA 线圈的阻值、电容 C 的容量及 KA 的释放电流，一般可通过调整电容 C 的容量来改变制动时间的长短。

（4）元件选择

主电路和控制电路的元件参数参见表 4-8。能耗制动电路的元件参数见表 4-10。

表 4-10　能耗制动电路元件参数

序号	名　　称	代号	型号规格	数　　量
1	熔断器	FU₃	RT14-16/5A	1
2	整流桥	VC	ZP20A　800V	4
3	中间继电器	KA	JQX-10F　DC 220V	1
4	电解电容器	C	CD11　10μF　450V	1

4.3.7　单管整流的能耗制动线路

采用一只二极管整流的能耗制动线路如图 4-18 所示。它适用于中性点接地的三相四线制供电系统。

整流电源由交流 220V 经二极管 VD 半波整流而得。停机时，接触器 KM₁ 失电释放，切断三相交流电源，而 KM₂ 得电吸合，三副常开触点闭合，其中一副触点将电动机两相间绕组短接；另一副触点接通电源和电动机一相绕组；第三副触点接通电动机另一相绕组及整流二极管 VD，再回到电源零线。这个单向电流通过电动机绕组，形成方向不变的磁场，对转子产生吸力，从而产生制动作用。

该线路结构简单，元件较少，但要求二极管额定电流较大，耐压值较高。

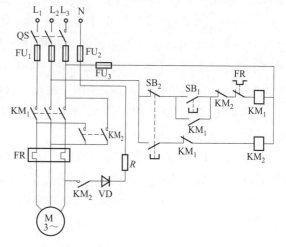

图 4-18　单管整流的能耗制动线路

4.3.8　晶闸管控制的能耗制动线路

晶闸管控制的能耗制动线路如图 4-19 所示。该线路省去了降压变压器 T，采用晶闸管控制，适用于小功率异步电动机的制动。

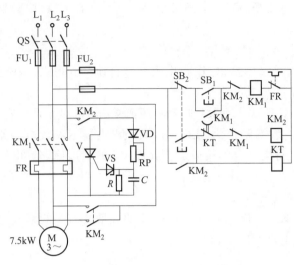

图 4-19　晶闸管控制的能耗制动线路

（1）控制目的和方法

控制目的：电动机能耗制动，快速停机。

控制方法：停机时，切断三相交流电源，给定子绕组通以直流电源，产生制动转矩，阻止转子旋转。采用晶闸管和时间继电器控制。

保护元件：熔断器 FU_1（电动机短路保护），FU_2（控制电路短路保护）；热继电器 FR（电动机过载保护）。

（2）线路组成

① 主电路。由开关 QS、熔断器 FU_1、接触器 KM_1 主触点、热继电器 FR 和电动机 M 组成。

② 控制电路。由熔断器 FU_2、启动按钮 SB_1、停止按钮 SB_2、接触器 KM_1 及 KM_2、时间继电器 KT 和热继电器 FR 常闭触点组成。

③ 能耗制动电路。由晶闸管 V、二极管 VD、稳压管 VS、电阻 R、电位器 RP、电容 C 和接触器 KM_2 主触点组成。

（3）工作原理

合上电源开关 QS，按下启动按钮 SB_1，接触器 KM_1 得电吸合并自锁，电动机启动运行。停机时，按下停止按钮 SB_2，接触器 KM_1 失电释放，电动机脱离交流电源做惯性旋转。同时接触器 KM_2 得电吸合并自锁，其主触点闭合，接通晶闸管 V 等构成的制动电路。W 相电源（正半周）经二极管 VD、电位器 RP，向电容 C 充电（通过 U 相电源构成回路），当 C 上的电压达到稳压管 VS 的击穿电压（约 30V）时，VS 击穿，晶闸管 V 被触发导通。电阻 R 为泄流电阻，使 C 上充的电荷能随时泄放。电源负半周，C 上的电荷经 R 泄放电。第二个电源正半周，电容 C 又得以充电，当 C 上的电压达到 VS 击穿电压时，晶闸管 V 再次触发导通。也就是说，电动机不断得到脉冲直流制动电流的作用，电动机处于制动状态。直至时间继电器 KT 延时断开常闭触点断开，接触器 KM_2 失电释放，其常开触点断开为止，制动过程才结束。

电位器 RP、电容 C 组成移相电路，以控制晶闸管 V 的导通角，从而提供一个大小合适的（脉动）直流电压，用以制动。C 容量大或 RP 阻值小，晶闸管的导通角就大，制动电流大，制动快；反之，则导通角就小，制动电流小，制动慢。

制动电流大小由电容 C 和电位器 RP 决定，调节 RP 可改变制动时间，一般调整在 $2\sim4s$。

时间继电器 KT 的延时时间为按下停止按钮 SB_2 开始，至电动机完全停止下来为止的这段时间。

（4）元件选择

主电路和控制电路的元件参数见表 4-8。能耗制动电路的元件参数见表 4-11。

表 4-11　能耗制动电路元件参数

序号	名　称	代号	型号规格	数　量
1	晶闸管	V	KP50A　800V	1
2	稳压管	VS	2CW118　U_z＝27～30V	1
3	二极管	VD	1N4007	1
4	金属膜电阻	R	RJ-510Ω　1/2W	1
5	电位器	RP	WH118 型　10kΩ　2W	1
6	电容器	C	CBB22　0.1μF　63V	1

4.3.9　采用自耦变压器降压启动的能耗制动线路

采用自耦变压器降压启动的能耗制动线路如图 4-20 所示。

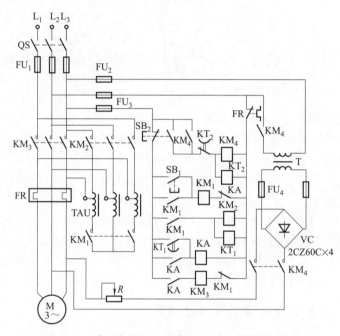

图 4-20　采用自耦变压器降压启动的能耗制动线路

工作原理：合上电源开关 QS，按下启动按钮 SB_1，接触器 KM_1 得电吸合并自锁，其常开辅助触点闭合，接触器 KM_2 得电吸合，电动机经自耦变压器降压启动。同时时间继电器 KT_1 线圈通电，经过一段延时后，电动机转速趋近额定值，KT_1 的延时闭合常开触点闭合，中间继电器 KA 得电吸合并自锁。KA 常闭触点断开，KM_1 失电释放，继而 KM_2、KT_1 失电释放，KA 常开触点闭合，于是接触器 KM_3 得电吸合，电动机从自耦变压器上脱开，进入全压正常运行。

停机时，按下停止按钮 SB_2，接触器 KM_3 失电释放，电动机脱离交流电源，同时接触器 KM_4 得电吸合并自锁，其常开触点接通整流电源回路，电动机绕组通以直流电源，进行能耗制动。在 KM_4 吸合的同时，时间继电器 KT_2 线圈通电，经过一段延时（2～3s，可调），其延时断开常闭触点断开，KM_4 失电释放，电动机脱离直流电源，制动过程结束。

4.3.10　带点动制动的能耗制动线路

带点动制动的能耗制动线路如图 4-21 所示。该线路不仅能使电动机在正常停机时有制

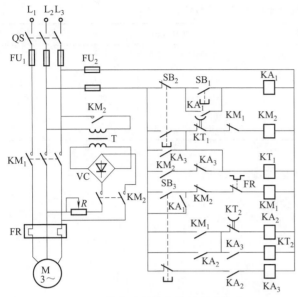

图 4-21 带点动制动的能耗制动线路

动作用，而且在点动过程中也有较好的制动效果。

工作原理：合上电源开关 QS，按下启动按钮 SB_1，中间继电器 KA_1 得电吸合并自锁，其常开触点闭合，接触器 KM_1 得电吸合，电动机启动运行。

正常停机时，按下停止按钮 SB_2，中间继电器 KA_1 失电释放，其常开触点断开，KM_1 失电释放，电动机脱离交流电源做惯性旋转。KM_1 常闭辅助触点闭合，接触器 KM_2 得电吸合并自锁，继而时间继电器 KT_1 线圈通电。KM_2 主触点闭合接通硅整流器 VC 的输出回路，电动机处于制动状态。经过一段延时后（3～4s，可调），KT_1 延时断开常闭触点断开，KM_2 失电释放，电动机脱离直流电源，制动过程结束。

点动控制时，按下点动按钮 SB_3，接触器 KM_1 得电吸合，电动机启动运行。KM_1 常开辅助触点闭合，中间继电器 KA_2 得电吸合并自锁。而中间继电器 KA_3 则由于点动按钮 SB_3 未复位而不得电。松开 SB_3 后，KM_1 失电释放，电动机脱离交流电源做惯性旋转。KA_3 得电吸合，其常开触点闭合，接触器 KM_2 得电吸合，电动机进入能耗制动状态。同时时间继电器 KT_2 得电，并处于等待状态。如果两次点动的间隔时间小于 KT_2 的整定时间（2～3s，可调），其延时断开常闭触点不打开，这时按下 SB_3 即为点动，松开 SB_3 即为制动；如果两次点动的间隔时间大于 KT_2 的整定时间，或点动定位结束，KT_2 常闭触点定时断开，接触器 KM_2 失电释放，制动过程结束。

4.3.11 单管整流正反向运转能耗制动线路（一）

单管整流正反向运转能耗制动线路（一）如图 4-22 所示。可用于启停不频繁、功率在 11kW 及以下的电动机。

（1）控制目的和方法

控制目的：电动机能耗制动，快速停机；电动机能正转、反转运行。

控制方法：停机时，切断三相交流电源，给定子绕组通以直流电源，产生制动转矩，阻止转子旋转。通过二极管半波整流提供直流制动电流。

保护元件：熔断器 FU_1（电动机短路保护），FU_2（控制电路短路保护），FU_3（制动电路短路保护）；热继电器 FR（电动机过载保护）。

（2）线路组成

① 主电路。由开关 QS、熔断器 FU_1、

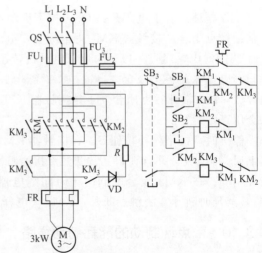

图 4-22 单管整流正反向运转能耗制动线路（一）

接触器 KM_1 及 KM_2 主触点、热继电器 FR 和电动机 M 组成。

② 控制电路。由熔断器 FU_2、正转启动按钮 SB_1、反转启动按钮 SB_2、停止按钮 SB_3、正转接触器 KM_1、反转接触器 KM_2、制动接触器 KM_3 和热继电器 FR 常闭触点组成。

③ 能耗制动控制电路。由熔断器 FU_3、二极管 VD、限流电阻 R 和接触器 KM_3 主触点组成。

（3）工作原理

合上电源开关 QS，按下正转启动按钮 SB_1，接触器 KM_1 得电吸合并自锁，电动机正转启动运行。若要反转运行，先按停止按钮 SB_3，能耗制动停机后，按下反转启动按钮 SB_2，接触器 KM_2 得电吸合并自锁，电动机反转启动运行。

能耗制动工作原理如下。

按下停止按钮 SB_3，接触器 KM_1 失电释放，其主触点断开，切断电动机电源，转子做惯性旋转。同时 KM_1 的常闭辅助触点闭合，接触器 KM_3 得电吸合，其中一副主触点闭合，短接定子两组绕组；另一副主触点闭合，交流电经二极管 VD 半波整流、电阻 R 限流，为电动机另一组绕组提供直流电流，并产生制动作用。在制动过程中需一直按着停止按钮 SB_3，制动停机后再松开 SB_3。

反转运行能耗制动停机过程与正转时类同。

（4）元件选择

二极管 VD 的额定电流可按 3 倍电动机额定电流选择，额定电压可选 800V。

限流电阻 R 的阻值可计算为

$$R \approx 4/I_e$$

式中　I_e——电动机额定电流，A。

4.3.12　单管整流正反向运转能耗制动线路（二）

单管整流正反向运转能耗制动线路（二）如图 4-23 所示。该线路利用电容储能放电的原理实现制动。

工作原理：图中，SB_1 和 SB_2 分别为正向和反向启动按钮，SB_3 为停止按钮。电动机运行时，交流电源经二极管 VD 整流、电阻 R_1 和 R_2 限流，向电容 C 充电。电动机停机时，接触器 KM_1（或 KM_2）失电释放，其常闭触点闭合，电容 C 向电动机定子绕组放电，从而产生制动转矩。

4.3.13　时间原则控制的正反向运转能耗制动线路

时间原则控制的正反向运转能耗制动线路如图 4-24 所示。

（1）控制目的和方法

控制目的：电动机能耗制动，快速停机；电动机能正转、反转运行。

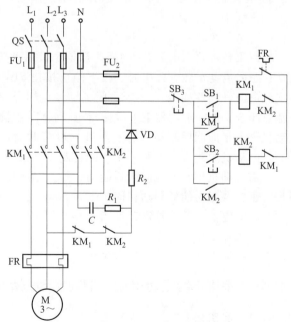

图 4-23　单管整流正反向运转能耗制动线路（二）

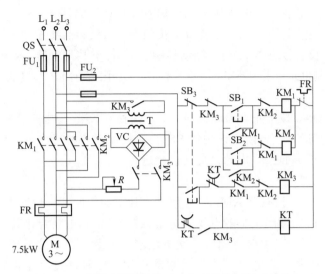

图 4-24 时间原则控制的正反向运转能耗制动线路

控制方法：通过全波整流提供直流制动电流，制动时间由时间继电器控制。

保护元件：熔断器 FU_1（电动机短路保护），FU_2（控制电路短路保护）；热继电器 FR（电动机过载保护）。

（2）线路组成

① 主电路。由开关 QS、熔断器 FU_1、接触器 KM_1 及 KM_2 主触点、热继电器 FR 和电动机 M 组成。

② 控制电路。由熔断器 FU_2、正转启动按钮 SB_1、反转启动按钮 SB_2、停止按钮 SB_3、正转接触器 KM_1、反转接触器 KM_2、制动接触器 KM_3、时间继电器 KT 和热继电器 FR 常闭触点组成。

③ 能耗制动控制电路。由变压器 T、整流桥 VC、限流电阻（电位器）R 和接触器 KM_3 主触点组成。

（3）工作原理

若需正转，合上电源开关 QS，按下正转启动按钮 SB_1，接触器 KM_1 得电吸合并自锁，电动机正向启动运转。停机时，按下停止按钮 SB_3，接触器 KM_1 失电释放，电动机脱离三相交流电源做惯性旋转。KM_1 常闭辅助触点闭合，接触器 KM_3 得电吸合并自锁，其常开辅助触点闭合，时间继电器 KT 线圈得电，KM_3 主触点闭合，接通了整流桥 VC 的输出回路，电动机进入正向能耗制动状态。经过一段延时后，KT 延时释放常闭触点断开，KM_3 失电释放，电动机脱离直流电源，正向能耗制动结束。

如需电动机反转及反向能耗制动，可分别按反转启动按钮 SB_2 和停止按钮 SB_3，其工作原理与正转及正向能耗制动相同。

时间继电器 KT 的整定参见图 4-14。

（4）元件选择及计算

能耗制动电路元件的选择参见图 4-12。

4.3.14 单相电容运转电动机能耗制动线路（一、二）

4.3.14.1 线路之一

线路之一如图 4-25 所示。该线路利用电容储能充放电原理实现制动，适用于 0.5kW 以下的单相电动机。

（1）控制目的和方法

控制目的：直流能耗制动，快速停机。

控制方法：停机时，向电动机主、副绕组提供直流制动电流，而快速停机；通过时间继电器控制。

保护元件：熔断器 FU_1（电动机短路保护）；FU_2（控制电路短路保护）。

（2）线路组成

① 主电路。由开关 QS、熔断器 FU_1、单相电动机（主、副绕组）和接触器 KM_1 主触点组成。

② 控制电路。由熔断器 FU_2，二极管 VD_1、VD_2，电容 C_1、C_2，继电器 KA 组成。

③ 制动电路。由整流二极管 VD_3、VD_4，电容 C_1 和 KA 触点组成。

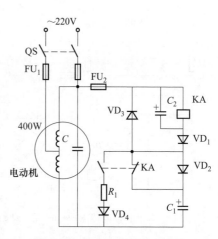

图 4-25　单相电容运转电动机
能耗制动线路（一）

（3）工作原理

合上电源开关 QS，电动机接入 220V 交流电源运行。电动机移相电容 C 的两端有一交流电压。该电压经继电器 KA 线圈、二极管 VD_1 整流后，向电容 C_1 充电。在初充电瞬间，流经 KA 线圈的充电电流较大，KA 吸合并自锁，其常闭触点断开，使二极管 VD_4 串入充电回路。

停机时，切断电源开头 QS，电动机脱离交流电源做惯性旋转，同时继电器 KA 失电释放，其常闭触点闭合，电容 C_1 通过二极管 VD_3 直接跨接在电动机定子绕组上，形成放电回路。放电电流产生的磁场阻止了转子的旋转，达到制动的目的。KA 失电释放后，其串联在续流二极管中的常开触点断开，以防止电容 C_1 的放电电流流过二极管 VD_4 而造成部分能量损失。

（4）元件选择

电气元件参数见表 4-12。

表 4-12　电气元件参数

序号	名　称	代号	型号规格	数　量
1	闸刀开关	QS	HK1-10/2	1
2	熔断器	FU_1	RL1-15/5A	2
3	熔断器	FU_2	RL1-15/2A	1
4	继电器	KA	JZX-22F　600Ω	1
5	二极管	$VD_1 \sim VD_4$	1N4007	4
6	电解电容器	C_1	CD11　47μF　400V	1
7	电解电容器	C_2	CD11　220μF　50V	1

须指出，要使线路可靠运行，需正确选择继电器 KA 和电容 C_1 的容量。

继电器 KA 可选用线圈阻值约为 500Ω 的小型直流继电器。线圈阻值太大、太小都不合适。如电动机启动/停止操作频繁，可选用中型直流继电器，以便能承受较大的充电电流。

电容 C_1 容量选择很重要，容量过小，制动作用小；太大，不但不经济，而且对于频繁启动/停止的电动机还会造成电动机过热。具体数值可由试验决定。一般情况下，30～50W 的单相电动机，可用 47μF 500V 的电解电容器。

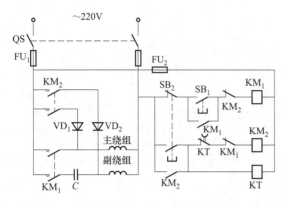

图 4-26 单相电容运转电动机能耗制动线路（二）

4.3.14.2 线路之二

线路之二如图 4-26 所示。

工作原理：合上电源开关 QS，按下启动按钮 SB_1，接触器 KM_1 得电吸合并自锁，电动机接入 220V 交流电源运行。

停机时，按下停止按钮 SB_2，KM_1 失电释放，其常闭辅助触点闭合，接触器 KM_2 得电吸合并自锁，其主触点闭合，220V 交流电源经二极管 VD_1、VD_2 整流后，向电动机主、副绕组提供直流制动电流，电动机进入制动状态。在 KM_2 常开辅助触点闭合后，时间继电器 KT 线圈通电，经过一段延时后（0.2~1s，可调），其延时断开常闭触点断开，KM_2 失电释放，其常开触点断开，电动机脱离直流电源，同时 KT 失电释放，电动机制动过程结束。

二极管 VD_1、VD_2 的耐压值应大于 600V。

4.3.15 自励能耗制动线路

自励能耗制动又称自励发电制动。该制动方法是在定子绕组上加三组电容 C，当电动机脱离交流电源后，由于转子以惯性继续旋转，这时电动机就成为一台自励异步发电机，所产生的自励电流在电机中形成一个新的磁场，使得转子的剩余磁场进一步加强。随着转子的旋转，动能就变为电能向定子输送，在 RC 的阻抗内变为热能消耗掉，于是转子就很快地停止转动。

这种制动方式的特点是：到最后完全停机之前，电动机转子还有一段微爬行。这种情况与某些机床（如镗床的车头）在停机时要求有一段缓冲是吻合的。由于在停机过程中，转速是缓慢地减小到零的，故可以避免在被加工的工件表面刻出刀痕。

电容制动的优点是不需要外界供给任何能量，线路较简单。缺点是制动力矩只能在转速高于 1/3~1/2 同步转速时发生，同时电容的容量要求较大。

自励能耗制动线路如图 4-27 所示。图 4-27（a）中所示的电容器组接成△，它适用于△或 Y 接线的电动机；图 4-27（b）中所示的电容器组接成 Y，它适用于 Y 接线的电动机。电容采用△接法，所需电容量较小，但要求耐压值要高（600V 以上）。

（1）控制目的和方法

控制目的：自励能耗制动，快速无冲击停机。

控制方法：停机时，将电动机变成自励异步发电机，产生制动转矩来实现。

保护元件：熔断器 FU_1（电动机短路保护），FU_2（控制电路短路保护）；热继电器 FR（电动机过载保护）。

（2）线路组成

① 主电路。由开关 QS、熔断器 FU_1、接触器 KM_1 主触点、热继电器 FR 和电动机 M 组成。

② 控制电路。由熔断器 FU_2、启动按钮 SB_1、停止按钮 SB_2、接触器 KM_1 及 KM_2、时间继电器 KT 和热继电器 FR 常闭触点组成。

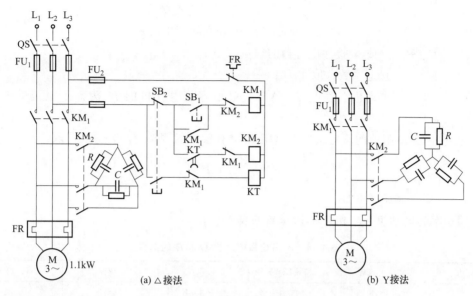

(a) △接法　　　　　　　　　　　　　(b) Y 接法

图 4-27　自励能耗制动线路

③ 自励能耗制动电路。由电容 C、电阻 R 和 KM_2 主触点组成。

（3）工作原理

合上电源开关 QS，启动时，按下启动按钮 SB_1，接触器 KM_1 得电吸合并自锁。其常闭辅助触点断开，接触器 KM_2 失电释放，时间继电器 KT 线圈也断电，电动机启动运行。

停机时，按下停止按钮 SB_2，KM_1 失电释放，其主触点断开，切断电动机电源。同时时间继电器 KT 线圈得电，其延时断开常开触点瞬时闭合，当松开按钮 SB_2 后，接触器 KM_2 得电吸合，其主触点闭合，将三只电容器并联在定子绕组上，电动机进入自励发电制动状态。在松开 SB_2 的同时，时间继电器 KT 线圈失电，经过一段时间延时，其延时断开常开触点断开，KM_2 失电释放，其主触点断开，电容退出运行，制动过程结束。

图 4-27 中与电容 C 并联的电阻 R 为放电电阻。

（4）元件选择

电气元件参数见表 4-13。

表 4-13　电气元件参数

序号	名　　称	代号	型号规格	数　量
1	闸刀开关	QS	HK1-15/3	1
2	熔断器	FU_1	RL1-15/10A	3
3	熔断器	FU_2	RL1-15/5A	2
4	热继电器	FR	JR14-20/2　2.2~3.5A	1
5	交流接触器	KM_1	CJ20-10A　380V	1
6	交流接触器	KM_2	CJ20-10A　380V	1
7	时间继电器	KT	SJ23-1　0.2~30s	1
8	电容器	C	见计算	3
9	电阻	R	见计算	3
10	按钮	SB_1	LA18-22(绿)	1
11	按钮	SB_2	LA18-22(红)	1

（5）电容 C 和电阻 R 的计算

① 电容 C 容量的计算。

$$C_\triangle \geqslant 4.85 K_C I_0 （电容器为\triangle接法）$$

$$C_Y \geqslant 8.4 K_C I_0 （电容器为 Y 接法）$$

式中　$C_\triangle$，C_Y——$\triangle$或 Y 接法电容器的容量，μF；

K_C——强迫系数，取 4～6；

I_0——电动机空载电流，A，一般小容量电动机的 I_0 为额定电流的 35%～50%。

② 放电电阻 R 阻值的确定。放电电阻 R 可有较大的调整范围，一般可取

$$R = \frac{10^7}{2\pi fC}(\Omega)$$

式中　f——电源频率，50Hz。

不同功率的电动机，C 和 R 的选择参见表 4-14。

表 4-14　不同功率电动机 C 和 R 的选择

电动机功率	0.37～0.5kW	0.5～1kW	1.5kW	3kW	7.5kW
电容 C	2×30μF 450V	3×30μF 450V	4×30μF 450V	200μF 450V	400μF 500V
电阻 R	5kΩ 5W	5kΩ 5W	5kΩ 5W	200Ω 50W	200～250Ω 200W

由于该电动机低速绕组为$\triangle$接法，因此电容器组也接成$\triangle$。电容器组必须接在低速绕组上。

电动机制动停机时间与电容 C 和电阻 R 的数值有关，如不符合要求，可作适当调整。

4.3.16　三速电动机自励能耗制动线路

三速电动机自励能耗制动线路如图 4-28 所示。图中三级速度控制线路未画出。

由于该电动机低速绕组为$\triangle$接法，因此电容器组也接成$\triangle$。电容器组必须接在低速绕组上。

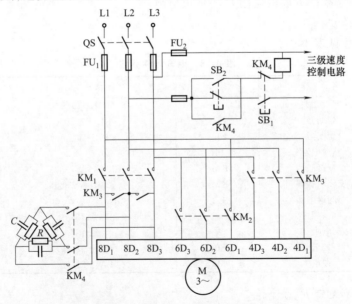

图 4-28　三速电动机自励能耗制动线路

在电动机启动和高速运行时，制动线路不起作用。电动机在高速运行中需要停机时，按下停止按钮 SB$_2$，电动机高速绕组立即脱离交流电网。同时接触器 KM$_4$ 得电吸合自锁，其常开触点闭合，将制动线路 RC 接入电动机低速绕组，实现自励发电制动。

例如，由一台 7.5/10/11kW、转速为 750/1000/1500r/min 的三速电动机带动的离心机械，电容 C 可选用 220μF 450V，放电电阻 R 可选用 100Ω 3W。

实测表明，制动时电动机的端电压最高可达 320V，制动电流最大可达 34A。

4.4　短接制动线路和再生制动线路

短接制动实质上也是一种能耗制动。

电动机制动时，定子绕组与交流电网断开，绕组自相短接，转子做惯性旋转。由于转子存在剩磁，形成了转子旋转磁场，并切割定子绕组，从而在定子绕组中产生感应电动势。由于定子绕组已自相短接，因此在定子绕组中有感应电流。该电流与旋转磁场相互作用，产生制动转矩，迫使转子停转。

短接制动省电、线路简单、故障率低。其制动效果虽不如能耗制动、反接制动那样准确，但在一些对停机位置要求不十分严格的场所是完全适用的。制动时，由于定子感应电流比电动机空载启动电流小，且短接瞬间产生的瞬时短路电流持续时间很短，因此制动作用不太强。这种制动方式只适用 1.5kW 及以下的小容量电动机，如磨床的工作电动机、立式车床的刀架电动机等。由于交流接触器主要用于短时工作，故其常闭辅助触点容量为 5A（或 10A）即可。

4.4.1　单向运转短接制动线路

异步电动机短接制动线路如图 4-29 所示。这种简单的制动方法适用于 1.5kW 以下小功率的高速异步电动机及制动要求不高的场合。

（1）控制目的和方法

控制目的：电动机短接制动，较快停机。

控制方法：停机时，将定子绕组短路，转子做惯性转动，其剩磁旋转磁场切割定子绕组，定子绕组中产生的感应电流又与转子旋转磁场相互作用，产生制动转矩，迫使转子停转。

保护元件：熔断器 FU$_1$（电动机短路保护），FU$_2$（控制电路短路保护）；热继电器 FR（电动机过载保护）。

（2）线路组成

① 主电路。由开关 QS、熔断器 FU$_1$、接触器 KM 主触点和辅助触点（两常闭，制动时工作）、热继电器 FR 及电动机 M 组成。

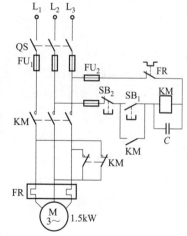

图 4-29　单向运转短接制动线路

② 控制电路。由熔断器 FU$_2$、启动按钮 SB$_1$、停止按钮 SB$_2$、接触器 KM、电容 C 和热继电器 FR 常闭触点组成。

（3）工作原理

合上电源开关 QS，启动时，按下启动按钮 SB$_1$，接触器 KM 得电吸合并自锁，其两常闭辅助触点断开，主触点闭合，电动机启动运行。

停机时，按下停止按钮 SB_2，接触器 KM 失电释放，其主触点断开，切断电源，而两副常闭辅助触点闭合，短接定子绕组，转子做惯性转动，并与定子绕组中产生的感应电流相互作用，产生制动转矩，迫使电动机较快停机。

由于电动机功率小，制动时定子感应电流比电动机空载启动电流小，且制动电流持续时间很短，因此利用接触器两常闭辅助触点来短接定子绕组是可行的。

接触器 KM 线圈上并联电容 C 的作用是：交流接触器线圈断电后，由于铁磁材料的磁滞特性，铁芯中仍有剩余磁通，若不采取措施，将会发生接触器断电后不能释放的现象。为了使短接制动更为可靠，设置了电容 C，用以去磁。电容 C 对消除接触器触点火花也有好处，以防触点粘连。

（4）元件选择

电气元件参数见表 4-15。

表 4-15　电气元件参数

序号	名　称	代号	型号规格	数　量
1	闸刀开关	QS	HK2-15/3	1
2	熔断器	FU_1	RL1-15/10A	3
3	熔断器	FU_2	RL1-15/5A	2
4	热继电器	FR	JR14-20/2　3.2~5A	1
5	交流接触器	KM	CJ20-10A　380V	1
6	按钮	SB_1	LA18-22(绿)	1
7	按钮	SB_2	LA18-22(红)	1
8	电容	C	见计算	1

电容 C 的选择计算：

电容容量可计算为

$$C = 5080 \frac{I_0}{U_e}$$

式中　C——电容器的电容量，μF；

　　　I_0——接触器线圈的额定电流，即吸持电流，A；

　　　U_e——接触器线圈的额定电压，V。

电容器的耐压值应按接触器线圈额定电压的 2~3 倍选取。

【例 4-3】　一台 1.5kW 三相异步电动机采用短接制动线路，采用 CJ20-10A 交流接触器，为了防止其断电后不能释放及触点粘连，试选择去磁电容器。

解　CJ20-10A 交流接触器线圈的吸持功率为 $P_0 = 12W$。

线圈的吸持电流为

$$I_0 = \frac{P_0}{U_e} = \frac{12}{380} = 0.032(A)$$

电容器的电容量为

$$C = 5080 \frac{I_0}{U_e} = 5080 \times \frac{0.032}{380} = 0.43(\mu F)$$

电容器耐压为

$$U_C = (2 \sim 3)U_e = (2 \sim 3) \times 380 = 760 \sim 1140(V)$$

因此可选用 CBB22 或 CJ41 型 $0.47\mu F$、耐压 800V 的电容器，若没有这样高的耐压值，也可用两只 $1\mu F/400V$ 电容串联代替。

4.4.2　正反向运转短接制动线路

正反向运转短接制动线路如图 4-30 所示。图中，KM_3 为制动用接触器。停机时断开 QS 即可。此时，电动机脱离交流电源做惯性旋转，反电动势仍较高，故 KM_3 得电吸合，其常开触点闭合，短接三相定子绕组，达到制动的目的。

由于采用断开 QS 实现短接制动停机，因此不用电动机时，一般不会合上 QS。即使合上 QS，接触器 KM_3 吸合，其常闭辅助触点断开，KM_1、KM_2 不会吸合（况且未按 SB_1、SB_2），KM_1、KM_2 的主触点均断开。因此，即使 KM_3 的主触点闭合，也不会造成短路事故。为了避免电动机停机后又合上 QS 致使接触器 KM_3 吸合而无谓耗电，可在 KM_3 线

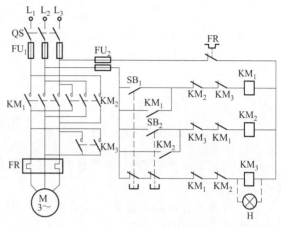

图 4-30　正反向运转短接制动线路

圈上或熔断器 FU_2 后面接一个电源指示灯。当不用电动机时，若该指示灯亮着，则提醒操作者将电源开关 QS 拉断。

4.4.3　采用整流二极管的短接制动线路

采用整流二极管的短接制动线路如图 4-31 所示。该制动线路适用于小容量的高速异步电动机及对制动要求不高的场所。

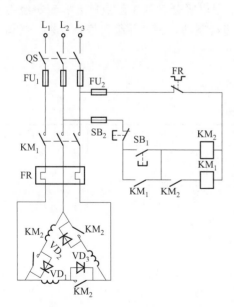

图 4-31　采用整流二极管的短接制动线路

工作原理：在电动机三相定子绕组中各串有一只整流二极管。电动机正常运行时，接触器 KM_1、KM_2 都吸合，KM_2 的常开触点闭合，短接了二极管 VD。停机时，按下停止按钮 SB_2，接触器 KM_1、KM_2 均失电释放，电动机脱离交流电源做惯性旋转，同时 KM_2 常开触点断开，二极管 VD 串入定子绕组工作。转子剩磁磁场切割定子绕组，产生定向的感应电流，定子感应电流与转子旋转磁场相互作用，产生制动转矩，迫使电动机迅速停转。

4.4.4　手动控制的自励发电-短接制动线路

自励发电-短接制动，又称电容-电磁制动。它是一种将自励发电制动和短接制动相结合的制动方式，既可发挥自励发电制动效果好的优点，又可发挥短接制动线路简单的优点。它适用于容量较小的异步电动机。制动过程分两个阶段，先为自励发电制动，

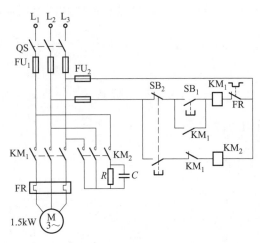

图 4-32　手动控制的自励发电-短接制动线路

后为短接制动（即能耗制动）。

手动控制的自励发电-短接制动线路如图 4-32 所示。

（1）控制目的和方法

控制目的：快速停机。

控制方法：停机时，采用自励发电和短接制动相结合，将定子两相绕组短接，另一相并联电容产生自励发电制动转矩。制动时间由按下停止按钮的时间控制。

保护元件：熔断器 FU_1（电动机短路保护），FU_2（控制电路短路保护）；热继电器 FR（电动机过载保护）。

（2）线路组成

① 主电路。由开关 QS、熔断器 FU_1、接触器 KM_1 主触点、热继电器 FR 和电动机 M 组成。

② 控制电路。由熔断器 FU_2、启动按钮 SB_1、停止按钮 SB_2、接触器 KM_1 和 KM_2 以及热继电器 FR 常闭触点组成。

③ 制动电路。由电容 C、电阻 R 和 KM_2 主触点组成。

（3）工作原理

合上电源开关 QS，启动时，按下启动按钮 SB_1，接触器 KM_1 得电吸合并自锁，其主触点闭合，电动机启动运行。在主触点吸合前，KM_1 常闭辅助触点先断开，接触器 KM_2 失电释放。增设 KM_1 常闭辅助触点的原因是：为了防止当停止按钮 SB_2 常开触点粘连时，KM_1、KM_2 同时吸合，引起短路事故。

停机时，按下停止按钮 SB_2，接触器 KM_1 失电释放，其主触点断开，切断电动机电源；其常闭辅助触点闭合，由于 SB_2 一直按着，因此 KM_2 得电吸合，其主触点闭合，定子绕组一相并联电容 C，两相短接，电动机进入自励发电和短接制动状态，并很快停止下来。制动结束后再放开 SB_2。

（4）元件选择

电气元件参数见表 4-16。

表 4-16　电气元件参数

序　号	名　　　称	代　号	型号规格	数　　量
1	闸刀开关	QS	HK1-15/3	1
2	熔断器	FU_1	RL1-15/10A	3
3	熔断器	FU_2	RL1-15/5A	2
4	交流接触器	KM_1	CJ20-10A　380V	1
5	交流接触器	KM_2	CJ20-10A　380V	1
6	热继电器	FR	JR14-20/2　3.2～5A	1
7	电容器	C	SXC 120μF　450V	1
8	线绕电阻	R	RX-5kΩ　5W	1
9	按钮	SB_1	LA18-22（绿）	1
10	按钮	SB_2	LA18-22（红）	1

如果制动时间不符合要求，可适当调整 C、R 的数值。

4.4.5 时间继电器控制的自励发电-短接制动线路

时间继电器控制的自励发电-短接制动线路如图 4-33 所示。

（1）控制目的和方法

控制目的：快速停机。

控制方法：停机时，采用自励发电和短接制动相结合，将定子两相绕组短接，另一相并联电容产生自励发电制动转矩。制动时间由时间继电器控制。

保护元件：熔断器 FU_1（电动机短路保护），FU_2（控制电路短路保护）；热继电器 FR（电动机过载保护）。

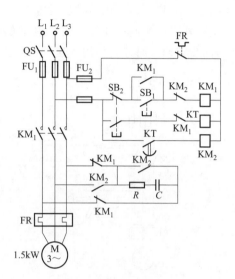

图 4-33　时间继电器控制的
自励发电-短接制动线路

（2）线路组成

① 主电路。由开关 QS、熔断器 FU_1、接触器 KM_1 主触点、热继电器 FR 和电动机 M 组成。

② 控制电路。由熔断器 FU_2、启动按钮 SB_1、停止按钮 SB_2、接触器 KM_1 和 KM_2、时间继电器 KT 以及热继电器 FR 常闭触点组成。

③ 制动电路。由电容 C、电阻 R 和 KM_2 主触点组成。

（3）工作原理

合上电源开关 QS，按下启动按钮 SB_1，接触器 KM_1 得电吸合并自锁，电动机启动运行。KM_1 的常闭辅助触点断开，制动线路不接入。

停机时，按下停止按钮 SB_2，KM_1 失电释放，电动机脱离交流电源做惯性旋转，KM_1 常闭辅助触点闭合，时间继电器 KT 线圈通电，而 KM_1 的两副常闭触点闭合，接通了电容 C 回路，电动机进入自励发电制动状态。经过一段延时后，KT 延时断开常开触点闭合，接触器 KM_2 得电吸合，其两副主触点闭合，将三相定子绕组短接，电动机进入能耗制动状态。松开停止按钮 SB_2，KT 和 KM_2 均失电释放，制动过程结束。

（4）元件选择

电气元件参数参见表 4-16。

接触器 KM_2 需向制造厂家订购。

如果制动时间不符合要求，可适当调整 C、R 的数值。

4.4.6 采用三只电容的自励发电-短接制动线路

采用三只电容的自励发电-短接制动线路如图 4-34 所示。当电动机绕组为 Y 接法时，电容采用 Y 接法；当电动机绕组为△接法时，电容既可采用△也可以采用 Y 接法，采用△接法效果较好，所需电容量小，但要求电容耐压要高（大于 600V）。

工作原理：电动机运行时，电容 C 也投入运行，有一定的无功补偿作用。停机时，从接触器 KM 常开触点断开至常闭触点闭合的一段时间，是自励发电制动阶段；当 KM 常闭触点闭合后，三相定子绕组被短接，电动机进入能耗制动状态。

电容容量的计算请见本章 4.3.15 和表 4-14。

4.4.7　再生制动线路

再生制动又称发电制动。图 4-35 所示为再生制动原理示意图。当异步电动机受外力作用、转速超过同步转速时，电动机的转矩将抵抗外加转矩。这时，电动机便进入所谓再生制动状态。异步电动机成为异步发电机，并将受外力产生的机械能转变成电能回馈给电网，同时也对外力产生制动作用。再生制动的特点是，只有当电动机的转速高于旋转磁场的转速（即同步转速）时才起作用。这种制动方式比较经济，制动效果好。

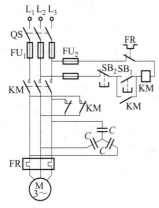

图 4-34　采用三只电容的自励发电-短接制动线路

图 4-35　再生制动原理示意图

在重物下降时，起重机、升降机的电动机，有可能使转子的转速 n_2 超过旋转磁场的转速 n_1。这时，转子导体就切割旋转磁场的磁力线，电动机便处于再生制动状态下运行，其产生的制动力矩能限制重物下降的速度。

在金属切削机床的电力拖动装置中，在由高速换接成低速时，可采用这种制动方式。

4.5　专用制动线路

4.5.1　能准确定位的制动线路

能准确定位的制动线路如图 4-36 所示。图 4-36（a）适用于电动机定子绕组为△接法；图 4-36（b）适用于电动机定子绕组为 Y 接法。该制动线路可应用于某些升降机、机床运动部件的准确定位。

工作原理：合上电源开关 QS，按下启动按钮 SB_1，接触器 KM_1、KM_2 先后得电吸合并自锁，电动机启动运行。此时，串联在定子绕组回路中的整流二极管 VD，被 KM_2 常开触点（已闭合）短接。

停机时，按下停止按钮 SB_2（按动一下即可）。接触器 KM_1、KM_2 失电释放，其常开触点断开。同时，接触器 KM_3 得电吸合并自锁，电动机三相绕组反相序接入电源，并串入了整流二极管 VD。由于整流二极管的作用，三相绕组流过三相对称半波整流电流。这种电流含有直流成分，既有助于电动机迅速停转，又能使电动机进入低速反转状态。

经过一段延时，时间继电器 KT 延时断开常闭触点断开。KM_3、KT 失电释放，KM_3 的常开触点断开，制动过程结束。

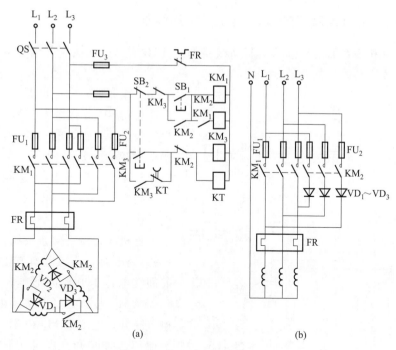

图 4-36　能准确定位的制动线路

4.5.2　能排除转子摆动的制动线路

能排除转子摆动的制动线路如图 4-37 所示。它是一种直流能耗制动线路。该线路适用于 3kW 及以下的电动机。

工作原理：合上电源开关 QS，按下启动按钮 SB_1。接触器 KM 得电吸合并自锁，电动机启动运行。KM 常闭辅助触点断开，直流灵敏继电器 KA 线圈不通电，制动线路退出。

停机时，按下停止按钮 SB_2，接触器 KM 失电释放，电动机脱离交流电源做惯性旋转。KM 的常闭辅助触点闭合，继电器 KA 线圈中流过电流（因为电动机还在旋转，受电磁感应产生电流），KA 吸合，其常开触点闭合，接通整流二极管 $VD_3 \sim VD_6$，形成制动线路。制动线路由 W 相电源，二极管 $VD_2 \sim VD_6$，KM 的常闭辅助触点，电动机 W 相绕组、U 相绕组和 V 相绕

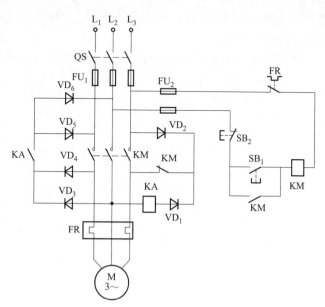

图 4-37　能排除转子摆动的制动线路

组，KA 的闭合触点，U 相和 V 相电源构成。整流电流通过电动机定子三相绕组，使电动机得以制动。制动时间的长短，可通过调节灵敏继电器 KA 衔铁的返回系数来达到。

4.5.3　在机械上互相联系的两台电动机制动线路

在机械上互相联系的两台电动机制动线路如图 4-38 所示。该线路可用于电动机容量不大于 11kW 并要求精确停机的场合。

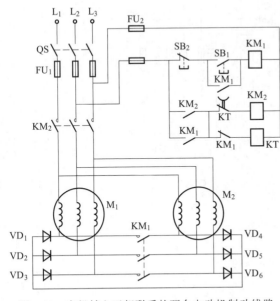

图 4-38　在机械上互相联系的两台电动机制动线路

工作原理：合上电源开关 QS，按下启动按钮 SB_1，接触器 KM_1、KM_2 先后得电吸合并自锁，电动机 M_1 和 M_2 的定子绕组接通电源，而它们的引出端通过三相整流桥 $VD_1 \sim VD_6$ 连接到公共接点上。当交流电流流过电动机定子绕组时，电动机启动运行。

停机时，按下停止按钮 SB_2，接触器 KM_1 失电释放，其常闭辅助触点闭合，时间继电器 KT 线圈通电，为制动结束切断 KM_2 电源做好准备。由于 KM_1 主触点断开，电动机 M_1 和 M_2 的定子绕组的端部连接断开。这时，形成三条整流电路和三条短路回路。其中，电源 U 相从 M_2 的 U 相绕组经整流二极管 VD_4、VD_2 和 VD_3 流经 M_1 的 V 相和 W 相绕组到电源的 V、W 相，形成一条整流电路；而电源 U 相也从 M_2 的 U 相绕组，经整流二极管 VD_4、VD_1 和 M_1 的 U 相绕组，形成一条短接回路。于是，半波整流电流不但能通过电动机定子绕组起制动作用，还能排除转子的摆动，再加上短路电流的电磁制动作用，就能达到较好的制动效果。

制动时间的长短可通过调整时间继电器 KT 来达到。

第**5**章 ▶▶▶

绕线式异步电动机控制线路

绕线式异步电动机控制线路包括启动、调速、制动等线路。

5.1 绕线式异步电动机启动线路

5.1.1 凸轮控制器启动线路

容量不大的绕线式异步电动机的启动、调速和正反转的控制，常采用凸轮控制器来实现。凸轮控制器运行可靠、维修方便，在桥式起重机上应用广泛。

凸轮控制器启动线路如图 5-1 所示。凸轮控制器手轮共有 11 个位置（见图中触点分合

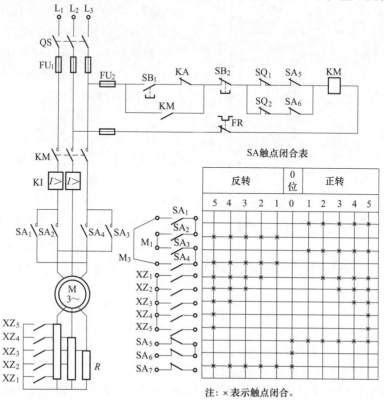

注：×表示触点闭合。

图 5-1 凸轮控制器启动线路

表），中间为"0"位，电动机不动作。其左右各有五个位置，表示正反转时触点的分合状态。表中"×"表示触点闭合，无此标记表示触点断开。凸轮控制器共有12副触点，最上面4副触点 $SA_1 \sim SA_4$ 是控制电动机正反转用的，4个触点上都装有灭弧罩；中间5副触点 $XZ_1 \sim XZ_5$ 作切换电阻用；最下面3副辅助触点 $SA_5 \sim SA_7$ 都用于控制电路。

工作原理：合上电源开关 QS，先将手柄置于"0"位，这时触点 $SA_5 \sim SA_7$ 闭合，按下启动按钮 SB_1，接触器 KM 得电吸合并自锁。再将手柄扳到正转"1"位置，这时触点 SA_1、SA_3 闭合，电动机转子绕组串入了全部电阻 R 启动运转。然后将手柄依次扳到"2""3"等位置，使电动机转子绕组分别串入不同的电阻值，电动机以不同转速运转。$SA_5 \sim SA_7$ 的作用是，手柄在零位时，保证线路切断电源，又恢复电源后按 SB_1 才能启动电动机。这样，既可以避免电动机直接启动，又可防止在按钮 SB_1 有误动作时，电动机突然快速运转而发生意外事故。

欲使电动机反转，可将手柄扳到反转"1"位置或其他位置，以获得不同的反向转速。

欲停机时，按下停止按钮 SB_2，接触器 KM 失电释放，电动机停转。

5.1.2 时间继电器三级启动线路

利用三个时间继电器自动切除转子回路中的三级电阻的启动线路如图 5-2 所示。

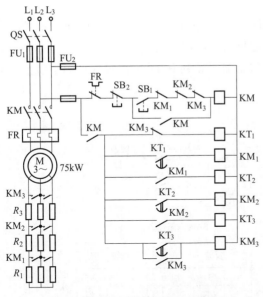

图 5-2 时间继电器三级启动线路

（1）控制目的和要求

控制目的：减小启动电流，提高启动转矩。

控制方法：启动分四步进行，转子串三组电阻，启动过程中逐一切除串联电阻，通过时间继电器自动控制实现。

保护元件：熔断器 FU_1（电动机短路保护），FU_2（控制电路短路保护）；热继电器 FR（电动机过载保护）。

（2）线路组成

① 主电路。由开关 QS、熔断器 FU_1、接触器 KM 主触点、热继电器 FR、电动机 M，以及转子部分的串接电阻 $R_1 \sim R_3$ 和接触器 $KM_1 \sim KM_3$ 主触点组成。

② 控制电路。由熔断器 FU_2、启动按钮 SB_1、停止按钮 SB_2、接触器 $KM_1 \sim KM_3$、时间继电器 $KT_1 \sim KT_3$ 和热继电器 FR 常闭触点组成。

（3）工作原理

① 初步分析。启动时，接触器 KM 应吸合并自锁。启动第一阶段，电阻 $R_1 \sim R_3$ 均串入，因此接触器 $KM_1 \sim KM_3$ 均释放；第二阶段 KM_1 吸合，R_1 退出运行；第三阶段 KM_2 吸合，R_2 也退过运行；第四阶段 KM_3 吸合，所有电阻均退出运行，电动机全压运行。各阶段启动时间由时间继电器 $KT_1 \sim KT_3$ 控制实现。

② 顺着分析。合上电源开关 QS，按下启动按钮 SB_1，接触器 KM 得电吸合，接通电动机定子绕组电源，KM 常开辅助触点闭合，时间继电器 KT_1 线圈得电，经过一段时间延时，

其延时闭合常开触点闭合，接触器 KM_1 得电吸合，其主触点闭合，切除（短接）转子回路里的一级电阻 R_1，电动机进入第二级启动，转速升高。同时 KM_1 常开辅助触点闭合，时间继电器 KT_2 线圈得电，经过一段时间延时，KT_2 延时闭合常开触点闭合，接触器 KM_2 得电吸合，其主触点闭合，切除转子回路里的二级电阻 R_2，电动机进入第三级启动，继续升速。同时 KM_2 常开辅助触点闭合，时间继电器 KT_3 线圈得电，经过一段时间延时，其延时闭合常开触点闭合，接触器 KM_3 得电吸合并自锁，其主触点闭合，切除转子回路里的三级电阻 R_3，电动机升速至额定转速。同时 KM_3 常闭辅助触点打开，KT_1 失电释放，其常开触点瞬时断开，使 KM_1、KT_2、KT_3 相继断电释放，恢复原位。只有接触器 KM_3 保持工作状态。至此电动机启动过程结束，进入额定转速正常运行。

接触器 $KM_1 \sim KM_3$ 时常闭辅助触点串联在 KM 线圈中的目的是，保证只有在转子串入全部电阻的条件下电动机才能启动。也就是说，只要 $KM_1 \sim KM_3$ 的常闭辅助触点中有一个触点没有恢复闭合，电动机就不能接通电源启动。

（4）元件选择

电气元件参数见表 5-1。

表 5-1　电气元件参数

序号	名　称	代号	型号规格	数　量
1	铁壳开关	QS	HH3-300/250A	1
2	熔断器	FU_1	RT0-400/250A（配 QS）	3
3	熔断器	FU_2	RL1-15/10A	2
4	热继电器	FR	JR16-150/3　100～160A	1
5	交流接触器	KM、KM_3	CJ20-160A　380V	2
6	交流接触器	KM_1、KM_2	CJ20-100A　380V	2
7	时间继电器	$KT_1 \sim KT_3$	JS7-2A　5～60s	3
8	按钮	SB_1	LA18-22（绿）	1
9	按钮	SB_2	LA18-22（红）	1
10	铁铬铝带电阻	R_1	ZX-1.2Ω	1
11	铁铬铝带电阻	R_2	ZX-0.29Ω	1
12	铁铬铝带电阻	R_3	ZX-0.069Ω	1

启动电阻 $R_1 \sim R_3$ 的计算参见本章 5.1.4 项。

5.1.3　电流继电器二级启动线路

利用两个电流继电器自动切除转子回路中的二级电阻的启动线路如图 5-3 所示。

图中，R_1 和 R_2 为分级启动用电阻。第一级启动电流由与 R_1 串联的电流继电器 KI_1 检测；第二级启动电流由与 R_2 串联的电流继电器 KI_2 检测。由于第一级启动电流比第二级启动电流大，因此在整定时，应使 KI_1 的释放电流大于 KI_2 的释放电流。它们有相同的吸合电流。

工作原理：合上电源开关 QS，按下启动按钮 SB_1，接触器 KM 和时间继电器 KT 得电吸合并自锁，电动机在转子回路中接有启动电阻 R_1 和 R_2 的情况下接通电源启动运行。转子启动电流较大，使电流继电器 KI_1 和 KI_2 吸合，它们的常闭触点断开，切断接触器 KM_1 和 KM_2 线圈回路。经过一段延时后，KT 的延时闭合常开触点闭合。随着电动机转速的上升，当转子启动电流减小到 KI_1 的释放电流时 KI_1 释放，其常闭触点闭合，接触器 KM_1 得电吸合并自锁，主触点闭合，切除（短接）转子回路里的一级电阻 R_1，电动机进入第二级启动。电动机转速继续升高，当转子启动电流减小到 KI_2 的释放电流时 KI_2 释放，其常闭触点闭合，接触器 KM_2 得电吸合并自锁，主触点闭合，切除转子回路里的二级电阻 R_2，电动机启动过程结束，进入额定转速正常运行。

5.1.4 电流继电器三级启动线路

利用三个电流继电器自动切除转子回路中的三级电阻的启动线路如图 5-4 所示。

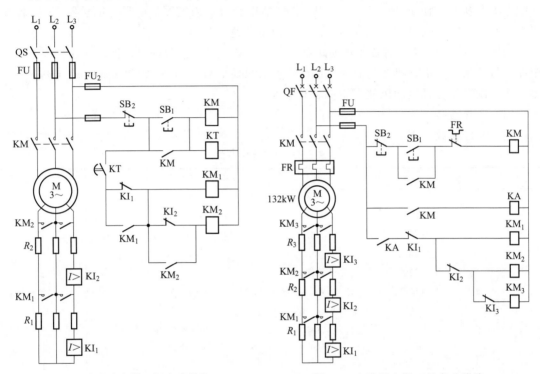

图 5-3 电流继电器二级启动线路　　图 5-4 电流继电器三级启动线路

（1）控制目的和方法

控制目的：减小启动电流，提高启动转矩。

控制方法：根据启动过程中电动机转子电流的大小变化，利用电流继电器控制启动电阻的切除。

保护元件：断路器 QF（电动机短路保护）；熔断器 FU（控制电路短路保护）；热继电器 FR（电动机过载保护）。

（2）线路组成

① 主电路。由断路器 QF、接触器 KM 主触点、热继电器 FR 和电动机 M，以及转子部分的串接电阻 $R_1 \sim R_3$、电流继电器 $KI_1 \sim KI_3$（控制元件）和接触器 $KM_1 \sim KM_3$ 主触点组成。

② 控制电路。由熔断器 FU、启动按钮 SB_1、停止按钮 SB_2、接触器 $KM_1 \sim KM_3$、中间继电器 KA 和热继电器 FR 常闭触点组成。

（3）工作原理

图 5-4 中，$R_1 \sim R_3$ 为分级启动用电阻。第一级启动电流由与 R_1 串联的电流继电器 KI_1

检测，第二级启动电流由与 R_2 串联的电流继电器 KI_2 检测，第三级启动电流由与 R_3 串联的电流继电器 KI_3 检测。它们有相同的吸合电流，但有不同的释放电流，其中 KI_1 最大，KI_2 次之，KI_3 最小。

合上断路器 QF，按下启动按钮 SB_1，接触器 KM 得电吸合并自锁，其常开辅助触点闭合，中间继电器 KA 得电吸合，KA 常开触点闭合。在 KA 常开触点闭合前，由于转子启动电流较大，电流继电器 $KI_1 \sim KI_3$ 均吸合，它们的常闭触点断开，因此接触器 $KM_1 \sim KM_3$ 均失电释放，电动机在转子回路中接有启动电阻 $R_1 \sim R_3$ 的情况下接通电源启动运行。随着电动机转速的上升，转子启动电流会逐渐减小，当电流减小到 KI_1 的释放电流时，KI_1 释放，其常闭触点闭合，接触器 KM_1 得电吸合，主触点闭合，切除（短接）转子回路里的一级电阻 R_1，电动机进入第二级启动。电动机转速继续升高，当转子启动电流减小到 KI_2 的释放电流时，KI_2 释放，其常闭触点闭合，接触器 KM_2 得电吸合，主触点闭合，切除转子回路里的二级电阻 R_2，电动机转速继续升高，当转子启动电流减小到 KI_3 的释放电流时，KI_3 释放，其常闭触点闭合，接触器 KM_3 得电吸合，主触点闭合，切除转子回路里的三级电阻 R_3，电动机启动过程结束，进入额定转速正常运行。

断路器 QF 的热脱扣整定值为 330A，作为电动机过载的后备保护。

（4）元件选择

电气元件参数见表 5-2。

表 5-2　电气元件参数

序号	名　称	代号	型号规格	数　量
1	断路器	QF	DW15-400　$I_{dz}=330A$	1
2	熔断器	FU	RL1-15/10A	2
3	热继电器	FR	T250　250～400A	1
4	交流接触器	KM、KM_3	CJ20-250A　380V	2
5	交流接触器	KM_1、KM_2	CJ20-160A　380V	2
6	电流继电器	$KI_1 \sim KI_3$	JL18-80J　AC 380V	3
7	中间继电器	KA	JZ7-44　380V	1
8	按钮	SB_1	LA18-22(绿)	1
9	按钮	SB_2	LA18-22(红)	1
10	铁铬铝带电阻	R_1	ZX-0.2Ω	1
11	铁铬铝带电阻	R_2	ZX-0.046Ω	1
12	铁铬铝带电阻	R_3	ZX-0.033Ω	1

（5）启动电阻电阻值的计算

启动电阻的级数越多，启动越相对平滑。但级数越多，控制线路也越复杂。一般中小容量电动机的启动，取三级左右为宜。三相对称连接的启动电阻级数，可参见表 5-3 确定。

表 5-3　绕线式异步电动机启动电阻级数选择

电动机功率/kW	启动电阻的级数		电动机功率/kW	启动电阻的级数	
	半载启动	满载启动		半载启动	满载启动
100 以下	2～3	3～4	200～400	3～4	4～5
100～200	3～4	4～5	400～800	4～5	5～6

三相对称启动电阻的级数确定以后，每相转子绕组串接的各级启动电阻的电阻值 R_n，可用以下公式计算：

$$R_n = K^{m-n}r$$

式中　m——启动电阻的级数；

n——各级启动电阻的序号；

K——常数；

r——最末一级启动电阻的电阻值。

K 与 r 之值由以下公式计算：

$$K = \sqrt[m]{\frac{1}{s}}$$

$$r = \frac{E_2(1-s)}{\sqrt{3}\,I_2} \times \frac{K-1}{K^m-1}$$

式中　s——电动机额定转差率；

E_2——电动机转子电压，V；

I_2——电动机转子电流，A。

注意，如果启动电阻采用不对称接线，则各级电阻的计算值应增大 3 倍。

【例 5-1】 一台绕线式异步电动机，额定功率 P_e 为 130kW，定子额定电压 U_e 为 380V，额定转速 n_e 为 1460r/min，同步转速 n_0 为 1500r/min，转子电压 E_2 为 187V，转子电流 I_2 为 441A，启动电阻为对称连接。若这台电动机是半载启动，试问该电动机各级启动电阻值应为多少？

解　由表 5-3 确定启动电阻级数 $m=3$

$$s = \frac{n_0 - n_e}{n_0} = \frac{1500 - 1460}{1500} \approx 0.027$$

$$K = \sqrt[m]{\frac{1}{s}} = \sqrt[3]{\frac{1}{0.027}} \approx 3.4$$

$$r = \frac{E_2(1-s)}{\sqrt{3}\,I_2} \times \frac{K-1}{K^m-1} = \frac{187 \times (1-0.027)}{1.73 \times 441} \times \frac{3.4-1}{3.4^3-1} \approx 0.015(\Omega)$$

因此，各级启动电阻为

$$R_1 = K^{m-1}r = 3.4^{3-1} \times 0.015 \approx 0.173(\Omega)$$

$$R_2 = K^{m-2}r = 3.4^{3-2} \times 0.015 \approx 0.051(\Omega)$$

$$R_3 = K^{m-3}r = 3.4^{3-3} \times 0.015 \approx 0.015(\Omega)$$

若选取转子启动电流为正常运行电流的 1.5 倍，则每相启动电阻的功率应为

$$P = I_{2q}^2 R = (1.5 I_2)^2 (R_1 + R_2 + R_3)$$
$$= (1.5 \times 441)^2 \times (0.173 + 0.051 + 0.015) \approx 104.6(\text{kW})$$

实际使用的启动电阻的功率值可以小于计算值。在启动不频繁的场所，可选计算值的 1/3；在启动频繁的场所，可选计算值的 2/3。

又如，对于本章 5.1.2 例 75kW 绕线型异步电动机，其转子电压 E_2 为 354V，转子电流 I_2 为 128A，额定转速 n_e 为 1480r/min。查表 5-3，确定启动电阻级数 $m=3$，则

$$s_e = \frac{n_0 - n}{n_0} = \frac{1500 - 1480}{1500} = 0.0133$$

$$K=\sqrt[m]{\frac{1}{s_e}}=\sqrt[3]{\frac{1}{0.0133}}=4.2$$

$$r=\frac{E_2(1-s_e)}{\sqrt{3}\,I_2}\times\frac{K-1}{K^m-1}=\frac{354\times(1-0.0133)}{\sqrt{3}\times128}\times\frac{4.2-1}{4.2^3-1}=0.069(\Omega)$$

$$R_1=K^{m-1}r=4.2^{3-1}\times0.069=1.218(\Omega)$$

$$R_2=K^{m-2}r=4.2^{3-2}\times0.069=0.290(\Omega)$$

$$R_3=K^{m-3}r=4.2^{3-3}\times0.069=0.069(\Omega)$$

因此可选用新系列（铁铬铝带）电阻分别为

$$ZX\text{——}1.2\Omega;ZX\text{——}0.29\Omega;ZX\text{——}0.069\Omega$$

5.1.5　频敏变阻器手动单向启动线路

频敏变阻器是一种无触点电磁元件，在电动机启动过程中，转子电流的频率逐渐减小，频敏变阻器的等值阻抗随转子电流频率减小而自动减小。频敏变阻器的这个特性正好符合电动机降压启动过程对串入电阻的要求。所以只要用一级频敏变阻器就可以使绕线式异步电动机的转速连续、平滑地上升。

频敏变阻器常用于大中型绕线式异步电动机的启动。

（1）频敏变阻器的选用通常应考虑以下三个因素

① 应符合电动机启动方式的要求。异步电动机启动方式主要有两种：偶尔启动和重复短时启动，与之相对应，频敏变阻器也应选用相应的类型。

② 要考虑电动机启动负载的类型。电动机负载，从启动的角度来看可分为三类：轻载、轻重载和重载。频敏变阻器与之对应，也分为轻载、轻重载和重载三种类型，选用时应配合正确。

③ 应达到一定的启动转矩和一定的转子启动电流。对于不同启动方式和不同启动负载的频敏变阻器（如偶尔启动的轻载类型和偶尔启动的重载类型等），启动时应满足一定的转矩和一定的转子启动电流。

对于不同启动方式和不同启动负载的频敏变阻器，应按表 5-4 正确选择，启动时应满足一定的转矩和一定的转子启动电流。

表 5-4　频敏变阻器系列概况

频敏变阻器	系　列				
	BP1	BP2	BP3	BP4	BP6
结构	铁芯由 12mm E 字形厚钢板制成	铁芯由 50mm× 50mm 方钢制成的 E 字形铁片组成	铁芯由 6～8mm E 字形钢板叠成，片间有 6～10mm 的间隙	铁芯片由 10mm 厚钢管外套铅环组成	铁芯由两层钢管和两层铝环组成
铁芯功率因数	0.6～0.75	0.7～0.75	0.5～0.7	0.75～0.85	0.8～0.9
典型用途	启动带轻负荷和重负荷的偶尔启动的电动机	启动带轻负荷和重负荷的偶尔启动的电动机	启动反复短时工作制的电动机	启动带 90% 以下负荷的偶尔启动的电动机	启动带 100% 负荷的偶尔启动的电动机
控制绕线转子异步电动机的功率范围/kW	2.2～2240	10～1120	0.6～125	14～1000	75～315

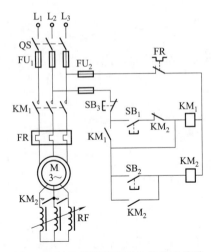

图 5-5 频敏变阻器手动单向启动线路

频敏变阻器手动单向启动线路如图 5-5 所示。该线路结构简单。但要求按下短接按钮 SB₂ 的时间必须适时。过早，达不到限制启动电流和增加启动转矩的目的；过晚，会消耗电能及延长启动时间。

（2）工作原理

合上电流开关 QS，按下启动按钮 SB₁，接触器 KM₁ 得电吸合并自锁，电动机转子串入频敏变阻器 RF 启动正转，转差率随转速上升而逐渐减小，频敏变阻器的阻抗随转速上升而逐渐下降，使电动机的转速平滑地上升。当转速上升到接近额定转速时，按下短接按钮 SB₂，接触器 KM₂ 得电吸合并自锁。频敏变阻器被短接，至此电动机启动过程结束，进入额定转速正常运转。

（3）频敏变阻器的调整

① 电动机启动电流过大，启动太快，应进行如下调整：

a. 改用匝数较多的抽头（频敏变阻器一般有 100%、90%、80% 和 30% 匝数抽头）。

b. 如果绕组有几组并联，可拆去一组，或者改为串联。

c. 如果绕组仅有一组，且已用到最多匝数，启动电流仍过大，则可用相应规格的导线再绕几圈，以增加匝数（若铁芯窗口有富余空间）。

② 合闸后电动机不启动，启动电流太小，或者虽启动，但稳定转速不高，应进行以下调整：

a. 调整线圈抽头或改用匝数较少的抽头。

b. 如果绕组有几组串联，可以拆去一组，或者改为并联。

c. 将绕组由 Y 接法改为 △ 接法。

d. 如果绕组仅有一组，且匝数已用到最少，启动力矩仍偏小，而 Y 接法改为 △ 接法后，启动力矩又偏大，此时可增大上、下铁芯气隙。

③ 刚启动时启动转矩偏大，对机械构件有冲击，但启动完毕后稳定转速又偏低。此时应增加匝数和增大上、下铁芯气隙，或调节钢管的厚度，使启动电流不致过大，但这种方法只能起到微调作用。

④ 频敏变阻器串电阻。在某些特定场合（如负载转矩大、启制动频繁）启动不正常时，可在转子回路中再串接较小阻值的电阻器，以增大频敏变阻器绕组的电阻，从而起到既限制启动电流、改善初启动性能，又满足电动机原有的启动运行特性等多重作用。串接电阻器的阻值和功率应根据电动机的实际运行参数确定，阻值一般以频敏变阻器线圈直流电阻值为参考。

⑤ 频敏变阻器的串并联与 Y/△ 连接。当电动机功率较大或现有的频敏变阻器在使用中遇到电源电压低、负载转矩大、启制动性能差等情况时，应考虑频敏变阻器的串并联使用。频敏变阻器串并联后线圈的等效匝数和导线截面积变为：

$$W_C = \frac{1}{2} W_L, \quad S_C = 2S_L$$

$$W_{\mathrm{B}}=2W_{\mathrm{L}},S_{\mathrm{B}}=\frac{1}{2}S_{\mathrm{L}}$$

式中　W_{C},S_{C}——串联后每相线圈匝数和导线截面积；

　　　W_{B},S_{B}——并联后每相线圈匝数和导线截面积；

　　　W_{L},S_{L}——原频敏变阻器每相线圈匝数和导线截面积。

把同一台频敏变阻器由星形（Y）接法改为三角形（△）接法或由△接法改为 Y 接法时，线圈的等效匝数 W_{Y}、$W_{\triangle}$ 和导线截面积 S_{Y}、$S_{\triangle}$ 的关系为：

$$W_{\triangle}=\frac{1}{\sqrt{3}}W_{\mathrm{Y}},S_{\triangle}=\sqrt{3}\,S_{\mathrm{Y}}$$

5.1.6　频敏变阻器手动和自动单向启动线路（一）

频敏变阻器手动和自动单向启动线路如图 5-6 所示。

（1）控制目的和方法

控制目的：减小启动电流，启动转速平滑地上升。

控制方法：启动时，转子串入频敏变阻器 RF，启动完毕，RF 退出，电动机正常运行。手动用按钮控制，自动用时间继电器控制。

保护元件：断路器 QF（电动机短路保护）；熔断器 FU（控制电路短路保护）；热继电器 FR（经电流互感器接入，电动机过载保护）。

（2）线路组成

① 主电路。由断路器 QF、接触器 KM$_1$ 主触点、电动机 M，以及转子部分的接触器 KM$_2$ 主触点和频敏变阻器 RF 组成。

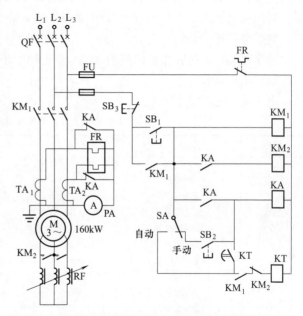

图 5-6　频敏变阻器手动和自动单向启动线路（一）

② 控制电路。由熔断器 FU、启动按钮 SB$_1$、短接按钮 SB$_2$、停止按钮 SB$_3$、转换开关 SA、接触器 KM$_1$ 及 KM$_2$、中间继电器 KA、时间继电器 KT 和热继电器 FR 常闭触点组成。

③ 热继电器保护电路。由电流互感器 TA$_1$ 及 TA$_2$、热继电器 FR、中间继电器 KA 触点和监视运行电流的电流表 PA 组成。

（3）工作原理

① 初步分析。转换开关 SA 置于"手动"位置时，时间继电器 KT 退出，频敏变阻器 RF 接入与否由按钮 SB$_2$ 控制；SA 置于"自动"位置，频敏变阻器 RF 接入由时间继电器 KT 控制。

启动时，接触器 KM$_1$ 吸合，KM$_2$ 释放，电动机转子接入频敏变阻器 RF 启动。待电动机转速接近稳定后，KM$_2$ 吸合，RF 退出，电动机全速运行。

② 顺着分析。合上断路器 QF，手动控制时，将转换开关 SA 置于"手动"位置，按下

启动按钮 SB₁，接触器 KM₁ 得电吸合并自锁，电动机转子串入频敏变阻器 RF 启动运行。待电动机转速逐渐上升，趋近额定转速时，按下短接按钮 SB₂，中间继电器 KA 得电吸合并自锁，其常开触点闭合，短接接触器 KM₂ 得电吸合，其主触点闭合，切除（短接）频敏变阻器 RF，电动机进入正常运行，启动过程结束。

自动控制时，将转换开关 SA 置于"自动"位置，按下启动按钮 SB₁，接触器 KM₁ 得电吸合并自锁，电动机转子串入频敏变阻器 RF 启动运行。同时时间继电器 KT 线圈通电，当电动机转速趋近额定转速时，KT 延时结束，其延时闭合常开触点闭合，中间继电器 KA 得电吸合并自锁，其常开触点闭合，接触器 KM₂ 得电吸合，切除频敏变阻器 RF，电动机进入正常运行。

为了使启动过程中热继电器 FR 不动作，在 FR 上并有中间继电器 KA 的常闭触点。因为当电动机功率较大时，若启动电流较大，有可能使整定好的热继电器动作，从而使电动机启动失败。待电动机接近额定转速后，此时定子电流已降到热继电器 FR 的动作整定值以下，时间继电器 KT 的延时闭合常开触点闭合，中间继电器 KA 得电吸合，其常闭触点断开，热继电器投入运行。

断路器 QF 的热脱扣整定值为 380A，作为电动机过载的后备保护。

（4）元件选择

电气元件参数见表 5-5。

表 5-5 电气元件参数

序号	名　　称	代号	型号规格	数　量
1	断路器	QF	DW15-400　I_{dz}＝380A	1
2	熔断器	FU	RL1-15/5A	2
3	热断电器	FR	JR16-20/2　4.5～7.2A	1
4	交流接触器	KM₁、KM₂	CJ20-400A　380V	2
5	中间继电器	KA	JZ7-44　380V	1
6	时间继电器	KT	JS7-2A　5～120s	1
7	转换开关	SA	LS2-2	1
8	按钮	SB₁、SB₂	LA18-22(绿)、LA18-22(黄)	2
9	按钮	SB₃	LA18-22(红)	1
10	电流互感器	TA₁、TA₂	LQG-0.5　400/5A	2
11	电流表	PA	42L6-400/5A	1
12	频敏变阻器	RF	BP1-306/5016	1

5.1.7　频敏变阻器手动和自动单向启动线路（二）

图 5-6 线路的不足之处在于：时间继电器 KT 和中间继电器 KA 在电动机正常运行中一直通电工作。如果电网电压长期偏高，KT、KA 有可能发生匝间短路；如果电网电压偏低，KT、KA 也会因吸力不足而烧毁线圈。若其中一只元件损坏或接触不良，接触器 KM₂ 将释放。这将使频敏变阻器长期参加运行，而频敏变阻器是按短时运行要求设计的，即使在额定电流下长期运行，也会烧毁。另外，KT、KA 长期参加工作（尤其是时间继电器 KT），也会缩短使用寿命，降低线路的可靠性。

改进线路如图 5-7（a）和图 5-7（b）（只画出自动控制回路）所示，即将时间继电器线圈的一端接在启动按钮 SB₁ 与接触器 KM₂ 的常闭辅助触点中间。

工作原理：按下启动按钮 SB₁，接触器 KM₁ 得电吸合并自锁，电动机转子串入频敏变

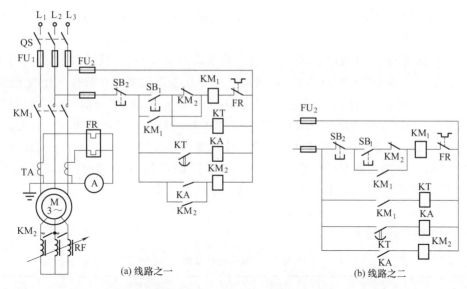

(a) 线路之一　　　　　　　(b) 线路之二

图 5-7　频敏变阻器手动和自动单向启动线路（二）

阻器 RF 启动运行。同时时间继电器 KT 线圈通电，当电动机转速趋近额定转速时，KT 延时结束，其延时闭合常开触点闭合，中间继电器 KA 得电吸合，其常开触点闭合，接触器 KM$_2$ 得电吸合并自锁，其主触点闭合，切除频敏变阻器 RF，电动机进入正常运行。这时时间继电器 KT、中间继电器 KA 退出运行，从而克服了图 5-6 线路的不足。

5.1.8　XQP 型频敏启动控制箱线路

XQP 型频敏启动控制箱线路如图 5-8 所示。

（1）控制目的和方法

控制目的：减小启动电流，启动转速平滑地上升。

控制方法：启动时，转子串入频敏变阻器 RF，启动完毕，RF 退出，电动机正常运行。用时间继电器控制。

保护元件：熔断器 FU$_1$（电动机短路保护），FU$_2$（控制电路的短路保护）；热继电器 FR（电动机过载保护）。

（2）线路组成

① 主电路。由开关 QS、熔断器 FU$_1$、接触器 KM$_1$ 主触点、热继电器 FR、电动机 M，以及转子部分的接触器 KM$_2$ 主触点和频敏变阻器 RF 组成。

② 控制电路。由熔断器 FU$_2$、启动按钮 SB$_1$、停止按钮 SB$_2$、接触器 KM$_1$ 及 KM$_2$、中间继电器 KA、时间继电器 KT 和热继电器 FR 常闭触点组成。

③ 指示灯电路。由接触器 KM$_1$ 及 KM$_2$ 的辅助触点、中间继电器 KA 触点和指示灯 H$_1$～H$_3$ 组成。

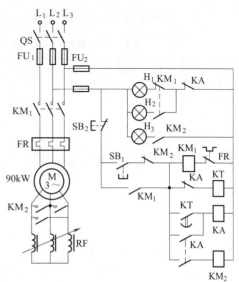

图 5-8　XQP 型频敏启动控制箱线路

H_1——控制电源指示（红色）；H_2——启动指示（黄色）；H_3——运行指示（绿色）。

（3）工作原理

合上电源开关 QS，红色指示灯 H_1 点亮。按下启动按钮 SB_1，接触器 KM_1 得电吸合并自锁，电动机转子串入频敏变阻器 RF 启动运行。KM_1 常闭辅助触点断开，红色指示灯 H_1 熄灭，KM_1 常开辅助触点闭合，黄色指示灯 H_2 点亮。在 KM_1 吸合的同时，时间继电器 KT 线圈通电，当电动机转速接近额定转速时，KT 延时结束，其延时闭合常开触点闭合，中间继电器 KA 得电吸合，其常开触点闭合，接触器 KM_2 得电吸合，其主触点闭合，切除频敏变阻器 RF，电动机进入正常运行。在中间继电器 KA 吸合并自锁时，其常闭触点断开，KT 退出运行，而黄色指示灯 H_2 熄灭，绿色指示灯 H_3 点亮。

（4）元件选择

电气元件参数见表5-6。

表 5-6　电气元件参数

序号	名称	代号	型号规格	数量
1	铁壳开关	QS	HH4-400/350A	1
2	熔断器	FU_1	RT0-400/350A(配 QS)	3
3	熔断器	FU_2	RL1-15/5A	2
4	热继电器	FR	T170　140～200A	1
5	交流接触器	KM_1、KM_2	CJ20-250A　380V	2
6	中间继电器	KA	JZ7-44　380V	1
7	时间继电器	KT	JS7-2A　5～120s	1
8	按钮	SB_1	LA18-22(绿)	1
9	按钮	SB_2	LA18-22(红)	1
10	指示灯	H_1	AD11-25/40　380V(红)	1
11	指示灯	H_2	AD11-25/40　380V(黄)	1
12	指示灯	H_3	AD11-25/40　380V(绿)	1
13	频敏变阻器	RF	BP1-410/4020	1

XQP 系列频敏启动控制箱的技术数据见表5-7。

表 5-7　XQP 系列频敏启动控制箱技术数据

型号	被控制电动机		动力回路数×接触器容量/A	控制回路电压/V	频敏变阻器		电流互感器变比	热继电器额定电流/A
	功率/kW	定子电流/A			型号	功率/kW		
XQP□-14～40	14～17	29～35	1×100(定子)+1×100(转子)			14～17		29～35
	20～22	40～45				20～22		40～45
	28～30	55～60				28～30		55～60
	40	80～85				40		80～85
XQP□-45～60	45	99	1×150(定子)+1×150(转子)			45	200/5	2.4
	55～60	108～121				55～60		2.7～3.0
XQP□-65～115	65～75	140～150	1×250(定子)+1×250(转子)	380	BP□	65～75	200/5	3.5
	80	158～169				80	300/5	2.6～2.8
	95～100	182～197				95～100		3.0～3.3
	110～115	211～238				110～115	400/5	2.6～3.0
XQP□-130～185	130～135	246～267	1×400(定子)+1×400(转子)			130～135	400/5	3.1～3.3
	155	288～304				155		2.4～2.5
	180～185	327～350				180～185	600/5	2.7～2.9

型　号	被控制电动机		动力回路数× 接触器容量/A	控制回路 电压/V	频敏变阻器		电流互 感器变比	热继电器额定 电流/A
	功率/kW	定子电流/A			型号	功率/kW		
XQP□-210～300	210～225	399～405	1×600(定子)+ 1×600(转子)	380	BP□	210～225	600/5	3.3～3.4
	240	436				240		2.7
	245～260	466				245～260	800/5	2.9
	280	510				280		3.2
	300	535				300		3.3

注：型号 XQP 后面的框内数字表示负载分类，"1""2"代表轻载启动，"4"代表重载启动。

5.1.9　频敏变阻器手动正反转启动线路

线路如图 5-9 所示。该线路用于手动（按钮）控制电动机正反转启动。

工作原理：合上电源开关 QS。正向启动时，按下正转启动按钮 SB_1，接触器 KM_1 得电吸合并自锁，电动机转子串入频敏变阻器 RF 正向启动运行。当电动机转速上升到接近额定转速时，按下短接按钮 SB_3，短接接触器 KM_3 得电吸合并自锁，其主触点短接频敏变阻器，电动机进入正常运行。

反向启动时，按下反转启动按钮 SB_2 即可，其启动过程与正向启动过程相同。

图中，接触器 KM_1 与 KM_2 之间采用了电气联锁和机械联锁，以防止相间短路；KM_3 两个常闭辅助触点是起保证电动机串入频敏变阻器后才允许启动的作用。

5.1.10　频敏变阻器自动正反转启动线路

线路如图 5-10 所示。该线路是利用时间继电器 KT 自动切除频敏变阻器 RF 启动的。

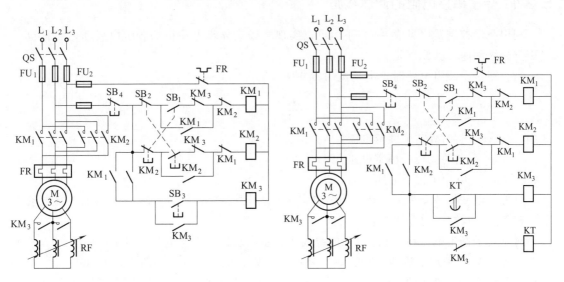

图 5-9　频敏变阻器手动正反转启动线路　　　图 5-10　频敏变阻器自动正反转启动线路

工作原理：合上电源开关 QS。正向启动时，按下正转启动按钮 SB_1，接触器 KM_1 得电吸合并自锁，电动机转子串入频敏变阻器 RF 正向启动运行。同时，由于 KM_3 常闭辅助触点闭合，时间继电器 KT 线圈得电，当电动机转速上升到接近额定转速时，KT 延时结束，其延时闭合常开触点闭合，短接接触器 KM_3 得电吸合并自锁，其主触点闭合，切除频敏变阻器，电动机进入正常运行。同时 KM_3 常闭辅助触点断开，KT 失电释放。即在电动机正常运转时，KT 不参加工作。

反向启动时，按下反转启动按钮 SB_2 即可，其启动过程与正向启动过程相同。

5.2 绕线式异步电动机调速线路

绕线式异步电动机常用的调速方法有：转子绕组串接电阻调速，交流串级调速，晶闸管交流调压调速和辅助电源调速等。几种调速方法的比较见表 5-8。

表 5-8 绕线式异步电动机几种调速方法比较

调速方式	性能和特点	调速比	适用范围
转子绕组串接电阻调速	用凸轮或鼓形开关控制器不对称切除转子电阻，用控制屏对称切除电阻。简单、价廉，有级调速，特性软，效率低	2：1	用于短时反复工作制机械，如起重机、卷扬机等
交流串级调速	转子回路通以可控直流比较电压，以改变电动机的转差率，达到平滑调速的目的。特点是效率高，可把转差能反馈到电网，无级调速，功率因数较低	(2：1)～(4：1) 10：1(闭环)	用于中、大功率不可逆机械，如风机、泵、压缩机等
晶闸管交流调压调速	改变晶闸管的移相角，以改变电动机的电压，从而达到电动机调速的目的。特点是恒转矩无级调速，效率随转速降低而成比例下降	(3：1)～(10：1) (闭环)	用于长期工作制及要求平滑启动、短时低速运行的场所，如起重机、泵、风机等
辅助电源调速	属恒转矩无级调速，简单。缺点是电阻上消耗电能	3：1	用于调速范围不大的场所，如给煤皮带机等

5.2.1 转子串接电阻的调速线路

利用凸轮控制器（见表 9-1）不但可以实现绕线式异步电动机的分阶段启动，而且也可以用于分级调速。其原理是：

当忽略转子绕组电感时，电动机的转差率：

$$s = \frac{\sqrt{3}\,I_{2e}}{U_{2e}}R_d$$

式中　I_{2e}——电动机转子额定电流，A；

　　　U_{2e}——电动机转子额定电压，V；

　　　R_d——电动机转子回路电阻，Ω。

可见，电动机转差率 s 与转子回路电阻 R_d 的阻值有关。R_d 增加，s 也增加，则电动机的转速下降；反之，电动机的转速升高。

对于转子额定电流在 900A 以下的绕线式异步电动机，串接电阻一般采用如图 5-11 所示的 Y 连接；转子额定电流达 1800A 时，串接电阻则宜接成双 Y，如图 5-12 所示。

切除转子绕组串接的电阻，一般采用凸轮式或鼓形控制器和 PY1 型控制屏。采用 PY1 或 PT 型控制屏，并利用接触器对称切除电阻时，在低速情况下，特性很软、速度不稳定，所以不能做深调速。

5.2.2 具有正反转、反接制动和分级调速功能的线路

具有正反转、反接制动和分级调速功能的线路如图 5-13 所示。该线路用控制器 SA 分

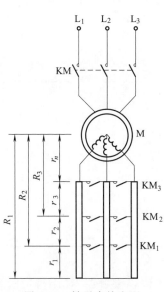

图 5-11　转子串接电阻
Y 接法启动线路

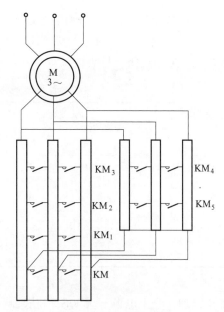

图 5-12　转子串接电阻双
Y 接法启动线路

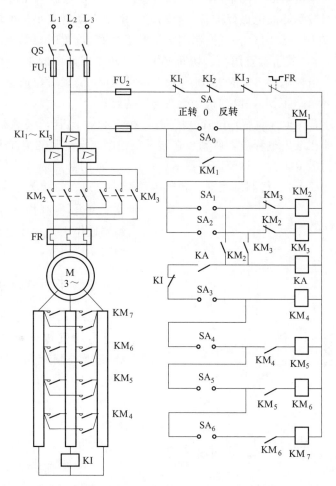

图 5-13　具有正反转、反接制动和分级调速功能的线路

级调速和正反转控制；反接制动用接在转子回路中的过电流继电器 KI 来控制；电流继电器 $KI_1 \sim KI_3$ 用作电动机的三相过电流保护；零压继电器 KA 用作欠压保护。

控制器 SA 触点闭合见表 5-9。

表 5-9 控制器 SA 触点闭合

状态 触点 \ 位置	向后（反转）					0 位	向前（正转）				
	5	4	3	2	1	0	1	2	3	4	5
SA_0						×					
SA_1							×	×	×	×	×
SA_2	×	×	×	×	×						
SA_3	×	×	×					×	×	×	×
SA_4	×	×	×						×	×	×
SA_5	×	×								×	×
SA_6	×										×

注：×表示接通。

工作原理：合上电源开关 QS，将控制器 SA 置于"0"位，接触器 KM_1 得电吸合并自锁。当 SA 置于正转（向前）位置"1"时，触点 SA_1 闭合，接触器 KM_2 得电吸合，电动机在转子回路中串入全电阻的情况下启动运行。同时，零压继电器 KA 得电吸合，其常开触点闭合，为调速电路接触器通电做好准备。启动时，由于启动电流小于电流继电器 KI 的动作电流整定值，KI 常闭触点闭合。当控制器 SA 置于"2"位置时，触点 SA_1、SA_3 闭合，接触器 KM_4 得电吸合，其主触点闭合，切断（短接）转子回路中的第一级电阻，电动机在该极的转速下运行。当控制器 SA 依次置于"3""4""5"位置时，通过 $SA_4 \sim SA_6$ 触点，接通相应的接触器 $KM_5 \sim KM_7$，电动机运行在不同的转速上。

当控制器 SA 置于反转（向后）位置"1"时，触点 SA_2 闭合，接触器 KM_2 得电吸合，而调速运行的接触器相继失电释放，电动机在转子绕组串入全电阻的情况下反接制动。反接制动时转子回路中的电流很大，过流继电器 KI 动作，其常闭触点断开，保证在反接制动时不接入接触器 $KM_4 \sim KM_7$。待制动完毕，转子电流减小，过流继电器恢复常态，其常闭触点又闭合，此时转动控制器 SA 才能起到调速作用，动作过程同正转（向前）调速一样。

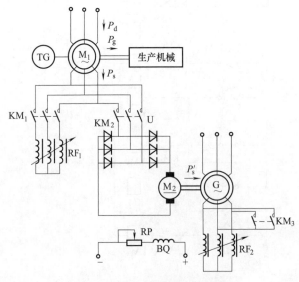

图 5-14 电气式串级调速线路

5.2.3 电气式串级调速线路

绕线式异步电动机的串级调速，是在电动机转子回路内引入一个反电势 U_β，控制 U_β 的大小就等于控制转差功率 P_s 的大小，而 $P_s = sP_D$（其中 P_D 为电动机定子回路从交流电网取得的功率，s 为转差率），所以也就控制了电动机的转速。

串级调速方式为无级调速，其转差功率可返回电网或加以利用，效率高，适合于大型绕线式感应电动机。

串级调速有两种形式：一种是电气式串级调速；另一种是晶闸管式串级调速。

电气式串级调速线路如图 5-14 所示。

主电动机 M_1 由频敏变阻器 RF_1 启动，启动完毕，倒换到调速系统。

主电动机的输出功率，一部分输送给生产机械；另一部分通过整流器 U 和辅助机组（由 M_2 和 G 组成的电动-发动机组）转变为电能送回电网。

5.2.4 晶闸管式串级调速线路

晶闸管式串级调速线路如图 5-15 所示。

工作原理：绕线式异步电动机在不同转速下感应出的转子电压（转差频率

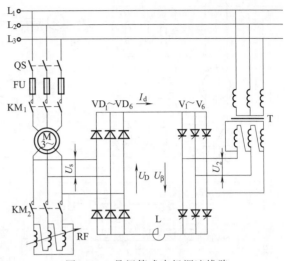

图 5-15 晶闸管式串级调速线路

电动势）$U_s = sU_{s0}$（U_{s0} 为 $s=1$ 时的转子开路电压）。该电压经桥式三相整流器变成直流电压 U_D，U_D 再经逆变器逆变为交流电，由逆变变压器回馈电网。这时逆变电压 U_β 可看作是加在转子回路中的反电势。控制逆变器的逆变角 β，就可以改变 U_β 的大小，从而实现转速控制。

串级调速的原理是：电动机的启动通常采用接触器控制接在转子回路中的频敏变阻器来实现。当电动机在某一转速下运行时，略去转子回路阻抗压降，则有 $U_D = U_\beta$。当逆变角 β 增大时，U_β 减小，转子电流增加，于是电动机转速升高，转差率下降，导致 U_D 减小，直到 $U_D = U_\beta$ 时，电动机稳定运行在新的转速上。当 β 减小时，电动机稳定运行在较低转速上。连续改变 β 角，就可以平滑地改变电动机的转速，当 $\beta = 90°$ 时，$U_\beta = 0$，相当于转子绕组短接，电动机转速最高。

晶闸管式串级调速的控制线路如图 5-16 所示。控制回路主要元件参数见表 5-10。

表 5-10 主要元件参数

代号	名称	规格	代号	名称	规格
VT_1、VT_2	三极管	3AX31B	R_{11}	金属膜电阻	RJ-120Ω 1/2W
$VD_1 \sim VD_8$	二极管	1N4004	R_{12}	金属膜电阻	24Ω 1/2W
$VD_9 \sim VD_{16}$	二极管	1N4004	R_{13}	金属膜电阻	4.7kΩ 1/2W
R_4、R_6	金属膜电阻	RJ-12kΩ 1/2W	R_{14}	金属膜电阻	200kΩ 1/2W
R_5	金属膜电阻	RJ-24kΩ 1/2W	R_{15}	金属膜电阻	1.25kΩ 1/2W
R_7	金属膜电阻	RJ-1kΩ 1/2W	R_{16}	金属膜电阻	360Ω 1/2W
R_8	金属膜电阻	RJ-3.4kΩ 1/2W	RP	电位器	WX-1kΩ 2W
R_9	金属膜电阻	RJ-22Ω 1/2W	$C_5 \sim C_8$	电容器	CBB22 0.047μF
R_{10}	金属膜电阻	RJ-2kΩ 1/2W	C_9、C_{10}	电解电容器	CD11,100μF 25V

三相半波有源逆变器能将直流电源的能量变为与电网同频率的交流能量并回馈给电网。

在逆变器工作时，逆变器中晶闸管的触发导通角 α 必须大于 $90°$，即在电源电压的负半周才导通。此时电流的方向和被逆变的直流电源的电压方向一致，因此直流电源输出能量。

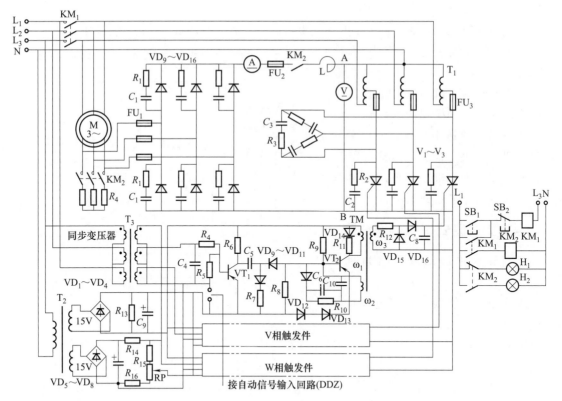

图 5-16　晶闸管式串级调速控制线路

由于 $\alpha>90°$，逆变器 A、B 两端为一反电势，由直流电源提供的电流和此反电势方向相反，此反电势是由交流电网提供的，因此电网吸收能量，完成了逆变电能的工作。

在逆变器不工作时，电流从一相转换到另一相能够自然地发生，只需前一相电压低于后一相，就能自行转换。

β_{min} 一般选为 $25°\sim30°$，所以逆变器工作时，逆变角 $20°<\beta<90°$。

移相控制采用锯齿波移相控制触发电路。它是将同步电压与控制电压相比较，进而控制三极管 VT_1 的通断来实现的。在 VT_1 截止瞬间，其集电极经电容 C_5 输出负脉冲，使三极管 VT_2 导通。当 VT_1 导通时，VT_2 截止。可见，控制电压的大小，直接控制 VT_1 的通断时刻，进而控制 VT_2 的导通相位。

由 VT_2 和脉冲变压器 TM 等组成脉冲形成电路。当 VT_2 导通时，其集电极电流流经 TM 的初级绕组 ω_1，在脉冲变压器铁芯饱和前，各绕组均感应出平顶的脉冲电压。ω_2 为电流正反馈绕组，在 VT_2 导通瞬间，ω_2 中的感应电势一方面加强 VT_2 的基极电流，从而提高输出脉冲的陡度；另一方面通过 R_{10} 和 C_6 的微分电路，使 VT_2 维持导通，从而增大输出脉冲的宽度。当脉冲变压器铁芯达到饱和时，VT_2 的集电极电流剧增，ω_2 中的感应电势迅速减小，VT_2 迅速截止，因而输出脉冲的后沿也较陡。逆变器晶闸管各相的触发脉冲是由滞后相电压产生的。逆变器的工作波形如图 5-17 所示。

5.2.5　辅助电源无级调速线路

这是一种无逆变器而有辅助电源的绕线式异步电动机调速方式。其线路简单、可靠，适用于调速范围不大的场合。

（1）调速原理

辅助电源无级调速原理如图 5-18 所示。图中，U_1 为电动机转子差电动势输出整流器输出电压；U_2 为辅助电源可控整流器输出电压。电流 I_2 在平衡电阻 R_c 上产生电压 $U_β = I_2 R_c$。

对整流器输出电压 U_1 而言，$U_β$ 相当于一个反电势。当电动机负载不变时，调节 U_2 的输出电流，则电压 $U_β$ 也改变，使得 U_1 的输出电流相应改变，迫使转子电流发生变化而达到调速的目的。

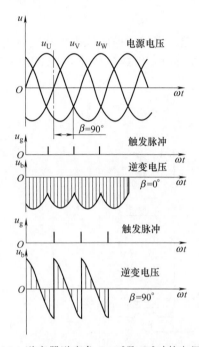

图 5-17　逆变器逆变角 $β = 0°$ 及 $90°$ 时的电压波形

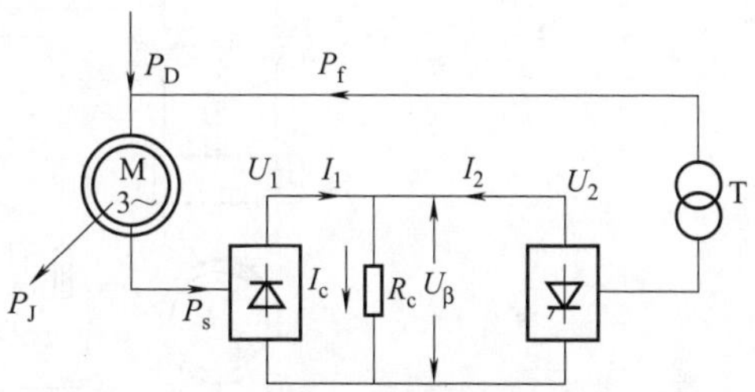

图 5-18　辅助电源无级调速原理

当反电势 $U_β$ 大于输出电压时，U_1 输出电流为零。一般情况下，在反电势加大、转子电流减小的同时，电动机的转矩、转速降低。这将使转差率 s 提高，整流器转子交流电势 U_1 增加。转子电势增加，又提高了转子电流，此过渡过程一直延续到转子输出电流达到负载转矩所对应的数值为止。这时电动机稳定在新的转速下运行。

（2）参数的确定（具体推导从略）

① 转子回路每相电阻 $R_φ$ 换算到整流器输出端的电阻 R_a：

$$R_a = 1.91 R_φ$$

② 平衡电阻 R_c：

$$R_c = \frac{s_{\min} E_1 - \Delta U_z}{I_{1e}} - R_a$$

式中　$s_{\min}$——调速范围上限所对应的最小转差率；

I_{1e}——对应于转子额定电流的 U_1 侧电流；

ΔU_z——整流元件上的最大电压降，可取 2V。

R_c 的功率 P_c：

$$P_c = \frac{(s_{\max} E_1 - \Delta U_z)^2}{R_c}$$

式中 s_{max}——调速范围下限所对应的最大转差率。

③ 辅助电源容量 P_2：

$$P_2 \geqslant U_{\beta max} I_{2max}$$

式中 $U_{\beta max}$——当 $I_1 = 0$ 时在电阻 R_c 上的最大电压降，V；$U_{\beta max} = s_{max} E_1 - \Delta U_z$；

E_1——当 $s = 1$ 时，输出端 U_1 的电势，V；

I_{2max}——辅助电源整流器 U_2 的输出电流最大值，A；$I_{2max} = \dfrac{E_1 - \Delta U_z}{R_c}$。

（3）具体线路

图 5-19 是一台 3.5kW 绕线式异步电动机调速线路。图中辅助电源为单相交流电源，经单相半波控制桥（由二极管 VD_7、VD_8 和晶闸管 V_1、V_2 组成）输出电流供给平衡电阻 R_c，晶闸管的触发电路为一全波阻容移相桥。

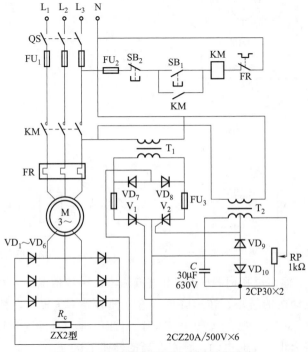

图 5-19　采用辅助电源的无级调速线路

调节电位器 RP，便可改变晶闸管的触发导通角，从而能使电动机在 300～900r/min 范围内连续调节。

T_1 采用 220V/250V 2kV·A 变压器；T_2 采用 220V/6.3V 电铃变压器改制，改为两只 220V/20V 变压器。

5.3　绕线式异步电动机制动线路

绕线式异步电动机的制动方式有：机械制动、能耗制动和反接制动。

5.3.1　机械制动线路

绕线式异步电动机的机械制动线路与笼型异步电动机的机械制动线路一样，即利用电磁抱闸等手段进行制动。

5.3.2　能耗制动线路

绕线式异步电动机的能耗制动线路，其原理与笼型异步电动机的能耗制动线路一样，即当电动机通电后，在其定子绕组中通入直流电流，建立一个静止磁场，从而产生一个制动转矩。能耗制动适用于经常启动和频繁正反转、且要求迅速和准确停机的电动机。

能耗制动的接线如图 5-20 所示（只画出主回路）。电动机制动转矩的大小与通入定子的直流电流的大小和转子回路中串入电阻阻值的大小有关。制动时应在转子回路中串接一个阻值为 $(0.3\sim0.4)R_1$ 的电阻 R_2，使平衡制动转矩等于额定转矩。

另外，由于能耗制动的制动转矩随着转速降低而逐渐减弱，因此能耗制动应和机械制动配合使用。

一般来说，当直流制动电流 I_{zd} 为电动机空载电流的 $2\sim3$ 倍时，最大制动转矩可达额定转矩的 $1.25\sim2.2$ 倍。

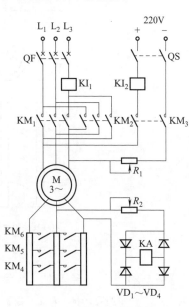

图 5-20　绕线式异步电动机
能耗制动接线

5.3.3　反接制动线路

绕线式异步电动机的反接制动，是将电动机的电源相序反接而产生制动转矩的一种电制动方式。该制动方式的制动转矩较大，且基本恒定。绕线式异步电动机采用频敏变阻器进行反接制动最为理想，因为反接开始时，电动机转差率 $s=2$，频敏变阻器阻抗增大一倍，可以较好地阻止制动电流，并得到近似恒定的制动转矩。这种制动方式较适用于经常正反向运转的机械。使用该制动方式，当转速接近零时应及时切断电源，否则有自动反向启动的可能。

反接制动线路如图 5-21（a）所示（只画出主回路）；机械特性见图 5-21（b）。

反接制动电阻电阻值 R 的计算：

$$R=R_z-R_q-r_2,\ R_z=\frac{s_f}{M_f^*}R_{2e}$$

$$R_{2e}=\frac{U_{2e}}{\sqrt{3}\,I_{2e}}$$

式中　R——反接制动电阻，Ω；

$\quad R_z$——反接制动时转子回路总电阻，Ω；

$\quad s_f$——反接制动开始时电动机的转差率，一般取 $s_f=2$；

$\quad M_f^*$——反接制动时，转矩标示值（需考虑到电动机能承受的最大转矩）；

$\quad R_{2e}$——电动机转子额定电阻，Ω；

$\quad U_{2e}$——电动机转子额定电压，V；

$\quad I_{2e}$——电动机转子额定电流，A；

$\quad R_q$——电动机启动电阻，Ω；如图 5-21（a）中的 $R_1+R_2+R_3$；

$\quad r_2$——电动机转子内阻，Ω。

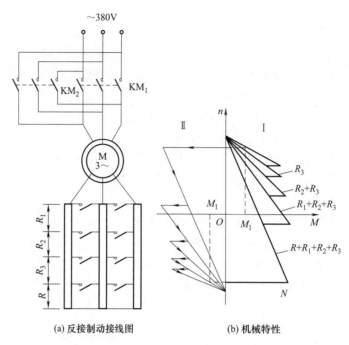

(a) 反接制动接线图　　　　　　(b) 机械特性

图 5-21　绕线式异步电动机反接制动接线图和机械特性

【例 5-2】　有一台 JZR31-8 型、7.5kW 绕线式异步电动机，已知 U_{2e} 为 185V，I_{2e} 为 28A，r_2 为 0.21Ω，R_q 为 1.12Ω，求反接制动电阻。

解　电动机转子额定电阻 R_{2e}：

$$R_{2e} = \frac{U_{2e}}{\sqrt{3}\,I_{2e}} = \frac{185}{\sqrt{3}\times 28} = 3.82(\Omega)$$

设 $M_f^* = 1.98$，则反接制动时转子回路总电阻 R_z：

$$R_z = \frac{s_f}{M_f^*}R_{2e} = \frac{2}{1.98}\times 3.82 = 3.85(\Omega)$$

因此，反接制动电阻 R 为

$$R = R_z - R_q - r_2 = 3.85 - 1.12 - 0.21 = 2.52(\Omega)$$

对于 JZR 和 JZR_2 型绕线型异步电动机，采用二级加速启动和一级反接制动系统时，各级电阻的选配见表 5-11。

表 5-11　JZR 和 JZR_2 型绕线型异步电动机采用二级加速启动和一级反接制动系统时的各级电阻值

电动机型号			电阻段号	各段电阻				每台电动机所用电阻
转子电压/V	转子电流/A	转子电阻/Ω		电阻值/Ω	电阻元件型号	片数	允许连续电流/A	
JZR-11-6			Z_1-Q_1	0.4		2		
			Q_1-FJ_1	1.6	200	8	24	200 号,3×30 片
135	12.8	6.1	FJ_1-FJ_{10}	4.0		20		
JZR-12-6			Z_1-Q_1	0.8		4		
			Q_1-FJ_1	2.0	200	10	24	200 号,3×46 片
204	12.2	9.65	FJ_1-FJ_{10}	6.4		32		

续表

电动机型号			电阻段号	各段电阻				每台电动机所用电阻
转子电压/V	转子电流/A	转子电阻/Ω		电阻值/Ω	电阻元件型号	片数	允许连续电流/A	
JZR-21-6			Z_1-Q_1	0.4		2		
164	20.6	4.55	Q_1-FJ_1	1.2	200	6	24	200 号,3×24 片
			FJ_1-FJ_{10}	3.2		16		
JZR-22-6			Z_1-Q_1	0.56		4		
227	21.6	6.1	Q_1-FJ_1	1.4	140	10	20	140 号,3×44 片
			FJ_1-FJ_{10}	4.2		30		
JZR-31-6			Z_1-Q_1	0.28		2		
200	35.6	3.25	Q_1-FJ_1	0.86	140	6	29	140 号,3×24 片
			FJ_1-FJ_{10}	2.24		16		
JZR-31-8			Z_1-Q_1	0.28		2		
185	28	3.82	Q_1-FJ_1	0.84	140	6	29	140 号,3×26 片
			FJ_1-FJ_{10}	2.52		18		
JZR_2-31-8			Z_1-Q_1	0.21		2		
164	32	2.96	Q_1-FJ_1	0.63	105	6	33	105 号,3×26 片
			FJ_1-FJ_{10}	1.89		18		
JZR_2-41-8			Z_1-Q_1	0.11		2		
148	51.7	1.65	Q_1-FJ_1	0.53	54	6	46	54 号,3×28 片
			FJ_1-FJ_{10}	1.08		20		
JZR_2-42-8			Z_1-Q_1	0.15		2		
217	50	2.52	Q_1-FJ_1	0.6	75	8	39	75 号,3×32 片
			FJ_1-FJ_{10}	1.65		22		
JZR_2-51-8			Z_1-Q_1	0.11	54	2	46	
217	67.5	1.87	Q_1-FJ_1	0.43	54	8	46	54 号,3×10 片 105 号,3×12 片
			FJ_1-FJ_{10}	1.26	105	12	33	
JZR_2-52-8			Z_1-Q_1	0.15	75	2×2 并联	78	
272	72.8	2.16	Q_1-FJ_1	0.45	75	6	39	75 号,3×10 片 105 号,3×10 片
			FJ_1-FJ_{10}	1.4	105	10	29	
JZR_2-61-10			Z_1-Q_1	0.04	20	2	107	
147	134	0.63	Q_1-FJ_1	0.16	20	8	107	20 号,3×10 片 55 号,3×8 片
			FJ_1-FJ_{10}	0.44	55	8	64	
JZR_2-62-10			Z_1-Q_1	0.058	28	2	91	
184	141	0.75	Q_1-FJ_1	0.168	28	6	91	28 号,3×8 片 55 号,3×10 片
			FJ_1-FJ_{10}	0.55	55	10	64	
JZR_2-63-10			Z_1-Q_1	0.058	28	2	91	
222	146	0.88	Q_1-FJ_1	0.22	28	8	91	28 号,3×10 片 55 号,3×10 片
			FJ_1-FJ_{10}	0.55	55	10	64	
JZR_2-64-10			Z_1-Q_1	0.08	20	4	107	
277	152	1.06	Q_1-FJ_1	0.2	20	10	107	20 号,3×14 片 55 号,3×14 片
			FJ_1-FJ_{10}	0.77	55	14	64	
JZR_2-71-10			Z_1-Q_1	0.08	20	4	107	
288	177	0.94	Q_1-FJ_1	0.2	20	10	107	20 号,3×14 片 40 号,3×16 片
			FJ_1-FJ_{10}	0.64	40	16	76	

电动机型号			电阻段号	各段电阻				每台电动机所用电阻
转子电压/V	转子电流/A	转子电阻/Ω		电阻值/Ω	电阻元件型号	片数	允许连续电流/A	
JZR$_2$-72-10			Z$_1$-Q$_1$	0.084	14	6	128	14号,3×6片
			Q$_1$-FJ$_1$	0.28	28	10	91	28号,3×10片
361	176	1.2	FJ$_1$-FJ$_{10}$	0.8	40	20	78	40号,3×20片
JZR$_2$-73-10			Z$_1$-Q$_1$	0.1	10	10	152	10号,3×10片
			Q$_1$-FJ$_1$	0.32	20	16	107	20号,3×16片
433	182	1.37	FJ$_1$-FJ$_{10}$	0.96	24	24	76	24号,3×24片

注：表中"电阻段号"Z$_1$-Q$_1$为第一段电阻，即R_1；Q$_1$-FJ$_1$为第二段电阻，即R_2；FJ$_1$-FJ$_{10}$为第三段电阻，即R_3。

5.3.4 具有综合制动功能的正反向可调速控制线路

（1）线路结构

图 5-22 是具有机械制动、能耗制动、反接制动功能的绕线式异步电动机正反向可调速控制线路。

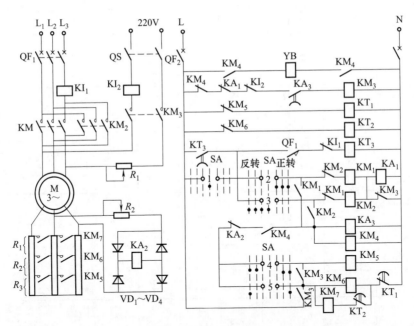

图 5-22 具有综合制动功能的正反向可调速控制线路

图中，KI$_1$ 为堵转继电器（实际上是过电流继电器）；KI$_2$ 为过电流继电器；KM$_1$ 为正转接触器；KM$_2$ 为反转接触器；KM$_3$ 为动力制动接触器；KM$_4$ 为制动接触器；KM$_5$ 为反接制动接触器；KM$_6$、KM$_7$ 为加速接触器；YB 为制动电磁铁；KA$_1$ 为制动继电器；KA$_2$ 为反接制动继电器；KA$_3$ 为动力制动继电器；KT$_1$～KT$_3$ 为时间继电器。

其中反接制动继电器 KA$_3$ 是在反接制动开始时，电动机转差率 $s \approx 0$ 时才动作，并在转速下降接近于零时（即 $s \approx 1$ 时）才释放。必须采用高返回系数的直流继电器。

堵转继电器 KI$_1$ 在生产机械发生卡阻堵转时，因电动机迅速出现过电流的情况下才动作。

动力制动继电器 KA$_3$（实质是个时间继电器）用以控制动力制动接触器 KM$_3$ 动作，进一步控制电动机进行能耗制动。

（2）工作原理

① 启动过程。合上控制回路断路器 QF$_2$，时间继电器 KT$_1$、KT$_2$ 线圈通电，它们的延时闭合常闭触点瞬时断开；合上主回路断路器 QF$_1$，其控制回路中的联锁触点闭合；再合上开关 QS。将主令控制器 SA 置于"0"位置，SA 触点 1 闭合，时间继电器 KT$_3$ 动作并自锁，同时起零位保护作用。

若需电动机正转运行，将 SA 置于正转位置，并根据需要将 SA 置于所需挡位。如置于最高转速挡位，则 SA 触点 2、4、5 闭合，正转接触器 KM$_1$ 得电吸合，电动机定子绕组接入三相电源。KM$_1$ 的常开辅助触点闭合，制动接触器 KM$_4$ 得电吸合，使制动电磁铁 YB 线圈通电松开抱闸，允许电动机自由转动。由于这时转子回路中串接了全部外接电阻，电动机转矩很小，如果负载转矩较大，则不能启动，只能消除齿轮的间隙。KM$_3$ 吸合后，其常开辅助触点闭合，反接制动接触器 KM$_5$ 得电吸合，将反接制动电阻 R$_3$ 短接，电动机转矩增大，开始启动运行。KM$_5$ 常闭辅助触点断开，时间继电器 KT$_1$ 线圈失电，其延时闭合常闭触点经过一段延时后闭合，加速接触器 KM$_6$ 得电吸合，短接第一级启动电阻 R$_2$，电动机转矩增大，电动机转速上升。KM$_6$ 常闭辅助触点断开，时间继电器 KT$_2$ 线圈失电，其延时闭合常闭触点经过一段延时后闭合，加速接触器 KM$_7$ 得电吸合，短接第二级启动电阻 R$_1$，启动完毕。

② 调速。将主令控制器 SA 从第三挡扳回到第二挡时，SA$_5$ 触点断开，接触器 KM$_6$、KM$_7$ 失电释放，电动机转子串入电阻 R$_1$ 和 R$_2$，转速下降。如果将 SA 置于第一挡，则转子外接电阻全部接入，电动机只能在轻载下低速运行。

③ 停机-机械制动和能耗制动。停机时，将主令控制器 SA 置于"0"位，接触器 KM$_1$（或 KM$_2$）失电释放，其常开辅助触点断开，制动接触器 KM$_3$ 失电释放，制动电磁铁 YB 失电释放，抱闸制动。

同时，动力制动继电器 KA$_3$ 失电（电动机正反转时它一直通电），其延时断开常开触点暂时未断开，因此动力制动接触器 KM$_3$ 得电吸合，其主触点闭合，把定子绕组接入直流电源进行能耗制动。

能耗制动开始时，由于 KM$_3$ 常开辅助触点闭合，反接接触器 KM$_5$ 得电吸合，其主触点闭合，短接了反接制动电阻 R。这样，电动机有较大的制动转矩。KM$_5$ 常闭辅助触点断开，时间继电器 KT$_1$ 线圈失电，待电动机转速下降，需要增大制动转矩时，KT$_1$ 延时结束，其延时闭合常闭触点闭合，接触器 KM$_6$ 得电吸合，短接了第一级启动电阻 R$_2$，以增大制动转矩。之后 KT$_2$ 释放，KM$_7$ 得电吸合，短接了第二级启动电阻 R$_1$，电动机转速下降至零。此时动力制动继电器 KA$_3$ 延时断开常开触点断开，接触器 KM$_3$ 失电释放，能耗制动完毕。

④ 反接制动。当需要电动机从正转过渡到反转时，可把主令控制器 SA 从正转位置迅速扳到反转位置。例如从正转第三挡扳到反转第三挡，这时正转接触器 KM$_1$ 失电释放，反转接触器 KM$_2$ 得电吸合，定子回路相序改变，进行反接制动，而 KM$_2$ 常开辅助触点闭合，KM$_4$ 得电吸合。此时，电动机的转差率 $s = 2$，转子回路电势突然增大，反接制动继电器 KA$_2$ 吸合，其常闭触点瞬时断开，使 KM$_5$～KM$_7$ 均失电释放，转子回路中外接电阻全部接入，阻止反接制动电流。在反接制动转矩的作用下，电动机正转速度迅速下降至接近于零，

转差率 $s \approx 1$，反接制动继电器 KA_2 释放，其常闭触点闭合，KM_5 得电吸合，短接了反接制动电阻 R_3，电动机进入反向启动。其过程与正向启动相同。

⑤ 联锁及保护设置。为了使电动机安全运行或突然出现故障时能对电动机及时保护，线路中还设置了联锁线路和保护线路。

a. 联锁设置。当电动机刚从正转进入能耗制动时，操作者根据生产需要把主令控制器 SA 扳到反转位置，显然，应首先要求电动机切断直流电源，再接通交流电源，以防止交直流电源之间短路。为此，线路中设置了由制动继电器 KA_1 和接触器 KM_1、KM_2 及 $KM_1 \sim KM_3$ 常闭触点组成的联锁线路。当能耗制动尚未结束而将 SA 扳到反转位置时，KM_3 的常闭触点是断开的，因此 KM_2 线圈和 KA_1 的线圈是串联的。接入交流控制电源后两者分压，KM_2 不能吸合，而 KA_1 却达到吸合电压而吸合，其常闭触点断开，接触器 KM_3 失电释放，切断了电动机的直流电源。KM_3 的常闭辅助触点闭合，这样就把 KA_1 的线圈分路，使 KM_2 的线圈电压达到了吸合电压而吸合。KM_2 主触点闭合，电动机才能接入交流电源。

b. 保护设置。直流过电流继电器 KI_2 的作用是：在能耗制动过程中，如果某种故障使直流电流上升到不允许的数值，KI_2 动作，其常闭触点断开，动力制动接触器 KM_3 释放，切断直流电源。

由于电动机本身的热惯性，短时过载是允许的，但时间过长会烧毁电动机，因此需要堵转保护。堵转保护由堵转继电器 KI_1 和时间继电器 KT_3 组成。堵转继电器 KI_1 的作用是：当电动机超载运行出现堵转现象时，KI_1 吸合，其常闭触点断开，KT_3 线圈失电。如果堵转时间超过 KT_3 延时整定时间，则 KT_3 延时断开常开触点，从而使接触器 KM_1（或 KM_2）失电释放，切断电动机电源。

另外，时间继电器 KT_3 还兼作零位保护用。工作原理是：线路发生故障电动机停转后，当线路修复继续送电时，必须将主令控制器 SA 置于"0"位，KT_3 线圈通电并自锁后，电动机才能重新启动。这样就防止了电动机自行启动可能造成的人身伤害和设备事故。

第**6**章 ▶▶▶

力矩电动机、滑差电动机、交流整流子电动机、同步电动机、直流电动机控制线路

6.1 力矩电动机的转矩调节线路

三相力矩电动机具有恒转矩负载特性，可以调速，广泛应用于纺织、印染、造纸、电线、冶金等机械设备上。

力矩电动机的结构与普通笼型异步电动机不同，它采用电阻率较高的黄铜等材料作为转子导条及端环。力矩电动机允许长期低速运行甚至堵转。力矩电动机发热严重，通常采用开启式结构，转子具有轴向通风孔，并外加鼓风机以驱走热量。

为了适应不同负载的需要，力矩电动机的转矩可根据实际情况来调节，以保证理想的特性。力矩电动机转矩一般采用电压调节，调节方法有：三相平衡调节、V形调节、单相调节等。

6.1.1 三相平衡调节线路

线路如图 6-1 所示。这种调节方法，电动机能在平衡状态下运行，而且调节范围较宽。但需要三相调压器，投入费用较高。

6.1.2 V形调节线路

线路如图 6-2 所示。线路采用两只单相调压器并接成 V 形，当两只单相调压器为同轴串联时，滑点 u 和 w 同时对称滑动，可以实现平衡调节，性能与三相平衡调节相同。由于这种接线少，用一只单相调压器，故较经济。但由于调压器的规格只有 220V 的电压，因此这种方法只能用于额定电压为 220V 的力矩电动机。

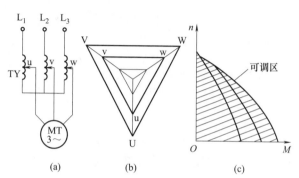

图 6-1 力矩电动机三相平衡调节线路

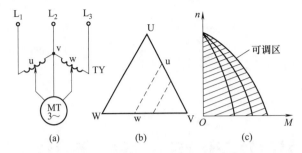

图 6-2 力矩电动机 V 形调节线路

6.1.3 单相调节线路（一、二）

单相调节时电动机是在不平衡状态下运行的，对电动机的工作不太有利，但因为方法简单，所以应用较多，常用以下两种线路。

（1）线路之一

调节器接在两相之间，如图 6-3 所示。它适用于额定电压为 220V 的力矩电动机。

该方法当电压调到零伏时，在整个速度范围内都将出现负转矩。这是操作者所不希望的。

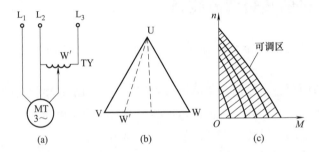

图 6-3 单相调节线路（一）

（2）线路之二

调压器接在一相和零线之间，如图 6-4 所示。它可用于额定电压为 380V 的力矩电动机。

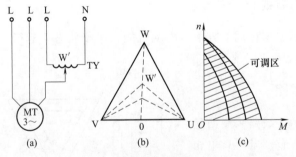

图 6-4 单相调节线路（二）

该方法由于不平衡程度不如线路之一方法严重，因此电动机的工作状况要好些。只要工作转速不太高，基本上不会出现负转矩，但是转矩调节的范围较窄。

6.1.4 力矩电动机晶闸管交流调速线路

电弧炉、连铸机等设备上需用力矩电动机调速控制。用于电弧炉的电极自动调节器上的力矩电动机调速控制线路如图 6-5～图 6-7 所示。其中，调节器系统框图如图 6-5 所示；主电路如图 6-6 所示；测量调节触发电路如图 6-7 所示。

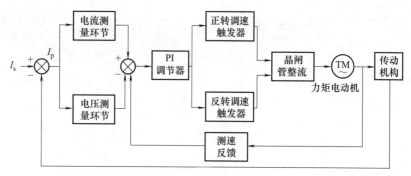

图 6-5　DDZT-I 型晶闸管-力矩电动机式调节器系统框图

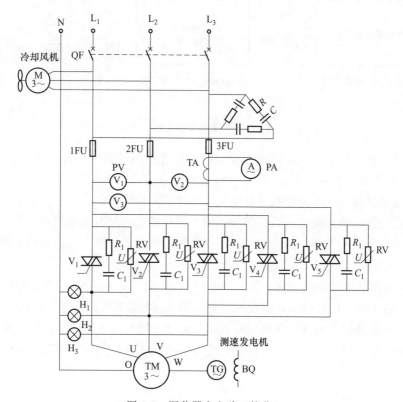

图 6-6　调节器主电路（简化）

（1）调节器性能

该调节器带有测速负反馈构成闭环系统，测量积分器采用集成运算放大器，工作稳定、可靠性高、灵敏度高，调节方便，死区范围很小，惯性小，不会过冲和跳闸，调试和维护都方便，并有显著节电和提高产品质量之效果。

该调节器的主要技术参数如下：调速范围 10∶1，最高提升速度 2～3m/min（视炉子容量定），最高下降速度 1.2～1.5m/min（视炉子容量定），电动机正反转频率能适应 3 次/s 变化，系统滞后时间为 0.2～0.3s，不灵敏区 10%。

电路设有以下保护：

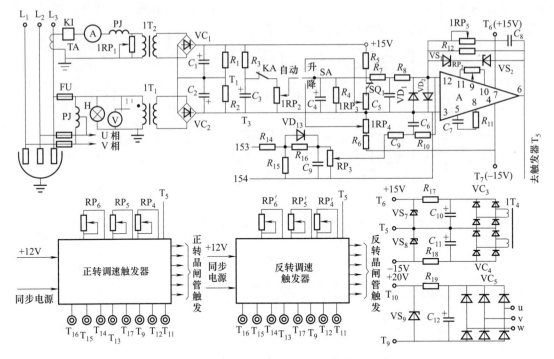

图 6-7 DDZT-I 型调节器测量调节触发电路

① 过电流保护。当电弧电流超过整定值时，通过高压开关柜内的过电流继电器作用于高压断路器，以保护电炉变压器。

② 快速熔断器保护。双向晶闸管过电流由快速熔断器保护。

③ 过电压保护。采用阻容吸收回路和压敏电阻保护，保护双向晶闸管。

④ 热继电器及熔断器保护。电动机（力矩电机）过电流保护及装置过电流保护。

（2）工作原理

系统调节对象是电弧功率（即弧长），执行机构是交流力矩电机。当电弧电流与给定值出现偏差时，通过测量比较环节，将此偏差信号输入 PI 调节器，信号经过放大、积分运算后输入触发器，触发器产生触发脉冲触发双向晶闸管，使交流力矩电机正转（调速）或反转（调速），带动机械传动装置调节电极位置，使电弧功率向额定值方向移动，从而维持炉内的功率恒定。

另外，从测速发电机两端取出电压信号，通过衰减后作为速度负反馈信号，输入 PI 调节器。这样，不但有效地减小了电极窜动现象，而且当供电电压及电机负载变化时，都能使系统稳定地工作。

平衡桥的输入输出特性曲线如图 6-8 所示；PI 调节器的输入输出特性曲线如图 6-9所示。

触发脉冲通过同步变压器分相（120°）触发 U、V、W 相的双向晶闸管。

（3）调试简述

① 平衡桥调整。用单相交流调压器接入变压器 $1T_2$ 一次侧，在 $1T_1$ 一次侧加一固定的73V 交流电压，将常闭触点 KA 断开，然后接通单相交流调压器电源，并调整其电压，在测试孔 T_1 与 T_3 之间测出直流电压，并相应记录下与调压器串联的交流电流表的读数（即输

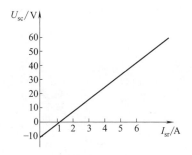

图 6-8　平衡桥的输入输出特性曲线

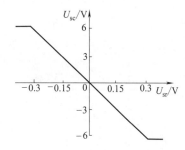

图 6-9　PI 调节器的输入输出特性曲线

入电流），应符合图 6-8 所示的特性曲线。否则，应调整变压器 $1T_1$ 或 $1T_2$ 二次电压（抽头）或 R_1、R_2 的阻值。

② PI 调节器的调整。断开运算放大器 A 的输入回路，在输入端接入直流稳压电源，调节其电压，并在运算放大器输出端测出相应的电压值，应符合图 6-9 的特性曲线。否则应调整 R_{12} 的阻值，或调换运算放大器。

③ 触发电路的调试。触发电路由整流电路、梯形波形成器、锯齿波发生器和脉冲输出器组成。调试可借助示波器观察各点波形。输出波形（晶闸管导通角大小）可调节电位器 $RP_4 \sim RP_6$ 和 $RP_4' \sim RP_6'$ 来达到三相一致。

6.2　滑差电动机调速线路

6.2.1　滑差电动机调速原理

滑差电动机，也称电磁调速离合器。它由笼型异步电动机、电磁离合器和控制装置组成，属第二代调速电动机，目前仍有不少行业在使用。

滑差电动机具有恒转矩、启动转矩大、可平滑地无级调速、机械特性较硬、结构简单、维护方便等特点，广泛用于恒转矩无级调速的场所。

滑差电动机的结构如图 6-10 所示。磁极（内转子）由许多爪形磁极放在中间的铜衬环（隔磁环）处用铆钉铆成，作为从动转子而输出转矩，在机械上与电枢无硬性连接。

滑差电动机调速原理：当三相异步电动机（原动机）通电旋转时，其电枢（外转子，与原动机硬性连接）随之旋转。另外，固定在磁导体上的励磁线圈中的电流（受控制装置控制）产生的磁力线通过机座→气隙→电枢→气隙→磁极→气隙→导磁体→机座，形成一个闭合回路，并在气隙中产生主磁场（见图 6-11）。

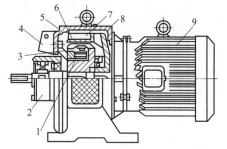

图 6-10　组合式结构滑差电动机
1—励磁绕组；2—测速发电机；3—托架；
4—出线盒；5—端盖；6—磁极；
7—电枢；8—机座；9—拖动电动机

在这个主磁场中，只要电枢和磁极存在相对运动，电枢各点的磁通就处于不断地重复变化中，即电枢切割磁场时，电枢中就感应出电动势并产生涡流。由于电枢反应的结果，磁极被拉动而旋转起来，其转速取决于励磁电流的大小。当负载力矩一定时，励磁电流越大，磁极转速也越大。因此，只要改变励磁线圈中的电流，即调节磁场的强弱，就可改变磁极输出轴转速，达到工作机械的调速目的。

带速度负反馈的滑差电动机调速系统框图如图 6-12 所示。

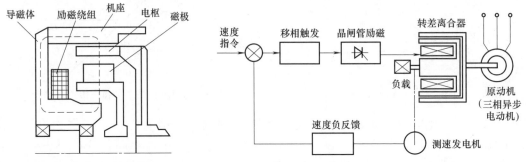

图 6-11 电磁调速离合器结构示意图   图 6-12 滑差电动机调速系统框图

6.2.2 滑差电动机晶体管无级调速线路

线路如图 6-13 所示。这种线路比较简单，但可靠性较晶闸管调速线路差，它要求串接在励磁绕组中的三极管 VT_3 耐压高、额定电流和额定功率大。

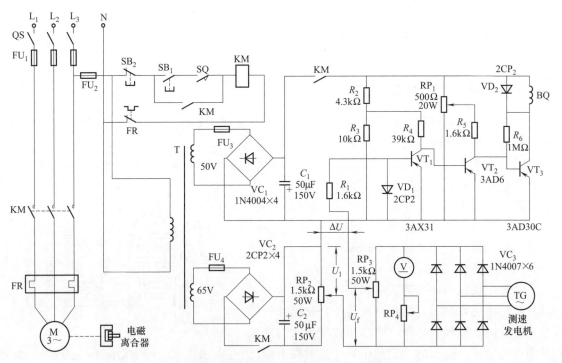

图 6-13 滑差电动机晶体管无级调速线路

图中，BQ 为 7kW 滑差电动机的励磁绕组，最大励磁电压为 45V，最大励磁电流为 1A；测速发电机 TG 与磁极转子同轴连接；由三极管 $VT_1 \sim VT_3$ 组成三级直接耦合直流放大器，各管的工作点处于线性区；SQ 为保证主令电位器 RP_2 在零值时才闭合的限位开关，以确保滑差电动机从零速开始启动升速。

工作原理：合上电源开关 QS，当主令电位器 RP_2 在零值位置时，限位开关 SQ 闭合，

按下启动按钮 SB_1，接触器 KM 得电吸合并自锁，笼型异步电动机以额定转速旋转。这时由于励磁绕组中无电流通过，因此磁极转子不旋转。调节主令电位器 RP_2，则由 RP_2 输出一个电压（主令电压）U_1 经三级直接耦合直流放大器放大，励磁绕组 BQ 有一直流电流流过，于是磁极转子开始转动，同时带动测速发电机 TG 旋转，TG 发出的交流电经三相整流桥 VC_3 整流，从测速负反馈电位器 RP_3 上输出一直流电压 U_f，于是实际上加于三级直接耦合直流放大器输入端的是主令电压 U_1 与测速负反馈电压 U_f 之差值，即 $\Delta U = U_1 - U_f$，于是磁极转子（或称滑差电动机）被稳定在某一转速下运转，调节 RP_2，能改变其转速。采用测速负反馈可以提高滑差电动机的特性硬度，即当主令电压不变而负载变化时，它能保证转速变化很小。

三极直接耦合直流放大器是这样工作的：图中前级集电极直接和后级基极相连，所以前级的 U_{ce} 等于后级的 U_{be}，其数值很小（一般小于 0.45V），与电源电压相比可忽略不计。这样流过电阻 R_4 和 R_5 的电流就可认为恒定。因此当三极管 VT_1 基极电流增加时，VT_2 的基极电流和集电极电流就减小，从而使 VT_3 的基极通电。

6.2.3　滑差电动机晶闸管无级调速线路（一）

滑差电动机晶闸管无级调速线路（一）如图 6-14 所示。

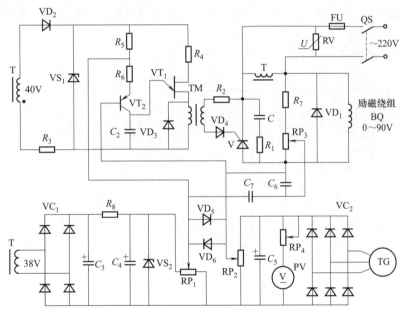

图 6-14　滑差电动机晶闸管无级调速线路（一）

（1）电路组成

① 主电路。由开关 QS、熔断器 FU、晶闸管 V（兼作控制元件）、续流二极管 VD_1 和励磁绕组 BQ 组成。

② 触发电路。由单结晶体管 VT_1、三极管 VT_2、脉冲变压器 TM、二极管 VD_3 和 VD_4，及电阻 R_2、$R_4 \sim R_4$ 和电容 C_2 组成。

③ 触发电路的同步电源。由变压器 T 的 40V 次级绕组、二极管 VD_2、稳压管 VS_1 和电阻 R_3 组成。

④ 主令电压电路。由变压器 T 的 38V 次级绕组、整流桥 VC_1、电容 C_3 和 C_4、电阻 R_8、稳压管 VS_2 和主令电位器 RP_1 组成。

⑤ 测速负反馈电路。由测速发电机 TG（它反应负载侧即电磁耦合器的转速）、整流桥 VC_2、电位器 RP_2 和电容 C_5 组成。

⑥ 电压微分负反馈电路。由电阻 R_7、电位器 RP_3 和电容 C_6、C_7 组成。

直流电压表 PV（表盘刻度为转速）指示测速发电机转速。

（2）工作原理

主电路采用单相半控整流电路，续流二极管 VD_1 为励磁绕组提供放电回路，使励磁电流连续。

接通电源，220V 交流电经变压器 T 降压，一组 38V 绕组电源经整流桥 VC_1 整流、电阻 R_8 及电容 C_3、C_4 滤波（π 型滤波器）、稳压管 VS_2 稳压后，将约 18V 直流电压加在主令电位器 RP_1 上，以提供主令电压；另一组 40V 电源经二极管 VD_2 半波整流、电阻 R_3 降压、稳压管 VS_1 削波后，给触发电路提供约 18V 直流同步电压。

速度负反馈电压在电位器 RP_2 上取得。给定电压（由 RP_1 调节）与速度负反馈电压及电压微分负反馈电压比较后，输入三极管放大器 VT_2 的基极，当 VT_2 基极偏压改变时，张弛振荡器的振荡频率随之改变，也就改变了晶闸管 V 的导通角，从而使励磁绕组中的电流得以改变，使电动机转速相应改变。采用电压微分负反馈电路的目的是防止系统产生振荡。

（3）元件选择

电气元件参数见表 6-1。

表 6-1 电气元件参数

序号	名　称	代号	型号规格	数　量
1	开关	QS	DZ12-60/2 10A	1
2	熔断器	FU	RL1-25/5A	1
3	变压器	T	50V·A 220V/40V、38V	1
4	交流测速发电机	TG	滑差电机自带	1
5	压敏电阻	RV	MY31-470 5kA	1
6	晶闸管	V	KP5A 600V	1
7	三极管	VT_2	3CG130 $\beta \geqslant 50$	1
8	单结晶体管	VT_1	BT33 $\eta \geqslant 0.5$	1
9	二极管	VD_1	ZP5A 600V	1
10	二极管 整流桥	$VD_2 \sim VD_6$ VC_1、VC_2	1N4004	15
11	稳压管	VS_1、VS_2	2CW113 $U_z = 16 \sim 19V$	2
12	金属膜电阻	R_1	RJ-100Ω 2W	1
13	炭膜电阻	R_2	RT-30Ω 1/2W	1
14	炭膜电阻	R_3、R_8	RT-1kΩ 2W	2
15	金属膜电阻	R_4	RJ-430Ω 1/2W	1
16	金属膜电阻	R_5	RJ-4.7kΩ 1/2W	1
17	金属膜电阻	R_6	RJ-510kΩ 1/2W	1
18	金属膜电阻	R_7	RJ-10kΩ 2W	1
19	电容器	C_2	CBB22 0.22μF 63V	1
20	电容器	C_1	CBB22 0.1μF 500V	1
21	电解电容器	C_3、C_5	CD11 50μF 50V	2
22	电解电容器	C_4	CD11 50μF 25V	1
23	电解电容器	C_6	CD11 10μF 50V	1

续表

序号	名　称	代号	型号规格	数　量
24	电容器	C_7	CBB22　1μF　160V	1
25	电位器	RP_1	WH118　1.5kΩ　2W	1
26	电位器	RP_2	WH118　1kΩ　2W	1
27	电位器	RP_3	WH118　68kΩ　2W	1
28	电位器	RP_4	WX14-11　10kΩ　1W	1
29	脉冲变压器	TM	铁芯 $6×10mm^2$,300：300	1

6.2.4　滑差电动机晶闸管无级调速线路（二）

ZLK-Ⅰ型滑差电动机晶闸管无级调速线路如图 6-15 所示。

工作原理：主电路（供给励磁绕组）采用单相半波整流电路（由晶闸管 V 等组成）。图中 VD_1 为续流二极管，它为励磁绕组提供放电回路，使励磁电流连续；硒堆 FV（现多采用压敏电阻）作交流侧过电压保护；R_1、C_1 为晶闸管阻容保护；熔断器 FU 作短路保护。

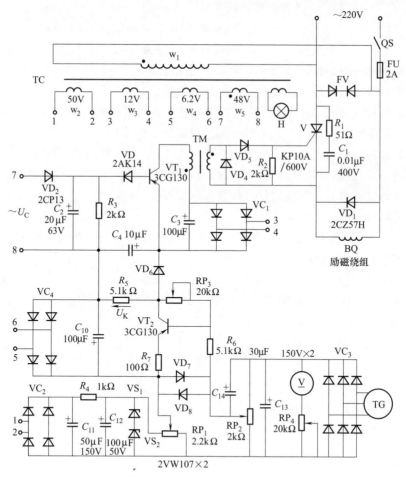

图 6-15　滑差电动机晶闸管无级调速线路（二）

触发电路为三极管触发器，由三极管 VT_1、电容 C_2、电阻 R_3、脉冲变压器 TM 等组成。由变压器 TC 的次级绕组 w_3 取出的 12V 交流电压经整流器 VC_1 整流、电容 C_3 滤波提供三极管 VT_1 工作电压。同步电压由 TC 的次级绕组 w_2 经整流器 VC_2 整流，电容 C_{11}、

C_{12} 和电阻 R_4 滤波，稳压管 VS_1、VS_2 稳压，加在电位器 RP_1 上取得。速度负反馈电压由测速发电机 TG 输出交流电，经三相桥式整流器 VC_3、电容 C_{13} 滤波加在电位器 RP_2 上取得。三极管 VT_2 为信号放大器。

图中，VD_7、VD_8 为钳位二极管，防止过高的正负极性电压加在 VT_2 的基极-发射极上而造成损坏。

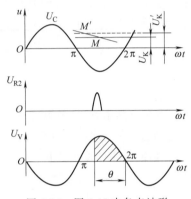

图 6-16　图 6-15 中各点波形

给定电压（由电位器 RP_3 调节）与反馈信号比较后输入三极管放大器 VT_2 基极，并在电阻 R_5 上得到负的控制电压，它与同步锯齿波电压叠加后加到三极管 VT_1 基极，负的控制电位 U_K 与正的同步电压 U_C 比较，在同步电源的负半周，电容 C_2 向 R_3 放电，当 $|U_C| < |U_K|$ 时（见图 6-16 中 U_K 与 U_C 曲线交点 M 以右），VT_1 基极电位变负而开始导通，其集电极电流流经脉冲变压器 TM 初级绕组，并在 TM 次级输出触发脉冲，使晶闸管 V 导通。

图 6-15 中各点波形如图 6-16 所示。

改变移相控制电压 U_K 的大小（调节电位器 RP_3），也就改变了晶闸管的导通角，从而使电动机转速相应改变。

调节电位器 RP_2，可改变速度负反馈电压的大小。

有的控制装置（如 JZT1 型）的触发电路采用单结晶体管张弛振荡器，其工作原理请见本章 6.5.5 单相晶闸管直流电动机不可逆调速线路的工作原理。

以上电路容易引起超调冲动，即当主令电位器 RP_1 未恢复到零位时启动（尤其在频繁带负载启动的场所）。当超调冲动发生时，会使电动机转速上升过快而造成机械冲击，同时导致电动机启动电流过大，而使钳位二极管 VD_7、VD_8 损坏。

为此可采取以下方法加以防止：

① 电位器 RP_1 采用带开关的电位器，或者在电位器处串接一个微动开关，使 RP_1 置于零位时自身所带的开关或外接的微动开关闭合，不在零位时断开。

② 在给定电压回路里增设阻容延时电路，如图 6-17 虚框内所示。主令电位器 RP_1 未在零位启动，则由稳压管 VS 提供稳压电压向电容 C 充电。随着 C 上的电压上升，三极管 VT 由放大区进入饱和导通，其发射极负载 RP_1 的电压缓慢上

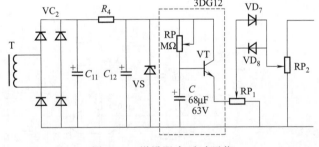

图 6-17　增设阻容延时环节

升，电动机启动时的转速也由零缓慢上升。其上升速率可通过调节电位器 RP，改变电容 C 的充电时间来整定。

③ 将给定电压回路中滤波电容 C_{11}、C_{12} 的容量从原来的 $50\mu F$ 和 $100\mu F$ 均更换成 $1000\mu F$，将滤波电阻 R_4 用一只 500Ω 电阻和一只 $1.5k\Omega$ 电位器串联代替原电阻（$1k\Omega$），调节 $1.5k\Omega$ 电位器即可改变延时时间。一般将延时时间调到 1.5s，即可完全消除启动瞬时的超调冲动。

6.3 交流整流子电动机调速控制线路

6.3.1 交流整流子电动机调速原理

三相交流整流子电动机，也称三相交流换向器电动机，是一种特殊的三相异步电动机。它是最早一代调速电动机，由于性能优良，至今尚有制造厂生产。

（1）三相交流整流子电动机的结构与原理

JZS型三相交流整流子电动机的结构如图 6-18 所示，其原理图见图 6-19。

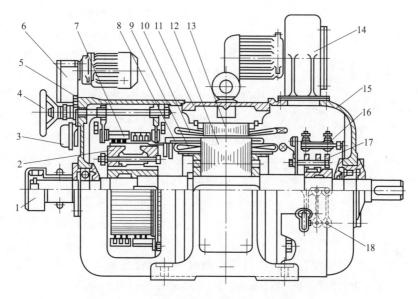

图 6-18　JZS 型三相交流整流子电动机结构示意图

1—测速发电机及整流装置；2—换向器；3—限位器；4—移刷机构手轮；5—后端盖；6—遥控装置；
7—转向器刷握和电刷；8—调节绕组；9—初级绕组；10—定子绕组；11—机座；12—转子铁芯；13—定子铁芯；
14—鼓风机；15—前端盖；16—集电环刷握和电刷；17—集电环；18—电源引出线

嵌在定子槽中的定子绕组为副绕组，也叫次级绕组。转子槽内嵌有 2~3 套绕组，一套为主绕组，它与集电环（也称滑环）连接，接通电源；另一套为调节绕组，它与换向器相连接。在大、中型电动机中还有均压线。有的在槽顶上还嵌有一套放电绕组，用来改善换向。

电动机可以通过移刷机构改变同相首尾之间的夹角来调节电动机的转速和功率因数。移刷机构可以利用手轮手动调节，也可以利用遥控机调节。

JZS 型交流整流子电动机，可在较宽范围内平滑地调速，调速范围为 1:3，甚至更宽，其输出功率与转速成正比，具有恒转矩特性。全压启动时的最大启动电流为额定电流的 2~3 倍，启动转矩为额定转矩的

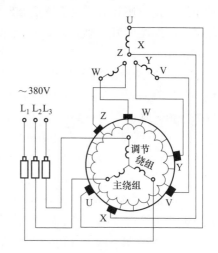

图 6-19　三相交流整流子电动机原理图

1.4 倍以上。电动机设有补偿装置，在任何转速与负载下均有较高的功率因数（最低转速时达 0.6，最高转速时达 0.98）。电动机的功率为 $3\sim100kW$。调速方式可采用手动操作，也可用伺服电动机远距离操作。

调速原理：整流子电动机的转子上设有两组绕组，即主绕组和调节绕组。它们接在整流片上，电源由滑环引入。定子上设有副绕组并与整流子的电刷连接。各电刷组相隔 120°电度角，可借助铁轭的作用在整流子上往返移动。若将电源由滑环送入转子，则产生旋转磁场，并在定子绕组中感应出电流，定、转子磁场相互作用，使转子转动，于是电动机便启动。通过移刷机构改变同相首尾之间的夹角，就可调节电动机的转速，也改变了功率因数。

（2）三相交流整流子电动机运行调试

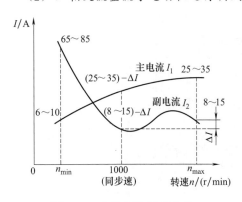

图 6-20 空载电流-转速曲线

1）调整电刷转盘的相对位置。三相交流整流子电动机运行调试的关键工作是调整电刷转盘的相对位置。因为电刷转盘相对位置的正确与否，直接影响电动机工作特性的好坏、带负载能力的强弱以及换向器上火花的大小。调整的实质是要使电动机的空载运行特性符合生产厂家提供的空载电流-转速曲线。例如 JZS 型 40kW/13.5kW、1450r/min/450r/min 的整流子电动机的空载电流-转速曲线如图 6-20 所示。

调试方法如下：断开遥控装置，用手动方式调试，将电刷转盘上的高、低速限位铁拆去，电动机不带任何负载，主、副绕组分别接上钳形电流表，用以观察主电流和副电流的变化，并加以记录。送上 380V 三相交流电源，启动电动机，使其慢慢地运转起来，然后按以下方式调试（以 JZS 型 40kW/13.5kW、1450r/min/450r/min 电动机为例）：

① 用手调节调速手轮，使电动机升速，同时观察副绕组电流 I_2。只要 I_2 不超过 85A，就可将它调到最高速度 [一般取最高额定转速加上 $70\sim90r/min$，此机为 $1450+(70\sim90)=1520\sim1540r/min$]，可用转速表测量。

② 如果升速时，I_2 大于 85A，则将调速机构的紧固螺母松开，拉出差动齿轮，用手移动电刷转盘，使其向升速或减速方向转一个角度，让 I_2 减小到不大于 85A。然后将差动齿轮复位，继续调节调速手轮，使电动机升速。如此反复调试，直到电动机转速为 $1520\sim1540r/min$、I_2 不大于 85A 为止。

③ 当转速为 $1520\sim1540r/min$ 时，拉出差动齿轮，调节调速手轮，使 I_2 降低到最小值，然后将差动齿轮复位，测量转速，再在最高转速（$1520\sim1540r/min$）下，把 I_2 再次调到最小值。这时的 I_2 也许不是 $8\sim15A$，可能更小一些。

④ 调节调速手轮，让电动机降速至最低速 [一般取最低额定转速加 $40\sim100r/min$，此机为 $450+(40\sim100)=490\sim550r/min$]，再看看 I_2 有多大。

⑤ 如果 I_2 不大于 85A，则调节调速手轮，让电动机升速，并在最高转速（$1520\sim1540r/min$）下观察主绕组的电流 I_1。如果 I_1 稍大于同步转速（此机为 1000r/min）下的电流（此机为 $25\sim35A$），则调试基本完毕。

⑥ 如果在最低转速（$490\sim550r/min$）下的副绕组电流 I_2 大于 65A，则在该转速下拉出差动齿轮，用手移动电刷转盘，使得它向减速方向转过 $1\sim2$ 个齿牙，使 I_2 降下来（不大于

65A)。然后将差动齿轮复位，调节调速手轮，再看一下在最高和最低转速下的主绕组电流 I_1。

⑦ 如果在最高转速下的 I_1 小于电动机在同步转速下的主绕组电流 $I_{1同步}$，则需要在最高转速下拉出差动齿轮，用手移动电刷转盘，使得它向升速方向移动 1～2 个齿牙，使最高转速下的 I_1 稍大于同步转速的 $I_{1同步}$。

如果移动一只电刷转盘还不能达到要求，可用同样的方法移动另一只电刷转盘来调试。

如此反复调试，直到符合图 6-20 所示曲线为止。然后安装好定位铁，使电动机空载运行 2h 左右，再次复核空载-转速曲线，由于电刷接触不良往往会使空载特性发生变化。

2) 改变电动机旋转方向。对于没有功率因数补偿的换向器电动机，可以在任意方向运行。对于有功率因数补偿的换向器电动机，只能按规定方向长期运行，否则电动机会过热，运行特性变坏。如果要作长期反向运行，应进行如下处理：将两只电刷转盘的差动齿轮的位置对调，并换接任意两根电源线，然后重新按上面所介绍的方法校核空载电流-转速曲线，使它与生产厂家提供的空载电流-转速曲线相符。

当然，要是反转运行的时间不长（一般不超过 1h），则仅换接任意两根电源线即可。

6.3.2　交流整流子电动机调速控制线路

JZS-71 型交流整流子电动机的调速控制线路如图 6-21 所示。

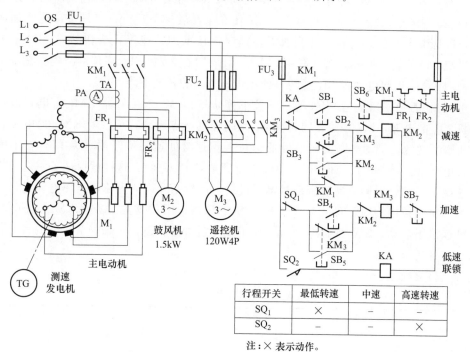

行程开关	最低转速	中速	高速转速
SQ₁	×	-	-
SQ₂	-	-	×

注：× 表示动作。

图 6-21　JZS-71 型交流整流子电动机调速控制线路

（1）控制目的和方法

控制目的：电动机转速 470～1400r/min 连续可调。该主电动机 M_1 功率为 15kW/5kW（表示最大功率为 15kW，最小功率为 5kW）。

控制方法：利用操纵附属在主电动机上的伺服电动机（又称遥控电动机）进行调速控制。

保护元件：熔断器 FU_1（电动机 M_1、M_2 短路保护），FU_2（电动机 M_3 短路保护），FU_3（控制电路的短路保护）；热继电器 FR_1（电动机 M_1 过载保护），FR_2（电动机 M_2 过载保护）；鼓风机 M_2（电动机 M_1 冷却用）。

（2）线路组成

① 主电路。主电路由开关 QS、熔断器 FU_1、接触器 KM_1 主触点、热继电器 FR_1 和主电动机 M_1，以及热继电器 FR_2 和鼓风机 M_2 组成。遥控电路由熔断器 FU_2、接触器 KM_2 及 KM_3 主触点和电动机 M_3 组成。

② 控制电路。由熔断器 FU_3、主电动机 M_1、鼓风机 M_2、启动按钮 SB_1、停止按钮 SB_6、连续加速按钮 SB_4、断续加速按钮 SB_5、连续减速按钮 SB_2、断续减速按钮 SB_3、加减速停止按钮 SB_7、高速限位开关 SQ_1、低速限位开关 SQ_2、最低速启动保护（低速联锁）继电器 KA、主电动机 M_1、接触器 KM_1、遥控电动机 M_3、加速（正转）接触器 KM_3、减速（反转）接触器 KM_2 和热继电器 FR_1、FR_2 常闭触点组成。

③ 转速指示电路。由交流测速发电机 TG 实现［TG 发出的电压（随电动机 M_1 转速而变化），经二极管全波整流、电阻 R 分压，使转速表显示相应的转速］。

（3）工作原理

合上电源开关 QS，按下启动按钮 SB_1，接触器 KM_1 得电吸合并自锁，主电动机 M_1 以最低速启动运行，鼓风机 M_2 也同时工作。如需升速，有两种方法：一是可按住断续加速按钮 SB_5 不放，接触器 KM_3 得电吸合，伺服电动机 M_3 带动电刷顺转，达到所需转速时（可观察转速表），松开 SB_5，M_3 停止运行，M_1 便在某高转速下运行；二是可按连续加速按钮 SB_4，KM_3 吸合并自锁，待转速达到所需转速时，按下加减速停止按钮 SB_7，KM_3 失电释放，电动机 M_3 停转。同样，若要降速，可使用断续减速按钮 SB_3 或连续减速按钮 SB_2，接触器 KM_2 吸合，伺服电动机 M_3 逆转，使主电机 M_1 的转速下降。

主电动机在运转过程中若需停转，可按下停止按钮 SB_6，接触器 KM_1 失电释放，切断主电动机 M_1 的电源，M_1 停转。同时 KM_1 常闭辅助触点闭合，接触器 KM_2 得电吸合，伺服电动机 M_3 逆转，带动电刷旋转至最低速位置。这时低速限位开关 SQ_2 闭合，中间继电器 KA 得电吸合，其常闭触点断开，KM_2 失电释放，M_3 停转，这样就保证了主电动机始终在最低速度下启动，以避免高速启动时电流过大，产生不允许的火花而损坏电动机。

在电动机调速机构内装有低速限位开关 SQ_2 和高速限位开关 SQ_1。SQ_2 保证电动机只能在最低速度下启动；SQ_1 保证电动机转速不能超过最高转速，达到安全运行的目的。

（4）元件选择

电气元件参数见表 6-2。

表 6-2 电气元件参数

序号	名　称	代号	型号规格	数　量
1	闸刀开关	QS	HK1-60/3	1
2	熔断器	FU_1	RL1-60/40A	3
3	熔断器	FU_2、FU_3	RL1-15/5A	5
4	热继电器	FR_1	JR16-60/3　28～45A	3
5	热继电器	FR_2	JR16-20/2　3.2～5A	1
6	交流接触器	KM_1	CJ20-40A　380V	1
7	交流接触器	KM_2、KM_3	CJ20-10A　380V	2
8	中间继电器	KA	JZ7-44　380V	1
9	按钮	SB_1、SB_4	LA18-22（绿）	2
10	按钮	SB_2	LA18-22（黄）	1
11	按钮	SB_3、SB_5	LA18-22（白）	2

序号	名　　称	代号	型号规格	数　量
12	按钮	SB$_6$、SB$_7$	LA18-22(红)	2
13	行程开关	SQ$_1$、SQ$_2$	LX19-001	2
14	电流互感器	TA	LQ-0.5　50A/5A	1
15	交流电流表	PA	6L2-A　5A	1

6.3.3　两台交流整流子电动机同步运行线路

两台交流整流子电动机通过适当的连接，可用于某些既需要调整又需要同步运行的设备上，如图 6-22 所示。

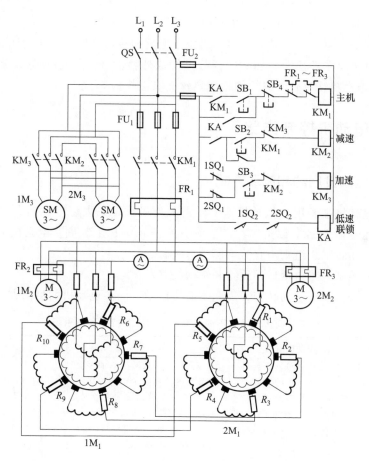

图 6-22　两台交流整流子电动机同步运行线路

图中，1M$_1$、2M$_1$ 分别为 1 号和 2 号主电动机；1M$_2$、2M$_2$ 分别为 1 号和 2 号鼓风机；1M$_3$、2M$_3$ 分别为 1 号和 2 号伺服电动机；1SQ$_1$、2SQ$_1$ 分别为 1 号机和 2 号机的高速限位开关；1SQ$_2$、2SQ$_2$ 分别为 1 号机和 2 号机的低速限位开关。

工作原理：合上电源开关 QS，当两台电动机的刷架转到最低转速位置后，限位开关 1SQ$_2$、2SQ$_2$ 分别闭合，中间继电器 KA 得电吸合，按下启动按钮 SB$_1$，启动接触器 KM$_1$ 得电吸合并自锁，两台主电动机即同步启动运行，1 号与 2 号鼓风机也同时工作。若需升速，可按下升速按钮 SB$_3$ 并一直按着，加速接触器 KM$_3$ 得电吸合，1 号和 2 号伺服电动机

$1M_3$、$2M_3$ 分别同时带动两台主电动机刷架相对移动，于是两台主电动机便逐渐升速。松开 SB$_3$ 后，KM$_3$ 失电释放，两台伺服电动机停止运行，主电动机在某一高速下运行。升速超过最高转速时，高速限位开关 1SQ$_1$、2SQ$_1$ 断开，KM$_3$ 失电释放，伺服电动机停止运转，主机停止升速。若要降速，可按下减速按钮 SB$_2$ 并一直按着，减速接触器 KM$_2$ 得电吸合，两台伺服电动机逆转，两台主电动机减速，松开 SB$_2$ 后，主电动机在某一低速下运行。停机时，按下停止按钮 SB$_4$，接触器 KM$_1$ 失电释放，切断主电动机电源。同时 KM$_1$ 常闭辅助触点闭合，KM$_2$ 得电吸合，两台伺服电动机逆转，带动电刷旋转至最低速位置。这时低速限位开关 1SQ$_2$、2SQ$_2$ 闭合，中间继电器 KA 得电吸合，其常闭触点断开，KM$_2$ 失电释放，两台伺服电动机停转。这样，保证了在下次启动时两台主电动机的电刷架处在最低转速位置。

平衡电阻的选择：为了使两台主电动机能同步运行，必须在这两台主电动机的定子绕组中串联平衡电阻 $R_1 \sim R_{10}$，使两台主电动机定子电流和转速一致。平衡电阻可用直径为 6～10mm 的镍铬电热丝在直径为 26mm 的瓷管上绕成外径为 30～40mm 的螺旋形电阻，电阻值约为 0.1Ω。电动机功率较大时，镍铬电热丝应取粗些。

6.4 同步电动机控制线路

6.4.1 同步电动机启动和制动方式

三相同步电动机主要用于拖动恒速旋转的大型机械，如大型空压机、风机、水泵等设备。其额定电压多在 3.3kV 以上，额定功率多在 250kW 以上。同步电动机的定子绕组与异步电动机相似，而转子绕组则由直流电源进行励磁。

同步电动机控制电路包括启动线路和制动线路。

由于同步电动机没有启动转矩，因此不能自启动。同步电动机的启动方法见表 6-3。

表 6-3 同步电动机不同启动方法的主要特点和适用场所

启动名称	辅助电动机启动	异步启动	调频启动
启动方法	同步电动机的转轴需与另一台三相异步电动机的转轴相连接。在定子绕组接通三相电源时，异步电动机顺着同步电动机旋转方向拖动同步电动机旋转而启动	在同步电动机转子表面装有与异步电动机完全相同的笼型绕组，在定子绕组接通电源时，转子的笼型绕组所起作用与异步电动机的转子绕组相同，从而使同步电动机得以启动	启动时将极低频率的电源接到同步电动机定子绕组上，以克服转子的惯性，慢慢启动，逐渐提高电源频率以达到同步转速
启动特点及适用场所	占地面积大，不经济，较少采用	操作简便，经济，最常采用	需要一套大功率变频电源设备，费用高，技术难度较大，特殊情况下才采用

不论采用哪种启动方法，在启动过程中，转子绕组中不许通入励磁电流，否则将增加启动困难。另外，为避免转子绕组中感应出高压电势击穿绝缘层、损坏元件，通常在启动过程中，用电阻并联励磁绕组两端，此放电电阻的阻值一般为励磁绕组电阻的 5～10 倍。启动过程结束前再将它切除。也就是说，待转子转速接近同步转速时（通常为同步转速的 95% 左右），切除放电电阻，投入励磁。

同步电动机启动控制线路包括：电动机定子电源的控制及转子绕组投入励磁的控制。其步骤是：①先接入定子电源；②开始启动（根据需要可以是全压启动，也可以降压启动）；③当转速达到准同步速度（即同步转速的 95%）及以上时，切除放电电阻，投入直流励磁。

三相同步电动机制动采用能耗制动。同步电动机能耗制动有电阻能耗制动和频敏变阻器能耗制动两种方式。

6.4.2　全压启动线路

同步电动机全压启动线路如图 6-23 所示。图中，QS 为隔离开关；QF 为真空断路器；YR 为断路器分闸线圈；YA 为断路器合闸线圈；虚线框内的 SA_1 为励磁装置（图中未画出）准确完成等待运行的开关；KA_5 为励磁装置中的励磁保护继电器；KA_6 为总停及失压等保护继电器触点。

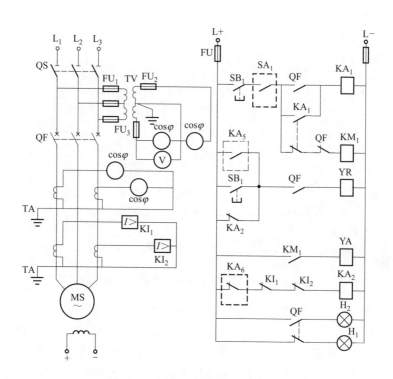

图 6-23　同步电动机全压启动线路

工作原理：相继合上主回路隔离开关 QS、励磁装置的电源开关、控制柜的电源开关。这时 SA_1 闭合，励磁正常，KA_5 断开，低压控制柜正常，KA_6 闭合，于是继电器 KA_2 得电吸合，其常闭触点断开。这时 QF 未合闸，指示灯 H_1 亮，表示线路等待启动。

按下启动按钮 SB_1，接触器 KM_1 得电吸合，其常开辅助触点闭合，断路器 QF 的合闸线圈 YA 得电吸合，QF 合闸，同步电动机全压启动。同时 QF 的辅助触点闭合，KA_1 得电吸合并自锁，其常闭触点断开，KM_1 失电释放，合闸线圈 YA 失电，断路器由其闭锁机构维持合闸状态。此时指示灯 H_1 熄灭，而 H_2 亮，表示同步电动机已处于运行状态。

当同步电动机转速升高到准同步转速及以上时，对其转子绕组施加励磁，同步电动机被牵入同步运行，启动过程结束。

停机时，按下停止按钮 SB_2，则断路器 QF 分闸线圈 YR 得电，于是 QF 跳闸，电动机停止运行。

当励磁装置发生故障时，触点 KA_5 闭合，YR 得电，断路器 QF 跳闸；当控制柜不正常或需紧急停机时，触点 KA_6 断开，KA_2 失电释放，其常闭触点闭合，YR 得电，QF 跳闸；当同步电动机过载时，过电流继电器 KI_1、KI_2 吸合，其常闭触点断开，KA_2 失电释放，同样使 QF 跳闸，电动机停止运行。

6.4.3　自耦变压器降压、转子按频率变化加入励磁的启动线路

自耦变压器降压、转子按频率变化加入励磁的启动线路如图 6-24 所示。

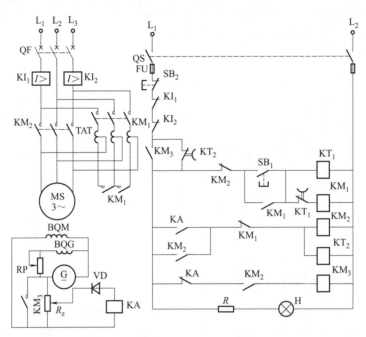

图 6-24　自耦变压器降压、转子按频率变化加入励磁的启动线路

工作原理：合上主回路断路器 QF 和控制回路断路器 QS，指示灯 H 亮，按下启动按钮 SB_1，接触器 KM_1 得电吸合并自锁，同时，时间继电器 KT_1 线圈通电，电动机定子绕组经自耦变压器降压启动。极性继电器 KA 得电吸合，其常开触点闭合，为定子绕组施加全压做好准备。经过一段延时后，KT_1 延时断开常闭触点断开，KM_1 失电释放，其常闭触点闭合，接触器 KM_2 得电吸合并自锁，电动机在全压下升速。当转速上升到准同步转速及以上时，极性继电器 KA 释放，其常闭触点闭合，接触器 KM_3 得电吸合，其主触点闭合，切除（短接）放电电阻 R_z，在转子绕组中加入直流励磁，同步电动机被牵入同步运行，启动过程结束。

停机时，按下停止按钮 SB_2 即可。当电动机过载时，过电流继电器 KI_1、KI_2 吸合，切断控制电源，电动机停止运行。

图中，极性继电器 KA 的常开触点保证了必须在 KA 吸合后，才能使接触器 KM_2 得电，从而防止了由于 KA 未吸合，而在 KM_2 吸合后 KM_3 立即吸合，导致过早地投入励磁。

时间继电器 KT_2 的延时断开常闭触点，在 KM_3 长时间不吸合时，切断控制电源，以防止电动机长期在没有励磁下工作，而烧坏启动绕组。

6.4.4　电阻降压、按定子电流变化加入励磁的启动线路

这是利用定子电流值反映电动机转速的一种加入励磁的启动线路，如图 6-25 所示。

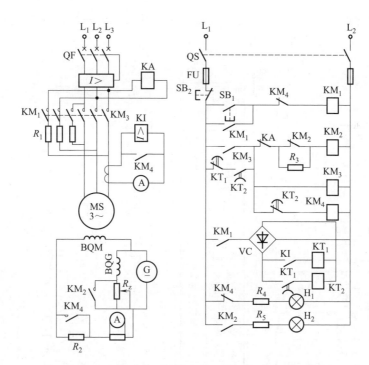

图 6-25 电阻降压、按定子电流变化加入励磁的启动线路

工作原理：合上电源断路器 QF，欠压继电器 KA 得电吸合，其常闭触点断开，接触器 KM_2 失电释放，以保证在启动时直流发电机能产生正常的电压值。接着合上控制电源断路器 QS，按下启动按钮 SB_1，接触器 KM_1 得电吸合并自锁，电动机经电阻 R_1 降压启动。由于启动电流很大，过电流继电器 KI 吸合，其常开触点闭合，时间继电器 KT_1 线圈通电，其延时断开常开触点闭合，时间继电器 KT_2 线圈通电，其延时闭合常闭触点断开，避免了 KM_4 吸合造成误动作。当电动机转速接近准同步转速时，电流下降，使过电流继电器 KI 释放，其常开触点断开，KT_1 失电，经过一段延时后，其延时闭合常闭触点闭合，接触器 KM_3 得电吸合并自锁，同步电动机进入全压下启动运行。同时 KT_1 经同样的延时后，其延时断开常开触点断开，KT_2 失电，其延时闭合常闭触点经过一段延时后闭合，接触器 KM_4 得电吸合，其两组主触点闭合，一组短接放电电阻 R_2，给同步电动机加入励磁；另一组短接过电流继电器 KI 的线圈，以防止电动机运转时由于某种原因引起冲击电流，而导致 KI 误动作。而 KM_4 的常闭辅助触点断开，接触器 KM_1 失电释放，切断启动电阻 R_1 回路及 KT_1、KT_2 线圈电源，电动机启动过程结束。

图中设有强励电路，该电路的作用是：短接直流发电机分励绕组所串接的磁场电阻 R_z。当电网电压低到一定值时，欠压继电器 KA 释放，其常闭触点闭合，接触器 KM_2 得电吸合，其主触点闭合，短接磁场电阻 R_z，直流发电机输出增加，同步电动机的励磁电流增加，从而保证同步电动机正常运行。

停机时，按下停止按钮 SB_2 即可。

6.4.5 电抗器降压、按定子电流变化加入励磁的启动线路

电抗器降压、按定子电流变化加入励磁的启动线路如图 6-26 所示。图中，SA 为控制开关；SB_1 为合闸按钮；SB_2 为跳闸按钮；YA_3 为灭磁开关的合闸线圈；YR_3 为灭磁开关的

跳闸线圈；图中触点 QF₄ 为灭磁开关各触点。灭磁开关，用一只自动空气开关改制而成。KA 为欠压继电器，接线见图 6-25 中。

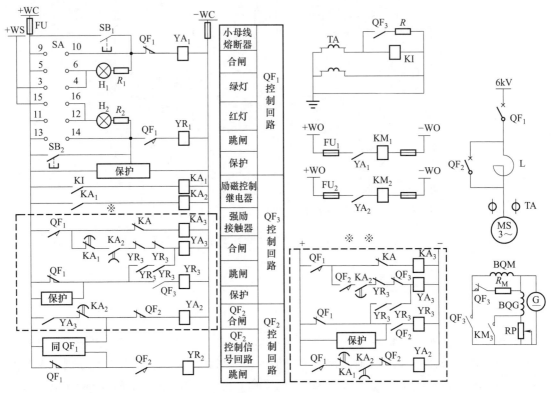

图 6-26　电抗器降压、按定子电流变化加入励磁的启动线路

　　同步电动机的电源由断路器 QF₁ 控制。启动时，断路器 QF₂ 断开，同步电动机经电抗器 L 降压启动，待电动机达到准同步转速及以上时，将断路器 QF₂ 合闸，短接电抗器 L，则同步电动机在全压下运行。

　　当灭磁开关 QF₃ 合闸时，其常闭触点断开灭磁电阻 R_M 回路，励磁机对同步电动机进行励磁；当 QF₃ 跳闸时，励磁机退出同步电动机的磁场回路，而将灭磁电阻 R_M 接入同步电动机的磁场回路进行灭磁。

　　励磁电流大小可以通过调节变阻器 RP 来改变。电路中设有强励环节，当电网电压低到一定值时，电源电压继电器 KA 释放，其常闭触点闭合，接触器 KM₃ 得电吸合，其主触点闭合，将变阻器 RP 短接，直流发电机输出增加，同步电动机的励磁电流增加，保证其正常运行。

　　轻启动线路和重启动线路的工作原理如下：

　　① 轻启动控制线路。由图中标有"※"的虚线框电路组成。在 QF₂ 合闸前先加入励磁。投入断路器 QF₁，同步电动机经电抗器 L 做降压启动。由于启动电流很大，过电流继电器 KI 吸合，其常开触点闭合，中间继电器（实质是时间继电器，励磁控制用）KA₁ 得电，其常开触点闭合，中间继电器 KA₂ 得电，KA₁ 延时闭合常闭触点断开，KA₂ 延时断开常开触点闭合，为下一步动作程序做好准备。此时灭磁开关 QF₃ 的合闸线圈 YA₃ 仍失电不能动作。

当电动机转速上升到准同步转速及以上时，过电流继电器 KI 释放，从而使 KA$_1$ 和 KA$_2$ 复位，它们的两副触点又产生动作，而这两副触点是按 KA$_1$ 闭合时 KA$_2$ 尚未断开的时限进行整定的。因此灭磁开关 QF$_3$ 合闸线圈 YA$_3$ 回路被接通，QF$_3$ 常闭触点断开，常开触点闭合，直流发电机投入励磁工作。经过一段延时后，KA$_2$ 延时闭合常闭触点闭合，断路器 QF$_2$ 合闸线圈 YA$_2$ 得电吸合，QF$_2$ 合闸，短接了电抗器 L，同步电动机在全压下正常运行。此时，KA$_2$ 的延时断开常开触点断开，YA$_3$ 失电释放，从而保证在 QF$_2$ 合闸后，励磁回路不可能再投入。YA$_3$ 虽失电释放，灭磁开关 QF$_3$ 借助机械锁定装置仍处于合闸状态。

② 重启动线路。在断路器 QF$_2$ 合闸后再加入励磁。

重启动线路除用图 6-26 中标有"※※"的虚线框内电路代替轻启动控制时标有"※"的虚线框内电路外，其余电路不变。

投入断路器 QF$_1$，同步电动机电抗器 L 做降压启动，同轻启动时一样，当过电流继电器 KI 动作时，KA$_1$ 和 KA$_2$ 相继启动，但未接通断路器 QF$_2$ 的合闸回路。待同步电动机转速上升到准同步转速及以上时，过电流继电器 KI 释放，KA$_1$ 和 KA$_2$ 复位。由于它们是按 KA$_1$ 闭合时 KA$_2$ 尚未断开的时限进行整定的，因此 QF$_2$ 合闸回路接通，QF$_2$ 合闸短接了电抗器 L，使同步电动机在全压下运转。此时，KA$_2$ 延时闭合常闭触点闭合，灭磁开关 QF$_3$ 的合闸线圈 YA$_3$ 得电吸合，QF$_3$ 常闭触点断开，常开触点闭合，直流发电机投入励磁工作。此时 KA$_2$ 延时断开常开触点断开，YA$_2$ 失电释放，从而保证 QF$_2$ 在电动机励磁回路投入后，不可能再合闸。

6.4.6 同步电动机能耗制动线路

同步电动机能耗制动是将运行中的同步电动机定子电源断开，再在定子绕组上接一个外电阻或频敏变阻器，并保持转子励磁绕组的直流励磁，同步电动机就成为电枢被电阻或频敏变阻器短接的同步发电机，于是就很快地将转动的机械能变换成电能，并以热能的形式消耗在电阻或频敏变阻器上，电动机即被制动。

同步电动机电阻能耗制动和频敏变阻器能耗制动线路如图 6-27 所示。

制动时，接触器 KM$_1$ 失电释放，使同步电动机定子绕组从电网中断开，但励磁绕组仍保持一定的励磁电流，紧接着接触器 KM$_2$ 得电吸合，将制动电阻或频敏变阻器接入定子回路中，进行能耗制动。

实践表明，当转子回路励磁电流/转子回路空载额定励磁电流等于 1.93 时，

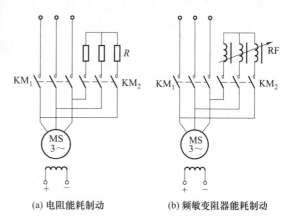

(a) 电阻能耗制动　　(b) 频敏变阻器能耗制动

图 6-27 同步电动机能耗制动线路

能获得最大的制动转矩，其值为同步电动机额定转矩的 2.8 倍。当定子回路电阻/定子额定阻抗等于 0.4 时，可得到较短的制动时间；而当此值为 0.6 时，可得到较短的制动行程。

6.4.7 同步电动机晶闸管励磁装置线路

同步电动机晶闸管励磁装置线路如图 6-28 所示。

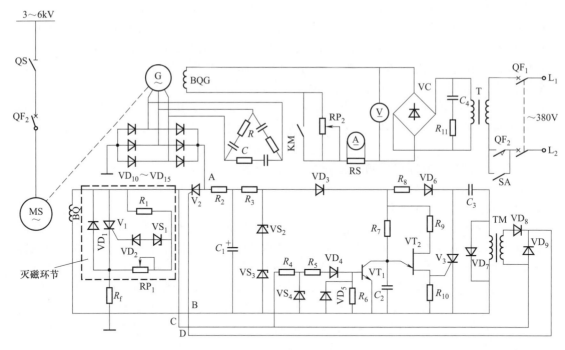

图 6-28 同步电动机晶闸管励磁装置线路

工作原理：合上主电路隔离开关 QS 和油断路器 QF$_2$，合上控制回路电源开关 QF$_1$，同步电动机 MS 开始全压异步启动，灭磁环节开始工作。灭磁环节由续流二极管 VD$_1$、晶闸管 V$_1$、二极管 VD$_2$、稳压管 VS$_1$、电位器 RP$_1$ 和电阻 R$_1$ 组成。

同步电动机启动时，转子产生感应电压，负半周时，感应的交流电流经过放电电阻 R$_f$ 和 VD$_1$；正半周时，开始时感应交变电压未达到晶闸管 V$_1$ 整定的导通开放电压前，感应交变电流是通过 R$_1$、RP$_1$ 及 R$_f$ 回路，这样外接电阻为转子励磁绕组的几千倍以上，所以励磁绕组相当于开路启动，感应电压急剧上升。当其瞬时值上升至晶闸管 V$_1$ 整定的导通电压时，V$_1$ 导通，短接了电阻 R$_1$ 和 RP$_1$，使同步电动机转子励磁绕组 BQ 从相当于开路启动变为只接入放电电阻 R$_f$ 启动。因此转子感应电压的峰值就大为减弱直至此半周结束，电压过零时，V$_1$ 没有维持电流而自行关闭。

调整电位器 RP$_1$，可使晶闸管 V$_1$ 在不同的转子感应电压下导通工作，接入放电电阻 R$_f$。可见，同步电动机在启动过程中，转子励磁绕组随着转子加速所产生的感应交变电压半周经晶闸管 V$_1$、放电电阻 R$_f$ 灭磁；半周经续流二极管 VD$_1$、放电电阻 R$_f$ 灭磁。

由异步启动转入同步运行过程如下：交流励磁发电机 G 的励磁绕组 BQG 得到励磁电流，随着同步电动机的加速，G 发出的电经三相整流桥 VD$_{10}$～VD$_{15}$ 整流送到 A、B 两点。

同步电动机在整个启动过程中，其转子励磁绕组 BQ 所感应的交变电压的频率和电压值随转子转速的增高而下降，在 R$_f$ 上的压降减小。同步电动机刚启动时，BQ 感应交变电流在 R$_f$ 上的压降大。此时电压降按转差率正负交变，是整步投励控制环节的信号源。这个信号经电阻 R$_4$ 降压、稳压管 VS$_4$ 削波、电阻 R$_5$ 限流，把输入信号送到三极管 VT$_1$ 的基极。

在同步电动机被牵入同步运行前，负半周时（即 C 端为负、B 端为正），三极管 VT$_1$ 因无基极电流而截止。此时电容 C$_2$ 经电阻 R$_7$ 被充电，但尚未达到单结三极管 VT$_2$ 的峰点电压，故 VT_2 截止。在正半周时，VT_1 得到基极偏压而导通，C_2 即经 VT_1 而放电，故 VT_2 仍截止。

当同步电动机被加速到准同步速度（即 95％ 额定转速、转差率 $s=0.05$）时，转子感应的电压不足使晶闸管 V_1 导通而关闭。由于转子励磁绕组感应交变电压的频率变为每秒 2.5 周，负半周的延续时间比较长，电容 C_2 的充电时间延长了，其两端电压达到单结晶体管 VT_2 的峰点电压时，VT_2 导通，由 VT_2 等组成的张弛振荡器发出脉冲信号，晶闸管 V_3 触发导通。由于电容 C_3 在 VT_2 未导通前已通过电阻 R_2、R_3、R_8 以及二极管 VD_3、VD_6、VD_7 被充电，当 V_3 导通时，C_3 便通过脉冲变压器 TM 迅速放电，TM 发出强脉冲，使晶闸管 V_2 触发导通。此时将励磁电流送入同步电动机的转子励磁绕组，同步电动机被牵入同步运行。

图 6-28 中，二极管 $VD_3 \sim VD_6$、VD_8、VD_9 起保护隔离作用，以防止投励环节中各元件受暂态过电压而损坏；二极管 VD_7 构成 C_3 的充电回路，同时它又能防止脉冲变压器 TM 初级绕组出现过电压；电阻 R_6 以保证晶体管 VT_1 可靠截止。

励磁装置电气元件参数见表 6-4。

表 6-4　励磁装置电气元件参数

代号	名称	型号规格	代号	名称	型号规格
V_1	晶闸管	KP200A/500V	R_9	金属膜电阻	RJ-300Ω 1/4W
V_2	晶闸管	KP100A/500V	R_{10}	金属膜电阻	RJ-150Ω 1/4W
V_3	晶闸管	KP5A/200V	R_{11}	金属膜电阻	RJ-30Ω 2W
VD_1	二极管	2CZ200A/400V	R	管形电阻	RXYC-6.2Ω 25W
VD_2	二极管	2CP21	C	电容器	CZJJ-2,10μF 250V
$VD_3 \sim VD_9$	二极管	2CP12	C_1	电解电容	CD-3-10,50μF 300V
$VD_{10} \sim VD_{15}$	二极管	2CZ200A/500V	C_2	电容器	CZJX,1μF 160V
VS_1、VS_4	稳压管	2CW102	C_3	电容器	CZJD-1,4μF 160V
VS_2、VS_3	稳压管	2CW111	C_4	电容器	CZJJ-2,0.5μF 750V
R_f	板形电阻	ZB2、0.9Ω、19.9A	VT_1	三极管	3DG60
RP_1	电位器	WX3-11,200Ω 3W	VT_2	单结晶体管	BT31D
RP_2	瓷盘电阻	BL_2	TM	脉冲变压器	1:1,150 匝
R_1	绕线电阻	RXYD-1.5kΩ 12W	VC	硅整流器	2CZ30A/500V
R_2、R_3	金属膜电阻	RJ-500Ω 2W	PV	直流电压表	1C2-V,0~250V
R_4	绕线电阻	RXYD-20kΩ 12W	PA	直流电流表	1C2-A,0~30A
R_5	绕线电阻	RXYD-10kΩ 2W	QF_1	断路器	DZ10-100/332
R_6	金属膜电阻	RJ-10kΩ 1/4W	T	变压器	5kV·A
R_7	金属膜电阻	RJ-200kΩ 1/4W	SA	转换开关	HZ10-10/1,6A
R_8	金属膜电阻	RJ-1.5kΩ 1/4W			

注：V_1、V_2、VD_1、$VD_{10} \sim VD_{15}$、RP_2、VC、PV、PA 及 T 应按电动机容量选择。

6.5　直流电动机控制线路

6.5.1　直流电动机的接线及调速方法

直流电动机有他励、并励、复励和串励四种励磁方式，不同励磁方式直流电动机绕组的连接方法见表 6-5。表 6-5 中各绕组出线端标志见表 6-6。

表6-5 不同励磁方法直流电动机绕组连接方法

励磁方式	不带换向极	带换向极	带换向极及补偿绕组
他励	M；T₁ S₁ ⋯ S₂ T₂	M，S₂，H₁；T₁ S₁ ⋯ H₂ T₂	M，S₂ H₂，H₁ BC₁；T₁ S₁ ⋯ BC₂ T₂
并励	B₁ ⋯ B₂；M；S₁；S₂	B₁ ⋯ B₂；M，S₂ H₁；S₁ ⋯ H₂	B₁ ⋯ B₂；M，S₂ BC₁，H₁ H₂；S₁ ⋯ BC₂
长复励	C₁，M，S₂；B₁ S₁ ⋯ C₂ B₂	H₁ H₂，M，S₂ C₁；B₁ S₁ ⋯ C₂ B₂	H₁ H₂ C₂，M，S₂ BC₁ BC₂；B₁ S₁ ⋯ B₂
短复励	C₁，M，S₂；B₁ S₁ ⋯ C₂ B₂	H₁ H₂，M，S₂ C₁；B₁ S₁ ⋯ C₂ B₂	H₁ H₂ C₁，M，S₂ BC₁ BC₂；B₁ S₁ ⋯ C₂ B₂
串励	M，S₂，C₁；S₁ ⋯ C₂	M，S₂ C₁，H₁ H₂；S₁ ⋯ C₂	

注：表中接线所对应的电动机旋转方向——从换向器端看为逆时针。

表6-6 直流电动机各绕组出线端的标志

绕组名称	出线端标志		绕组名称	出线端标志	
	始端	末端		始端	末端
电枢绕组	S₁	S₂	启动绕组	Q₁(K₁)	Q₂(K₂)
并励绕组	B₁(F₁)	B₂(F₂)	平衡导线及平衡绕组	P₁	P₂
串励绕组	C₁	C₂	去磁绕组	QC₁(Q₁)	QC₂(Q₂)
换向绕组	H₁	H₂	他励绕组	T₁(W₁)	T₂(W₂)
补偿绕组	BC₁(B₁)	BC₂(B₂)			

　　直流电动机控制线路包括：启动线路、调速线路、正反向转换线路及制动线路等。

　　由于直流电动机电枢电阻和电感都很小，直接启动电流可能达到额定电流的10～15倍。这样大的启动电流会烧坏换向器、电刷和电枢绕组，使传动机构与生产机械受到很大的机械冲击，还会使电网电压受到干扰。因此除了小功率直流电动机偶尔采用直接启动外，都要求限制启动电流启动。通常限制启动电流启动可以采用两种办法：一种是在电枢电路中串接电阻，在启动过程中，随着转速升高及时将电阻分级短接，使启动电流限制在某一允许值以内。由于这种方法设备简单、操作方便，因此广泛应用于中小型直流电动机启动。但由于其启动过程消耗能量大，不适合用于频繁启动的直流电动机。另一种是降压启动，即由单独的直流可调电源对电动机电枢供电，控制电源电压，这种方法既可以使电动机平滑启动，又可以调速，一般用于较大容量的直流电动机。还可以采用晶闸管或整流二极管配调压器调压启动。

直流电动机能在宽广的范围内平滑地调速，直流电动机的调速方法有三种：调节励磁电流、调节电枢电压和调节电枢回路电阻。三种调速方法各有其不同的特点和机械特性，适合在不同的条件下采用。直流电动机不同调速方法的主要特点、性能曲线和适用范围见表6-7，以及图 6-29～图 6-31。

表 6-7 直流电动机不同调速方法的主要特点、性能曲线和适用范围

调速方法	调节励磁电流	调节电枢电压	调节电枢回路电阻
特性曲线	见图 6-29	见图 6-30	见图 6-31
主要特点	①U 等于常值，转速 n 随励磁电流 I_1 和磁通 Φ 的减小而升高 ②转速越高，换向越困难，电枢反应和换向元件中电流的去磁效应对电动机运行稳定性的影响越大。最高转速受机械因素、换向和运行稳定性的限制 ③电枢电流保持额定值不变时，转矩 M 与 Φ 成正比，n 与 Φ 成反比，输入、输出功率及效率基本不变	①Φ 等于常值，转速 n 随电枢端电压 U 的减小而降低 ②低速时，机械特性的斜率不变，稳定性好。由发电机组供电时，最低转速受发电机剩磁的限制 ③电枢电流保持额定值不变时，M 保持不变，n 与 U 成正比，输入、输出功率随 U 和 n 的降低而减小，效率基本不变	①U 等于常值，转速 n 随电枢回路电阻阻值 R 的增加而降低 ②转速越低，机械特性越软。采用此法调速时，调速变阻器可作启动变阻器用 ③电枢电流保持额定值不变时，M 保持不变，可做恒转矩调速，但低速时，输出功率随 n 的降低而减小，而输入功率不变，效率将随 n 的降低而降低，经济性很差
适用范围	适用于额定转速以上的恒功率调速	适用于额定转速以下的恒转矩调速	只适用于额定转速以下、不需经常调速且机械特性要求较软的调速

直流电动机的旋转方向取决于励磁磁场的方向与电枢绕组中电流的方向，单独改变励磁磁场（即励磁绕组电流）的方向或单独改变电枢电流的方向，都可以实现直流电动机旋转方向的改变。不同励磁方式的直流电动机，其改变转向的接线也不同。

他励式直流电动机改变转向的方法如图 6-32 所示。图中 I_a 为电枢电流，I_t 为励磁电流。如果同时改变 I_a 和 I_t 的方向，导线受力的方向不变，电动机的旋转方向就不变。

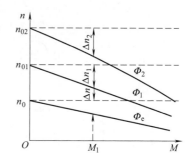

图 6-29 他励式直流电动机励磁改变时的机械特性（$\Phi_e > \Phi_1 > \Phi_2$）

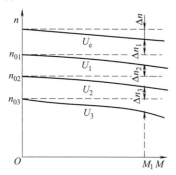

图 6-30 他励式直流电动机电枢电压改变时的机械特性（$U_e > U_1 > U_2 > U_3$）

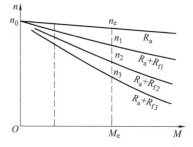

图 6-31 他励式直流电动机电枢串接电阻时的机械特性（$R_{f3} > R_{f2} > R_{f1}$）

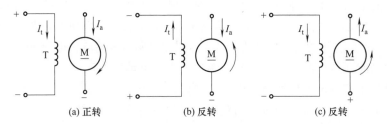

图 6-32　他励式直流电动机改变转向的接线

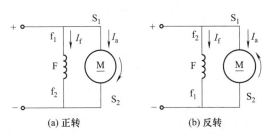

图 6-33　并励式直流电动机改变转向的接线

并励式直流电动机改变转向的接线方法与他励式电动机的相同，只要改变 I_a 或 I_f 的方向即可，如图 6-33 所示。

串励式直流电动机是通过单独改变电枢电流或励磁电流的方向来实现的，如图 6-34 所示。其中 I_c 为串接励磁绕组的电流；I_a 为电枢电流（$I_a = I_c$）。

复励式直流电动机的励磁绕组由并联绕组 F 和串联绕组 C 组成，要想通过改变励磁电流来改变电动机的转向，必须同时改变 F 绕组和 C 绕组的电流方向，造成接线较为复杂。因此复励式直流电动机改变转向，通常采用改变电枢绕组电流方向的方法，如图 6-35 所示。

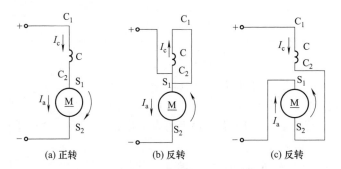

图 6-34　串励式直流电动机改变转向的接线

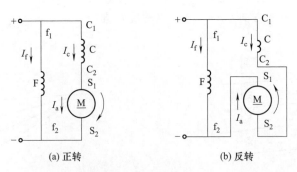

图 6-35　复励式直流电动机改变转向的接线

值得注意的是：如果直流电动机外壳上有旋转方向的箭头标记，则只允许单方向运转，否则电刷下面的火花要增大，换向器要烧伤。若一定要对这类电动机改变转向，除采用上述方法外，还需调整电动机电刷中性线位置。

　　直流电动机制动主要采取能耗制动和反接制动。直流电动机能耗制动线路，就是当电动机与电源脱开后，将制动电阻并联在电枢上，此时励磁绕组仍接在电源上，由于直流电动机有惯性，旋转的电枢成为发电机，将电能输送到电阻上，并以热能的形式消耗掉，使电动机迅速停止运行。制动电阻越小，制动越迅速。但能耗也越大，电枢发热也越厉害。

6.5.2　电枢串接电阻的启动与调速线路（一）

　　电枢串接电阻的启动与调速线路（一）如图 6-36 所示。该线路在电枢回路中串入两级启动电阻，通过主令开关 SA 来实现启动、调速及停机控制。在启动过程中由两个时间继电器自动切除两段启动电阻。

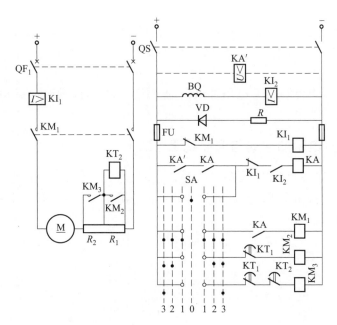

图 6-36　直流电动机电枢串接电阻启动与调速线路（一）

　　工作原理：启动前，将主令开关 SA 置于"0"位，合上主电路和控制回路电源开关 QF 和 QS，此时在励磁绕组 BQ 中便流过额定励磁电流，欠电流继电器 KI_2 得电吸合（也常用欠电压继电器并接在励磁回路上来代替 KI_2），其常开触点闭合，而此时过电流继电器 KI_1 不动作，通过开关 SA，使中间继电器 KA 得电吸合并自锁。同时时间继电器 KT_1 线圈通电，其延时闭合常闭触点断开，接触器 KM_2、KM_3 失电释放，它们的常开触点断开，保证启动时电阻 R_1 和 R_2 都串入电枢回路。

　　启动时，将主令开关 SA 置于"1"位置，接触器 KM_1 得电吸合，接通电动机电枢回路，电动机电枢串入全部启动电阻启动运行。在电阻 R_1 上的电压降作用下，时间继电器 KT_2 线圈通电，其延时闭合常闭触点断开。另外，由于 KM_1 的常闭辅助触点断开，KT_1 线圈失电，经过一段延时后，其延时闭合常闭触点闭合，接触器 KM_2 得电吸合，其主触点闭合，短接了启动电阻 R_1，电动机继续加速。同时，时间继电器 KT_2 线圈也被短接，经过一段延时后，其延时闭合常闭触点闭合，加速接触器 KM_3 得电吸合，其主触点闭合，短接了启动电阻 R_2，电动机进入全压正常运行，启动过程结束。

　　如需要降速，可将主令开关 SA 置于"2"或"3"位置，则电动机就在电枢串接一级或两级电阻下运行。

停机时，将 SA 置于"0"位即可。

图中硅整流器或二极管 VD 和放电电阻 R 形成一条放电回路，以防止励磁绕组电源断开瞬间在励磁绕组中产生很大的自感电动势而烧坏电气元件。

线路设有过电流保护和弱磁保护。

当电动机发生过载或短路时，过电流继电器 KI_1 立即吸合，切断中间继电器 KA 线圈回路，接触器 $KM_1 \sim KM_3$ 均失电释放，切断电动机主回路电源，使电动机停止运行。

当电动机出现弱磁或失磁时（若无保护，会造成电动机转速急剧上升，引起"飞车"事故），欠电流继电器 KI_2（或欠电压继电器 KA′）释放，切断 KA 线圈回路，同样使电动机停止运行。

欠电流继电器的选择。欠电流继电器的额定电流 I_{je} 应大于电动机额定励磁电流 I_{le}，即 $I_{je} \geq I_{le}$；而其释放电流整定值 I_{jf} 按电动机的最小励磁电流 I_{lmin} 整定，即 $I_{jf} = (0.8 \sim 0.85)I_{lmin}$。

若采用欠电压继电器，则欠电压继电器的额定电压 U_{je} 按励磁回路额定电压 U_{le} 选择，对释放值一般无特殊要求。

6.5.3 电枢串接电阻的启动与调速线路（二）

电枢串接电阻的启动与调速线路如图 6-37 所示。该线路在直流电动机电枢回路中串入两级启动电阻，利用按钮实现电动机的启动和停止控制。在启动过程中由两个时间继电器自动切除两级启动电阻。

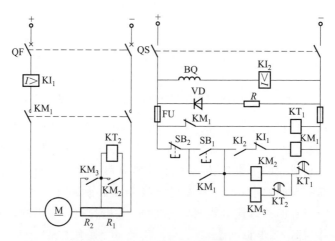

图 6-37　直流电动机电枢串接电阻启动与调速线路（二）

工作原理：合上主电路和控制回路电源开关 QF 和 QS，电动机励磁绕组 BQ 通电励磁，欠电流继电器 KI_2 吸合（也可用欠电压继电器并联在励磁回路代替欠电流继电器），其常开触点闭合。同时，时间继电器 KT_1 线圈通电，其延时闭合常闭触点断开，做好电动机启动准备。

启动时，按下启动按钮 SB_1，接触器 KM_1 得电吸合并自锁，接通电动机电枢回路，电动机串入全部启动电阻启动运行。在电阻 R_1 上的电压降作用下，时间继电器 KT_2 线圈通电，其延时闭合常闭触点断开。由于接触器 KM_1 的常闭辅助触点断开，时间继电器 KT_1 线圈失电，其延时闭合常闭触点闭合，接触器 KM_2 得电吸合，其主触点闭合，短接了启动电

阻 R_1，电动机继续升速。同时，时间继电器 KT$_2$ 线圈也被短接，经过一段延时后，其延时闭合常闭触点闭合，加速接触器 KM$_3$ 得电吸合，其主触点闭合，短接了启动电阻 R_2，电动机进入全压正常运行，启动过程结束。

停机时，按下停止按钮 SB$_2$，接触器 KM$_1$ 失电释放，电动机停止运行。

6.5.4 电枢串接电阻启动、改变励磁电流调速的线路

直流电动机在电枢电压不变的情况下，减小励磁电流，能使转速升高；增大励磁电流，能使转速降低。

电枢串接电阻启动、改变励磁电流调速的线路如图 6-38 所示。该线路仍采用在电枢回路中串入电阻的启动方法，转速调节则采用改变励磁电流的方式。

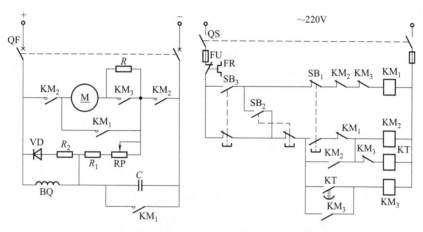

图 6-38　电枢串接电阻启动、改变励磁电流调速的线路

图中，R 为启动电阻，制动时它还作限流电阻用；瓷盘变阻器 RP 为调速用，调节它能改变励磁电流，从而改变电动机的转速；放电电阻 R_2 和二极管 VD 形成一条放电回路；KM$_1$ 为能耗制动接触器；KM$_2$ 为工作接触器；KM$_3$ 为短接启动电阻用接触器，即加速接触器。

工作原理：合上控制回路电源开关 QS 和主电路断路器 QF，按下启动按钮 SB$_1$，接触器 KM$_2$ 得电吸合并自锁，电动机电枢串入电阻 R 启动运行。同时，时间继电器 KT 线圈通电，经过一段延时后，其延时闭合常开触点闭合，接触器 KM$_3$ 得电吸合并自锁，其主触点闭合，短接了启动电阻 R，电动机进入全压正常运行，启动过程结束。

若要调速，只要调节瓷盘变阻器 RP 即可。

停机时，按下停止按钮 SB$_2$（注意：直到电动机制动停转前都不放松），接触器 KM$_2$、KM$_3$ 失电释放，电动机主电路断电。同时制动接触器 KM$_1$ 得电吸合，其两副主触点闭合，一副使电动机电枢经电阻 R 短接；另一副使励磁电源不经变阻器 RP 而直接加在励磁绕组上，形成强励磁，从而保证电动机在强励磁情况下进行能耗制动，以产生最大的制动转矩。松开按钮 SB$_2$，制动过程结束，电路恢复准备启动状态。

6.5.5 单相晶闸管直流电动机不可逆调速线路

单相晶闸管直流电动机不可逆调速系统框图如图 6-39 所示，其电气线路如图 6-40 所

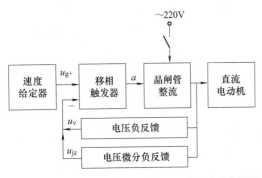

图 6-39　单相晶闸管直流电动机不可逆调速系统框图

示。该线路调速范围约 $10:1$，所带电动机功率在 $0.8\sim13\mathrm{kW}$ 之间，适用于对精度要求不高、负载变化不大的场所。

工作原理：主电路采用单相桥式整流（$VD_1\sim VD_4$ 组成），然后用晶闸管 V 做调压调速。

由于直流电动机的电枢旋转时产生反电动势，只有当整流器输出电压大于反电势时，晶闸管才能导通，因而通过电动机的电流是断续的。这样，晶闸管的导通角小，电流峰值很大，晶闸管也容易发热。为此，在主电路中串接电抗器 L，利用电抗器的自感电势，使晶闸管的导通时间延长，降低电流峰值，并减小电流的脉动程度，改善直流电动机的运行条件。

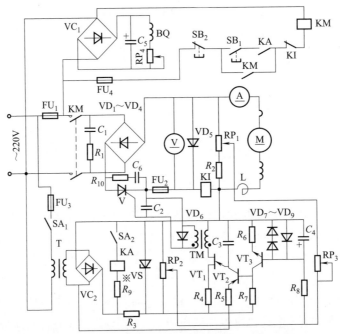

图 6-40　单相晶闸管直流电动机不可逆调速线路

触发电路采用由单结晶体管 VT_1、三极管 VT_2（作可变电阻用）等组成的张弛振荡器。三极管 VT_3 作信号放大用。主令电压从电位器 RP_2 给出，负反馈电压从并联在电枢两端的电位器 RP_1 上取得。这两个电压相比较所得的差值电压经电阻 R_8 与电容 C_4 滤波后，加到三极管 VT_3 基极进行放大，并控制三极管 VT_2 的导通程度，以改变张弛振荡器的频率，改变晶闸管的导通角，从而改变电枢电压的大小，达到调节电动机转速的目的。

$VD_7\sim VD_9$ 为放大器输入端的钳位二极管，以保护三极管 VT_3 不被损坏。电容 C_4 是用来对输入脉动电压滤波及吸收输入信号的突变，可使调速过程比较平稳。

同步电压由交流电压经整流桥 VC_2 整流、电阻 R_3 限流、稳压管 VS 削波得到。

输出电路中的二极管 VD_6 起检波作用，只允许正脉冲信号送入控制极。C_2 是防干扰电容，防止干扰信号混入控制极引起晶闸管误触发。

R_1、C_1 为交流侧阻容保护电路，吸收来自电网方面的过电压。过流继电器 KI 作过载保护；快速熔断器 FU_1、FU_2 和熔断器 FU_3 作短路保护。VD_5 为续流二极管。电动机励磁绕组 BQ 的励磁电压，由交流电经整流桥 VC_1 整流提供。调节瓷盘变阻器 RP_4，可改变励磁电流。

图6-40 主要电气元件型号规格见表6-8。

表6-8　图6-40 主要电气元件型号规格

代号	名称	型号规格	代号	名称	型号规格
FU_1、FU_2	熔断器	RS3，60A 500V	R_2	绕线电阻	GP-15W 2kΩ
FU_3	熔断器	RL1-10/10A	R_3	金属膜电阻	RJ-1.1kΩ 2W
SA_1	开关	3A 500V	R_4	金属膜电阻	RJ-360Ω 1/2W
T	控制变压器	KC-50V·A 220/36，6.3V	R_5、R_6	金属膜电阻	RJ-1kΩ 1/2W
L	电抗器	5kV·A	R_7	金属膜电阻	RJ-10kΩ 1W
SA_2	微动开关	改装在 RP_1 上	R_8	金属膜电阻	RJ-2kW 1W
VC_1	整流桥	1N4007	R_9	金属膜电阻	RJ-510Ω 1/2W
VC_2	整流桥	ZP5A/500V	R_{10}	金属膜电阻	RJ-68Ω 2W
$VD_1 \sim VD_5$	二极管	ZP30A/500V	RP_1	绕线电阻	GF-50W 1.5kΩ
V	晶闸管	KP50A/700V	RP_2	电位器	WX-2.7kΩ 2W
VT_1	单结晶体管	BT31C	RP_3	绕线电阻	GF-10W 1.5kΩ
VT_2	三极管	3AX5	C_1	电容器	CZJD-2 10μF 500V
VT_3	三极管	3DC6	C_2	电容器	CZJ，0.1μF 400V
$VD_6 \sim VD_9$	二极管	1N4004	C_3	电容器	CZJ，0.47μF 100V
VS	稳压管	2CW66	C_4	电解电容器	CD11，100μF 50V
KM	交流接触器	CJ20-10A 380V	C_5	电解电容器	220μF 450V
KA	中间继电器	JQX-4F DC 36V	C_6	电容器	CBB22 0.25μF 600V
KI	过电流继电器	JL3-11 50A	SB_1	按钮	LA18-22(绿)
TM	脉冲变压器	用半导体输出变压器	SB_2	按钮	LA18-22(红)
R_1	绕线电阻	RXY-50W 10Ω			

6.5.6　单相晶闸管直流电动机可逆调速线路

改变电枢电流方向的单相晶闸管直流电动机可逆调速线路如图6-41所示。

工作原理：主电路采用两只晶闸管的单相半控桥式整流电路。电路设有电压负反馈（由 R_3、RP_1 组成）、电压微分负反馈（由 R_5、RP_4、C_3 组成）、电流正反馈（R_{16}）和电流截止负反馈（由 RP_3、VS_2 组成）。

电流正反馈是这样工作的：从电阻 R_4 上取出电流正反馈电压，该电压与电枢电流成正比。用以补偿主电路电流变化时由于电动机内阻等造成的压降变化。例如，当负载增大，电枢电流增加时，电动机内阻上的压降增大，电动机转速下降，这时电流正反馈电压增大，使控制电压升高，单结晶体管 VT_1 组成的触发电路输出脉冲前移，晶闸管 V_1、V_2 的导通角增大，输出电压回升，从而使电动机转速上升，达到稳速的目的。

电流截止负反馈是这样工作的：当主电路电流超过某一值时，电位器 RP_3 上的分压大于稳压管 VS_2 的稳压值，VS_2 被击穿，其电流在电阻 R_{13} 上的压降使三极管 VT_4 饱和导通，将电容 C_1 短接，C_1 向 VT_4 迅速放电，单结晶体管 VT_1 输入电压降低，触发脉冲后移，使整流器输出电压迅速减小，以减小主电流。主电路电流正常时，稳压管 VS_2 是截止的，触发电路正常工作。

电路中的其他元件及各部分的作用同前。

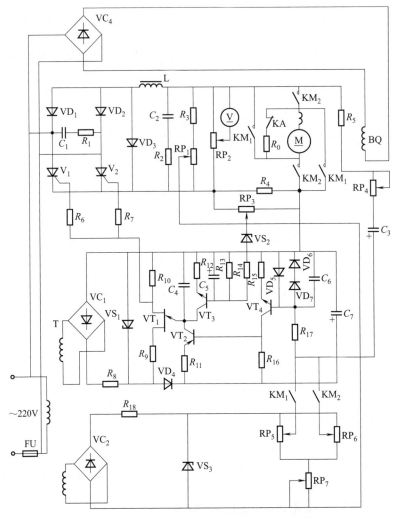

图 6-41　单相晶闸管直流电动机可逆调速线路

6.5.7　他励式直流电动机正反转线路

他励式直流电动机正反转线路如图 6-42 所示。电动机为他励式直流电动机。由于该线路没有采取制动措施，故在正反转交替时，利用时间继电器 KT 的延时作用，保证电动机停机后才能反转启动。

工作原理：合上主电路和控制回路电源开关 QF 和 QS，按下正转启动按钮 SB₁，接触器 KM₂ 得电吸合，其主触点闭合，接通励磁绕组电源，这时励磁电流由 T₁ 流向 T₂。与此同时，由于欠电流继电器 KI₂ 吸合，接触器 KM₁ 得电吸合，其主触点闭合，接通电动机电枢电源，其常闭辅助触点断开，时间继电器 KT 失电释放（KT 线圈在合上开关 QS 时已通电吸合），其延时断开常闭触点闭合，与 KM₂ 触点组成 KM₂ 自锁回路，电动机正向启动运行。

如要反转，须先停机。按下停止按钮 SB₃，接触器 KM₁ 失电释放，切断电枢电源，其常闭辅助触点闭合，KT 线圈通电，其延时闭合常开触点需经过一段延时后才能闭合，故在这段时间内，主电路不可能得电。另一副延时断开常闭触点也需延时同样的时间后，才能切断

KM_2 的自锁回路，在这段时间内，KM_2 仍保持吸合状态，励磁回路仍正常供电。

经过一段延时后（在这延时期间内按动反转按钮 SB_2 不起作用），KT 延时结束，其两副触点到位，接触器 KM_2 失电释放，断开励磁回路。

再按下反转按钮 SB_2，则接触器 KM_3 得电吸合，其主触点闭合，接通励磁绕组电源，这时励磁电流由 T_2 流向 T_1。KM_3 常开辅助触点闭合，接触器 KM_1 得电吸合，其主触点闭合，接通电枢电源，电动机反向启动运行。同时 KM_1 常闭辅助触点断开，KT 失电释放，KM_3 通过 KT 触点自锁。

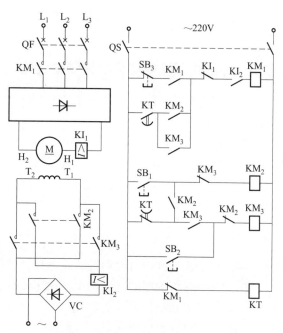

图 6-42　他励式直流电动机正反转线路

6.5.8　复励式直流电动机正反转线路

复励式直流电动机正反转线路如图 6-43 所示。电动机为复励式直流电动机。该电动机有六个接线端子，S_1、S_2 为电枢绕组；C_1、C_2 为串励（磁场）绕组；T_1、T_2 为并励（磁场）绕组。为了实现正反向运转，将 C_1、C_2 与 T_1、T_2 磁场方向固定不变，而改变电枢 S_1、S_2 绕组的电流方向。按下正转启动按钮 SB_1，接触器 KM_1 得电吸合并自锁，其主触点闭合，电枢电压为 S_1 正、S_2 负，电动机正向启动运行。按下反转启动按钮 SB_2，接触器 KM_2 得电吸合并自锁，其主触点闭合，电枢电压为 S_1 负、S_2 正，电动机反向启动运行。

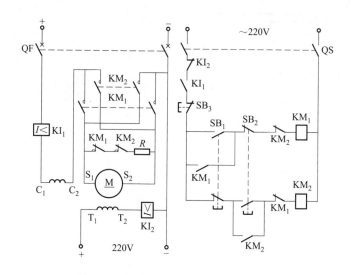

图 6-43　复励式直流电动机正反转线路

该线路采取反接制动方式。停机时，按下停止按钮 SB_3，接触器 KM_1、KM_2 失电释放，它们的常闭触点闭合，电动机电枢两端经制动电阻 R 而短接，电动机很快停转。

该线路具有过电流保护和弱磁保护,分别由过电流继电器 KI_1 和欠电流继电器 KI_2 担任。

6.5.9 并励式直流电动机能耗制动线路

并励式直流电动机能耗制动线路如图 6-44 所示。图中,$R_1 \sim R_3$ 为启动电阻;R_z 为制动电阻。

工作原理:当主电路接触器 KM_1 主触点闭合,制动接触器 KM_2 常闭触点断开时,电动机为正常运行状态[见图 6-44(a)];但当 KM_1 断开时,KM_2 常闭触点立即闭合,将制动电阻 R_z 接入,电动机进入能耗制动状态[见图 6-44(b)]。

制动电阻阻值 R_z 的选择:

$$R_z = \frac{E_{max}}{I_{zmax}} - R_a (\Omega)$$

式中 E_{max}——制动开始时电动机的反电势,稍低于额定电压,V;

I_{zmax}——最大的制动电流,A,一般取 $I_{zmax} = (2 \sim 2.5) I_e$;

I_e——电动机额定电流,A;

R_a——电动机电枢电阻,Ω。

6.5.10 直接启动直流电动机能耗制动线路

直接启动直流电动机能耗制动线路如图 6-45 所示。

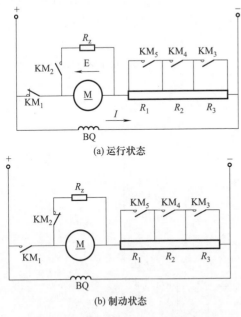

(a) 运行状态

(b) 制动状态

图 6-44 并励式直流电动机能耗制动线路

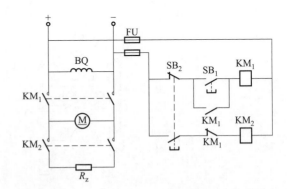

图 6-45 直接启动直流电动机能耗制动线路

6.5.11 串励式和复励式直流电动机能耗制动线路

(1) 串励式直流电动机能耗制动线路

串励式直流电动机能耗制动时,应将其接线改成并励式电动机形式,即将电枢与串励绕组断开，在串励绕组中通入恒定的励磁电流，并将电枢接到制动电阻上。

串励式直流电动机在能耗制动时，其串励绕组中一般通以额定励磁电流，为此，需在串励绕组中附加电阻。其阻值 R_f 的选择如下：

$$R_f = \frac{U_c}{I_{ce}} - (R_c + R_q)(\Omega)$$

式中　U_c——串励绕组励磁电压，V；

　　　I_{ce}——串励绕组额定励磁电流，A；

　　　R_c——串励绕组电阻，Ω；

　　　R_q——启动电阻，Ω。

能耗制动电阻阻值 R_z 计算同并励式直流电动机。

（2）复励式直流电动机能耗制动线路

复励式直流电动机具有并励、串励绕组，因而在能耗制动中，它既可按并励式电动机的方法制动，又可以同时采用并励、串励两种制动方法。一般来说，前者已有相当好的制动效果。

复励式直流电动机能耗制动电阻阻值的计算同并励式直流电动机。

6.5.12　电枢串接电阻启动、能耗制动单向运转线路（一～三）

（1）线路之一

线路之一如图 6-46 所示。该线路具有一级启动电阻，由欠电压继电器 KA_2 控制启动电阻切除；停机时，采用能耗制动。欠电压继电器 KA_1、KA_2 线圈工作时与电动机电枢并联，它们反映电动机电枢电压，即转速的变化。所以可以说该线路是用转速变化来控制的。

启动时，按下启动按钮 SB_1，接触器 KM_1 得电吸合，其常开触点闭合，电动机电枢串入启动电阻 R 启动，待电动机转速升到一定数值时，欠电压继电器 KA_2 吸合，其主触点闭合，切除启动电阻 R，电动机进入额定电压运行。

停机时，按下停止按钮 SB_2，接触器 KM_1 失电释放，电动机电枢脱离电源；当 KM_1 常闭触点闭合时，KA_1 在电枢产生的电动势的作用下立即吸合，其常开触点闭合，制动接触器 KM_2 得电吸合，其主触点闭合，将制动电阻 R_z 并联在电枢两端，这时因励磁电流未变，因而产生制动转矩，使电动机迅速停转。在电枢反电动势低于欠电压继电器 KA_1 释放电压时，KA_1 释放，又使接触器 KM_2 失电释放，制动过程结束，电路恢复到原始状态。

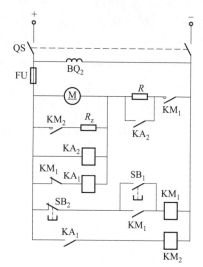

图 6-46　电枢串接电阻启动、能耗制动单向运转线路（一）

（2）线路之二

线路之二如图 6-47 所示。该线路与图 6-46 基本相同，工作原理也类同。

（3）线路之三

线路之三如图 6-48 所示。该线路具有两级启动电阻，由时间继电器控制启动电阻的切除；停机时采用能耗制动。

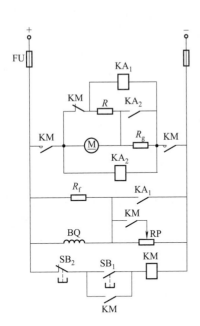

图 6-47 电枢串接电阻启动、
能耗制动单向运转线路（二）

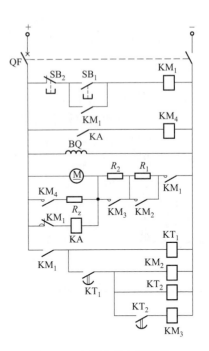

图 6-48 电枢串接电阻启动、
能耗制动单向运转线路（三）

工作原理：合上电源开关 QF，按下启动按钮 SB_1，接触器 KM_1 得电吸合并自锁，其主触点闭合，电动机电枢回路串入电阻 R_1 和 R_2 启动运行。KM_1 常开辅助触点闭合，时间继电器 KT_1 线圈通电，经过一段延时后，其延时闭合常开触点闭合，接触器 KM_2 得电吸合，其主触点闭合将启动电阻 R_1 短接，电动机加速。同时，时间继电器 KT_2 线圈通电，经过一段延时后，其延时闭合常开触点闭合，接触器 KM_3 得电吸合，其主触点闭合将启动电阻 R_2 短接，启动过程结束，电动机进入全压正常运行。

停机时，按下停止按钮 SB_2，接触器 KM_1 失电释放，其常闭辅助触点闭合，欠电压继电器 KA 得电吸合，其常开触点闭合，制动接触器 KM_4 得电吸合，其主触点闭合，将制动电阻 R_z 并联在电枢两端，这时因励磁电流未变，因而产生制动转矩，使电动机迅速停转。在电枢反电动势低于欠电压继电器 KA 释放电压时，KA 释放，又使接触器 KM_4 失电释放，制动过程结束。

6.5.13 电枢串接电阻启动、能耗制动正反转线路

电枢串接电阻启动、能耗制动正反转线路如图 6-49 所示。该线路具有两级启动电阻，由时间继电器控制启动电阻切除；由主令开关 SA 控制电动机正反转运行；停机时，采用能耗制动。

工作原理：启动过程与本章 6.5.1 例图 6-35 相同。当主令开关 SA 置于"正转"位置时，接触器 KM_1 得电吸合，其主触点闭合，电枢电压为左正右负。当 SA 置于"反转"位置时，接触器 KM_2 得电吸合，其主触点闭合，电枢电压为左负右正，这样就改变了电枢电压的极性，而励磁绕组的电流方向未变，从而实现了反转制动。

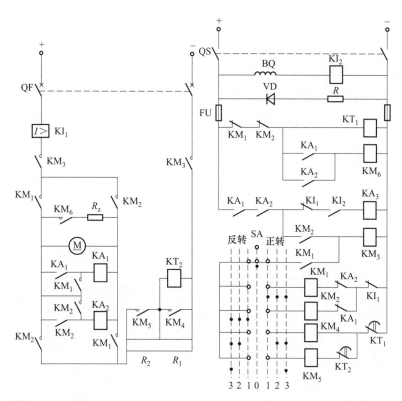

图 6-49 电枢串接电阻启动、能耗制动正反转线路

如将主令开关 SA 置于"正转""3"挡，这时接触器 KM_5、KM_4 得电吸合，正转接触器 KM_1 得电吸合，正向制动继电器 KA_1 得电吸合并自锁，为制动接触器 KM_6 吸合做好准备，同时 KA_1 常闭触点断开，实现与反转接触器 KM_2 联锁。

停机时，将主令开关 SA 置于"0"位，则 KM_1 失电释放，电动机电枢回路脱开电源，由于电动机存在惯性仍按原方向旋转，电枢导体切割磁场而产生感应电动势，使 KA_1 中仍有电流通过而不释放，同时由于 KM_1 的常开辅助触点断开，KM_6 得电吸合，其主触点闭合，将制动电阻 R_z 并联在电枢两端，因而产生制动转矩，使电动机迅速停转。在电枢反电动势低于欠电压继电器 KA_1 释放电压时，KA_1 释放，制动过程结束，电路恢复至原始状态。

若电动机原来为反转运行，其停机的制动过程与上述过程相似，不同的只是利用欠电压继电器 KA_2 来控制而已。

当主令开关 SA 从正转扳到反转时，线路本身也能保证先进行能耗制动，后改变转向。因为欠电压继电器 KA_1 在制动结束以前一直吸合着，其常闭触点一直断开，故即使 SA 置于"3"挡，反转接触器 KM_2 仍断电不会吸合。当 SA 从反转扳到正转时，情况类似。

6.5.14 直流电动机反接制动线路

直流电动机反接制动，就是在直流电动机运行时，励磁不变，突然将电枢电源反接，由于反接后的电源电压极性和电动机的反电动势极性相同，在电枢回路中产生较大的反向制动电流，从而使电动机迅速制动停转。

直流电动机反接制动的特点与异步电动机反接制动相似。制动开始时直流电动机电枢上相当于施加 2 倍额定电压，为防止初始制动电流过大，需串入较大阻值的电阻，因此能耗较大。制动到转速接近零时，应立即切断电源，否则有自动反向启动的可能。

反接制动适用于经常正反转的机械，如轧钢车间辊道及其他辅助机械。一般串励电动机多采用反接制动。

直流电动机反接制动线路如图 6-50 所示。

当反接制动时，正转接触器 KM_1 触点断开，反接制动接触器 KM_3 触点断开，反转接触器 KM_2 触点闭合。

反接继电器的整定线路如图 6-51 所示。

反接继电器 KA，当反接制动开始时，将反接制动电阻 R_f 接入电枢回路；而当制动到电动机转速接近零时，将反接制动电阻 R_f 短接。继电器 KA 线圈的连接点 A，由 R_x 的电阻值来决定。

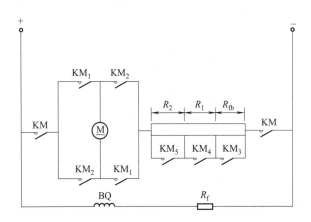

图 6-50　直流电动机反接制动线路

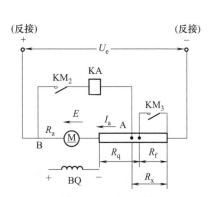

图 6-51　反接继电器整定线路

$$R_x = R/2 = (R_q + R_f)/2$$

上式表示继电器 KA 连接点 A，在总电阻值 R 的一半处。继电器 KA 的吸合电压一般整定在 $(0.4 \sim 0.45)U_e$。

反接制动电阻值 R_f 的选择：

$$R_f = \frac{2U_e}{I_{zmax}} - (R_a + R_q) \, (\Omega)$$

式中　U_e——电枢额定电压，V；

I_{zmax}——允许最大的反接制动电流，A；取决于电动机允许的电流过载倍数，一般取 $I_{zmax} = (2 \sim 2.5)I_e$；

I_e——电动机额定电流，A；

R_q——启动电阻，Ω；

R_a——电动机电枢电阻，Ω。

6.5.15　电枢串接电阻启动、反接制动正反转线路（一）

电枢串接电阻启动、反接制动正反转线路如图 6-52 所示。该线路具有两级启动电阻，由时间继电器控制启动电阻的切除；由主令开关 SA 控制电动机的正反转运行；停机时，采用反接制动，反接制动是按电动机的转速大小进行自动控制的。该线路对串励式、并励式及复励式直流电动机均适用。

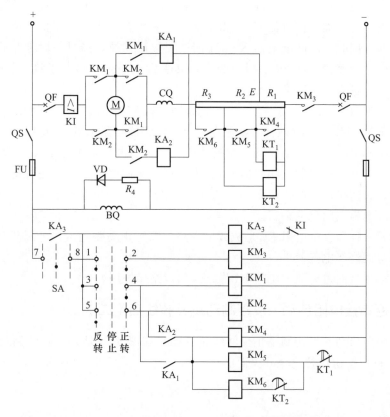

图 6-52　电枢串接电阻启动、反接制动正反转线路（一）

　　图中，R_2、R_3 为启动电阻；R_1 为反接欠电压电阻，在反接制动过程中接入电枢回路，以限制反接制动电流。当电动机转速从零要反向启动时，R_1 被短接，不影响正常的反向启动；R_4 为放电电阻；KM_1 为正转接触器；KM_2 为反转接触器；KM_3 为主电路（电枢）接触器；KM_4 为反接制动接触器，电动机正常启动、运行时，要求 KM_4 吸合，使 R_1 被短接，在电动机反接制动时，要求 KM_4 释放，使 R_1 被接入电枢回路，当转速制动到零开始反向启动时，又要求 KM_4 吸合，将 R_1 短接；KA_1、KA_2 为反接欠电压继电器，用它们的常开触点控制 KM_4 的动作，从而达到 R_1 适时被短接的目的。例如，当主令开关 SA 从"正转"直接扳到"反转"时，正转接触器 KM_1 释放，反转接触器 KM_2 吸合。这时要求欠电压继电器 KA_2 处于释放状态，使 KM_4 释放，同样，接触器 KM_5、KM_6 也处于释放状态，此时电枢回路接入全部电阻进行反接制动。当电动机转速下降到零时，要求 KA_2 吸合，使 KM_4 吸合，其主触点闭合，短接反接电阻 R_1，此后电动机开始反向启动运行。

　　为了使欠电压继电器 KA_1 和 KA_2 满足以上要求，应具备以下条件：

　　① 反接电阻的阻值 R_1 应等于启动电阻 R_3 与 R_2 阻值之和，即 $R_1 = R_2 + R_3$；

　　② KA_1、KA_2 线圈应分别跨接在电枢两端和电阻抽头 E 点之间（见图 6-52）。

　　工作原理：合上主电路断路器 QF 和控制回路电源开关 QS，将主令开关 SA 置于"0"位。继电器 KA_3 得电吸合并自锁。

　　将 SA 置于"正转"位置时，1-2、3-4 触点闭合，接触器 KM_3、KM_1 得电吸合，电动机电枢串入全部电阻启动运行。欠电压继电器 KA_1 在达到吸合电压后吸合，其常开触点闭合，反接制动接触器 KM_4 得电吸合，其主触点闭合，短接电枢回路的第一级电阻 R_1，电动机继续升速。同时，短接了时间继电器 KT_1 的线圈，KT_1 失电，经过一段延时后，其延时闭合常闭触点闭合，加速接触器 KM_5 得电吸合，其主触点闭合，短接了第二级电阻 R_2，电动机再次升速。同时，时间继电器 KT_2 线圈被短接而释放，经过一段延时后，其延时闭合常闭触点闭合，加速接触器 KM_6 得电吸合，其主触点闭合，短接了第三级电阻 R_3，电动机又再次升速，进入全压正常运行。

如要反转，将主令开关 SA 从"正转"扳到"反转"位置，3-4 触点断开，接触器 KM_1、$KM_4 \sim KM_6$ 相继失电释放，5-6 触点闭合，反转接触器 KM_2 得电吸合，电动机在反向电源下，带全部电枢电阻进行制动。在制动过程中，欠电压继电器 KA_2 一直处于释放状态，其常开触点断开，反接制动接触器 KM_4 失电释放，使得电动机无法自动反向启动。待电动机制动后，转速接近零时，KA_2 的常开触点吸合，KM_4 相继得电吸合，这样，电动机就反向自动切除电枢电阻启动运行。

图中二极管 VD 和放电电阻 R_4 形成放电回路，以防止励磁绕组在电源断开瞬间产生很大的自感电动势而烧坏电气元件。

电枢回路中串接的过电流继电器 KI 作过载和短路保护用。

6.5.16 电枢串接电阻启动、反接制动正反转线路（二）

电枢串接电阻启动、反接制动正反转线路（二）如图 6-53 所示。该线路的性能与图 6-52 类似，只不过用按钮代替主令开关而已。

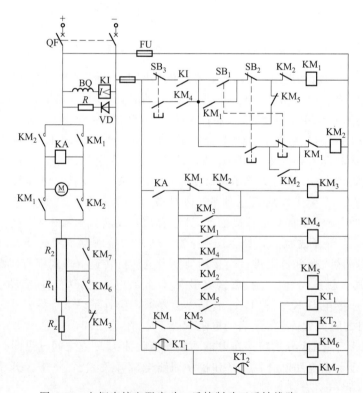

图 6-53 电枢串接电阻启动、反接制动正反转线路（二）

图中，R_1、R_2 为启动电阻；R_z 为反接制动电阻；R 为放电电阻；SB_1 为正转按钮；

SB_2 为反转按钮；SB_3 为停止按钮；KM_1 为正转接触器；KM_2 为反转接触器；KM_3 为反接制动接触器；KM_6、KM_7 为加速接触器。

工作原理：合上电源断路器 QF，励磁绕组 BQ 得电励磁。同时，欠电流继电器 KI 得电吸合，时间继电器 KT_1 和 KT_2 线圈通电，它们的延时闭合常闭触点断开，接触器 KM_6、KM_7 失电释放。时间继电器 KT_2 的延时时间整定大于 KT_1 的延时时间，此时电路处于准备启动状态。

如要正转，按下正转启动按钮 SB_1，接触器 KM_1 得电吸合并自锁，其主触点闭合，在电动机电枢回路中串入电阻 R_1 和 R_2，降压启动、正转运行。KM_1 常闭辅助触点断开，时间继电器 KT_1、KT_2 失电，经过一段延时后，KT_1 延时闭合常闭触点闭合，加速接触器 KM_6 得电吸合，其主触点闭合，短接启动电阻 R_1，电动机继续升速；又经过一段延时，KT_2 延时闭合常闭触点闭合，加速接触器 KM_7 得电吸合，其主触点闭合，短接启动电阻 R_2，电动机再升速，并进入全压正常运行。

由于启动电动机的反电动势等于零，欠电压继电器 KA 处于释放状态，其常开触点断开，接触器 KM_3、KM_4（或 KM_5）均失电释放；当电动机启动后建立起反电动势，其值大于欠电压继电器 KA 的吸合电压时，KA 吸合，其常开触点闭合，接触器 KM_4 得电吸合并自锁，其常开辅助触点闭合，为反接制动做好准备。

停机时，按下停止按钮 SB_3，则正转接触器 KM_1 失电释放，电动机做惯性旋转，此时反电动势仍较高，欠电压继电器 KA 仍吸合着。因此 KM_1 释放后，KM_3 得电吸合并自锁。同时 KM_3 常开辅助触点闭合，反转接触器 KM_2 得电吸合，其主触点闭合，电枢通以反向电流，产生制动转矩。同时接在制动电阻 R_z 上的 KM_3 常闭触点断开，将 R_z 串入电枢回路，使电动机在串入制动电阻 R_z 的情况下进行反接制动而迅速停转。在电枢反电动势低于欠电压继电器 KA 的释放电压时，KA 释放，其常开触点断开，接触器 KM_3 失电释放，同时反接制动接触器 KM_4 和反转接触器 KM_2 也失电释放，电路恢复至原始状态，准备下次启动。

如要反转，按下反转启动接触器 SB_2 即可，动作过程与正转的相同。

欠电流继电器 KI 为失磁保护，保证在励磁电流很小时切断控制电源，防止飞车等事故，但实际电路中常有不设置的。

第7章 ►►►

三相异步电动机保护线路

7.1 三相异步电动机保护方式及保护装置的选用

三相异步电动机的保护方式很多，按照保护装置安装方式分为外测法和内测法两种。保护装置安装在电动机外部，即外测法；保护装置安装在电动机内部，即内测法。保护装置按照安装方式分类见表 7-1。

表 7-1 保护装置按照安装方式分类

安装位置	保护方式		
安装在电动机内部 （内测法）	盘式温度继电器		
	温度继电器	速动双金属片	
		正温度系数热敏电阻	
安装在电动机外部 （外测法）	感应型过流继电器		
	双金属（过流）继电器		
	电动机用断路器	双金属脱扣	
		电磁脱扣	
	电子式保护装置		
	熔断器		
	各种断相保护装置		
	红外线保护装置		
	轴承保护装置		

外测法保护电动机，一般不是直接测量电动机绕组温度，而是测量电动机的电流或电压，是间接检测方法。由于电动机烧毁的因素很多，用外测法保护电动机有时会造成拒动作或误动作，因此可靠性不够理想。

内测法保护电动机，一般都直接测量电动机绕组温度，它能直接反映电动机绕组的发热状况，所以可靠性高，尤其是采用 PTC 热检测元件的保护装置，其保护功能更佳。

三相异步电动机保护线路原则上适用单相异步电动机和直流电动机。直流电动机除采取熔断器、热继电器保护外，还有励磁失磁保护以及电枢过流保护。关于单相异步电动机的热保护电路在本章中作简要介绍，有关直流电动机的保护电路已在第 6 章 6.5 节中一并介绍，本章不再赘述。

各类电动机保护装置各有其特点，表 7-2 列出各类保护装置性能。

熔断器、断路器、热继电器及过电流继电器（主要用于高压电动机）是三相异步电动机主要的保护装置。它们的选用见表 7-3。

表 7-2 各类保护装置性能

项　　目		故　障　名　称											保护级别	
		过载	直接断相	受潮	过压欠压	堵转	短路	机械故障	绝缘老化	供变低压侧断相	供变高压侧断相	内部断相	I 级	II 级
故障率/%		25	30	6	3	18	5	6	2	1	1	3	—	—
内测法	温度保护器	○	√	○	○	√	○	○	○	√	×	√	×	×
	温度传感保护器	○	○	○	○	○	○	○	○	○	○	○	○	○
外测法	熔断器	×	×	×	×	×	○	○	×	×	×	×	×	×
	普通热继电器	○	√	○	√	√	×	×	×	×	×	×	×	×
	D 型热继电器	○	○	○	√	√	×	×	×	×	×	×	×	×
	断相保护器	√	○	×	○	○	×	×	×	×	×	√	○	×
	多功能保护器	○	○	√	○	○	○	○	○	√	√	○	○	×

注：○表示起保护作用；√表示不可靠；×表示不起保护作用。

表 7-3 主要保护装置的选用

元件类型	功能说明	选　用　方　法
熔断器	作长期工作制电动机的启动及短路保护，一般不作过载保护	①直接启动的笼型电动机熔体额定电流 I_{re} 按启动电流 I_q 和启动时间 t_q 选取： $$I_{re}=KI_q$$ 式中，系数 K 按启动时间选择： $\quad K=0.25\sim0.35$（在 $t_q<3s$ 时） $\quad K=0.4\sim0.8$（在 $t_q=3\sim6s$ 时） ②降压启动的笼型电动机熔体额定电流 I_{re} 按电动机额定电流 I_{de} 选取： $$I_{re}=1.05I_{de}$$
断路器	作电动机的过载及短路保护，并可不频繁地接通及分断电路	①断路器的额定电流 I_{ze} 按电动机额定电流 I_{de} 或线路计算电流 I_j 选取： $$I_{ze}\geqslant I_j$$ ②延时动作的过电流脱扣器，其额定电流 I_{Te} 按电动机额定电流 I_{de} 选取： $$I_{Te}=(1.1\sim1.2)I_{de}$$ ③瞬时动作的过电流整定值 I_{zd}，应按大于电动机的启动电流 I_q 选取： $$I_{zd}=(1.7\sim2.0)I_q$$ 动作时间必须大于电动机启动或最大过载时间 对于可调式过电流脱扣器，其瞬动整定值的调节范围为 $3\sim6$ 倍或 $8\sim12$ 倍脱扣器额定电流 I_{Te}，不可调式为 $5\sim10$ 倍
热继电器	作长期或间断长期工作制交流异步电动机的过载保护和启动过程的过热保护，不宜作重复短时工作制的笼型和绕线式异步电动机的过载保护	按电动机额定电流 I_{de} 选择热元件整定电流 I_{zd}，即 $I_{zd}=(0.95\sim1.05)I_{de}$ 在长期过载 20% 时应可靠动作，此外，热继电器的动作时间必须大于电动机启动或长期过载时间 详细选择请见本章 7.2 节

元件类型	功能说明	选 用 方 法
过电流继电器	用于频繁操作的电动机启动及短路保护	①继电器额定电流 I_{je} 应大于电动机额定电流 I_{de}，即 $I_{je} > I_{de}$ ②动作电流整定值 I_{jd}，对交流保护电器按电动机启动电流 I_{de} 计算，$I_{jd} = (1.1 \sim 1.3) I_q$；直流继电器，按电动机最大工作电流 I_{dmax} 计算，$I_{jd} = (1.1 \sim 1.15) I_{max}$

7.2 热敏电阻保护线路

7.2.1 热敏电阻的性能参数

半导体热敏电阻属于嵌入式热保护元件，对温度很敏感，控温误差为 ±5℃。它可靠性高、体积小（直径为 3.5mm）、安装方便、容易嵌入绕组，用它作感温元件能有效地反映电动机绕组的温度情况。

热敏电阻有负温度系数（NTC）的热敏电阻和正温度系数（PTC）的热敏电阻。前者，其电阻值随温度的上升而大幅度下降；后者，其电阻值随温度的上升而大幅度上升。NTC 热敏电阻保护线路的主要缺点是：当电压波动时，可能会引起误动作，为此，线路中需采用稳压电源；另外，当热敏电阻损坏断开时，电动机将继续运行。而 PTC 热敏电阻保护线路，具有工作时几乎不受电源电压波动的影响，一旦热敏电阻损坏断开能切断电动机电源，以及控制电路简单等优点，因此被广泛地使用。

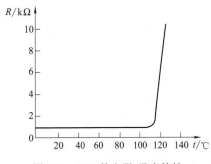

图 7-1 PTC 的电阻-温度特性

PTC 热敏电阻，是以钛酸钡或钛酸钡基固溶体为主晶相的半导体陶瓷材料，其重要性能是：当温度超过规定值（通称参考温度或动作温度）时，其电阻值急剧上升（达数十倍甚至上百倍）。PTC 的冷态电阻值不大，一般只有几十欧姆，当温度增加到动作温度时，其阻值剧增到 20kΩ 左右。PTC 的电阻-温度特性如图 7-1 所示。

PTC 热敏电阻可以通过改变其内部成分（铅和锶），使其动作温度在相当宽的范围内（−60～340℃）变动。

国产几种正温度系数热敏电阻的参数见表 7-4；负温度系数热敏电阻的参数见表 7-5。

表 7-4 正温度系数（PTC）热敏电阻的参数

参数名称	单位	RZK-95℃	RRZWO-78℃	RZK-80℃	RZK-2-80℃
25℃阻值	Ω	18～220	≤240	50～80	≤360
Tr−20℃阻值	Ω	≤250	≤260	≤120	≤620
Tr−5℃阻值	Ω	≤450	≤380	≤500	—
Tr+5℃阻值	Ω	≥1000	≥600	≥1100	≥1900
Tr阻值	Ω	≥550	≥400	≥500	≥4000

注：Tr 为其动作温度。

表 7-5　负温度系数（NTC）热敏电阻的参数

名　　称	电阻值(25℃) /kΩ	B 常数①	使用温度范围	D.C. /(kW/℃)	T.C. /s
片状热敏电阻	(0.5~500)±1,±3%	(3450~4100)±1,±3%	−40~125	1~2	3~5
玻封热敏电阻	(2~1000)±3,±5%	(3450~4400)±1,±3%	−50~300	1~2	5~15
超小型热敏电阻	(1~300±3),±5%	(3450~3950)±1	−30~100	0.1~0.4	0.1~0.2(水中)
超高精度热敏电阻	30~100	3950	−30~100	1~2	3~5
体温计、室温计专用热敏电阻	(50~300)±1,±3%	(3400~4100)±0.5,±1%	−40~125	1~2	3~5
盘型热敏电阻	(2~100)±3,±5	(3950~4400)±2	−30~120	5	15

①表示在 25℃、50℃时算出。

注：D.C. 表示热耗散常数；T.C. 表示热时间常数。

　　根据国际电工委员会（IEC）的要求，PTC 热敏电阻的温度-电阻特性允许值如下：当温度低于动作温度 20℃时，PTC 的电阻值应小于 250Ω；高于动作温度 15℃时，电阻值应大于 4kΩ。

　　PTC 热敏电阻动作温度用引线色标表示方法见表 7-6。

表 7-6　用引线色标表示的 PTC 热敏电阻动作温度

动作温度 Tr/℃	90	100	110	120	130	140	150	160	170
色标	绿-绿	红-红	棕-棕	灰-灰	蓝-蓝	白-蓝	黑-黑	蓝-红	白-绿

7.2.2　负温度系数（NTC）热敏电阻保护线路（一~三）

　　热敏电阻对温度很敏感，控温误差为±5℃。它可靠性高、体积小（直径为 3.5mm）、容易嵌入绕组，用它作为感温元件能有效地反映电动机绕组的温度情况。采用 NTC（负温度系数）热敏电阻的电动机过载保护线路（一~三）如图 7-2(a)~(c)所示。它是一个由单管放大器组成的开关电路。其中，图 7-2(b)、(c)只画出保护线路，未画主线路。下面以图 7-2(a) 为例作介绍。

　　(1) 控制目的和方法

　　控制目的：电动机热保护（过载保护）。

　　控制方法：采用 NTC 热敏电阻作为感温元件，当温度升高至居里点时，阻值剧减，以此控制电子电路工作，并进而控制接触器释放，使电动机停转。

　　保护元件：熔断器 FU_1（电动机短路保护），FU_2（控制电路短路保护）；热敏电阻 Rt_1~Rt_3（电动机过载保护）；二极管 VD（保护三极管 VT 免受继电器 KA 反电势而损坏）。

　　(2) 线路组成

　　① 主电路。由开关 QS、熔断器 FU_1、接触器 KM 主触点和电动机 M 组成。

　　② 控制电路。由熔断器 FU_2、启动按钮 SB_1、停止按钮 SB_2 和接触器 KM 组成。

　　③ 电子控制电路。由热敏电阻 Rt_1~Rt_3、电阻 R_2、三极管 VT、稳压管 VS_2、二极管 VD 和继电器 KA 组成。

　　④ 直流电源。由变压器 T、整流桥 VC、电容 C_1 及 C_2、电阻 R_1 和稳压管 VS_1 组成。

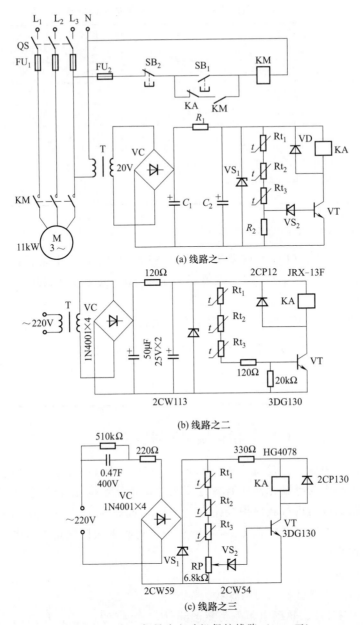

(a) 线路之一

(b) 线路之二

(c) 线路之三

图 7-2　NTC 三相异步电动机保护线路（一～三）

（3）工作原理

三个热敏电阻 Rt_1～Rt_3 分别安置在三相定子绕组中，它们串联起来，作为三极管 VT 的偏流电阻。合上电源开关 QS，220V 交流电经变压器 T 降压、整流桥 VC 整流、π 形滤波器（由电容 C_1、C_2 和电阻 R_1 组成）滤波、稳压管 VS_1 稳压后，给电子控制电路提供 12V 直流电压。当电动机正常运转时，由于电动机温度不高，热敏电阻阻值较大，电阻 R_2 上的电压不大，稳压管 VS_2 不能击穿，三极管 VT 截止，中间继电器 KA 处于释放状态，其常闭触点是闭合的。当电动机发生过载、断相等故障而过热时，热敏电阻达到其动作温度，阻值急剧减小，小到一定值时，稳压管 VS_2 被击穿，三极管 VT 得到基极偏流而导通，KA 得电吸合，其常闭触点断开，接触器 KM 失电释放，切断电动机电源，电动机停转。

（4）元件选择

电气元件参数见表 7-7。

表 7-7　电气元件参数

序号	名　　称	代号	型号规格	数　量
1	铁壳开关	QS	HH4-60/50A	1
2	熔断器	FU_1	RC1A-60/50A(配 QS)	3
3	熔断器	FU_2	RL1-15/3A	1
4	交流接触器	KM	CJ20-40A 220V	1
5	中间继电器	KA	JRX-13F DC 12V	1
6	变压器	T	3V·A 220V/20V	1
7	整流桥、二极管	VC、VD	1N4001	5
8	三极管	VT	3DG120 $\beta \geqslant 50$	1
9	稳压管	VS_1	2CW110 U_z=11.5～12.5V	1
10	稳压管	VS_2	2CW54 U_z=5.5～6.5V	1
11	绕线电阻	R_1	RX1-120Ω 2W	1
12	金属膜电阻	R_2	RJ-120Ω 1/2W	1
13	电解电容器	C_1、C_2	CD11 50μF 25V	2
14	热敏电阻	Rt_1～Rt_3	MF-15 型 10kΩ(20℃)	3
15	按钮	SB_1	LA18-22(绿)	1
16	按钮	SB_2	LA18-22(红)	1

（5）热敏电阻的选择与安装

① 热敏电阻 Rt_1～Rt_3 的选择。Rt_1～Rt_3 选用 NTC 型的 RRC6 型或 MF-15 型，20℃时的阻值为 10kΩ。这种热敏电阻在 100℃时阻值约 1kΩ，110℃时约 0.6kΩ。

② 该保护线路，不仅可用来保护电动机绕组过热，还可用来保护轴承等处的过热。

③ 热敏电阻的安装。如果安装在三相定子绕组中，应紧贴漆包线，并用环氧树脂粘固，电阻引线套上绝缘套管，从电动机接线盒引出。为了防止电气干扰造成电子控制电路误动作，应将两根引线绞合在一起，再接到保护装置中。

7.2.3　正温度系数（PTC）热敏电阻保护线路（一）

采用 PTC（正温度系数）热敏电阻的电动机过载保护线路（一）如图 7-3 所示。该线路采用两个热敏电阻，一个（Rt_1）用作过载保护；另一个（Rt_2）用作报警。

工作原理：在常温下，PTC 热敏电阻阻值很小（约几欧姆），而接触器 KM 的静态电阻很高（如 CJ10-10 型为 600Ω），所以电动机启动时不会影响接触器的吸合。

当电动机过热时，一旦温度达到热敏电阻的动作温度，其阻值剧增，使接触器 KM 线圈的电流低于其最小维持电流（如 CJ20-40 型的最小维持电流约 20mA）时，KM 释放，电动机停转。由于跳闸设在比 PTC 热敏电阻的动作温度稍高一点，因此跳闸温度十分准确。又由于电动机到了设定温度时，PTC 呈现高电阻，因此决定接触器线圈电流的是 PTC。故不会因接触器跳闸感抗减少导致电流回升

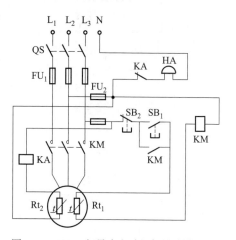

图 7-3　PTC 三相异步电动机保护线路（一）

而重新吸合的触点跳动现象。当跳闸后必须使电动机冷却到适当温度,才能重新启动电动机,这样便保证了电动机的安全运行。

报警用热敏电阻 Rt_2 的工作点温度应稍低于保护用热敏电阻 Rt_1 的工作点温度。当电动机温度接近跳闸温度时,Rt_2 先使继电器 KA 释放,其常闭触点闭合,电铃 HA 发出报警信号,告诉操作员减轻负载,以保证电动机安全连续运行。

PTC 元件可按以下公式选择(应符合以下几条要求):

① 启动时

$$U/\sqrt{(R_0+R_j)^2+(\omega L_0)^2}>I_0$$

② 当电动机已合闸,温度又未升至跳闸温度时

$$U/\sqrt{(R_1+R_j)^2+(\omega L_1)^2}>I_{min}$$

③ 当温度升至等于或高于设定值时

$$U/\sqrt{(R_2+R_j)^2+(\omega L_1)^2}<I_{min}$$

式中　U——接触器额定电压,V;

I_0——接触器吸合电流,A;

I_{min}——接触器最小维持电流,A;

R_j——接触器线圈电阻,Ω;

R_0——PTC 在常温时的电阻,Ω;

R_1——PTC 温度稍低于设定值时的电阻,Ω;

R_2——PTC 在设定温度时的电阻,Ω;

ω——电源角频率,$\omega=2\pi f$,Hz;

L_0——吸合前接触器线圈电感量,H;

L_1——吸合后接触器线圈电感量,H。

7.2.4　正温度系数(PTC)热敏电阻保护线路(二)

采用 PTC(正温度系数)热敏电阻的电动机过载保护线路(二)如图 7-4 所示。该线路采用三个热敏电阻分别安放在三相定子绕组中。

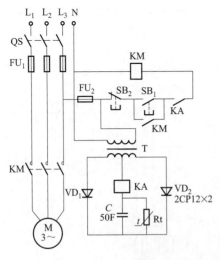

图 7-4　PTC 三相异步
电动机保护线路(二)

工作原理:合上电源开关 QS 后,变压器 T 得电,PTC 中有电流流过。这时由于 PTC 电阻值较小,故电路中电流能使中间继电器 KA 吸合,其常开触点闭合,电动机可以启动。

当电动机过热时,一旦温度达到热敏电阻动作温度,其阻值剧增,通过 KA 的电流下降,KA 释放,其常开触点断开,接触器 KM 失电释放,电动机停转。KA 可选用 JRXB-Ⅰ小型直流中间继电器。

7.2.5　正温度系数(PTC)热敏电阻保护线路(三)

采用 PTC(正温度系数)热敏电阻的电动机

过载保护线路（三）如图 7-5 所示。

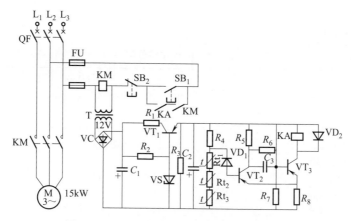

图 7-5 PTC 三相异步电动机保护线路（三）

（1）控制目的和方法

控制目的：电动机热保护（过载保护）。

控制方法：采用 PTC 热敏电阻作为感温元件，当温度升高至居里点时，阻值剧增，以此控制电子电路工作，并进而控制接触器释放，使电动机停转。

保护元件：断路器 QF（电动机短路保护）；熔断器 FU（控制电路短路保护）；热敏电阻 $Rt_1 \sim Rt_3$（电动机过载保护）；二极管 VD_2（保护三极管 VT_3 免受继电器 KA 反电势而损坏）。

（2）线路组成

① 主电路。由断路器 QF、接触器 KM 主触点和电动机 M 组成。

② 控制电路。由熔断器 FU、启动按钮 SB_1、停止按钮 SB_2 和接触器 KM 组成。

③ 电子控制电路。由热敏电阻 $Rt_1 \sim Rt_3$、电阻 $R_4 \sim R_8$、三极管 VT_2 及 VT_3、二极管 VD_1 及 VD_2、电容 C_3 和继电器 KA 组成。

④ 直流电源。由变压器 T、整流桥 VC、三极管 VT_1、稳压管 VS、电阻 $R_1 \sim R_3$ 和电容 C_1、C_2 组成简单的串联型稳压电源。

（3）工作原理

合上断路器 QF，按下启动按钮 SB_1，220V 交流电经变压器 T 降压、整流桥 VC 整流及串联型稳压电源稳压后，给电子控制电路提供 12V 直流电压。采用串联型稳压电源，能适用于供电电压波动较大的场合。电动机能否启动，取决于继电器 KA 是否处于吸合状态。

由 PNP 型三极管 VT_2、VT_3 等组成共射极耦合触发器（即施密特触发器），相当于一个开关电路，以检测 PTC 热敏电阻阻值的变化，并控制中间继电器 KA 的动作。三个 PTC 热敏电阻（分别安放在定子三相绕组中）与二极管 VD_1 组成施密特触发器的输入电路。当电动机温度较低时，PTC 阻值很小，二极管 VD_1 阴极电位高，三极管 VT_2 基极电位高于发射极电位，VT_2 截止，VT_3 导通，中间继电器 KA 处于吸合状态，其常开触点闭合，电动机可以启动。

当电动机过热时，只要任一个 PTC 热敏电阻温度达到居里点，其阻值剧增，二极管 VD_1 阴极电位低，VT_2 导通，VT_3 截止，中间继电器 KA 释放，其常开触点断开，接触器 KM 失电释放，电动机停转。

断路器 QF 的热脱扣整定值 40A，为电动机过载的后备保护。

（4）元件选择

电气元件参数见表7-8。

表 7-8 电气元件参数

序号	名　称	代号	型号规格	数　量
1	断路器	QF	DZ5-50 $I_{dz}=40\text{A}$	1
2	熔断器	FU	RL1-15/5A	2
3	交流接触器	KM	CJ20-40A 380V	1
4	中间继电器	KA	JRX-13F DC 12V	1
5	变压器	T	3V·A 380V/12V	1
6	整流桥、二极管	VC、VD_2	1N4001	5
7	二极管	VD_1	2CP12	1
8	三极管	VT_1	3AD1 $\beta\geqslant30$	1
9	三极管	VT_2、VT_3	3CG120 $\beta\geqslant50$	2
10	稳压管	VS	2CW61 $U_z=12.2\sim14\text{V}$	1
11	金属膜电阻	R_1	RJ-100Ω 2W	1
12	金属膜电阻	R_2	RJ-430Ω 1/2W	1
13	金属膜电阻	R_3	RJ-2kΩ 1/2W	1
14	金属膜电阻	R_4	RJ-20kΩ 1/2W	1
15	金属膜电阻	R_5	RJ-300Ω 1/2W	1
16	金属膜电阻	R_6	RJ-9.1kΩ 1/2W	1
17	金属膜电阻	R_7	RJ-10kΩ 1/2W	1
18	金属膜电阻	R_8	RJ-200Ω 1/2W	1
19	电解电容器	C_1	CD11 470μF 15V	1
20	电解电容器	C_2	CD11 100μF 15V	1
21	热敏电阻	$Rt_1\sim Rt_3$	RZK-95℃	3
22	按钮	SB_1	LA18-22(绿)	1
23	按钮	SB_2	LA18-22(红)	1

热敏电阻 $Rt_1\sim Rt_3$ 的选择：

$Rt_1\sim Rt_3$ 选用 PTC 型的 RZK-95℃热敏电阻，25℃时的阻值不大于220Ω，100℃时的阻值约为20kΩ。

7.2.6 正温度系数（PTC）热敏电阻保护线路（四）

采用 PTC（正温度系数）热敏电阻的电动机过载保护线路（四）如图7-6所示。该线路与图7-5线路相似，区别在于该线路中 VT_1、VT_2 采用 NPN 型三极管。

工作原理：由 NPN 型三极管 VT_1、VT_2 等组成施密特触发器。三个 PTC 热敏电阻与三只二极管 $VD_1\sim VD_3$ 组成或门输入电路。当电动机温度较低时，PTC 阻值很小，二极管 $VD_1\sim VD_3$ 阳极电位低或门无输出信号，晶体管 VT_1 基极电位低于发射极电位，VT_1 截止，VT_2 导通，中间继电器 KA 吸合，其常开触点闭合，电动机可以启动。

当电动机过热时，只要任一个 PTC 热敏电阻温度达到动作温度，其阻值剧增，二极管或门电路有输出，三极管 VT_1 基极得到正电位而导通，VT_2 截止，中间继电器 KA 释放，其常开触点断开，接触器 KM 失电释放，电动机停转。

图7-5和图7-6所示线路的不足之处是，电动机正常运行时中间继电器 KA 一直是吸合的。

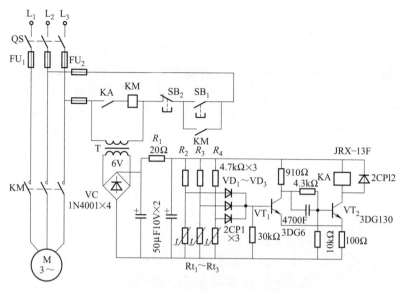

图 7-6　PTC 三相异步电动机保护线路（四）

7.2.7　正温度系数（PTC）热敏电阻保护线路（五）

采用 PTC（正温度系数）热敏电阻的电动机过载保护线路（五）如图 7-7 所示。该线路省去专用变压器，而利用接触器线圈为原绕组，另外再绕一副绕组代之（是否可绕，需由接触器导磁体结构而定）。此外，该线路采用双向晶闸管代替电磁式执行元件。

工作原理：合上电源开关 QS，按下启动按钮 SB_1，接触器 KM 得电吸合，其主触点闭合，电动机接入电源。与此同时，供电电压经附加绕组也加在电桥上（电桥由电阻 R_2、R_3 和电位器 RP 及热敏电阻 Rt 组成）。因电桥不平衡，双向晶闸管 V 控制极有电流流过，V 触发导通，接触器 KM 经双向晶闸管和 KM 已闭合的常开辅助触点供电。

当电动机过热时，PTC 热敏电阻阻值剧增，电桥出现平衡状态时，双向晶闸管 V 关断，KM 失电释放，电动机停转。

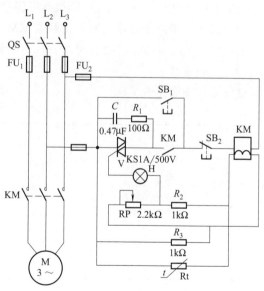

图 7-7　PTC 三相异步电动机保护线路（五）

调节电位器 RP，可改变保护动作温度。在双向晶闸管回路中串入接触器 KM 常开辅助触点的目的是：防止在按下启动按钮 SB_1 前，由于偶然原因接通双向晶闸管而产生误动作。双向晶闸管控制极内串入一小型指示灯供指示用。

电阻 R_1 和电容 C 为阻容吸收环节，用以保护双向晶闸管免受过电压冲击而损坏。

7.2.8　正温度系数（PTC）热敏电阻保护线路（六）

采用 PTC 热敏电阻的电动机过载保护线路（六）如图 7-8 所示。该线路利用双向晶闸

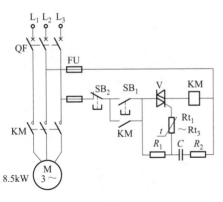

图 7-8   PTC 三相异步电动机保护线路（六）

管控制，可省去一只降压变压器等。

（1）控制目的和方法

控制目的：电动机热保护（过载保护）。

控制方法：采用 PTC 型热敏电阻作为感温元件，当温度升高至居里点时，阻值剧增，双向晶闸管 V 关断，接触器失电释放，使电动机停转。

保护元件：断路器 QF（电动机短路保护）；熔断器 FU（控制电路短路保护）；热敏电阻 Rt_1～Rt_3（电动机过载保护）；R_2、C（阻容保护，保护双向晶闸管 V 免受过电压而损坏）。

（2）线路组成

① 主电路。由断路器 QF、接触器 KM 主触点和电动机 M 组成。

② 控制电路。由熔断器 FU、启动按钮 SB_1、停止按钮 SB_2、接触器 KM、双向晶闸管 V、热敏电阻 Rt_1～Rt_3、电阻 R_1 及 R_2 和电容 C 组成。

（3）工作原理

合上断路器 QF，按下启动按钮 SB_1，电动机正常时，PTC 热敏电阻阻值很小，电源电压经电阻 R_1、Rt_1～Rt_3 加到双向晶闸管 V 的控制极，V 触发导通，接触器 KM 得电吸合并自锁，电动机启动运行。

当电动机过热时，一旦 PTC 热敏电阻温度达到居里点，其阻值剧增，以致双向晶闸管控制极电流小于维持电流而关断，接触器 KM 失电释放，电动机停转。

断路器 QF 的热脱扣整定值为 40A，为电动机过载的后备保护。

（4）元件选择

电气元件参数见表 7-9。

表 7-9   电气元件参数

序号	名　　称	代号	型号规格	数　量
1	断路器	QF	DZ5-50 $I_{dz}=40A$	1
2	熔断器	FU	RL1-15/3A	2
3	交流接触器	KM	CJ20-40A 380V	1
4	双向晶闸管	V	KS1A 800V	1
5	金属膜电阻	R_1、R_2	RJ-1kΩ 1W	2
6	电容器	C	CBB22 0.1μF 600V	1
7	热敏电阻	Rt_1～Rt_3	RZK-95℃	3
8	按钮	SB_1	LA18-22(绿)	1
9	按钮	SB_2	LA18-22(红)	1

7.2.9 正温度系数（PTC）热敏电阻保护线路（七）

采用 PTC 热敏电阻的电动机过载保护线路（七）如图 7-9 所示。该线路利用晶闸管控制，并利用在接触器线圈上绕制线圈以代替降压变压器。

（1）控制目的和方法

控制目的：电动机热保护（过载保护）。

控制方法：采用 PTC 型热敏电阻作为感温元件，当温度升高至居里点时，阻值剧增，晶闸管 V 触发导通，接触器失电释放，使电动机停转。

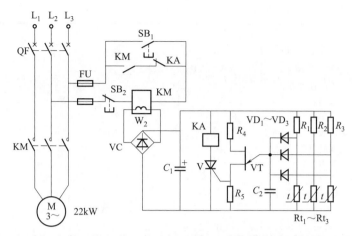

图 7-9　PTC 三相异步电动机保护线路（七）

保护元件：断路器 QF（电动机短路保护）；熔断器 FU（控制电路短路保护）；热敏电阻 Rt_1～Rt_3（电动机过载保护）。

（2）线路组成

① 主电路。由断路器 QF、接触器 KM 主触点和电动机 M 组成。

② 控制电路。由熔断器 FU、启动按钮 SB_1、停止按钮 SB_2 和接触器 KM 组成。

③ 电子控制电路。由热敏电阻 Rt_1～Rt_3、电阻 R_1～R_5、二极管 VD_1～VD_3、单结晶体管 VT、晶闸管 V 和继电器 KA 组成。

④ 直流电源。由接触器 KM 外加绕组、整流桥 VC 和电容 C_1 组成。

（3）工作原理

合上断路器 QF，按下启动按钮 SB_1，接触器 KM 得电吸合并通过中间继电器 KA 的常闭触点自锁，电动机启动运行。由接触器 KM 二次侧绕组感应出电压，经整流桥 VC 整流，向电子控制电路提供约 24V 直流电压。

电动机正常运行时，温度较低，热敏电阻 Rt 的阻值很小，因此门电路二极管正极电位较低，VD_1～VD_3 均不导通，电容 C_1 上电压很小，单结晶体管 VT 不工作，电阻 R_4 上无电压输出，晶闸管 V 处于关闭状态，中间继电器 KA 释放。

当电动机过热时，一旦温度达到热敏电阻的居里点，Rt 阻值剧增，只要有一个热敏电阻阻值剧增，便会导致与之对应的二极管的阳极电位显著上升，电容 C_1 便通过该二极管充电。当电容 C_1 上的电压达到单结晶体管的峰点电压时，VT 导通。由电阻 R_4 输出脉冲电压给晶闸管 V 的控制极，V 导通，中间继电器 KA 吸合，其常闭触点断开，接触器 KM 失电释放，电动机停转。

断路器 QF 的热脱扣整定值为 50A，为电动机过载的后备保护。

（4）元件选择

电气元件参数见表 7-10。

表 7-10　电气元件参数

序号	名称	代号	型号规格	数量
1	断路器	QF	DZ5-50 I_{dz}＝50A	1
2	熔断器	FU	RL1-15/5A	2
3	交流接触器	KM	CJ20-40 380V	1

序号	名　称	代号	型号规格	数　量
4	中间继电器	KA	JRXB-1 DC 12V	1
5	整流桥、二极管	VC、VD₁～VD₃	1N4001	7
6	单结晶体管	VT	BT33 $\eta \geqslant 0.6$	1
7	晶闸管	V	KP1A 100V	1
8	金属膜电阻	$R_1 \sim R_3$	RJ-5.1kΩ 1/2W	3
9	金属膜电阻	R_4	RJ-680Ω 1/2W	1
10	金属膜电阻	R_5	RJ-150Ω 1/2W	1
11	电解电容器	C_1	CD11 50μF 50V	1
12	电容器	C_2	CBB22 0.47μF 63V	1
13	热敏电阻	Rt₁～Rt₃	RZK-95℃	3
14	按钮	SB₁	LA18-22（绿）	1
15	按钮	SB₂	LA18-22（红）	1

7.2.10　正温度系数（PTC）热敏电阻保护线路（八）

采用 PTC 热敏电阻的电动机过载保护线路（八）如图 7-10 所示。该线路采用晶闸管控制，属电流开关型温度保护线路。

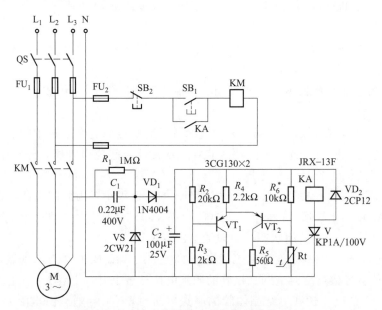

图 7-10　PTC 三相异步电动机保护线路（八）

工作原理：合上电源开关 QS，按下启动按钮 SB₁，接触器 KM 得电吸合，其主触点闭合，电动机启动运行。同时，保护装置得到电源，并经电容 C_1 降压、稳压管 VS 稳压、电容 C_2 滤波后，供给开关电路直流电源。三极管 VT₁ 的基极偏压由电阻 R_2、R_3 决定；VT₂的基极偏压由电阻 R_6 和 PTC 热敏电阻 Rt 决定。电动机正常运行时，Rt 的阻值很小，VT₂基极电位较发射极电位低，VT₂导通。其集电极电流在电阻 R_5 上产生的电压降触发晶闸管V，使其导通，中间继电器 KA 得电吸合，其常开触点闭合，作为接触器 KM 的自锁回路。

当电动机过热时，一旦温度达到 PTC 热敏电阻的动作温度点，Rt 阻值剧增，使三极管 VT₂ 的基极电位上升，VT₂ 截止。由于 R_4 上电压降减小，三极管 VT₁ 导通。VT₁ 导通后，其发射极电位进一步下降，从而使 VT_2 更可靠地截止。因此晶闸管控制极得不到触发电压而可靠地关断，继电器 KA 失电释放，其常开触点断开，KM 失电释放，电动机停转。

7.2.11　正温度系数（PTC）热敏电阻单相异步电动机保护线路

线路如图 7-11 所示。该线路利用 PTC 热敏电阻作电动机绕组的感温元件，来控制双向晶闸管的通断。

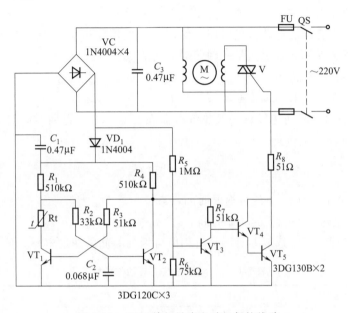

图 7-11　PTC 单相异步电动机保护线路

工作原理：由三极管 VT_1、VT_2 组成触发器。电容 C_2 和较小阻值的热敏电阻 Rt 保证装置在接通电源后 VT_2 截止。因此复合三极管 VT_4、VT_5 导通，双向晶闸管 V 被触发导通。

分压电阻 R_5、R_6 保证三极管 VT_3 只有在电网电压半周开始时截止，而其他时间导通，VT_4、VT_5 截止。这样一来，触发器导通电流只有在电网电压半周开始（电压还很小）时才流过电阻 R_8。因此在该电阻上的耗散功率很小。

当电动机绕组温度升高到一定值时，嵌在绕组内的热敏电阻 Rt 阻值剧增，从而引起触发器翻转，即 VT_1 截止，VT_2 导通，三极管 VT_4、VT_5 因失去基极偏压而截止，双向晶闸管 V 截止，电动机停转。

只有当绕组和热敏电阻充分冷却和将电动机（包括保护装置）脱开电网并重新接入电网后，触发器才能翻转到初始状态。这样能消除当热敏电阻冷却后电动机自动地接入的可能性，因为电动机反复接入可能会造成热损坏。

7.3　热继电器保护线路

7.3.1　热继电器的性能参数及选择

热继电器是一种过载保护继电器。将它的两个或三个发热元件串接在电动机的主电路中，当电动机过载时，流过热元件的电流增大，并使其发热，将靠近热元件的双金属片加热而定向弯曲，直至顶开脱扣器，使接触器的线圈失电而跳闸，从而达到保护电动机的目的。

热继电器作为电动机过载保护元件，具有结构简单、价廉、使用方便等优点。但热继电器的动作与电动机的定子电流直接相关，而电动机发热有一部分与定子电流无关，热继电器不能反映通风损坏、转子过热、电压上升或不对称引起铁损增加等造成的故障，而且热继电器还受周围环境温度的影响，有可能发生误动作。

然而，目前中小容量的电动机仍然广泛使用热继电器作过载保护。在今后一定时期内，使用热继电器作过载保护装置仍然是一种普遍应用的保护方式。

热继电器应根据电动机的工作环境、启动情况及负载性质来选择。

(1) 长期工作或间断长期工作电动机保护用热继电器的选择

① 按电动机的启动时间选择。一般热继电器在 $6I_e$ 下的可返回时间与动作时间有如下关系（I_e 为热元件额定电流）：

$$t_f = (0.5 \sim 0.7)t_d$$

式中　t_f——热继电器在 $6I_e$ 下的可返回时间，s；

　　　t_d——热继电器在 $6I_e$ 下的动作时间，s。

按电动机的启动时间，选取 $6I_e$ 下具有相应可返回时间的热继电器，见表 7-11。

表 7-11　三元件热继电器动作特性

序号	整定电流	动作时间		试验条件
1	$1.0I_e$	不动作		冷态
2	$1.2I_e$	<20min		热态
3	$1.5I_e$	<3min		热态
4	$6.0I_e$	可返回时间 t_f	≥3s ≥5s ≥8s	冷态
5	三元件热继电器如为二元件通电，则本表第 2 栏规定的整定电流允许升高 10%			

注：当试验地点海拔 $h \leqslant 1000m$ 时，试验的周围空气温度为 40℃。

对于小惯性负荷，可返回时间大于 2s；对于大惯性负荷，可返回时间必须大于 5s。JR0、JR14、JR16 等系列热继电器通过 6 倍额定电流时，动作时间均大于 5s。JR9 系列热继电器为适应启动时间长的要求，结构上采用间接加热方式，其 6 倍整定电流时的动作时间大于 15s。

② 按电动机额定电流选择：

$$I_{zd} = (0.95 \sim 1.05)I_{de}$$

式中　I_{zd}——热继电器整定电流，A；

　　　I_{de}——电动机额定电流，A。

③ 按断相保护要求选择。对于 Y 接法电动机，采用三极热继电器即可；对于△接法电动机，应采用带断相运行保护装置的热继电器。

热继电器控制触点的通断能力见表 7-12；断相保护动作特性见表 7-13。

表 7-12　热继电器控制触点的通断能力

触点种类		常闭触点		常开触点	
工作电压/V		220	380	220	380
额定电流/A		5		1.5	
通断能力/A	分断 $\cos\varphi=0.2$	3	2	—	
	接通 $\cos\varphi=0.2$	—		5	5

表 7-13　热继电器断相保护动作特性

序号	额定电流		动作时间	试验条件
	任意二元件	第三元件		
1	$1.0I_e$	$0.9I_e$	不动作	冷态
2	$1.15I_e$	0	$<20\text{min}$	热态(从序号 1 电流加热稳定后开始)

注：当试验地点海拔 $h\leqslant1000\text{m}$ 时，试验的周围空气温度为 40℃。

控制触点寿命：一般用途的热继电器为 1000 次。

复位时间：自动复位时间不大于 5min，手动复位时间不大于 2min。

电流调节范围：66%～100%，最大为 50%～100%。

缺相时流过电动机各绕组的电流，见图 7-12；热继电器中的电流以及热继电器的保护能力，见表 7-14。

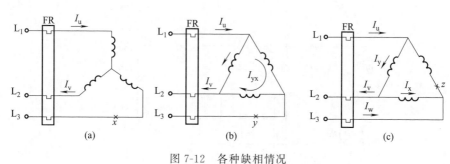

图 7-12　各种缺相情况

表 7-14　对于各种缺相情况热继电器保护能力

序号	电动机接线方式	负载率/%	动作条件(参见图 7-12)	线电流的最大值(对额定线电流的百分数)/%	电动机绕组电流的最大值(对额定相电流的百分数)/%	流过热继电器的电流(对整定电流的百分数)/%		热继电器能否动作		
						二元件	三元件	二元件	三元件	带断相保护器
1	Y,△	100	正常三相	100	100	100	100	否	否	否
2	Y	100	x 点断路	173	173	173	173	能	能	能
3	△	100	y 点断路	173	200	173	173	能	能	能
4	△	100	z 点断路	150	150	87	150	否	能	能
5	△	80	z 点断路	120	120	69	120	否	尚	能
6	△	85	y 点断路	147	170	147	147	能	能	能
7	△	78	y 点断路	135	156	135	135	能	能	能
8	△	66	y 点断路	114	132	114	114	否	否	否

注：热继电器能否动作，根据表 7-11、表 7-13，即缺相时，二元件热继电器按 132%，三元件按 120%，带断相保护器按 115% 来决定。

（2）反复短时工作电动机保护用热继电器的选择

可根据电动机的启动参数和通电持续率，按图 7-13 查得热继电器用于该电动机的每小时允许操作次数。图中所用符号含义见表 7-15。

表 7-15 热继电器反复短时工作选用图符号

序　号	符　号	含　　义	计　算　式
1	k	选用系数	$0.8\sim0.9$
2	k_q	电动机启动电流倍数	$k_q = I_q / I_{de}$
3	k_d	电动机负载电流倍数	$k_d = I_1 / I_{de}$
4	t_1	电动机启动时间/s	—
5	t_2	电动机运行时间/s	—
6	t_3	电动机运行间歇时间/s	—
7	T	电动机运行周期/s	—
8	I_{de}	电动机额定电流/A	—
9	TD	通电持续率/%	$TD = \dfrac{t_1 + t_2}{T} \times 100\%$
10	I_z	热继电器整定电流/A	—
11	k_z	热继电器整定电流倍数	$k_z = I_z / I_{de}$
12	I_q	电动机启动电流/A	—
13	I_1	电动机负载电流/A	—

注：选用图中取 $k=0.9$。

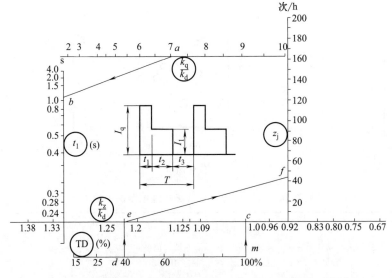

图 7-13 热继电器反复短时工作每小时允许操作次数选用图

【例 7-1】 已知 $k_q=6.5$，$k_d=0.9$，$t_1=1.2s$，$k_z=1$，TD$=40\%$，试求热继电器用于该电动机的每小时允许操作次数。

解 ①在 k_q/k_d 轴上取 $k_q/k_d=6.5/0.9=7.2$（a 点），在 t_1 轴上取 $t_1=1.2s$（b 点），连接 ab。

②在 k_z/k_d 轴上取 $k_z/k_d=0.9/0.9=1$（c 点），连接 mc。

③在 TD 轴上取 TD$=40\%$（d 点），作 de 平行于 mc，交 k_z/k_d 轴于 e 点。

④过 e 作 ef 平行于 ab，在 z_j 轴上交于 f 点，得 $z=45$ 次/h。

因此热继电器用于该电动机每小时允许操作次数为 45 次。

7.3.2　重负载启动热继电器保护线路（一～四）

对于惯性力矩大的负载（如鼓风机、卷扬机、空压机等），电动机的启动时间较长（8s以上），为使热继电器在启动过程中不动作，可采用如图 7-14 所示的几种线路。

图 7-14（a）为采用带饱和电流互感器的热继电器保护线路，热继电器经过饱和电流互感器连入，启动时间为 20～30s，最长可达 40s。饱和电流互感器与普通电流互感器的主要区别是：铁芯具有较大磁通密度，其特性曲线不是线性的。就是说，饱和电流互感器的初级和次级电流比是不固定的，随电流大小而变化。初级电流大时，变化减小。

为了使普通热继电器适用于启动时间长的要求，可采用图 7-14（b）和图 7-14（d）线路。

图 7-14（b）所示的线路，启动时利用接触器把磁力启动器短接，发热元件被短接，启动过程中使其不会动作，启动后再断开接触器。

图 7-14（d）所示的线路，热继电器有三个发热元件，普通热继电器经电流互感器接入，启动时把电流互感器的次级短接。

图 7-14（c）所示的线路，热继电器经普通电流互感器接入，启动时利用接触器把热继电器短接。

上述图 7-14(b)～(d) 三个线路通过时间继电器控制启动时间，启动时间有较大的调整范围。但由于热继电器在启动时被短接，因此启动时热继电器不能起保护作用。它们主要用于反复启动或启动时不要求保护的线路。

下面以图 7-14（b）为例进行介绍。

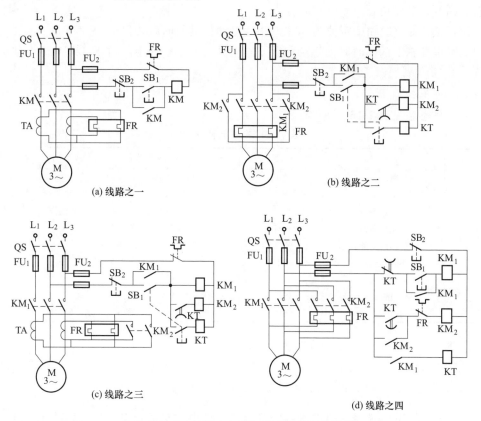

图 7-14　重负载启动三相异步电动机热继电器保护线路（一～四）

（1）控制目的和方法

控制目的：防止启动过程中热继电器动作。

控制方法：启动时，将热继电器 FR 退出运行；启动完毕后，再将 FR 投入运行。

保护元件：断路器 QF（电动机短路保护）；熔断器 FU（控制电路短路保护）；热继电器 FR（电动机过载保护）。

（2）线路组成

① 主电路。由断路器 QF、接触器 KM 主触点和电动机 M 组成。

② 控制电路。由熔断器 FU、启动按钮 SB_2、停止按钮 SB_1、接触器 KM_1 及 KM_2、时间继电器 KT 和热继电器 FR 常闭触点组成。

③ 保护电路。由电流互感器 TA、热继电器 FR 和 KM_2 主触点组成。

（3）工作原理

① 初步分析。启动时，KM_1、KM_2 吸合，KM_1、KM_2 主触点闭合，热继电器 FR 退出运行，经过一段延时，电动机转速稳定后，KM_2 主触点断开，KM_2 释放，热继电器 FR 投入运行。

② 顺着分析。合上断路器 QF，按下启动按钮 SB_2，接触器 KM_1 和时间继电器 KT 同时得电，KM_1 吸合并自锁，而 KT 延时断开常开触点瞬时吸合，KM_2 得电吸合。KM_1 主触点闭合，电动机 M 启动运行，KM_2 主触点闭合，短接了热继电器 FR（即 FR 退出运行）。

松开 SB_2 后，经过一段延时，启动结束，KT 延时断开常开触点断开，KM_2 失电释放，其主触点断开，热继电器 FR 投入运行。

断路器 QF 的热脱扣整定值为 60A，作为电动机过载的后备保护。

时间继电器 KT 的延时时间视负载大小（电动机功率）而定，对于 22kW 的电动机，可整定为十几秒。

（4）元件选择

电气元件参数见表 7-16。

表 7-16　电气元件参数

序号	名称	代号	型号规格	数量
1	断路器	QF	DZ10-100 I_{dz}=60A	1
2	熔断器	FU	RL1-15/5A	2
3	交流接触器	KM_1	CJ20-63A 380V	1
4	交流接触器	KM_2	CJ20-10A 380V	1
5	时间继电器	KT	JS23-1 0.2~30s	1
6	热继电器	FR	JR20-10 3.2~4.8A	1
7	电流互感器	TA	LQG-0.5 75A/5A	1
8	按钮	SB_1	LA18-22(红)	1
9	按钮	SB_2	LA18-22(绿)	1

（5）电流互感器和热继电器的选择

① 电流互感器 TA 的选择。一次电流按电动机额定电流（I_{ed}=59.5A）选取。因此可选用标准额定电流为 75A，即 I_{1TA}=75A，二次电流 I_{2TA}=5A。

② 热继电器 FR 的选择。热继电器的额定电流按电动机额定电流选择，故 $I = \dfrac{I_{2TA}}{I_{1TA}} I_{ed} =$

$\dfrac{5}{75} \times 59.5 = 3.97(A)$。因此可选择整定范围为 $3.2 \sim 4.8A$ 的 JR20-10 热继电器。

7.4　断相保护线路

7.4.1　异步电动机断相运行分析

据国内不完全统计，断相事故占电动机事故总数的 $70\% \sim 85\%$，因此必须十分重视电动机的断相保护。

在供电系统中普遍使用熔断器作短路保护，从而使电动机断相运行的可能性增大。为此，国际电工委员会（IEC）规定：凡是使用熔断器保护的地方，应设有防止断相的保护装置。

断相保护方式很多，但就其原理而言，不外乎断相检测保护和断相过热保护两种。前者，当断相发生后，立即检测到的电压、电流信号作用于执行元件，把电动机从电源上脱开或报警；当断相发生后，电动机仍在运行，直到温升超过极限值时才停转。对于执行断相保护的元件而言，有利用断相信号直接推动电磁继电器动作的电磁式断相保护；有利用断相信号，通过电子线路动作的电子式断相保护；有利用热继电器或热敏元件的断相保护等。

各种断相保护方式中，反映电流大小的保护比反映电压大小的保护好。因为当靠近电源进线侧（非电动机侧）断线时，电压保护不能很好地作出反应；当电动机为△连接的绕组断相时，也不能作出反应。当缺相时，电流的变化较电压的变化更剧烈，不对称电流可达 100%，而空载不对称电压只有 $6\% \sim 7\%$。所以由检测谐波电流信号组成的电流保护及电流滤序保护，能可靠地保护异步电动机断相运行，但其缺点是价格较高。

反应零序电压保护的优点是线路较简单。但由于零序电压大小与电动机容量反负载大小有关，还要求躲过电源电压波动与电压不平衡引起的零序电压变化而产生的误动作。因此，保护装置参数选择较困难，这样就限制了其使用范围。

造成三相异步电动机断相的原因有以下四种情况：

① 供电电源一相断路。

② 定子绕组△接线内部断路。

③ 供电电源变压器一次侧断线。

④ 多台电动机公用供电线一相断路。

其中①、④情况较为多见。

三相异步电动机断相时各绕组的电流情况见表 7-17。

表 7-17　三相异步电动机断相运行各绕组的电流情况

断相种类		电动机接线方式	启动前断相	运行中断相		
				满载（100%）		轻载
供电线一相断路	编号1	I_{IU}　I_{IV}　I_{IW}	$I_{IU}=I_{IV}$ $=0.866I_{qle}$ $I_{IW}=0$	$I_{IU}=I_{IV}=2.2I_{le}$ $I_{IW}=0$ $I_{xU}、I_{xV}=I_{IU}$ $=2.2I_{le}$ $I_{xW}=0$	45% 54%	$I_{IU}=I_{IV}=I_{le}$ $I_{IW}=0$ $I_{IU}=I_{IV}=1.2I_{le}$ $I_{IW}=0$

续表

断相种类		电动机接线方式	启动前断相	运行中断相	
				满载（100%）	轻载
供电线一相断路	编号2	I_{IV} I_{IU} I_{IW} I_{xU} I_{xV} I_{xW}	$I_{IU}=I_{IV}$ $=0.866I_{qle}$ $I_{IW}=0$ $I_{xV}=I_{xW}$ $=0.5I_{qxe}$ $I_{xU}=I_{qxe}$	$I_{IU}=I_{IV}$ $=2.2I_{le}$ $I_{IW}=0$ $I_{xV}=I_{xW}$ $=1.27I_{xe}$ $I_{xU}=2.54I_{le}$	39%　$I_{xU}=I_{xe}$ $I_{xV}=I_{xW}=0.5I_{xe}$ $I_{IU}=I_{IV}=0.866I_{le}$ $I_{IW}=0$ 45%　$I_{xU}=1.14I_{xe}$ $I_{xV}=I_{xW}=0.57I_{xe}$ $I_{IU}=I_{IV}=I_{le}$ $I_{IW}=0$ 54%　$I_{xU}=1.37I_{xe}$ $I_{xV}=I_{xW}=0.685I_{xe}$ $I_{IU}=I_{IV}=1.2I_{le}$ $I_{IW}=0$
	绕组断路	I_{IV} I_{IU} I_{xU} I_{xV} I_{IW} I_{xW}	$I_{IU}=I_{qle}$ $I_{IV}=I_{IW}$ $=0.577I_{qle}$ $I_{xU}=I_{xW}=I_{qxe}$ $I_{xV}=0$	$I_{IV}=I_{IW}$ $=1.09I_{le}$ $I_{IU}=1.9=I_{le}$ $I_{xU}=I_{xW}$ $=1.9I_{xe}$ $I_{xV}=0$	52%　$I_{xU}=I_{xW}=I_{xe},I_{xV}=0$ $I_{IU}=I_{le}$ $I_{IV}=I_{IW}=0.575I_{le}$ 63%　$I_{xU}=I_{xW}=1.2I_{xe}$ $I_{xV}=0,I_{IU}=1.2I_{le}$ $I_{IV}=I_{IW}=0.69I_{le}$
变压器一次侧断路		I_{IU} $0.866U_e$ I_{IV} $0.866U_e$ $U_e=0$ I_{IW}	$I_{IU}=I_{qle}$ $I_{IV}=I_{IW}$ $=0.5I_{qle}$	$I_{IU}=2.53I_{le}$ $I_{IV}=I_{IW}$ $=0.5I_{qle}$	39%　$I_{IU}=I_{le}$ $I_{IV}=I_{IW}=0.5I_{le}$ 47%　$I_{IU}=1.2I_{le}$ $I_{IV}=I_{IW}=0.6I_{le}$
		I_{IU} $0.866U_e$ I_{xU} I_{IV} I_{xW} $0.866U_e$ I_{xV} $U_e=0$ I_{IW}	$I_{IU}=I_{qle}$ $I_{IV}=I_{IW}$ $=0.5I_{qle}$ $I_{xU}=I_{xW}$ $=0.866I_{qxe}$ $I_{xV}=0$	$I_{IU}=2.53I_{le}$ $I_{IV}=I_{IW}$ $=1.26I_{le}$ $I_{xU}=I_{xW}$ $=2.19I_{xe}$ $I_{xV}=0$	40%　$I_{IU}=I_{le}$ $I_{IV}=I_{IW}=0.5I_{le}$ $I_{xU}=I_{xW}=0.866I_{le}$ $I_{IV}=0$ 48%　$I_{IU}=1.2I_{le}$ $I_{IV}=I_{IW}=0.6I_{le}$ $I_{xU}=I_{xW}=1.04I_{xe}$
		（变压器接线图）	同编号1	同编号1	同编号1
		（变压器接线图）	同编号2	同编号2	同编号2

续表

断相种类	电动机接线方式	启动前断相	运行中断相	
			满载（100%）	轻　载
公用母线断路	I_{1U} I_{1V} I_{1W}　I_{1U} I_{1V} I_{1W}　M 3~　M 3~	同编号 1 或同编号 2	由于电动机之间感应电压的作用,电动机的三个线电流不等于零,容量较小的电动机线电流偏差可达±30%	

注：1. ×三相运行时：I_{qle}——额定启动线电流；I_{qxe}——额定启动相电流；I_{le}——额定线电流；I_{xe}——额定相电流。

2. ×断相运行时：I_{1U}，I_{1V}，I_{1W}——线电流；I_{xU}，I_{xV}，I_{xW}——相电流。

7.4.2　熔丝保护线路（一～三）

由于熔丝熔断造成电动机缺相运行的情况相当普遍，因此提出熔丝电压保护方法。熔丝电压保护方法只适用于因熔丝熔断而产生的断相运行，所以有较大的局限性。

熔丝熔断后，熔丝两端必定产生电压，它是由断路一相绕组产生的感应电势与电源相电压的矢量之差造成的。熔丝电压的大小与电动机负载（转速）情况有关。熔丝保护线路是在三相熔断器两端分别并联一只继电器，也可在一只继电器的铁芯上套三只线圈，每只线圈并联一只熔断器，利用熔丝电压使继电器吸合。继电器吸合电压一般整定在小于 60V。继电器可采用 JCDJ 型，以缩小体积、减少成本。

（1）线路之一

线路之一如图 7-15 所示。图中两种线路动作原理相同。

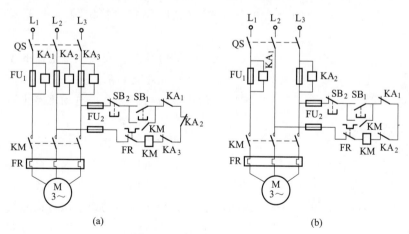

(a)　　　　　　　　　　(b)

图 7-15　熔丝保护线路（一）

① 控制目的和方法

控制目的：熔丝断丝缺相保护。

控制方法：利用熔丝熔断后熔座两端电压升高来实现。

保护元件：熔断器 FU_1（电动机短路保护），FU_2（控制电路短路保护）；热继电器 FR

（电动机过载保护）。

② 线路组成

a. 主电路。由开关 QS、熔断器 FU_1、接触器 KM 主触点、热继电器 FR 和电动机 M 组成。

b. 控制电路。由熔断器 FU_2、启动按钮 SB_1、停止按钮 SB_2、接触器 KM 和热继电器 FR 常闭触点组成。

c. 检测元件：继电器 $KA_1 \sim KA_3$。

③ 工作原理　正常情况下，由于熔丝电阻很小，因此继电器不动作。当某相熔丝熔断时，在该相继电器两端将产生 30～170V 电压（对于 0.5～75kW 电动机而言），使继电器吸合，其常闭触点断开，接触器 KM 失电释放，电动机停止运行。

④ 元件选择　电气元件参数见表 7-18。

表 7-18　电气元件参数

序号	名　称	代号	型号规格	数　量
1	闸刀开关	QS	HK2-60/3	1
2	熔断器	FU_1	RC1A-30/30A(配 QS)	3
3	熔断器	FU_2	RL1-15/3A	2
4	热继电器	FR	JR14-20/2 10～16A	1
5	交流接触器	KM	CJ20-10A 380V	1
6	继电器	$KA_1 \sim KA_3$	JTX 型 AC 36V	3
7	按钮	SB_1	LA18-22(绿)	1
8	按钮	SB_2	LA18-22(红)	1

此保护要做到可靠动作，需作以下调试：

暂不接入继电器 $KA_1 \sim KA_3$。由于电动机空载运行和满载运行情况下断相熔座两端电压大小没有明显规律，因此应分别做空载和满载试验。电动机运行时，取下任一相熔芯，并迅速用万用表测出该熔座两端的电压，然后停机。如果空载时此电压为 40V，满载时为 50V，则继电器 $KA_1 \sim KA_3$ 的吸合电压应按空载时整定，整定值应小于 40V，如整定在 35V。

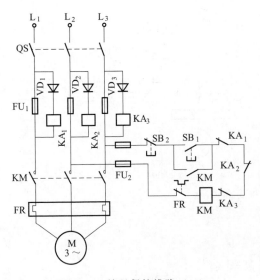

图 7-16　熔丝保护线路（二）

装好熔芯，安装上继电器 $KA_1 \sim KA_3$，再开机。正常运行后，再取下一熔芯，这时该相继电器应可靠吸合，电动机停止运行。

（2）线路之二

线路之二如图 7-16 所示。线路中采用直流高灵敏继电器，为了满足继电器直流电压的要求，在线路中串入一只整流二极管作半波整流。该保护线路动作灵敏，而且可以适用于多种容量的电动机。当电动机容量大于 11kW 时，可在继电器回路里串联适当电阻降压。对于吸合电压为 48V 的继电器可串联 10kΩ 电位器，对于吸合电压为直流 12V 的继电器可串联 5.1kΩ 电位器，并通过实验加以调节、整定。灵敏继电器可采用 JRX-13F、JRXB-1 等型号，其吸合电压为直流 12～48V。对于大容量电动机，可采用 JR-4 型、121 型等小型继电器。整流二极管 VD 可选用耐压大于 200V、电流大于 100mA 的任何一种。

（3）线路之三

线路之三如图 7-17 所示。造成断相运行的原因除熔丝熔断外，还可能是由启动器（如接触器、补偿启动器）触点烧坏引起的。该保护线路对后一种原因引起的断相故障能加以保护。图中继电器 KA_1 在一个铁芯上绕三个绕组；KA_2 是辅助继电器，其作用是当接触器释放时切断保护电路。该线路采用 JCDJ 型保护继电器。

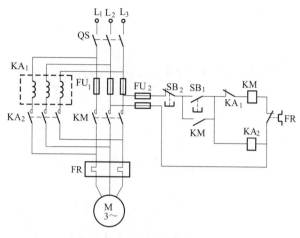

图 7-17　熔丝保护线路（三）

7.4.3　检测线电流的断相保护线路（一、二）

当电动机发生断相故障时，断开一相的导线中线电流为零。据此设计出检测线电流的断相保护线路。

（1）线路之一

线路之一如图 2-35 所示。该线路在第 2 章 2.2.17 例中已作介绍。这里仅就断相保护部分的工作原理作一介绍（参考图 7-18 有关部分）。

由三个相同的电流互感器 TA_1～TA_3（实际上是三个锰锌磁环线圈），三只二极管 VD_1～VD_3 和三个电容 C_1～C_3 组成电路的检测部分。三根电源线分别穿过三个磁环线圈。当电动机正常运行时，TA_1～TA_3 的次级感应出电动势，分别经二极管 VD_1～VD_3 整流和电容 C_1～C_3 滤波后，输出三个直流电压，加在三极管 VT_1～VT_3 的基极与发射极之间（由这三只三极管等构成与门电路），使三只三极管处于导通状态，三极管 VT_4 截止，断相保护器的输出继电器 KA 处于释放状态。

当电源缺一相时，该相的电流互感器的初级绕组没有电流通过，其次级感应电动势也随之消失，相应的三极管由导通变为截止。由于 VT_1～VT_3 三只三极管的发射极是串联的，当任一只二极管截止时都能使三极管 VT_4 的基极电位升高，VT_4 导通，继电器 KA 吸合，输出断相信号，切断控制回路电源，电动机停转。

在图 7-18 中，利用电容 C_4 的充电过程得到延时，以避免电动机因接触器闭合不同步造成误动作；稳压管 VS 为三极管 VT_4 提供一稳定的发射极电位，从而提高了保护装置的可靠性。

电流互感器 TA_1～TA_3 可用锰锌 MXO-2000 型磁环，其外径为 45mm、内径为 26mm、厚 8mm，次级绕组用直径为 0.2mm 漆包线绕 500 匝左右，初级用电源线穿绕 2～3 匝。实验表明，当电源线中电流 I 为 3.5A 时（1.5kW 电动机），输出交流电压 U 为 1.1～1.6V；而当 I 随电动机容量的增加而增加到大于 12A 时，U 增加到 1.6V 就不再明显增加了（此时磁环已达饱和）。1.1～1.6V 的交流电压经整流、滤波后变成直流电压加于各三极管的基极与发射极之间，既能使三极管饱和导通，又不致因输入电压过高而损坏晶体管。当然也可采用在三极管基极与发射极之间并接两只二极管作钳位保护。此保护线路适用于 1.5kW 以上的各种功率的电动机。

对于线电流较大的中大型电动机（额定电流 100A 以上），可另加电流互感器。

（2）线路之二

线路之二如图 7-18 所示。

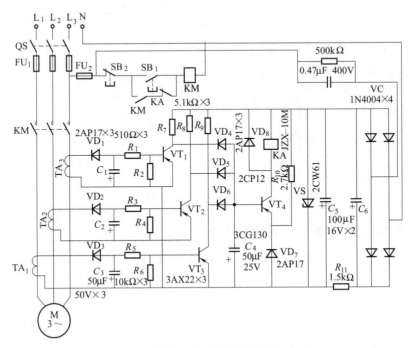

图 7-18 检测线电流的断相保护线路（二）

工作原理：由三个电流互感器检测得到的电流信号，经整流、滤波后输出三个直流电压，分别加在三极管 $VT_1 \sim VT_3$ 的基极与发射极之间。信号经三只三极管放大后，接到由二极管 $VD_4 \sim VD_6$ 组成的或门电路。由或门电路控制三极管 VT_4 的导通或截止，从而控制中间继电器 KA 的吸合或释放。

合上电源开关 QS，按下启动按钮 SB_1，接触器 KM 得电吸合并通过 KA 常闭触点自锁，电动机启动运行。由于三个电流互感器次级有信号输出，三极管 $VT_1 \sim VT_3$ 导通，二极管或门 $VD_4 \sim VD_6$ 截止，三极管 VT_4 没有基极电流而截止，中间继电器 KA 处于释放状态，其常闭触点是闭合的。

当电源缺一相时，该相电流互感器初级绕组没有电流通过，其次级感应电动势也随之消失，相应的一只三极管由导通变为截止，该管的集电极呈低电位，与它相连的二极管导通，于是三极管 VT_4 有基极电流而导通，中间继电器 KA 得电吸合，其常闭触点断开，接触器 KM 失电释放，电动机停转。

该保护线路的缺点是，当定子绕组为△连接时，电动机绕组内部断相线电流不下降到零，此时保护装置将不起动作。

7.4.4 检测线电流的断相保护线路（三~五）

（1）线路之三

线路之三如图 7-19 所示，图中，三极管 $VT_1 \sim VT_3$ 等构成与门电路。

工作原理：合上电源开关 QS，按下启动按钮 SB_1，接触器 KM 得电吸合，电动机启动运行。由于三个电流互感器 $TA_1 \sim TA_3$ 均感应出交流电压，经二极管 $VD_1 \sim VD_3$ 整流和电容 $C_1 \sim C_3$ 滤波后，产生的直流电压使 $VT_1 \sim VT_3$ 均导通，中间继电器 KA 得电吸合，其常开触点闭合，接触器 KM 自锁。

当电源缺一相时，相应的一只三极管由导通变为截止，与门条件被破坏，KA 失电释放，其常开触点断开，接触器 KM 失电释放，电动机停转。

（2）线路之四

线路之四如图 7-20 所示。图中，三极管 $VT_1 \sim VT_3$ 等构成或门电路。

工作原理：合上电源开关 QS，按下启动按钮 SB_1，220V 电压经电容 C_6 降压，整流桥 VC 整流、电容 C_5 滤波、稳压管 VS 稳定，得到 17V 直流电压，作为三极管等的工作电压。该直流电压

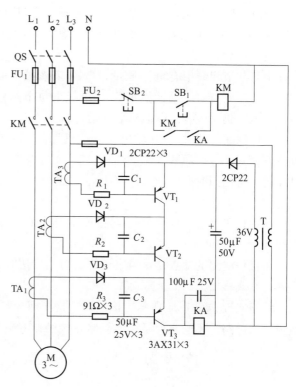

图 7-19　检测线电流的断相保护线路（三）

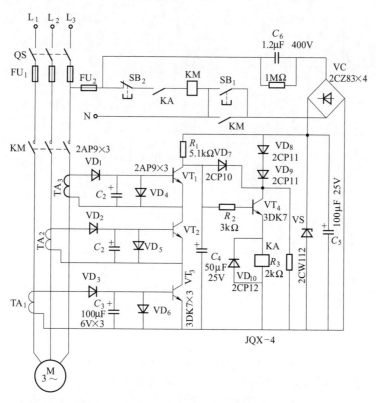

图 7-20　检测线电流的断相保护线路（四）

经二极管 VD_8、VD_9，三极管 VT_4 的发射极-基极和电阻 R_2 对电容 C_4 充电。充电时，VT_4 导通，中间继电器 KA 得电吸合，其常开触点闭合，接触器 KM 得电吸合并自锁，电动机启动运行。

由于三根相线中有电流通过，电流互感器 $TA_1 \sim TA_3$ 次级有感应电压，因此三极管 $VT_1 \sim VT_3$ 均导通，从而使 VT_1 集电极电位下降到 10V 以下，确保 VT_4 仍然处于导通状态，即 KA 仍然吸合，电动机继续运行。

当电源缺一相时，相应的一只三极管由导通变为截止，或门条件被破坏，VT_1 集电极电位升高到 17V，导致 VT_4 截止，KA 失电释放，其常开触点断开，KM 失电释放，电动机停转。与此同时，C_4 通过 VD_7、R_3 放电；C_5 通过 VD_8、VD_9、R_3 放电，电路恢复至原始状态。

图中，二极管 $VD_4 \sim VD_6$ 起钳位作用，保护三只三极管避免基极-发射极加上过高电压而烧坏。

该保护线路的缺点是，当定子绕组为△接法时，此保护装置不起作用。

（3）线路之五

线路之五如图 7-21 所示。该线路的检测部分与图 7-20 类似。图中，二极管 $VD_7 \sim VD_9$ 组成或门电路。不同之处是，该线路在接触器 KM 线圈外加绕线圈以代替降压变压器。

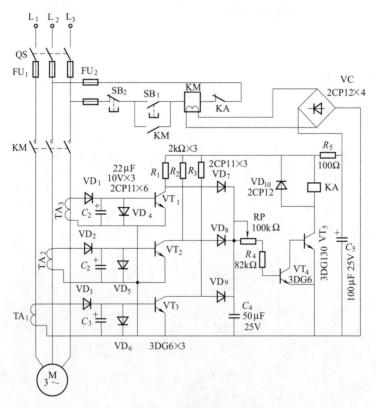

图 7-21 检测线电流的断相保护线路（五）

工作原理：合上电源开关 QS，按下启动按钮 SB_1，接触器 KM 得电吸合并自锁，电动机启动运行。三个电流互感器 $TA_1 \sim TA_3$ 次级感应电压经二极管 $VD_1 \sim VD_3$ 整流和电容 $C_1 \sim C_3$ 滤波后，产生直流电压分别加到三极管 $VT_1 \sim VT_3$ 基极-发射极上，三只三极管均导通，VT_1 集电极处于低电位，由二极管 $VD_7 \sim VD_9$ 组成的或门电路关闭，三极管 VT_4、VT_5 截止，中间继电器 KA 处于释放状态，其常闭触点闭合。

当电源缺一相时，该相电流互感器次级无电压，相应的三极管截止，使该管的集电极变成高电位，或门电路打开，经一定时间（约几秒）延时（由电容 C_4、电位器 RP 和电阻 R_4 组成延时电路），三极管 VT_4、VT_5 导通，KA 得电吸合，其常闭触点断开，接触器 KM 失电释放，电动机停转。

本线路采用锰锌 MXO-2000 型磁环作速饱和电流互感器，次级绕组用直径为 0.2mm 漆包线绕 500 匝左右，初级绕组用电源线穿绕 2~3 匝。

7.4.5　检测线电流的断相和过载保护线路（一、二）

（1）线路之一

线路之一如图 7-22 所示。

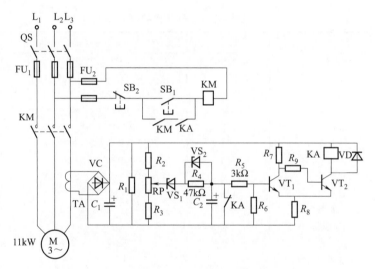

图 7-22　检测线电流的断相和过载保护线路（一）

① 控制目的和方法

控制目的：断相和过电流保护。

控制方法：利用电流互感器检出负载电流，通过三极管开关电路来实现。

保护元件：熔断器 FU_1（电动机短路保护），FU_2（控制电路短路保护）；二极管 VD（保护三极管 VT_2 免受继电器 KA 反电势而损坏）。

② 线路组成

a. 主电路。由开关 QS、熔断器 FU_1、接触器 KM 主触点和电动机 M 组成。

b. 控制电路。由熔断器 FU_2、启动按钮 SB_1、停止按钮 SB_2 和接触器 KM 等组成。

c. 检测兼直流电源电路。由电流互感器 TA、整流桥 VC 和电容 C_1 组成。电阻 R_1 的作用是防止电流互感器 TA 二次开路引起过电压，也可省去。

d. 控制执行电路。由电阻 R_2、R_3 及电位器 RP 组成的分压器，稳压管 VS_1 及 VS_2、三极管 VT_1 及 VT_2 和继电器 KA 等组成。

③ 工作原理　合上电源开关 QS，按下启动按钮 SB_1，接触器 KM 得电吸合，电动机启动运行。电流互感器 TA 次级有感应电压输出，经整流桥 VC 整流、电容 C_1 滤波后，产生

直流电压加在由电阻 R_2、R_3 和电位器 RP 组成的分压器上。调节 RP，便电动机正常运行时，加在稳压管 VS_1 上的电压低于其击穿电压，三极管 VT_1 截止，VT_2 导通，中间继电器 KA 吸合，其常开触点闭合，接触器 KM 自锁。

当 W 相断电时，电流互感器 TA 次级没有感应电压，继电器 KA 失电释放，其常开触点断开，KM 失电释放，电动机停转。当 U 相或 V 相断电时，W 相电流增加，整流桥 VC 输出电压上升，稳压管 VS_1 被击穿，于是三极管 VT_1 导通，VT_2 截止，KA、KM 相继失电释放，电动机停转。

图 7-22 中，电容 C_2 起延时作用，以避免电动机启动时受电流冲击而误动作，并能避开电动机正常运行中出现的短时过载电流。KA 的常闭触点为电容 C_2 提供放电回路。

当电动机过载时，电流互感器 TA 次级电压上升，同样能使 KA、KM 释放，起到保护作用。

④ 元件选择　电气元件参数见表 7-19。

表 7-19　电气元件参数

序号	名　称	代号	型号规格	数　量
1	铁壳开关	QS	HH3-60/50A	1
2	熔断器	FU_1	RC1A-60/50A(配 QS)	3
3	熔断器	FU_2	RL1-15/5A	2
4	交流接触器	KM	QJ20-25A 380V	1
5	继电器	KA	JZX-10M DC 12V	1
6	电流互感器	TA	制作方法同图 7-21	
7	三极管	VT_1、VT_2	3DG130 $\beta \geqslant 50$	2
8	稳压管	VS_1	2CW52 $U_z = 3.2 \sim 4.5V$	1
9	稳压管	VS_2	2CW56 $U_z = 7 \sim 8.8V$	1
10	二极管	VD	1N4001	1
11	整流桥	VC	QL0.5A 50V	1
12	金属膜电阻	R_1	RJ-20kΩ 1/2W	1
13	金属膜电阻	R_2	RJ-15kΩ 1/2W	1
14	金属膜电阻	R_3	RJ-1.8kΩ 1/2W	1
15	金属膜电阻	R_4	RJ-47kΩ 1/2W	1
16	金属膜电阻	R_5	RJ-3kΩ 1/2W	1
17	金属膜电阻	R_6、R_8	RJ-10kΩ 1/2W	2
18	金属膜电阻	R_7	RJ-5.1kΩ 1/2W	1
19	金属膜电阻	R_9	RJ-51Ω 1/2W	1
20	电位器	RP	WS-0.5W 5kΩ	1
21	电解电容器	C_1	CD11 100μF 25V	1
22	电解电容器	C_2	CD11 100μF 6V	1
23	按钮	SB_1	LA18-22(绿)	1
24	按钮	SB_2	LA18-22(红)	1

（2）线路之二

线路之二如图 7-23 所示。该线路具有断相保护和过载保护功能。它利用在接触器线圈外加绕附加绕组取得电源，节省了电源变压器。图中，三极管 VT_1、VT_3 组成射极耦合双稳态开关电路。

工作原理：合上电源开关 QS，按下启动按钮 SB_1，接触器 KM 得电吸合，电动机启动运行。电流互感器 TA 次级有电压输出，经二极管 VD_1 整流、电容 C_1 滤波后，产生直流电

压加到由电阻 R_1、电位器 RP 组成的
分压器上，三极管 VT_2 导通，调节
RP，使 VT_1 截止，VT_3 导通，中间继
电器 KA 得电吸合，其常开触点闭合，
接触器 KM 自锁。

当 W 相断电时，电流互感器 TA
次级没有感应电压，$VT_1 \sim VT_3$ 截止，
KA 失电释放。当 U 相或 V 相断电时，
W 相电流增加，VT_1 基极电位升高，
VT_1 导通，VT_3 截止，KA 释放。当
电动机过载时，也同样起到保护作用。

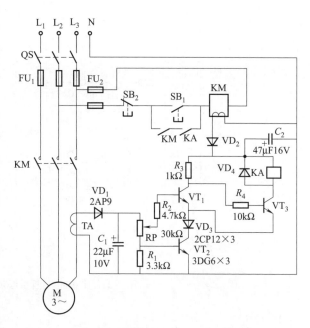

图 7-23　检测线电流的断相和过载保护线路（二）

7.4.6　谐波电流断相保护线路（一、二）

谐波电流断相保护，是利用检测电
流互感器次级绕组中的三次谐波电流来
实现断相保护的。因为三次谐波是同相
位的，相当于零序系统，所以谐波电流保护又称零序电流保护。

利用三次谐波电流反应电动机的运行状态，所用电流互感器不是线性电流互感器，而是
速饱和电流互感器。三个电流互感器按照相同的极性依次串联成开口三角形。电动机正常运
行时，电流互感器处于饱和状态。由磁化曲线的非线性特性可知，电流互感器的次级，除基
波电动势外，还有三次谐波电动势。三个基波电动势因大小相等，相位差 120°，故串联后
的合成电动势为零；而三个三次谐波电动势因大小相等，相位一致，故串联后的合成电动势
为每个线圈中三次谐波电动势的 3 倍。当电源缺一相时，电流互感器的次级基波电压和三次
谐波电动势均大小相等、相位相差 180°，合成电动势为零。利用这一原理，可实现电动机
的断相保护。

（1）线路之一

线路之一如图 7-24 所示。

工作原理：以图 7-24（a）为例介绍。合上电源开关 QS，按下启动按钮 SB_1，电源经降
压电阻 R 降压、整流桥 VC 整流、电容 C 滤波后，产生直流电压，使中间继电器 KA 吸合，
其常开触点闭合，电动机启动运行。

电动机正常运行时，三个电流互感器次级的三次谐波合成电动势使继电器 KA 仍处于吸
合状态。当电源缺一相时，该相的电流互感器次级电动势消失，另两相电流互感器合成电动
势也为零，KA 失电释放，电动机停转。

由于该线路用继电器通断主电路，故受触点允许电流的限制，如将 JQX 型继电器 3A
触点改为 5A 触点，则可适用于 1.1kW 以下电动机的空载启动。

（2）线路之二

线路之二如图 7-25 所示。这两种线路都采用晶闸管来控制接触器 KM 的动作，从而克
服了继电器的断相保护容易出现误动作或拒动现象，提高了保护装置的灵敏度和可靠性。

工作原理：以图 7-25（a）为例介绍。合上电源开关 QS，按下启动按钮 SB_1，电源经整

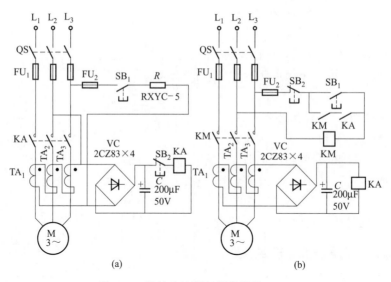

图 7-24　谐波电流断相保护线路（一）

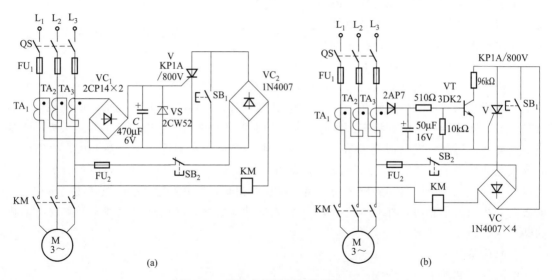

图 7-25　谐波电流断相保护线路（二）

流桥 VC_2 整流后，输出直流电压使接触器 KM 吸合，电动机启动运行。松开 SB_1 后，三个电流互感器 $TA_1 \sim TA_3$ 次级的三次谐波电动势经整流桥 VC_1 输出正电压，加到晶闸管的控制极，使晶闸管 V 保持导通状态。

当电源缺一相时，该相电流互感器次级谐波电动势消失，而另两个电流互感器合成电动势也为零，整流桥 VC 无输入，晶闸管 V 关断，接触器 KM 失电释放，电动机停转。

7.4.7　谐波电流断相保护线路（三~五）

（1）线路之三

线路之三如图 7-26 所示。

工作原理：以图 7-26（a）为例介绍。合上电源开关 QS，三个电流互感器次级无感应电动势，灵敏继电器 KA 处于释放状态。按下启动按钮 SB_1，接触器 KM 得电吸合，电动机启

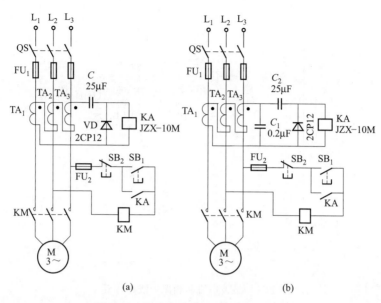

图 7-26　谐波电流断相保护线路（三）

动运行。同时三个电流互感器工作在饱和状态，其基波电动势大小相等，相位差 120°，串联合成的电动势为零。而三次谐波电动势大小相等，方向相同，合成后三次谐波电动势正半周时，电流经过电容 C 流过灵敏继电器 KA 线圈，负半周线圈通过二极管 VD 续流，因此 KA 一直保持吸合，其常开触点闭合，接触器 KM 自锁。

当电源缺一相时，由于谐波电动势输出为零，KA 失电释放，其常开触点断开，KM 失电释放，电动机停转。

图 7-26（b）线路比图 7-26（a）线路多了一只电容器，用以改善输出直流的波形及增加直流电压。图 7-26（b）所示线路可以用于较大容量的电动机。

（2）线路之四

线路之四如图 7-27 所示。该线路与图 7-26（b）所示线路相似，但工作原理有所不同。

工作原理：合上电源开关 QS，由于电流互感器次级感应电动势为零，三极管 VT 截止，晶闸管关闭。按下启动按钮 SB₁，接触器 KM 得电吸合并自锁，电动机启动运行。此时电流互感器次级三次谐波电动势经二极管 VD 整流、电容 C 滤波后，产生直流电压，使三极管 VT 导通，触发晶闸管 V，使 V 在正负半周都能导通，接触器 KM 吸合。

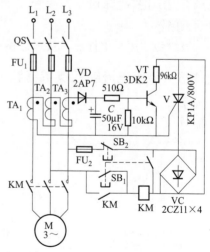

图 7-27　谐波电流断相保护线路（四）

当电源缺一相时，VT 因无基极电流而截止，晶闸管 V 关闭，接触器 KM 失电释放，电动机停转。

该线路适用于频繁启动的小容量电动机的保护。

（3）线路之五

线路之五如图 7-28 所示。

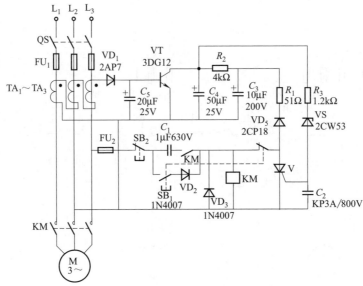

图 7-28　谐波电流断相保护线路（五）

工作原理：合上电源开关 QS，由于电流互感器次级感应电势为零，三极管 VT 截止。按下启动按钮 SB_1，交流接触器 KM 得电吸合并自锁，其常开触点闭合，接触器通过电容 C_1 和二极管 VD_3 工作在直流运行状态，电动机启动运行。这时晶闸管 V 阳极与阴极之间加有一直流电压。因为不缺相，三次谐波合成后的电位不为零，经 VD_1 整流、C_5 滤波使 VT 导通。当缺相时，由 VD_3 整流出来的直流电压经二极管 VD_5、电阻 R_1 向电容 C_3 充电。同时，三极管 VT 截止，电容 C_3 上的电压经电阻 R_2 向电容 C_4 充电。当充电电压达到稳压管 VS 击穿电压时，晶闸管 V 被触发导通，将接触器 KM 线圈短接，KM 失电释放，电动机停转。

该线路适用于中性点不接地的供电系统或△接法电动机的断相保护。

7.4.8　负序电流断相保护线路（一、二）

负序电流保护线路，是利用电动机电源一相断开时负序电流剧增的现象设计的一种断相保护线路。负序电流可以通过负序电流滤过器检测出来。此类线路保护的可靠性，取决于负序电流（电压）滤过器元件参数的准确、稳定，以及电流互感器次级线圈的电动势是否正弦。为此要求互感器铁芯磁通不饱和，即要求铁芯截面要足够大。

（1）线路之一

线路之一如图 7-29 所示。负序电流滤过器由电流互感器电磁振动、提高工作可靠性，延长接触器使用寿命，

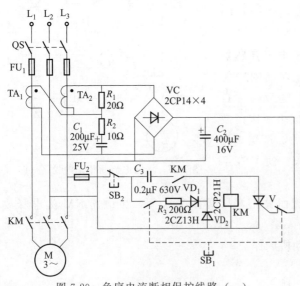

图 7-29　负序电流断相保护线路（一）

并节约电能。

工作原理：合上电源开关 QS，按下启动按钮 SB_1，电源经电阻 R_3、二极管 VD_1 供给接触器 KM 线圈以直流电压，KM 得电吸合，电动机启动运行。KM 常开辅助触点闭合，接通电容 C_3 回路，使接触器 KM 得以直流（半波整流）保持吸合状态。与此同时，由于电动机负载对称，负序电流滤过器无电流信号输出（实际上由于供电电源电压不完全对称等原因，电动机线电流不完全平衡，即使电动机正常运行，负序电流滤过器也有 $0.5\sim1.5V$ 的输出，但这样低的电压对控制线路无影响），晶闸管 V 控制极无触发信号，处于关闭状态。

当电源缺一相时，便有负序电流产生，负序电流滤过器有电压信号输出，晶闸管 V 被触发导通，接触器 KM 线圈被短接，KM 失电释放，电动机停转。

该线路在正常运行时，接触器线圈通过半波直流，有利于消除电磁振动、提高工作可靠性，延长接触器使用寿命，并节约电能。

电流互感器 TA_1、TA_2 可用锰锌 MXO-2000 型磁环，外径为 59mm、内径为 35mm、厚为 11mm，次级用直径 0.2mm 漆包线绕 500 匝左右，初级用电源线绕 5 匝。

（2）线路之二

线路之二如图 7-30 所示。图中，电容 C_1、电阻 R_1 和 R_2 组成负序电流滤过器；三极管 VT_1、VT_2 构成施密特电路，用以提高电路的可靠性。

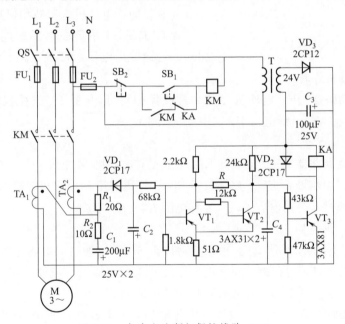

图 7-30　负序电流断相保护线路（二）

工作原理：合上电源开关 QS，按下启动按钮 SB_1，接触器 KM 得电吸合，电动机启动运行。同时 KM 常开辅助触点闭合，电源经变压器 T 降压、二极管 VD_3 整流、电容 C_3 滤波后，供给各三极管工作电压。由于电动机负载对称，负序电流滤过器无电流信号输出（有也很小），三极管 VT_1 截止，VT_2 导通，从而使 VT_3 截止，中间继电器 KA 处于释放状态，其常开触点闭合，接触器 KM 自锁。

当电源缺一相时，负序电流滤过器有电流信号输出，经二极管 VD_1 整流、电容 C_2 滤波后，产生直流电压，使 VT_1 导通，VT_2 截止，从而使 VT_3 导通，中间继电器 KA 得电吸合，其常闭触点断开，接触器 KM 失电释放，电动机停转。

电流互感器 TA_1、TA_2，采用外径为 37mm、内径为 23mm、厚 7mm 环形磁芯，次级用 0.2mm 漆包线绕 300 匝左右，初级用电源线绕 1 匝（即电源线从环中穿过）。

7.4.9 负序电压断相保护线路（一、二）

负序电压断相保护是利用电动机电源缺一相时，形成不对称电压系统，使用负序电压滤过器将负序电压从系统中分解出来，用以实现断相保护。

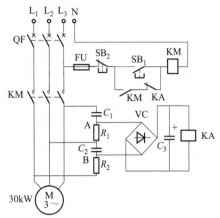

图 7-31 负序电压断相保护线路（一）

负序电压保护不能保护空载运行状态下的断相，只有当电动机负载率超过 30%～40% 时，才能可靠地动作。这种保护装置也不能反映负序电压滤过器到电动机之间断线，以及定子绕组 △ 接法电动机绕组内部断线故障。但这种保护线路具有不需要电流互感器、结构简单的优点。

（1）线路之一

线路之一如图 7-31 所示。

① 控制目的和方法

控制目的：电动机电源缺相保护。

控制方法：采用负序电压滤过器，当电源断相时对滤过器输出电压，使继电器吸合，从而使接触器失电释放，电动机停转。

保护元件：断路器 QF（电动机短路和过载保护）；熔断器 FU（控制电路短路保护）；C_1、C_2、R_1、R_2、VC 及继电器 KA（电动机缺相保护）。

② 线路组成

a. 主电路。由断路器 QF、接触器 KM 主触点和电动机 M 组成。

b. 控制电路。由熔断器 FU、启动按钮 SB_1、停止按钮 SB_2 和接触器 KM 组成。

c. 负序电压滤过器。由电容 C_1、C_2 和电阻 R_1、R_2 组成。

d. 控制元件：继电器 KA。

③ 工作原理　合上断路器 QF，按下启动按钮 SB_1，接触器 KM 得电吸合，电动机启动运行。由于电动机负载是对称的，负序电压滤过器无电压输出（或输出很小的电压），继电器 KA 处于释放状态，其常闭触点闭合，接触器 KM 自锁。

当电源缺一相时，负序电压滤过器有电压输出，继电器 KA 得电吸合，其常闭触点断开，接触器 KM 失电释放，电动机停转。

④ 元件选择　电气元件参数见表 7-20。

表 7-20 电气元件参数

序号	名称	代号	型号规格	数量
1	断路器	QF	TH-100 $I_{dz}=60A$	1
2	熔断器	FU	RL1-15/3A	1
3	交流接触器	KM	CJ20-160A 220V	1
4	直流继电器	KA	JRX-13F DC 12V	1
5	整流桥	VC	1N4001	4

序号	名　称	代号	型号规格	数　量
6	电容器	C_1,C_2	CBB22 1.47μF 630V	2
7	电解电容器	C_3	CD11 50μF 25V	1
8	被釉电阻	R_1	ZB11-20W-4kΩ	1
9	被釉电阻	R_2	ZB11-20W-1.33kΩ	1
10	按钮	SB$_1$	LA18-22(绿)	1
11	按钮	SB$_2$	LA18-22(红)	1

负序电压滤过器元件选择：

电阻 R_1、R_2 和电容 C_1、C_2 要满足以下要求，即

$$R_1=\sqrt{3}\,X_1=\sqrt{3}/(\omega C_1)$$

$$R_2=X_2/\sqrt{3}=1/(\sqrt{3}\,\omega C_2)$$

R_1 与 R_2 或 X_1 与 X_2 之间的数值关系是任意的。

电容值的选择，应考虑满足直流继电器 KA 所需的电流，可计算为

$$C_1=C_2=\frac{KI}{\omega U_C}$$

式中　ω——角频率，$\omega=2\pi f$，其中 f 为电源频率 50Hz；

R_1,R_2——电阻，Ω；

C_1,C_2——电容，F；

　I——继电器 KA 吸合电流，A；

　K——可靠系数，取 $K=2.5\sim3$；

U_C——加于电容器上的电压，V。

（2）线路之二

线路之二如图 7-32 所示。该线路省去电流互感器，结构简单。由电容 C_1、C_2 和电阻 R_1、R_2 组成负序电压滤过器。由于阻容元件直接与 380V 电源相连，电容应选用耐压 630V 的，电阻电耗也达十几瓦或数十瓦。电阻值及电容值要满足以下要求：

$$R_1=\sqrt{3}\,X_1=\sqrt{3}/(\omega C_1)$$

$$R_2=X_2/\sqrt{3}=1/(\sqrt{3}\,\omega C_2)\quad(\omega=2\pi f)$$

R_1 与 R_2 或 X_1 与 X_2 之间的数值关系是任意的。

电容值的选择，应考虑满足直流继电器 KA 所需要的电流。可按下式计算：

$$C_1=C_2=\frac{KI}{2\pi f U_C}\quad(F)$$

式中　I——继电器 KA 所需电流，A；

　K——可靠系数，取 $K=2.5\sim3$；

U_C——电容器额定电压，V；

　f——电源频率，工频为 50Hz。

工作原理：合上电源开关 QS，按下启动按钮 SB$_1$，接触器 KM 得电吸合并自锁［因为电动机负

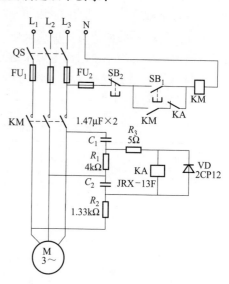

图 7-32　负序电压断相保护线路（二）

载是对称的，负序电压滤过器无电压信号输出（或输出很小的电压），直流继电器 KA 处于释放状态，其常开触点是闭合的]，电动机启动运行。

当电源缺一相时，负序电压滤过器有电压信号输出，KA 得电吸合，其常闭触点断开，接触器 KM 失电释放，电动机停转。

7.4.10 零序电压断相保护线路（一、二）

零序电压（电流）断相保护线路，是根据电动机电源缺一相时，电动机绕组的中点电压偏移的现象设计的一种断相保护线路。在三相电源对称的情况下，正常运行的电动机绕组中点对变压器中性点的电压 $U_{oo'}$（零序电压）为零。当电源断相时，$U_{oo'}$ 不为零，如果在这两点之间接入电压继电器（或电流继电器），便能实现零序电压（或零序电流）断相保护。另外，有的零序电压（电流）断相保护线路采用一个电流互感器，将三根电源线穿过互感器，当电源断相时，通过电流互感器检出零序电流，进而实现断相保护。

零序电压（电流）的大小与电网负荷是否平衡、电动机容量、负载大小以及各相负载平衡情况有关。零序电压可在 $10\sim110V$ 的范围内变化，而且这种变化没有明确的规律性，这就使得零序电压（电流）继电器的动作值很难调到在各种条件下都恰到好处。因此，这种保护线路容易发生误动作或拒动。但它具有简单、价廉、短路保护等优点。这种保护线路适合在电网负荷较平衡的条件下采用。

当电动机接入负荷较不平衡的电网时，即使电动机在正常运行情况下，也会出现一个零序电压（约为额定电压的 5%，负荷不平衡度越大，此值越大）。为此，通常可以把电压继电器的动作值调整为电网电压的 $5\%\sim6\%$，即当零序电压 $U_{oo'}$ 等于 $(5\%\sim6\%)$ 电网电压时动作。

对于负荷不平衡度较大的农村电网，不适合用零序电压（电流）保护线路；对于变压器中性点绝缘的系统，也不能采用此类保护线路。

该保护线路适用于 Y 连接的电动机，对于△连接的电动机，必须设立人为的中性点。

在供电负荷较平衡的工厂，电动机正常运行时，零序电压 $U_{oo'}$ 一般不大于 10V。断掉一相电源后，空载时，$U_{oo'}$ 将升高到 $10\sim25V$；满载时，$U_{oo'}$ 升高到 $25\sim45V$。可据此调节电压（电流）继电器的动作值。电压继电器可用 JRX-13F 或 J-24V/20mA 型小型直流继电器。如果电流太大，可串一个限流电阻来达到动作所需的电流值。

不同负载下 Y 连接电动机零序电压的实测值见表 7-21；△连接电动机人为中性点零序电压的实测值见表 7-22。

表 7-21 Y 连接电动机零序电压与负载容量的关系

负载状况 零序电压/V 容量/kW	三相运行			断相运行		
	空载	轻载	满载	空载	轻载	满载
1.7	5	3.5	3	16	29	35
2.2	8	7	6	24	25	30
4.5	8	4.9	3	17	24	35
5.5	7.5	6	5	21	33	39
7.0	6.3	5.1	4.2	19	32	41
10.0	7.7	5.2	7.4	15	25	34

表 7-22 △连接电动机人为中性点电压与负载、容量的关系

零序电压/V	三相运行			断相运行		
容量/kW	空载	轻载	满载	空载	轻载	满载
5.5	4.4	3.2	3.0	10.6	25	40
7.5	6.0	4.5	3.5	11.5	23	43

（1）线路之一

线路之一如图 7-33 所示。该线路采用联动按钮，能更好地防止电动机启动时因接触器三个主触点动作不一致而引起误动作。它适用于 Y 接法电动机断相保护。

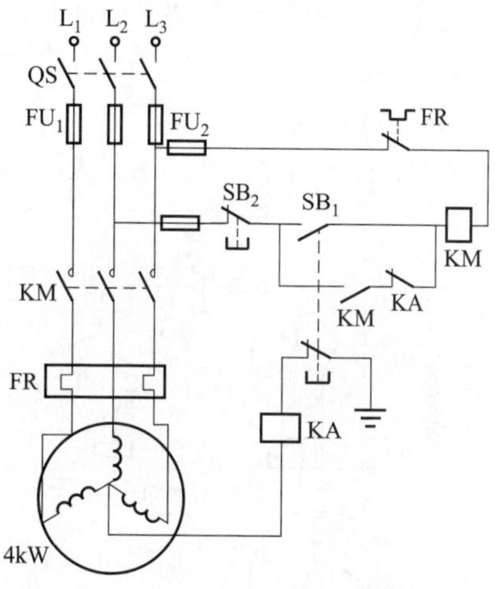

① 控制目的和方法

控制目的：断相保护。

控制方法：利用断相时电动机零序电压升高这一现象来实现。

保护元件：熔断器 FU$_1$（电动机短路保护），FU$_2$（控制电路短路保护）；热继电器 FR（电动机过载保护）。

② 线路组成

图 7-33 零序电压断相保护线路（一）

a. 主电路。由开关 QS、熔断器 FU$_1$、接触器 KM 主触点、热继电器 FR 和电动机 M 组成。

b. 控制电路。由熔断器 FU$_2$、启动按钮 SB$_1$、停止按钮 SB$_2$、接触器 KM 和热继电器 FR 常闭触点组成。

c. 检测元件：继电器 KA。

③ 工作原理 合上电源开关 QS，按下启动按钮 SB$_1$，接触器 KM 得电吸合并自锁，电动机启动运行。当电源缺相时，继电器 KA 得电吸合，其常闭触点断开，接触器 KM 失电释放，电动机停止运行。

④ 元件选择 电气元件参数见表 7-23。

表 7-23 电气元件参数

序号	名 称	代号	型号规格	数 量
1	闸刀开关	QS	HK2-30/3	1
2	熔断器	FU$_1$	RL1-60/25A	3
3	熔断器	FU$_2$	RL1-15/3A	2
4	交流接触器	KM	CJ20-10A 380V	1
5	热继电器	FR	JR14-20/2 6.8～11A	1
6	电压继电器	KA	JRX-13F 或 J-24V/20mA	1
7	按钮	SB$_1$	LA18-22(绿)	1
8	按钮	SB$_2$	LA18-22(红)	1

（2）线路之二

线路之二如图 7-34 所示。图中，电位器 RP 用以调节中间继电器 KA 的动作电压，保证电动机正常工作时 KA 不动作，而发生断相时可靠地动作。

中间继电器 KA 的常闭触点与接触器 KM 的常开辅助触点串联后作为 KM 的自锁，目的是防止电动机启动时因接触器三个主触点动作不一致而引起误动作。

7.4.11 零序电压断相保护线路（三～五）

（1）线路之三

线路之三如图 7-35 所示。该线路采用人为中性点，即将三个电容器 C_1～C_3 接成中性点。它适用于 △接线电动机的断相保护。

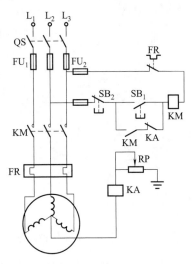

图 7-34 零序电压断相保护线路（二）

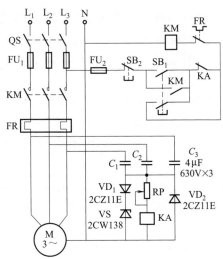

图 7-35 零序电压断相保护线路（三）

图中，电位器 RP 用以调节直流继电器 KA 的动作电压；二极管 VD_1 及稳压管 VS 为整流稳压元件，为 KA 提供半波直流电压；二极管 VD_2 为继电器 KA 的续流二极管，以保证 KA 的可靠吸合。

（2）线路之四

线路之四如图 7-36 所示。该线路也采用人为中性点，即将三个电阻 R_1～R_3 接成中性点。

图中，二极管 VD 为整流元件，并在电容 C 上建立直流电压，为直流继电器 KA 提供电源；KA 线圈串接稳压管 VS 的目的是控制 KA 的动作电压。只有当零序电压 $U_{00'}$ 大于稳压管 VS 的击穿电压时，KA 线圈中才有电流通过，KA 才吸合。

电阻 R_1～R_3 也可用 220V 15W 灯泡代替。

（3）线路之五

线路之五如图 7-37 所示。该线路将三个电容器 C_1～C_3 接成人为中性点。其执行部分是

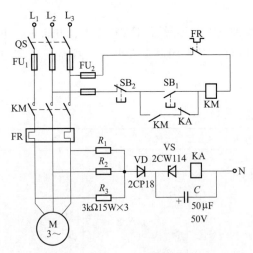

图 7-36 零序电压断相保护线路（四）

由三极管 VT_2、VT_3 组成的射极耦合触发器（即双稳态触发器）。

工作原理：合上电源开关 QS，电源经变压器 T 降压、二极管 VD_2 整流、电容 C_5 滤波后，提供给三极管 VT_1～VT_3 直流工作电压。这时由于零序电压 $U_{00'}$ 等于零，VT_1 射极跟

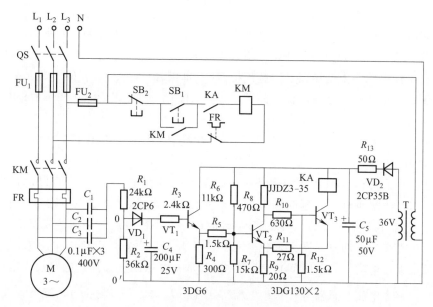

图 7-37　零序电压断相保护线路（五）

随电路无信号输出，三极管 VT_2 截止，VT_3 导通，中间继电器 KA 处于吸合状态，其常开触点闭合。

　　按下启动按钮 SB_1，接触器 KM 得电吸合并自锁，电动机启动运行。在电动机正常运行时，射极耦合触发器不会翻转（调节 R_5 阻值，使射极耦合触发器翻转电压值高于电动机正常运行时的零序电压 $U_{00'}$ 值）。当电源缺一相时，零序电压 $U_{00'}$ 升高，通过二极管 VD_1 整流、电流 C_4 滤波及 VT_1 射极跟随电路，将信号送到 VT_2 基极，电路立即翻转，VT_2 导通，VT_3 截止，中间继电器 KA 失电释放，其常开触点断开，接触器 KM 失电释放，电动机停转。

　　该线路的可靠性较低。造成可靠性低的主要原因是，断相前后人为中性点的电压 $U_{00'}$ 变化很小。若调整不当或三极管等元件的参数受外界影响发生变化，保护线路就会发生误动作。

7.4.12　零序电流断相保护线路

　　反映零序电流的电动机断相保护线路如图 7-38 所示。

　　（1）控制目的和方法

　　控制目的：断相保护。

　　控制方法：利用断相时电动机零序电流的升高来实现。

　　保护元件：熔断器 FU_1（电动机短路保护），FU_2（控制电路短路保护）；热继电器 FR（电动机过载保护）；二极管 VD_2（保护三极管 VT_2 免受继电器 KA 反电势而损坏）。

　　（2）线路组成

　　① 主电路。由开关 QS、熔断器 FU_1、接触器 KM 主触点、热继电器 FR 和电动

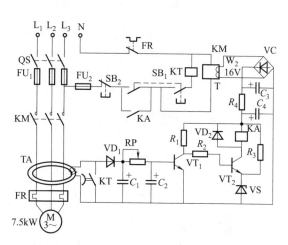

图 7-38　零序电流断相保护线路

机 M 组成。

② 控制电路。由熔断器 FU$_2$、启动按钮 SB$_1$、停止按钮 SB$_2$、接触器 KM、时间继电器 KT（也属保护部分）和热继电器 FR 常闭触点组成。

③ 直流工作电源。由变压器 T、整流桥 VC、滤波器（C_3、C_4、R_4）组成。

④ 检测信号电路。由零序电流互感器 TA、二极管 VD$_1$、电容 C_1 及 C_2 和电位器 RP$_1$ 组成。

⑤ 控制执行电路。由三极管 VT$_1$ 及 VT$_2$、稳压管 VS 和继电器 KA 等组成。

（3）工作原理

合上电源开关 QS，按下启动按钮 SB$_1$，接触器 KM 得电吸合，电动机启动运行。同时时间继电器 KT 线圈通电，其延时断开常开触点闭合，将保护电路在启动过程中暂时短路（此时中间继电器 KA 是吸合的），以避开启动时由于不平衡电流作用而造成误动作（对于小容量自身三相平衡的电动机，则无须装设 KT）。松开 SB$_1$ 后，KT 失电，不参加工作，经过一段延时后（大于电动机启动时间），其延时断开常开触点断开，保护电路投入运行。

正常时，零序电流互感器 TA 次级电流等于零（$\dot{i}_u + \dot{i}_v + \dot{i}_w = 0$），三极管 VT$_1$ 截止，VT$_2$ 导通，中间继电器 KA 得电吸合，其常开触点闭合，接触器 KM 自锁。

当电源缺一相时，零序电流互感器 TA 次级产生的感应电势经二极管 VD$_1$ 整流，电容 C_1、C_2 滤波，使三极管 VT$_1$ 由截止变为导通，VT$_2$ 截止，KA 失电释放，其常开触点断开，接触器 KM 失电释放，电动机停转。

调节电位器 RP，可改变保护装置的灵敏度。

（4）元件选择

电气元件参数见表 7-24。

表 7-24　电气元件参数

序号	名　称	代号	型号规格	数　量
1	铁壳开关	QS	HH3-60/40A	1
2	熔断器	FU$_1$	RC1A-60/40A(配 QS)	3
3	熔断器	FU$_2$	RL1-15/5A	1
4	交流接触器	KM	CJ20-40A 220V	1
5	继电器	KA	JQX-4F DC 12V	1
6	时间继电器	KT	SJ23-1 0.2～30s	1
7	热继电器	FR	JR14-20/2 14～22A	1
8	变压器	T	自制	1
9	零序电流互感器	TA	LJ1	1
10	三极管	VT$_1$、VT$_2$	3DG130 $\beta \geqslant 50$	2
11	整流桥、二极管	VC、VD$_1$、VD$_2$	1N4001	6
12	稳压管	VS	2DW8 U_z=13.5～14.5V	1
13	金属膜电阻	R_1	RJ-470Ω 1/2W	1
14	金属膜电阻	R_2	RJ-1.2kΩ 1/2W	1
15	金属膜电阻	R_3	RJ-3kΩ 1/2W	1
16	金属膜电阻	R_4	RJ-50Ω 1/2W	1
17	电位器	RP	WS-0.5W 10kΩ	1
18	电解电容	C_1	CD11 50μF 16V	1
19	电解电容	C_3、C_4	CD11 100μF 25V	2

变压器 T 的绕制：

变压器 T 实际上是在接触器 KM 线圈外绕绕组而成，可用 ϕ0.49mm 的漆包线绕 30～

50 匝（视接触器而定），能感应出 12～15V 电压即可。

7.4.13　抗干扰固态断相保护器线路

抗干扰固态断相保护器是一种性能优良，不会发生误动作的电动机断相保护产品。其整体用环氧树脂浇注，对于要求耐振动、耐腐蚀、防潮及防爆的场所尤为合适。

① 技术参数。

a. 输入电压：交流 220V 或 380V。

b. 保护功能及特点：适用于发电机、电动机、电压器、电焊机的各种断相、过负荷、堵转、欠压、过压、扫膛、轴承磨损、通风受阻、环境温度过高等故障保护。

c. 电压在 170～450V 波动时能正常工作。

② DBJ 系列、JL 系列、GBB 和 GDH 系列、JRD22 系列、YDB 型电动机保护器。它们属于电流检测型，或电流检测＋温度检测型。主要技术参数：

a. 输入电压：分为两种，一种为交流 220V、380V 或 660V；另一种为无源（自供电）。

b. 保护功能及特点：断相启动、运行断相、过负荷、堵转、相序、不平衡、欠压、过压等故障保护及故障显示、报警、自锁等。

③ DZJ-A 型电动机智能监控器。主要技术参数：

a. 输入电压：交流 220V 或 380V。

b. 保护功能及特点：断相、过负荷、堵转、短路、欠压、过压、漏电等故障保护及电流、电压显示、时间控制、软件自诊断、来电自恢复、自启动顺序、故障记忆、自锁、远传报警、计算机联网、监控监测等。

④ 电路结构框图。抗干扰固态断相保护器的电路结构框图如图 7-39 所示。它由检测电路、滤波电路、鉴别电路、开关电路、执行电路和稳压电源组成。

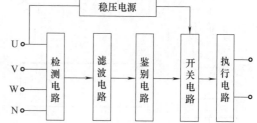

图 7-39　抗干扰固态断相保护器原理框图

传统的电压型断相保护器普遍装设在三相对称负载的人工中性点，当电动机发生断相故障时，人工中性点对地电压升高，当对地电压超过稳压管击穿电压时，触发晶闸管使保护电路导通，再通过执行电路切断接触器线圈的电源，使电动机停转，从而保护电动机。这种保护装置的不足之处在于，人工中性点对地存在着严重的谐波干扰电压，其峰值为 8～25V 不等（一般为 8～10V）。为了避免误动作，稳压管的稳压值需大于干扰电压峰值，但对于 3kW 以上的电动机，在空载运转发生断相故障时，人工中性点对地的电压峰值仅为 22～24V，此值又小于稳压管的稳压值，保护器不能起保护作用。为此，需滤除谐波干扰电压才行。抗干扰固态断相保护器有滤除谐波的功能。

⑤ 保护器内部电路。保护器内部电路如图 7-40 所示。

由图 7-40 可知，Y 连接的三个相同的电阻 R_1～R_3 组成断相信号检测电路；其人工中性点 O 接由 L_1、C_1 组成的串联谐振式滤波电路；二极管 VD_1、VD_2 和稳压管 VS_1 组成断相信号鉴别电路；晶闸管 V_1 和光电耦合器组成开关电路；晶闸管 V_2、整流桥 VC、双向晶闸管 V_3 组成执行电路；电容 C_3、C_4 和稳压管 VS_2、二极管 VD_3 组成稳压电源。

工作原理：当电动机正常运行时，O 点对地的谐波干扰电压接近于零，稳压管 VS_1 不

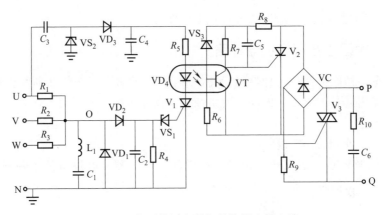

图 7-40　抗干扰固态断相保护器内部电路

会击穿，晶闸管 V_1 不导通。VD_4 不发光，光敏三极管 VT 的输出呈高阻状态，由于晶闸管 V_2 导通，电阻 R_9 上因有较大电流通过而有较大压降，双向晶闸管 V_3 被触发导通，外接的接触器能正常吸合，电动机正常运行。

当电动机发生断相故障时，O 点对地有较大的谐波干扰电压。该电压经 L_1、C_1 组成的滤波电路滤除谐波，又经 VD_2 整流，不断对电容 C_2 充电。在很短的时间内 VS_1 被击穿，V_1 导通，发光二极管 VD_4 发光，VT 的输出呈低阻状态。V_2 关断，R_6 压降消失，V_3 关断。于是，外接的接触器释放，切断电动机的电源，从而保护了电动机。

⑥ 抗干扰固态断相保护器保护线路。抗干扰固态断相保护器保护线路如图 7-41 所示。

⑦ 安装注意事项。

a. 该保护器适用于三相四线制供电系统，控制箱内应有零线。

b. 被保护的电动机应具有可靠的过载保护。

c. 接线端子 U、V、W 和 P、Q 均无相位要求，端子 N 接电源的零线。

d. 安装完毕，经检查接线无误，按启动按钮，先让电动机半载运行，然后用断路器人为地断开一相电源（对 10kW 以下的电动机，可以直接断开一相熔断器），以检验断相保护器是否有效。当确认有效后，方可投入使用。

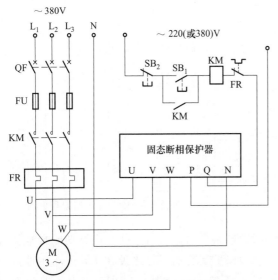

图 7-41　抗干扰固态断相保护器保护线路

7.4.14　固态断相继电器保护线路

采用固态断相继电器的保护线路如图 7-42 所示。下面以图 7-42（a）为例作介绍。

（1）控制目的和方法

控制目的：断相保护。

控制方法：采用固态断相继电器。

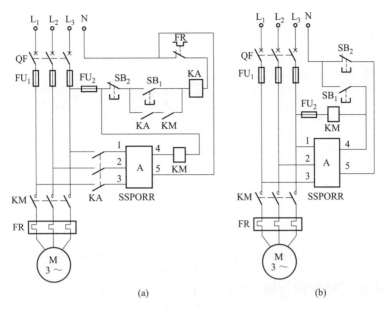

图 7-42　固态断相继电器保护线路

保护元件：断路器 QF（电动机短路和过载保护）；熔断器 FU（控制电路短路保护）；热继电器 FR（电动机过载保护）。

（2）线路组成

① 主电路。由断路器 QF、接触器 KM 主触点、热继电器 FR 和电动机 M 组成。

② 控制及保护电路。由熔断器 FU、启动按钮 SB_1、停止按钮 SB_2、继电器 KA、接触器 KM、热继电器 FR 常闭触点和检测保护元件固态断相继电器 A 组成。

（3）工作原理

① 固态断相继电器简介。固态断相继电器是用于三相交流断相监测、保护与控制的新型器件，简称 SSPORR。它是一只有 5 个端点的半导体模块，其中：1 端、2 端、3 端为三相监测输入端，相序任意，吸收电流极少，三端总计不超过 1mA；4 端、5 端为开关端。该模块的特点是：工作范围宽，无火花和抖动，浪涌电流容量大。当三相电源正常时，4 端、5 端导通；缺相时，4 端、5 端截止，保护与控制开关断开。

输入端与输出端绝缘层耐压 2500V。输出端工作电源分为交流型和直流型。交流型用于工业电气装置，直流型用于自动控制电子线路。

器件主要参数：a. 输入标称电压 U_T 为三相交流 380V；b. 输入最大吸收电流 I_{max} 为 1mA（总计）；c. 输入最小控制电流 I_{GT} 为 0.32mA；d. 输入端间重复峰值电压 U_{RRM} 为 1000V（≤1s）；e. 输出标称电压 U_T 为交流 220V；f. 输出额定通态电流 I_T 为 1A；g. 输出断态重复峰值电流 I_{DRM}＜1mA；h. 输出通态峰值电压 U_{TM}＜3V；i. 输出浪涌电流 I_{TSM}≤10A；j. 输出断态重复峰值电压 U_{DRM} 为 400V；k. 输入端/输出端隔离峰值电压 U_S 为 2500V；l. 断相控制关断时间 t_{off} 为 15ms；m. 器件表面最高温度 T_c 为 55℃（50％额定输出）；n. 器件模块芯片质量 M_{max} 为 6g。

② 工作原理。合上断路器 QF，按下启动按钮 SB_1，中间继电器 KA 得电吸合，其常开触点闭合，SSPORR 投入工作，其输出端 4 端、5 端有电压输出，接触器 KM 得电吸合，电动机启动运行。KM 常开辅助触点闭合，KA 自锁。

当电源缺一相时，SSPORR 的输出端截止，无电压输出，接触器 KM 失电释放，电动机停止运行。同时其常开辅助触点断开，中间继电器 KA 失电释放，电路恢复至原始状态。

（4）元件选择

电气元件参数见表 7-25。

表 7-25　电气元件参数

序号	名　　称	代号	型号规格	数　　量
1	断路器	QF	DZ5-50 I_{dz}=50A	1
2	熔断器	FU	RL1-15/3A	1
3	热继电器	FR	JR16-60/3 40～63A	1
4	交流接触器	KM	CJ20-100A 220V	1
5	中间继电器	KA	JZ7-44 220V	1
6	固态断相继电器	A	SSPORR	1
7	按钮	SB$_1$	LA18-22（绿）	1
8	按钮	SB$_2$	LA18-22（红）	1

7.4.15　光电式断相保护线路

线路如图 7-43 所示。该线路采用三只发光二极管 VL$_1$～VL$_3$ 作为检测元件。

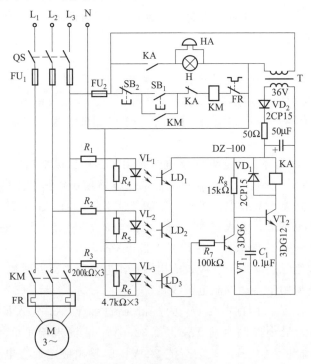

图 7-43　光电式断相保护线路

工作原理：合上电源开关 QS，分别接在电源 U、V、W 相的三只发光二极管 VL$_1$～VL$_3$ 发光，分别照到三只光电管 LD$_1$～LD$_3$ 上，为三极管 VT$_1$ 提供偏置电流，使其导通，晶体管 VT$_2$ 基极-发射极电压极低而截止，中间继电器 KA 处于释放状态，其常闭触点闭合。

按下启动按钮 SB$_1$，接触器 KM 得电吸合并自锁，电动机启动运行。当三根熔丝有一根熔断或接触器 KM 的触点有一相接触不良而断开时，三只发光二极管中就有一只不发光，相应的光电管输出呈开路状态，致使 VT$_1$ 失去偏置而截止，输出高电平，VT$_2$ 导通，中间继电器 KA 得电吸合，其常闭触点断开，接触器 KM 失电释放，电动机停转。同时 KA 的常开触点闭合，指示灯 H 亮，电铃 HA 发出报警信号。

该线路在电源开关下桩头以上开路或电源某相断电时，不能起到保护作用。

元件选择：VL$_1$～VL$_3$ 可选用 2EF-102A（5～10mA）型磷化镓发光二极管；光电管 LD$_1$～LD$_3$ 可用 3DG 或 3DK 型硅管改制。改制方法：用锉刀将管帽上盖锉掉，露出管芯硅片。在指示灯罩上钻一小孔，将管帽嵌入罩内，外面用胶封好并旋紧灯罩。若采用光电耦合器（如 TIL 系列）代替发光二极管和光电管，则电路更简洁。直流继电器 KA 可选用 DZ-100/12V 型，也可选用 JRX-13F 型。

7.5　多功能保护线路

所谓多功能保护线路，可以说是多种保护线路的组合线路。

7.5.1　断路器过电流和断相保护线路

复式断路器内部有电磁脱扣、热过载及欠压脱扣机构，常用于配电线路的过载、短路和欠电压保护，也可用作电动机的过载、短路和欠电压保护及电动机不频繁地直接启动。它在一定程度上可取代接触器、热继电器和熔断器的组合，能简化控制线路。其线路如图 7-44 所示。

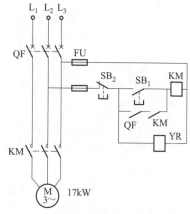

图 7-44　断路器过电流和断相保护线路

（1）控制目的和方法

控制目的：短路及过电流保护。

控制方法：采用复式断路器。

保护元件：断路器 QF（电动机短路和过载保护）；熔断器 FU（控制电路短路保护）。

（2）线路组成

① 主电路。由断路器 QF、接触器 KM 主触点和电动机 M 组成。

② 控制及保护电路。由熔断器 FU、启动按钮 SB$_1$、停止按钮 SB$_2$、接触器 KM、断路器 QF 的欠压脱扣线圈 YR 和 QF 的机械联锁触点等组成。

（3）工作原理

合上断路器 QF，如果电源有电，QF 所附的欠压脱扣器 YR 得电，QF 可以合闸。QF 合闸后，其机械联锁常开触点闭合。按下启动按钮 SB$_1$，接触器 KM 得电吸合并自锁，电动机启动运行。

当电动机过载或短路时，断路器所附的热脱扣或短路脱扣器便动作，通过机械机构，顶撞跳闸机构，使断路器跳闸，从而保护了电动机。如果电源电压消失或瞬时失电，欠电压脱扣器 YR 动作，断路器也自动跳闸。同样，按动停止按钮，断路器也能跳闸。

实际上，利用断路器控制和保护电动机，可以省去接触器，但有时为了操作方便（如断路器安装较远，用按钮就近控制电动机较方便），还是装设了接触器。接触器也具有欠压保护功能。如果断路器带有热脱扣机构，并能与电动机热保护元件相配套，则可以省去热继电器保护。但通常两者都用，热继电器作主保护，断路器的热脱扣器作后备保护。

（4）断路器的选择及整定

断路器的选择及整定参见第1章1.2.4。

7.5.2　555时基集成电路过电流和断相保护线路

采用555时基集成电路的电动机过电流和断相保护线路如图7-45所示。

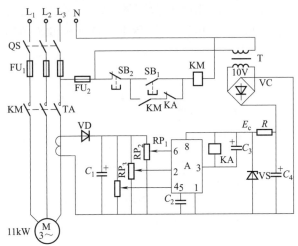

图7-45　555时基集成电路过电流和断相保护线路

（1）控制目的和方法

控制目的：过电流和断相保护。

控制方法：利用电流互感器TA测出负载电流，并通过555时基集成电路控制继电器KA来实现。

保护元件：熔断器FU_1（电动机短路保护），FU_2（控制电路短路保护）；电容C_3（保护555时基集成电路免受继电器KA反电势而损坏）。

（2）线路组成

① 主电路。由开关QS、熔断器FU_1、接触器KM主触点和电动机M组成。

② 控制电路。由熔断器FU_2、启动按钮SB_1、停止按钮SB_2和接触器KM等组成。

③ 555时基集成电路的直流工作电源。由变压器T、整流桥VC、电容C_4、电阻R和稳压管VS组成。

④ 检测信号电路。由电流互感器TA、二极管VD、电容C_1和电位器$RP_1 \sim RP_3$组成。

⑤ 控制执行电路。由555时基集成电路A和继电器KA组成。

（3）工作原理

合上电源开关QS，220V电源经变压器T降压、整流桥VC整流、电容C_4滤波、电阻R限流、稳压管VS稳压后，提供约为12V直流电压E_c。按下并一直按着启动按钮SB_1，接触器KM得电吸合，电动机启动运行。在启动时间内，有很大电流信号从电流互感器TA次级输出，NE555的第3脚有电压输出，中间继电器KA吸合，其常闭触点断开，电动机启动完毕，线电流正常，KA释放，其常闭触点闭合，这时松开SB_1，KM自锁。

电动机运行时，电动机线电流经电流互感器TA变流、二极管VD整流、电容C_1滤波后，输出电压作为NE555的输入信号电压。为了适应电动机的不同功率和拖动不同性质负载的需要，在NE555的三个输入脚前加了三个电位器。电动机正常运行时调节RP_1，使加于6脚的电压不大于$2E_c/3$；调节RP_2，使加于2脚的电压小于$E_c/3$；调节RP_3，使4脚为高电平，这时3脚输出为高电平，中间继电器KA线圈两端无电压，处于释放状态，其常闭触点闭合。

当电动机过载时，线电流增大，当电流达到预先整定好的数值（一般为电动机额定电流的1.2倍左右）时，经电流互感器TA转换，在NE555的6脚加上了一个大于$2E_c/3$的电压，同时2脚的电压大于$E_c/3$，因而3脚输出低电平，继电器KA得电吸合，其常闭触点断开，接触器KM失电释放，电动机停转。

当 W 相断相时，TA 次级无感应电压，此时 NE555 的 4 脚相当于加上低电平，而 4 脚是集成电路内部 RS 触发器的强制复位端，所以 3 脚输出为低电平，继电器 KA 照样得电吸合，使电动机停转。

当 U 相或 V 相断相时，只要 W 相电流升高到原工作电流的 1.73 倍左右，能使 NE555 的 6 脚的原输入信号电压从不大于 $2E_c/3$，增加到大于 $2E_c/3$，2 脚的输入信号电压增加到大于 $E_c/3$，3 脚输出即跳变为低电平，使继电器 KA 得电吸合，电动机停转。

若电动机功率较大，启动时间较长，为避免启动过程中一直按着 SB_1，电路可增设一只时间继电器，在启动过程中利用其触点暂将电流互感器 TA 短接，具体做法参见图 7-38。

（4）元件选择

电气元件参数见表 7-26。

表 7-26　电气元件参数

序号	名　称	代号	型号规格	数　量
1	铁壳开关	QS	HH3-60/50A	1
2	熔断器	FU_1	RC1A-60/50A(配 QS)	3
3	熔断器	FU_2	RL1-15/5A	1
4	交流接触器	KM	CJ20-40A 220V	1
5	继电器	KA	JRX-4 DC 12V	1
6	时基电路	A	NE555	1
7	稳压管	VS	2CW110 U_z=11～12.5V	1
8	整流桥、二极管	VC、VD	1N4001	5
9	变压器	T	3V·A 220V/10V	1
10	电流互感器	TA	用普通电流互感器改绕	1
11	金属膜电阻	R	RJ-56Ω 1/2W	1
12	电位器	RP_1、RP_2	WS-0.5W 1MΩ	2
13	电位器	RP_3	WS-0.5W 10kΩ	1
14	电解电容器	C_1	CD11 50μF 25V	1
15	电容器	C_2	CL11 0.01μF	1
16	电解电容器	C_3、C_4	CD11 100μF 25V	2
17	按钮	SB_1	LA18-22(绿)	1
18	按钮	SB_2	LA18-22(红)	1

电流互感器 TA 改绕和变压器 T 的制作请见第 3 章 3.3.12。

7.5.3　SL-322 集成电路多功能保护线路

采用 SL-322 集成电路的电动机多功能保护线路如图 7-46 所示。SL-322 集成电路输出端有若干只发光二极管和一只灵敏继电器，根据发光二极管的发光数可读出电动机的工作电流，以监视电动机运行情况。如发生过电流，灵敏继电器动作，实现停机功能。图中电位器 RP 为输出值给定电位器，调节它可将输出电流值调定在 5～50A 范围内的任意给定值；以满足自动停机的要求。该线路还有断相保护功能。

工作原理：合上电源开关 QS，按下启动按钮 SB_1，接触器 KM 得电吸合，电动机启动。KM 常开辅助触点闭合，接触器 KM 自锁。同时继电器 KT 线圈通电，经过一段延时后（躲开电动机启动时间），其延时断开常开触点断开，电流互感器 TA_1（普通型）次级与变流器 TA_2 初级连接，接通过电流保护电路。

电动机正常运行时，电动机线电流经 TA_1、TA_2 变流，整流桥 VC 整流，电容 C_3 滤波，在电位器 RP 滑臂与集成电路 SL-322 的 9 脚之间产生一个输出电压 U_g，SL-322 相对应的引脚输出高电位，相对应的发光二极管发光，指示出电动机的负载情况。

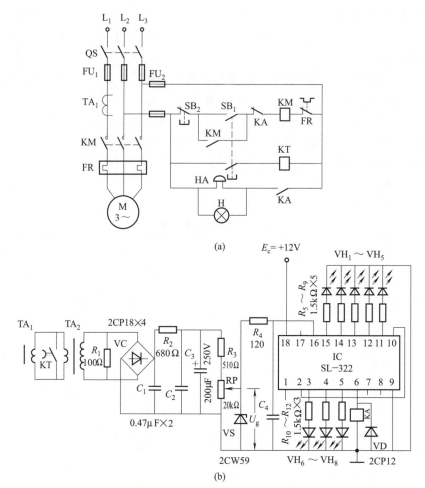

图 7-46　SL-322 集成电路多功能保护线路

当电动机过载时，电压 U_g 升高，SL-322 的 6 脚输出高电位，灵敏继电器 KA 得电吸合，其常闭触点断开，接触器 KM 失电释放，电动机停转。KA 常开触点闭合，电铃 HA 和指示灯 H 发出报警信号。

图中，C_1、C_2 为抗高频干扰电容，一般场所可以不用；C_3 为滤波电容及抗低频干扰电容；C_4 也是抗干扰电容；稳压管 VS 起限幅作用，当输入直流电压达到稳压管的击穿电压时，VS 被击穿，保护了集成电路；二极管 VD 是为了防止继电器 KA 失电时形成的反电动势损坏集成电路而设的。KA 选用 JTX-2 型灵敏继电器。

热继电器 FR 作过载后备保护及断相保护。

由于集成电路 SL-322 的阈值电压只和直流供电电压 E_c 有关，因而只要保证 E_c 恒定（必要时可用单独电源供电），就可使比较翻转电压恒定，即可使保护装置准确地按预先整定好的电流值动作。

变流器 TA_2 的制作：可选用 E 形铁芯，叠厚约 20mm，初级用直径 1.88mm 的漆包线绕 3 匝，次级用直径 0.17mm 的漆包线绕 2300 匝。

7.5.4　电流互感器多功能保护线路（一）

电流互感器多功能保护线路之一如图 7-47 所示。该线路具有断相和过载保护功能。

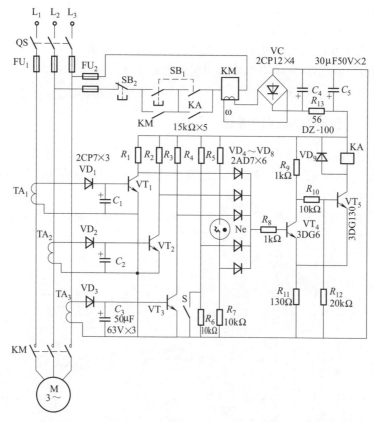

图 7-47　电流互感器多功能保护线路（一）

　　由电流互感器 $TA_1 \sim TA_3$ 检测三相线路的电流；由二极管 $VD_1 \sim VD_3$ 和三极管 $VT_1 \sim$ VT_3 等元件组成断相信号取样电路；用启辉器 Ne（去掉玻璃泡）双金属片作为电动机温度的感热元件；由三极管 $VT_1 \sim VT_3$ 及二极管 $VD_4 \sim VD_8$ 等组成或非门电路；由射极耦合触发器（由三极管 VT_4、VT_5 组成）和灵敏继电器 KA 组成电路的执行部分。

　　上述各部分电路在前面均已详细介绍过，下面就线路的几种保护功能作一简单介绍。

　　工作原理：合上电源开关 QS，按下启动按钮 SB_1，接触器 KM 得电吸合，电动机启动运行。此时 KM 在其线圈外绕绕组 ω 上感应出 17V 左右的电压，供给保护装置的工作电源。由于三个电流互感器次级有感应电动势，三极管 $VT_1 \sim VT_3$ 均导通，它们的集电极处于低电位，三极管 VT_4 截止，VT_5 导通，中间继电器 KA 得电吸合，其常开触点闭合，接触器 KM 自锁。松开按钮 SB_1 后，电动机仍正常运行。

　　① 断相保护。当电源缺一相时，与之对应的三极管截止，其集电极电位上升，通过相应的二极管，使输出电压增高，从而导致射极耦合触发器翻转，即 VT_4 导通，VT_5 截止，中间继电器 KA 失电释放，随之 KM 释放，电动机停转。

　　② 过载保护。根据电动机的允许温升，调整好启辉器双金属片与固定触点的间隙，然后把启辉器紧贴在电动机的绕组上。在正常情况下，双金属片与固定触点是断开的，二极管 VD_8 正极为零电位，VT_4 处于截止状态。当电动机过热时，双金属片与固定触点闭合，VD_8 正极电位上升而导通，使 VT_4 导通，VT_5 截止，KA、KM 相继失电释放，电动机停转。

图中，二极管 VD_9 是为保护三极管 VT_5 而设的，当继电器 KA 释放时会产生一高电压，经 VD_9 能将电压释放；S 为水泵断水接点。

元件选择：电流互感器可采用锰锌 MXO-2000 型磁环，其尺寸及绕组匝数取法同前；灵敏继电器可选用 JR-4 型，$1k\Omega$，也可选用吸合电压不大于 12V、吸合电流不大于 300mA 的其他继电器，如 JRX-13F 型。

7.5.5 电流互感器多功能保护线路（二）

电流互感器可用来反映定子绕组电流的大小，当定子绕组电流超过允许值时（避开启动和电流波动时间），由电流互感器检测出的电流信号通过电子电路作用于继电器，使接触器跳闸，切断电动机电源。

电流互感器多功能保护线路之二如图 7-48 所示。该线路具有过载保护、快速制动、断相保护及报警功能。

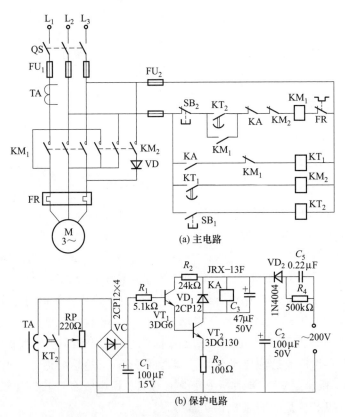

图 7-48 电流互感器多功能保护线路（二）

工作原理：合上电源开关 QS，按下启动按钮 SB_1，时间继电器 KT_2 得电，其延时断开常开触点闭合，短接了电流继电器 TA 次级，过电流保护装置因无输入信号，三极管 VT_1、VT_2 截止，中间继电器 KA 释放，其常闭触点闭合；KT_2 延时闭合（延时整定 0.2s 左右）常开触点闭合，接触器 KM_1 得电吸合并自锁，电动机启动。松开 SB_1 后，KT_2 线圈失电，其延时断开常开触点需经过一段延时后才能断开，此延时整定时间应大于电动机启动时间。因此在启动过程中，过电流保护装置不起作用。启动完毕，KT_2 延时断开常开触点断开，电流互感器 TA 与保护电路相连。

　　电动机正常运行时，TA 次级输出电流很小，经整流桥 VC 整流、电容 C_1 滤波后电压很低，三极管 VT_1、VT_2 截止，中间继电器 KA 处于释放状态。

　　当电动机过载时，主电路电流增大，电流互感器 TA 次级输出电流增大，导致 VT_1、VT_2 导通，KA 得电吸合，其常闭触点断开，接触器 KM_1 失电释放，电动机脱离电源做惯性旋转。同时 KA 常开触点闭合，时间继电器 KT_1 线圈通电，其延时断开常开触点闭合。接触器 KM_2 得电吸合，其主触点接通二极管 VD 回路，电动机快速制动。在制动开始时，KA 释放，KT_1 也随之失电，经过 3~5s 延时时间（保证电动机完全制动），其延时断开常开触点断开，接触器 KM_2 失电释放，制动过程结束，电动机停转。

　　热继电器 FR 作过载后备保护及断相保护。当接有电流互感器 TA 的那一相发生断相时，过电流保护装置不动作，而热继电器动作，切断电源电路。

　　穿心电流互感器 TA 可选用 $\phi 18mm \times \phi 8mm \times 5mm$ 的 MXO-2000 锰锌铁氧体磁环，用直径为 0.39mm 高强度漆包线绕上 700~800 匝作为次级，初级由主回路导线穿绕 2 匝。

　　调整时，接上额定负载，调节电位器 RP，使 TA 次级电压为 1~2V（达不到时可增加初级匝数），即三极管 VT_1 的基极电压为 0.2~0.4V，处于可靠的截止状态；当电动机过载时，能保证 VT_1 可靠导通，继电器 KA 吸合。

7.5.6　电流互感器多功能保护线路（三）

　　电流互感器多功能保护线路（三）如图 7-49 所示。该线路利用一个电流互感器 TA 作为故障信号检测元件实现断相和过载保护。

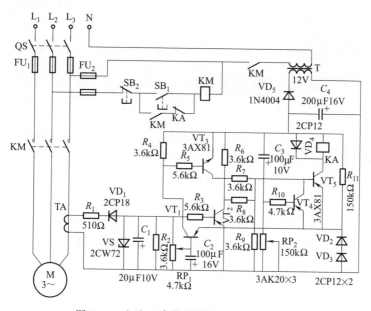

图 7-49　电流互感器多功能保护线路（三）

　　工作原理：合上电源开关 QS，按下启动按钮 SB_1，接触器 KM 得电吸合，电动机启动运行。同时电源经变压器 T 降压、二极管 VD_5 整流、电容 C_4 滤波后，提供各三极管直流工作电压。电流互感器 TA 次级感应电动势经二极管 VD_1 整流、稳压管 VS 稳压，给予三极管 VT_2 基极偏压，VT_2 导通，使 VT_5 基极电位上升而截止，中间继电器 KA 处于释放状态，其常闭触点闭合，接触器 KM 自锁。

① 断相保护。当电源 W 相断相时，电流互感器 TA 次级无感应电动势，VT_2 截止，VT_5 基极电位下降（下降程度由电阻 R_6、R_7、R_9 组成的分压器决定）而导通，KA 得电吸合，其常闭触点断开，接触器 KM 失电释放，电动机停转。当 U 相或 V 相断相时，W 相电流增大，这时过载保护会起作用，使电动机停转。

② 过载保护。当电动机过载时，电流互感器 TA 次级感应电动势增大，当超过一定值时（可调节电位器 RP1 加以整定），三极管 VT_1 导通，其集电极电位上升，使三极管 VT_3 的基极电位也升高，VT_3 导通，使 VT_5 基极电位下降而导通，KA 得电吸合，电动机停转。

图中，电容 C_2 起延时作用，以避免电动机短时过载冲击而引起误动作；电容 C_3、电阻 R_{10}、电位器 RP2 组成启动延时环节，使启动过程中三极管 VT_4 基极电位降低而导通，从而使 VT_5 处于截止状态，KA 不动作。

电流互感器可用铁芯截面积为 12mm×16mm 的硅钢片制作，初次级线圈匝数见表 7-27。

表 7-27 电流互感器匝数参考数值

电动机额定电流/A	初级匝数	次级匝数	说　明
1(或 3 或 5)	7(或 5 或 3)	2000	初级 ϕ1.6mm 铜线，次级 ϕ0.1mm 漆包线
7.5～10	2	2000	初级 ϕ3mm 铜线，次级 ϕ0.1mm 漆包线
15～25	1	2000	
30～35	1	1500	
40～50	1	1000	
60	1	700	初级电动机一根相线穿过铁芯，次级 ϕ0.1mm 漆包线
100	1	500	
150	1	300	
190	1	250	

7.5.7　检测谐波电流的多功能保护线路

（1）线路结构

线路如图 7-50 所示。该线路属于谐波电流保护，具有断相和过载保护功能。

该线路采用两组电流互感器，$1TA_1$～$1TA_3$ 为断相信号检测元件；$2TA_1$～$2TA_3$ 为过载信号检测元件。在接触器 KM 线圈外加绕绕组 ω 代替变压器，可省去一只降压变压器。

（2）工作原理

合上电源开关 QS，按下启动按钮 SB_1，接触器 KM 得电吸合，电动机启动运行。电流互感器 $1TA_1$～$1TA_3$ 次级感应出电动势，三个基波电势大小相等，相位互差 120°，其串联基波合成电动势为零；三个三次谐波电动势大小相等、方向相同，因此互相叠加，经二极管 VD_1 整流、电容 C_1 滤波后，产生直流电压加在由电阻 R_1、电位器 RP1 组成的分压器上。调节 RP1，使三极管 VT_1 基极产生 1.4V 电压而饱和导通，中间继电器 KA 得电吸合，其常开触点闭合，接触器 KM 自锁。

① 断相保护。当电源缺一相时，该相电流互感器次级无感应电动势，而另两相电流互感器次级感应出的电动势（不论是基波还是三次谐波）将变为大小相等、方向相反而互相抵消，三极管 VT_1 基极电位下降至零伏而截止，KA、KM 相继失电释放，电动机停转。

② 过载保护。正常时，电流互感器 $2TA_1$～$2TA_3$ 次级感应电动势经二极管 VD_8～VD_{10} 三相半波整流、电容 C_3 滤波后，产生直流电压加在电位器 RP2 上。调节 RP2 使三极

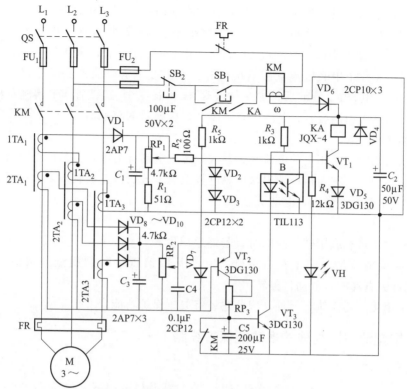

图 7-50　检测谐波电流的多功能保护线路

管 VT_2 处于待导通状态，三极管 VT_3 截止。当电动机过载时，电流互感器将感应出较高的电动势，使 VT_2 基极电位降低而导通，VT_3 基极电位升高而导通，光电耦合器 B 中的发光二极管通电发光，其光电三极管受光饱和导通，迫使三极管 VT_1 基极电位下降而截止，中间继电器 KA 失电释放，随后 KM 释放，电动机停转。

图中，电容 C_5 起延时数秒钟的作用，以避免启动时因电流冲击而误动作，并可避开电动机正常运行中出现的短时过载电流，并联在 C_5 上的接触器 KM 常闭辅助触点能为 C_5 提供放电回路；电容 C_4 是为防止高频干扰而设的。

两组电流互感器均可采用锰锌 MXO-2000 型磁环绕制，具体做法见本章 7.4.3 中图 7-18 所述。

7.5.8　检测三次谐波电流的多功能保护线路

线路如图 7-51 所示。该线路具有断相、过载、堵转等多种保护功能。

该线路采用速饱和电流互感器 $TA_1 \sim TA_3$ 检测三次谐波电流实现断相保护；利用 PTC 热敏电阻 Rt

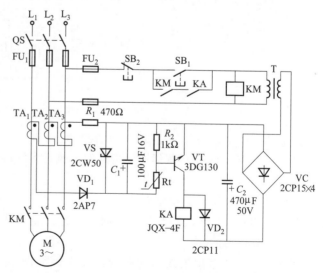

图 7-51　检测三次谐波电流的多功能保护线路

检测电动机绕组温度实现过载保护。这两种保护在前面都已作详细介绍。

工作原理：合上电源开关 QS，按下启动按钮 SB$_1$，接触器 KM 得电吸合，电动机启动运行。电源经变压器 T 降压、整流桥 VC 整流、电容 C$_2$ 滤波后，提供给三极管 VT 直流工作电压。此时由于三个串联电流互感器次级有三次谐波电势，该电势经二极管 VD$_1$ 整流、稳压管 VS 稳压、电容 C$_1$ 滤波后，加在分压器 Rt 和 R$_2$ 上，三极管 VT 得到基极偏压而导通，中间继电器 KA 得电吸合，其常开触点闭合，接触器 KM 自锁。

（1）断相保护

当电源缺一相时，该相上的电流互感器次级感应电动势为零，而另两个电流互感器次级感应电动势大小相等、方向相反，串联后总电势也为零，所以三极管 VT 失去基极偏压而截止，KA、KM 相继失电释放，电动机停转。

（2）过载保护

当电动机发生过载或堵转等故障时，若绕组温度超过允许值，达到 PTC 热敏电阻的动作温度，Rt 的阻值剧增，使加在三极管 VT 的基极偏压下降到很低的数值，VT 截止，KA、KM 相继失电释放，电动机停转。

该线路采用接触器作执行元件，因此它还有欠压保护功能。

7.5.9　相敏整流电路组成的多功能保护线路（一、二）

（1）线路之一

线路之一如图 7-52 所示。该线路具有断相、过载及供电网不对称等保护功能。

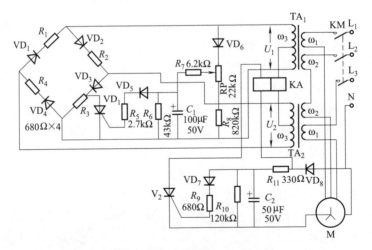

图 7-52　相敏整流电路组成的多功能保护线路（一）

保护装置的主要部分是相敏整流电路。它是由两个特殊的电流互感器 TA$_1$、TA$_2$ 及整流桥（二极管 VD$_1$～VD$_4$ 等组成）构成的。执行元件接在 TA$_1$、TA$_2$ 次级绕组中点之间的双极性继电器 KA 的一个线圈上。

三相电压（电流）的相位差为 120°，当三相电流不对称时，这种相位差关系被破坏；当电源缺一相时，剩下两相线电流之间的相位差就变成接近于 0°或 180°。该装置便是根据这一原理实施保护的。

适当选择电流互感器线圈的匝数，使次级线圈 ω$_3$ 的输出得到相位差为 90°的两个电压 U$_1$ 和 U$_2$。这两个电压加到由二极管整流桥 VD$_1$～VD$_4$ 和电阻 R$_1$～R$_4$ 组成的比较器上，在整流器的输出端（电流互感器次级线圈抽头之间）接入双极继电器 KA 的一个线圈上。

工作原理：当电动机正常运行时，电压 U_1 等于 U_2，但相位差为 $90°$，检测器输出电压为零，继电器 KA 处于释放状态，其常闭触点闭合（KA 常闭触点串接在接触器 KM 线圈回路中）。

① 断相保护。当电源缺一相时，电源线三相平衡电流被破坏，电流互感器次级输出电压（即感应电动势）U_1 和 U_2 之间的相位差变化，电压幅值的平衡被打破，在检测器的输出端和相应的继电器 KA 右边线圈上出现了电压，KA 得电吸合，其常闭触点断开，接触器 KM 失电释放，电动机停转。

② 过载保护。当电动机过载时，相间对称关系未破坏，仅仅是电压 U_1 和 U_2 值增大。在 TA_1 绕组 ω_3 上接有过载控制元件。它由二极管 VD_6、分压器 $R_6 \sim R_8$、RP，以及电容 C_1、二极管 VD_5、晶闸管 V_1、限流电阻 R_5 组成的无触点延时继电器来实现。调节电位器 RP，可改变过载保护的动作门限值，它应与电动机最小允许的过载值相对应。

当电压 U_1 增大到超过整定值时，经过一段延时后，通过二极管 VD_5，使晶闸管 V_1 导通，电阻 R_3 短路，检测器的平衡被破坏，继电器 KA 吸合，其常闭触点断开，KM 失电释放，电动机停转。改变电容 C_1 充电回路元件数值，可以改变电容充电曲线的倾斜度，使保护装置和电动机的安-秒特性相匹配。

由于 C_1 的容量较大，因此当电动机出现短时过载时，保护装置不会发生误动作。

③ 供电网不对称保护。当电源三相电压不对称时，会造成电动机发热（由负序电流引起）。为了保护电动机，在该保护装置内由二极管 VD_8，电阻 R_{10}、R_{11}，电容 C_2，二极管 VD_7 和晶闸管 V_2 等组成的平衡控制环节来实现。当电源三相电压不对称时，在电动机外壳和电动机绕组中心点之间将出现一定的电压，该电压进入平衡控制环节的输入端。当不平衡值超过所允许的范围时，电容 C_2 上的电压足以使晶闸管 V_2 导通，继电器 KA 得电吸合，随之 KM 失电释放，电动机停转。

元件选择：晶闸管 V_1、V_2 选用 KP1A/100V；二极管均采用 2CZ53E；电阻 $R_1 \sim R_4$ 用 2W；R_5、R_9 用 1/2W；其余电阻均用 1W。

电流互感器 TA_1、TA_2 均可用 E 形 16mm×32mm 铁芯制作，线圈 ω_1 用直径为 1.0mm 漆包线绕 11 匝，ω_2 用同样的漆包线绕 4 匝，ω_3 用直径为 0.2mm 漆包线绕 2×300 匝。

具有上述电流互感器参数的装置能保护 1.5～3kW 的电动机。对于更大（或更小）容量的电动机，可减少（或增加）ω_1 的匝数。同时必须保持相应线圈 ω_1 和 ω_2 的匝数比不变（11：4＝2.75）。注意，电压 U_1 和 U_2 值可通过减少 ω_2 匝数来降低。

对于 15kW 及以上的电动机，可通过 50A/5A、75A/5A、100A/5A 等电流互感器接入该保护装置。

（2）线路之二

线路之二如图 7-53 所示。该线路的保护功能与图 7-52 相同。线路结构及工作原理也与图 7-52 类似。不同的是它采用 PTC 热敏电阻作过载保护，热敏电阻串接于整流桥电路的一个臂上。

工作原理：当电动机正常运行时，电桥平衡；电流互感器次级输出电压 U_1 和 U_2 大小相等、相位差 $90°$；而电容 C 上的电压低于负阻晶体管 VD_5 的转折电压，电桥无输出电压，

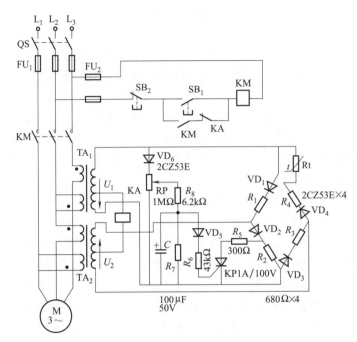

图 7-53 相敏整流电路组成的多功能保护线路（二）

继电器 KA 处于释放状态，其常闭触点闭合。

① 断相保护。当电源缺一相时，电压 U_1 和 U_2 之间的相位差为 $0°$ 或 $180°$，于是电桥有输出电压，使继电器 KA 吸合，其常闭触点断开，接触器 KM 失电释放，电动机停转。

② 过载保护。当电动机过载时，电流互感器次级电压 U_1 和 U_2 也随之增加，电容 C 上的电压也很快上升，通过二极管 VD₅ 使晶闸管 V 触发导通，电桥失去平衡，有输出电压，继电器 KA 得电吸合，KM 失电释放，电动机停转。

③ 过热保护。当电动机绕组过热时，PTC 热敏电阻 Rt 阻值剧增，同样会使电桥失去平衡。

7.6 电动机保护器产品线路

电动机保护器产品很多，这些产品大都有综合保护功能，安全可靠，电流整定方便，接线简单，操作使用方便。下面介绍几种常用的产品。

7.6.1 BHQ 系列和 CDB-Ⅱ系列断相、过载、短路保护器

（1）BHQ 系列断相、过载、短路保护器

该产品由上海经驰实业有限公司生产，其技术数据见表 7-28。

表 7-28 BHQ 系列断相、过载、短路保护器技术数据

型号	电源电压/V	工作电流/A	质量/g	型号	电源电压/V	工作电流/A	质量/g
BHQ-Y-J		0.5~5;2~20	450	BHQ-S-C		20~80	640
BHQ-Y-C	380	20~80	380	BHQ-S-C	380	63~150	1000
BHQ-S-J		0.5~5;2~20	595	BHQ-S-C		100~250	1000

（2）CDB-Ⅱ系列断相、过载保护器

该产品由陕西省咸阳市明强电器厂生产，其技术数据见表 7-29。

表 7-29　CDB-Ⅱ系列断相、过载保护器技术数据

型号	电源电压/V	额定电流/A	备　注	型号	电源电压/V	额定电流/A	备　注
CDB-Ⅱ-1		0.25～0.5		CDB-Ⅱ-6		12～24	
CDB-Ⅱ-2		0.6～1.2	接线式,安装脚尺寸与	CDB-Ⅱ-7		25～50	穿心式,安装脚尺寸和 JR15-60 型热继电器相
CDB-Ⅱ-3	380	1.3～2.6	JR16-20 型热继电器相同	CDB-Ⅱ-8	380	50～100	同,穿线孔最大可通过 95mm² 的铜线鼻子
CDB-Ⅱ-4		2.7～5.4		CDB-Ⅱ-9		100～200	
CDB-Ⅱ-5		5.5～11					

7.6.2　DZJ 型电动机智能监控器

DZJ 型电动机智能监控器集电流互感器、电流表、电压表、热继电器和时间继电器的功能于一体。主要用于对运行中的电动机进行自动监测、保护、监控，也可实现与微机联网。

DZJ 型监控器共有 A、B、D 三种型号，其功能见表 7-30。

其中，A 型可实现对电动机的监测、监控、保护和就地显示；B 型由主体单元及显示单元组成，适用于主体置于板后而显示置于面板上，功能与 A 型相同；D 型具有 RS-485 通信接口，可实现与计算机的远程通信，通信距离可达 1200m。具体规格见表 7-31。

表 7-30　DZJ 型监控器功能

型　号	DZJ-A	DZJ-B	DZJ-D	型　号	DZJ-A	DZJ-B	DZJ-D
过电流	●	●	●	短路	○	√	√
堵转	●	●	●	电流型漏电	○	√	√
三相不平衡	●	●	●	通信	—	—	●
断相	●	●	●	就地显示	●	—	●
过电压	●	●	●	分体显示	—	●	—
欠电压	●	●	●	就地设置	●	—	●
超动超时	●	●	●	正反转启动	—	—	○

注："●"表示基本功能；"○"表示可选功能；"√"表示只能单选其中一种，且该功能由用户提出要求，厂家特制。

表 7-31　DZJ 型监控器的规格

规格/A	电流调整范围/A	适配电动机功率/kW
10	1～10	1～5
50	5～50	5～25
100	10～100	25～50
200	20～200	50～75
400	40～400	75～200

DZJ 型监控器的主要性能指标如下：

① 量程：三相交流电流 1～500A，交流电压 175～450V。

② 准确度：1.5 级。

③ 启动时间整定范围：$1\sim99\text{s}$。

④ 堵转保护：工作电流达到 $(4\sim8)I_e$ 时，动作时间 $\leqslant0.3\text{s}$（I_e 为电动机额定电流）。

⑤ 短路保护：工作电流 $>8I_e$ 时，动作时间 $\leqslant0.2\text{s}$。

⑥ 断相保护，任何一相断开时，动作时间 $\leqslant2.0\text{s}$。

⑦ 不平衡保护：任两相之间电流差为 $(0.6\sim0.7)I_e$ 时，动作时间 $\leqslant2.0\text{s}$。

⑧ 过电压保护：电压超过过电压设定值时，动作时间 $\leqslant15\text{s}$。

⑨ 欠电压保护：电压低于欠电压设定值时，动作时间 $\leqslant15\text{s}$。

⑩ 漏电保护：当电动机漏电 50mA 时，动作时间 $\leqslant0.2\text{s}$。

⑪ 过电流延时反时限保护：过电流与电动机额定电流的比值 $\geqslant1.2\sim3.0$，设定位置在 $5\sim1$ 时，动作时间为 $300\sim3\text{s}$。

7.6.3 工泰 GT 系列、环宇 HTHY 系列电动机保护器

(1) 工泰 GT 电动机保护器

工泰电动机保护器有 GT-JDG1～GT-JDG6 系列，主要用于额定电流 600A 及以下异步电动机作为过载、堵转、断相、三相电流不平衡等保护。保护器采用电流波形检测原理，可以自动地检测出各种不同原因引发的电动机故障问题，同时采取动作保护措施。保护器设有正常运行指示和动作保护后的故障状态记忆指示，方便用户查找故障原因及采用正确的处理方法。它采用反时限特性进行保护，解决了电动机在启动时过载、堵转不保护的难题。具有防潮、防尘、防腐、抗振等优点。

其中，GT-JDG4 型为数显电动机 Y-△ 转换节能保护器；GT-JDG5 型为数显电动机保护器；GT-JDG6 型为微机监控电动机保护器。

GT-JDG6 型的特点：

① 整定电流采用按键设置，无须带负载调试。

② 保护器对过电流具有反时限和定时限多种保护特性供用户选择。

③ 保护器具有运行故障状态记忆、报警和动作值保护功能。

④ 保护器可根据用户设定的转换条件和电动机实际运行情况，自动进行 Y-△ 转换，以达到最佳运行状态。

⑤ 保护器具有自来电延时自启动功能。

⑥ 保护器具有数字显示功能，正常运转时每隔 5s 循环显示一遍电动机的三相电流；断相时显示三相中最小一相电流；过载时显示三相中最大一相电流；漏电时显示漏电电流；轻载时显示欠电流。

⑦ 保护器有 RS-485 远程通信接口，便于和计算机组成网络保护监控系统。

⑧ 保护功能齐全，有过载、轻载、断相、短路、堵转、过电压、欠电压、漏电及三相不平衡保护。

(2) 环宇 HTHY 系列电动机保护器

该系列保护器具有多种类别及功能。其中类别有以下 8 种：1——通用电器（设备）保护；2——两个互感器的电子式过电流保护；3——三个互感器的电子式过电流保护；4——电子式电压保护器；5——接地保护器（漏电）；6——数显式保护器；7——数字式；8——微机监控。而功能有以下 5 种：1——普通；2——特殊（欠电流、欠电压）；3——多功能；4——综合（电流、电压、接地、短路）；5——智能。保护器的动作时间特性有 N 正时限和

R 反时限两种。

　　环宇 HTHY 系列电动机保护器功能、规格及参数见表 7-32；根据电动机功率选配 HTHY 保护器见表 7-33。

表 7-32　HTHY 系列保护器功能、规格及参数

项　目		HTHY-21	HTHY-31	HTHY-C31
保护功能	热过载	OK	OK	OK
	堵转断相	OK	OK	OK
	不平衡		OK	OK
	反相		OK	OK
	LED 显示	电源　过载	电源　过载　故障	电源　过载　故障
规格		01(0.1～1A) 05(0.5～5A) 30(3～30A)	60(5～60A) 60A 以上需配相应的互感器使用	
脱扣时间	设定范围	启动延时时间 0.2～30s 过载延时时间 0.2～13s	在 6 倍设定电流时动作时间为 0～30s	
	缺相或反相		3s	
	不平衡		超过不平衡额定值的 50%	
辅助触点	状态	静态时 95╫98 常开 静态时 95╫96 常闭	静态时 95╫96 常开 静态时 97╫98 常开	
	容量	AC 3A/250V		
工作电源		AC 220(1±20%)V　50Hz/60Hz　AC 380(1±20%)V　50Hz/60Hz 订货生产		
动作特性		正时限	反时限	
复位方式		手动(即时)/按钮断电复位		
安装方式		35mm 导轨式安装与固定安装		
连接方式		T 贯通型　S 端子型		
使用环境		温度－25～70℃　相对湿度≤85%RH		

表 7-33　根据电动机功率选配 HTHY 保护器参数

电动机容量/kW			保护器类型与电流设定范围		
三相～220V	三相～380V	三相～440V	型号	电流设定范围/A	
0.2～0.75	0.2～1.5	0.2～2.2	05	0.5～6	基本型
1.5～5.5	0.2～11	3.7～11	30	3～30	
5.5～11	11～22	11～22	60	5～60	
15～18.5	22～37	30～37	100	10～120	与外部互感器组合使用
22～30	37～55	37～75	150	15～180	
22～37	37～75	37～95	200	20～240	
37～55	75～132	95～132	300	30～360	
55～75	132～190	132～220	440	40～480	
75～132	190～220	190～220	500	50～600	
132～150	220～300	220～300	600	60～720	

7.6.4 GDH-30系列、JD5型、欣灵HHD2系列、新中兴GDH-10/20系列电动机保护器

（1）GDH-30系列智能化电动机保护器

GDH-30系列电动机保护器，是以单片机为核心的纯数字化电动机保护器。输入信号直接由12位A/D转换读入单片机，单片机对数字信号进行分析和比对，判断出故障原因及错误信号。由于它是纯数字信号处理，因此在信号分析过程中不会出现模拟电路带来的不稳定、热漂移、误差、干扰等问题，大大提高了工作的可靠性和准确性。

用户可以根据自己的需要、用途、使用环境而设定其工作参数及条件，从而可使电动机工作在最佳状态，既能可靠地保护电动机，又能使电动机发挥最佳效率。该保护器的参数设定十分方便，用户可以根据面板的四个按键，像调整电子表一样把所需的指令设定到单片机里面。操作人员还可以在设定区设置一级口令，非操作人员不知道口令，仅能通过按键查看当前的工作状态，改变不了参数，从而避免了因错误的设定而导致的故障。

GDH-30系列保护器具有下列功能：

① 具有缺相保护、过流保护和三相不平衡保护功能。

② 具有启动时间过长、欠电流、热累积等保护功能。

③ 具有故障预报警、远距离预报警、故障动作状态指示等显示功能。

④ 可对过流、堵转、欠流的动作时间进行设定。

⑤ 具有手动、自动、延时复位功能。

⑥ 具有定时限、反时限特性的任意设定等功能。

⑦ 对非必用功能可进行关闭。

另外，厂家还可以根据用户提出的某些特殊功能进行设计。如可以把保护器设计为Y-△启动型、分时启动型。

（2）JD5型电动机综合保护器

JD5型电动机综合保护器采用了集成模式全封闭结构。产品集过载、缺相、内部Y-△断相（适用电动机Y-△启动保护）、堵转及三相不平衡保护和故障、运行特性指示等功能于一体，且具有极其良好的反时限特性，其断相速断保护时间＜2s，过电压保护时间1～40s，过载保护时间3～80s，这是热继电器所不能实现的。安装调试方便，排除故障迅速，且具有节能（比热继电器节能效果好）、动作灵敏、精确度高、耐冲击振动、重复性好、保护功能齐全、功耗小等优点。由于采取全封闭结构，也适合在灰尘杂质多、污染较严重的场合下使用。

（3）欣灵HHD2系列电动机保护器

该系列保护器采用电流检测技术供电和取样，输出接口采用过零关断型交流固态继电器。主要技术指标如下：

① 断相保护：保护器动作滞后时间不大于1s。

② 过载保护：1.2～5倍电动机额定电流时，保护器动作滞后时间为8～40s。

③ 不平衡保护：当电动机任意两相电流相差超过（50±10）%时，保护器动作滞后时间不大于1s。

④ 输出接口负载能力：AC 380V，1A。

⑤ 适用电压范围：AC 24～380V，允许波动范围为（85～110）%U_e。

⑥ 输出接口复位方式：控制电路断电复位。

⑦ 输出接口复位时间：不大于 60s。

⑧ 工作方式：不间断工作制。

⑨ 环境温度：−5～+40℃。

（4）新中兴 GDH-10/20 系列无功耗电动机保护器

该系列保护器集断相、过载、三相电流不平衡保护于一体，且各保护功能均可独立工作。GDH-10、GDH-20 系列保护器主要用于电动机断相、过载、三相电流不平衡等故障保护，水泵专用的保护器增加了抽空（欠载）保护功能。GDH-23 系列保护器主要用于电动机的相序（逆相）保护。

保护器的保护特性可按以下要求选择：定时限保护特性一般适用于被保护电动机通风散热差和负载较稳定的场合；反时限保护特性适用于负载波动较大的场合；长启动特性适用于重载启动，启动时间较长的场合。

新中兴 GDH-10/20 电动机保护器功能见表 7-34。

表 7-34　新中兴 GDH-10/20 电动机保护器功能

型号规格　功能特点	GDH-10 系列			GDH-20 系列				
	10 型	11 型	10S 型	20 型	20S 型	22 型	23 型	24 型
断相保护	√	√	√	√	√	√	—	√
过载保护	√	√	√	√	√	√	—	√
三相电流不平衡保护	√	√	√	√	√	√	—	√
欠电流保护	—	—	√	—	—	—	—	—
断相指示	—	—	—	√	√	√	—	√
过载指示	—	√	√	√	√	√	—	√
欠载指示	—	—	√	—	—	—	—	—
相序保护	—	—	—	—	—	—	√	—
控制触点方式	1Z			1Z		1D1H	1Z1D1H	1Z1D1H
接线方式	<10A 接线式，>10A 穿心式			<10A 接线式，<10～80A 组合式				
工作电源	不需工作电源						180～400V	不需电源
安装方式	板装							
控制触点电流	<7～10A				7A		5A，7A	10A

注：表中 Z、D、H 分别代表转换、动断、动合触点。

7.6.5　GDBT6-BX 系列、DBJ 系列、M611 系列、3DB 系列等电动机保护器

（1）GDBT6-BX 系列电动机全保护器

该保护器属于温度检测型，以代替热继电器，其主要技术参数如下。

① 输入电压：交流 220V 或 380V。

② 保护功能及特点：适用于发电机、电动机、变压器、电焊机的各种断相、过电流、堵转、欠电压、过电压、扫膛、轴承磨损、通风受阻、环境温度过高等故障的保护。

③ 电压在 170～450V 波动时能正常工作。

（2）DBJ 系列、JL 系列、GBB 系列、GDH 系列、JRDZ 系列、YDB 型等电动机保护器

上述系列电动机保护器属于电流检测型或电流检测＋温度检测型，以代替热继电器。其

主要技术参数如下。

① 输入电压：分为两种，一种为交流 220V、380V 或 660V；另一种为无源（自供电）。

② 保护功能及特点：断相启动、运行断相、过电流、堵转、相序、不平衡、欠电压、过电压等故障保护及故障显示、报警、自锁等。

（3）M611 系列电动机保护开关

该产品为苏州电气控制设备厂引进 ABB 公司技术而生产的，它适用的交流电压有 220V、380V、660V 等，直流电压有 110V、220V、440V 等，额定电流为 0.1～32A，可作为电动机的过载和短路保护，也可作为电动机全压启动器。

（4）多达牌 3DB 系列和 DZ15B 系列电动机保护开关

这两个系列的产品由四川眉山岷江电器厂生产。3DB 系列电动机多功能保护开关具有断相、过载、堵转、过电压、欠电压、漏电、故障分辨、记忆显示等多种功能；DZ15B 系列电动机保护开关集电动机启动与多种保护功能于一体，分断能力强，保护功能全，安装、使用方便。

（5）UL-M210F 型电动机保护器

该产品由浙江省宁波市巨龙电气厂生产，具有断相及因过载、过电压、欠电压、堵转而引起的过电流保护。该保护器为穿心式，常闭输出，安装位置任意，断相动作时间小于或等于 2s，$1.5I_e$ 过电流动作时间小于 2min（热态）。由于采用集成模块式全封闭结构，可用于潮湿、多尘、需防爆的场合。过电流整定用刻度盘指示，准确度超过 5%。

（6）JD5 型电动机综合保护器

JD5 型电动机综合保护器采用集成模式全封闭结构。该产品集过载、断相、内部 Y-△ 断相（适用电动机 Y-△ 启动保护）、堵转及三相不平衡保护和故障、运行特性指示等功能于一体，且具有极其良好的反时限特性，其断相速断保护时间小于 2s，过电压保护时间为 1～40s，过载保护时间为 3～80s，这是热继电器不能实现的。由于采取全封闭结构，可在灰尘杂质多、污染较严重的场合下使用。

7.6.6　3UN2 型电动机热保护线路

3UN2 型电动机热保护装置为德国西门子公司生产，用于电动机过载和断相保护。温度传感器埋入绕组中，可以直接反映电动机绕组内部温度，对绕组内的任何超温情况都能可靠保护。

（1）保护装置特点

该保护装置由温度传感器和脱扣控制器组成。它具有以下特点：

① 装置的保护温度为 60～180℃，可通过选择温度传感器来决定。温度传感器采用正温度系数（PTC）的热敏电阻。在正常温度时 PTC 电阻值小于 1.5kΩ；当达到标定的保护温度（最大误差为 ±6℃）时，其电阻值达到 3kΩ 以上，使脱扣控制器动作（或发出报警信号）。

② 脱扣控制器由双稳态放大器 N 及其控制继电器组成。它除了热脱扣功能外，还有工作状态显示功能。此外，脱扣控制器具有热敏电阻（Rt）回路检测性能，万一 Rt 回路发生短路（Rt 回路电阻值<20Ω）脱扣控制器动作。脱扣控制回路与传感器回路是彼此电气隔离的。

（2）3UN2 型保护装置的保护线路

用于电动机热保护的电气控制线路如图 7-54 和图 7-55 所示（主回路未画出）。虚线框

内的部分为 3UN2 型电动机热保护装置（图中符
号按产品原图）。图 7-54 为带有一个温度传感器
Rt 的热保护线路，图 7-55 为有两个温度传感器
Rt₁、Rt₂ 的热保护线路。图中，A₁、A₂ 为控制
电源端子，S₀ 为停止按钮，S₁ 为启动按钮，S₂
为电源开关，K₁ 为接触器，K 为输出继电器，
T/R 为复位按钮，S₃ 为远端复位按钮，H₁～H₅
为指示灯。

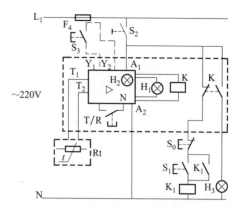

图 7-54　由 3UN2 控制的电动机热保护
线路（有一个温度传感器）

　　下面，以图 7-54 为例介绍其工作原理。正常
时，脱扣器的输出继电器 K 处于释放状态，绿色
指示灯 H₂ 亮。按下启动按钮 S₁，接触器 K₁ 得
电吸合并自锁，电动机启动运行。如果电动机过
载或两相运行，则绕组温度升高。当温度达到热敏电阻 Rt 的标定保护温度时，双稳态放大
器输出信号使继电器 K 吸合。其常闭触点断开，常开触点闭合，红色指示灯 H₃ 亮，表示保
护装置处于故障状态（即脱扣状态），同时接触器 K₁ 失电释放，电动机停止运行，达到热
保护的目的。

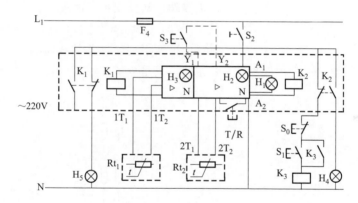

图 7-55　由 3UN2 控制的电动机热保护线路（有两个温度传感器）

　　当热敏电阻 Rt 冷却到正常温度时，其电阻值降至 1.5kΩ 以下，脱扣器可通过接在 Y₁、
Y₂ 端子上的远端复位按钮 S₃ 复位，使其回到初始状态，也可通过按钮 T/R 复位（T/R 也
可用于检测）。

7.6.7　工泰 GT-JDG1～GT-JDG3 系列电动机保护器线路

（1）GT-JDG1～GT-JDG3 系列保护器的性能指标
① 电流精度：≤±2%。
② 断相和三相不平衡动作保护特性见表 7-35。

表 7-35　断相和三相不平衡动作保护特性

整定电流倍数	动作时间	起始状态
任意二相 1.0，第三相 0	＞2h	
任意二相 1.3，第三相 0	＜60s	冷态
	＜30s	热态

续表

整定电流倍数	动作时间	起始状态
任意二相 7.2,第三相 0	＜3.5s	冷态
	＜2s	热态
任意二相 1.15,第三相 0.55 或 任意一相 1.15,第二、三相 0.65	＜30s	冷态
	＜15s	热态

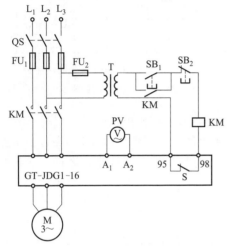

图 7-56　GT-JDG1 保护器基本线路

③ 复位方式：手动复位；断电复位。复位时间：过载延时复位＜300s；断相延时复位＜2s。

④ 环境温度：−40～+55℃。

（2）GT-JDG1 系列保护器线路（见图 7-56～图 7-58）

工作原理（图 7-57）：合上电源开关 QS，按下启动按钮 SB₁，接触器 KM 得电吸合并自锁，电动机启动运转。当电动机发生过载、短路、断相等故障时，其内部触点 S 断开，KM 失电释放，电动机停转，从而保护了电动机。

（3）GT-JDG2、GT-JDG3 系列保护器线路

这两系列保护器的线路与 GT-JDG1 系列基本相同，只是少了一块电压表 PV 而已。

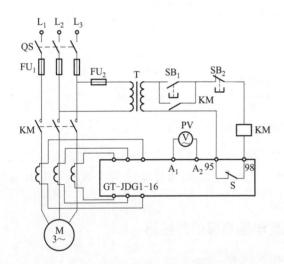

图 7-57　GT-JDG1 保护器配合电流互感器的线路

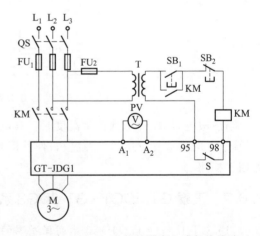

图 7-58　GT-JDG1 保护器穿心式保护线路

7.6.8　工泰 GT-JDG4 型数显电动机 Y-△转换节能保护器线路

（1）GT-JDG4 型保护器的性能指标

基本上与 GT-JDG1～GT-JDG3 系列相同。

（2）GT-JDG4 型保护器线路

GT-JDG4 型保护器线路如图 7-59 所示。

工作原理：合上电源开关 QS，按下启动按钮 SB$_1$，接触器 KM$_1$ 和 KM$_3$ 通过保护器内部常闭触点 S$_1$ 和 S$_2$ 得电吸合，KM$_1$ 吸合并自锁。此时电动机三相绕组的首端 U$_1$、V$_1$、W$_1$，通过闭合的 KM$_1$ 主触点分别接入 L$_1$、L$_2$、L$_3$ 电源；其尾端 U$_2$、V$_2$、W$_2$ 由 KM$_2$ 主触点连接在一起。电动机绕组在 Y 接法下降压启动。当电动机转速趋于接近额定转速（即输入接近额定电压）时（由保护器内部设定），保护器内部触点 S$_2$ 断开，S$_3$ 闭合，接触器 KM$_2$ 失电释放，KM$_3$ 得电吸合，电动机三相绕组的尾端 U$_2$ 与 V$_1$ 连接，V$_2$ 与 W$_2$ 连接，W$_2$ 与 U$_1$ 连接，电动机在△接线下全压运行。

当电动机发生过载、短路、断相等故障时，保护器内部触点 S$_1$、S$_3$ 断开，KM$_1$、KM$_3$ 失电释放，电动机停转，从而保护了电动机。

正常停机时，按下停止按钮 SB$_2$ 即可。

7.6.9　环宇 HTHY 系列电动机保护器线路

（1）环宇 HTHY-21 型保护器面板及显示

HTHY-21 型保护器面板如图 7-60 所示。面板上有电源和过电流指示灯；有启动延时（s）、负载电流（A）、过载延时（s）等调节旋钮。

HTHY-21 型保护器工作过程中 LED 显示状态见表 7-36。

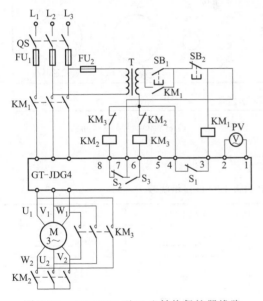

图 7-59　GT-JDG4 型 Y-△转换保护器线路

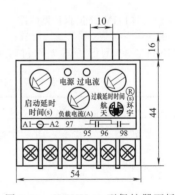

图 7-60　HTHY-21 型保护器面板

表 7-36　HTHY-21 型保护器面板上 LED 显示状态

指示状态	LED 显示	
	绿色 LED	红色 LED
电源开	亮	不亮
正常工作	亮	不亮
设定范围内过电流	亮	闪烁
超设定范围过电流	亮	闪烁

续表

指示状态	LED 显示	
	绿色 LED	红色 LED
保护器动作	亮 ▭	亮 ▭
电源关	不亮 _____	不亮 _____

注：电源——绿色；过载——红色。

（2）HTHY-21 型保护器线路

HTHY-21 型保护器线路如图 7-61 所示。

（3）环宇 HTHY-31 型保护器面板及显示

HTHY-31 型保护器面板如图 7-62 所示。面板上有电源、测试、过载、故障指示灯；有负载电流和过载延时调节旋钮。

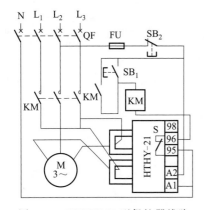

图 7-61　HTHY-21 型保护器线路

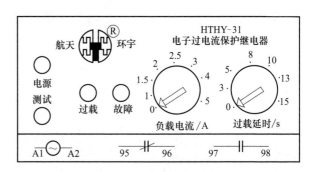

图 7-62　HTHY-31 型保护器面板

HTHY-31 型保护器工作过程中 LED 显示状态见表 7-37。

表 7-37　HTHY-31 型保护器面板上 LED 显示状态

指示状态	绿色 LED	黄色 LED	红色 LED
正常工作	亮 ▭	不亮 _____	不亮 _____
设定范围内过电流	亮 ▭	不亮 _____	闪烁 ▯▯▯
不平衡	亮 ▭	闪烁 ▯▯▯	不亮 _____
超设定范围内过电流	亮 ▭	不亮 _____	亮 ▭
缺相 R	亮 ▭	闪烁 ▯▯	不亮 _____
缺相 S	亮 ▭	闪烁 ▯▯▯▯	不亮 _____
缺相 T	亮 ▭	闪烁 ▯▯▯▯▯	不亮 _____
反向	亮 ▭	闪烁 ▯▯▯	闪烁 ▯▯▯

注：电源——绿色；故障——黄色；过载——红色。

（4）HTHY-31 型保护器线路

HTHY-31 型保护器线路如图 7-63 所示。

以上两种保护器的工作原理：合上断路器 QF，按下启动按钮 SB_1，接触器 KM 经保护器内部常闭触点得电吸合并自锁，电动机启动运转。

当电动机发生过载、短路、断相等故障时，保护器内部触点 S 断开，KM 失电释放，电动机停转，从而保护了电动机。

正常停机时，按下停止按钮 SB_2 即可。

7.7 高压电动机继电保护线路

7.7.1 高压电动机继电保护的配置

所谓高压电动机，一般是指额定电压为 3～10kV 高压的电动机，容量一般在 150kW 以上。为了确保安全运行，需要采用继电保护装置进行保护。

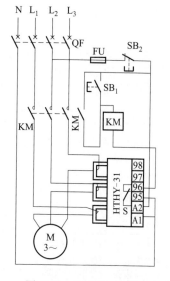

图 7-63 HTHY-31 型
保护器线路

3kV 及以上高压电动机的继电保护配置见表 7-38。

表 7-38 3kV 及以上交流电动机继电保护的配置

电动机容量/kW	电流速断保护	纵联差动保护	过负荷保护	单相接地保护	低电压保护	失步保护	防止非同步冲击的断电失步保护
异步电动机 <2000	装设	当电流速断保护不能满足灵敏度要求时装设	生产过程中易发生过负荷时，或启动、自启动条件严重时应装设	单相接地电流大于 5A 时装设；大于等于 10A 时一般作用于跳闸；5～10A 时作用于跳闸或信号	根据需要装设，见本节 7.7.4	装设，应带时限动作	根据需要装设
异步电动机 ≥2000		装设					
同步电动机 <2000	装设	当电流速断保护不能满足灵敏度要求时装设					
同步电动机 ≥2000	装设						

具体计算内容见表 7-39。

灵敏度校验：

① 电流速断保护灵敏度校验：

$$K_m^{(2)} = \frac{I''^{(2)}_{d \cdot min}}{I_{dz}} = K_{mcd} \frac{I''^{(3)}_{d \cdot min}}{I_{dz}} \geq 2$$

式中　K_{mcd}——相对灵敏系数，见表 7-40；

$I''^{(2)}_{d \cdot min}$——电动机出线端 UV 或 VW 两相短路时的最小超瞬变短路电流，A；

$I''^{(3)}_{d \cdot min}$——电动机出线端三相短路时的最小超瞬变短路电流，A；

I_{dz}——保护装置一次动作电流，A。

② 定时限过电流保护灵敏度校验：

$$K_{\mathrm{m}}^{(2)} = K_{\max}\frac{I_{\mathrm{d}\cdot\min}''^{(3)}}{I_{dz}} \geqslant 1.5$$

式中符号同前。

表 7-39　3kV 及以上高压异步电动机的继电保护整定计算

保护装置名称	保护装置的整定值	保护装置动作时限	备　注
电流速断保护	保护装置动作电流整定值 $$I_{dzj}=K_k k_{jx}\frac{I_q}{n_1}$$	0s	K_k——可靠系数，采用 DL 型电流继电器的取 1.4～1.6，采用 GL 型的取 1.8～2
过电流保护（可与电流速断共用一个感应型过电流继电器）	整定值 $$I_{dzj}=K_k' k_{jx}\frac{I_{ed}}{k_h n_1}$$	躲过电动机启动的全部时间，一般为 15～20s，大型电动机甚至达 40s	k_{jx}——接线系数，接于相电流时取 1，接于相电流差时取 $\sqrt{3}$ K_k'——可靠系数，动作于信号时取 1.05～1.10，动作于掉闸时取 1.2～1.25
单相接地保护	一次动作电流 $$I_{dx} \leqslant \frac{I_{c\Sigma}}{1.25}$$	0s	k_h——继电器返回系数，见表注 2 n_1——电流互感器变比 n_y——电压互感器变比 I_{ed}——电动机额定电流，A I_q——电动机的启动电流，A $I_{c\Sigma}$——电网的总单相接地电容电流，A U_e——电动机额定电压，V
低电压保护	整定值 重要电动机： $$U_{dzj}=0.5\frac{U_e}{n_y}$$ 不重要电动机： $$U_{dzj}=(0.6\sim0.7)\frac{U_e}{n_y}$$	重要电动机：10～15s 不重要电动机：0.5～0.7s	

注：1. 对于一般电动机 $t_{dz}=(1.1\sim1.2)t_q$（其中 t_{dz} 为保护装置动作时间；t_q 为电动机启动及自启动时间）。对于传动风机负荷的电动机 $t_{dz}=(1.2\sim1.4)t_q$。

2. k_h——对于 GL-11、GL-12、GL-21、GL-22 型继电器，取 0.85；对于 GL-13～GL-16 及 GL-23～GL-26 型继电器，取 0.8；对于晶体管型继电器，取 0.9～0.95；对于微机型继电器，近似取 1.0。

表 7-40　各种故障的相对灵敏系数 K_{mcd}

故障类型		中性线上接入电流继电器的不完全 Y 接线	完全 Y 接线方式	不完全 Y 接线方式	两相电流差接线方式
线路上保护装置安装处发生故障					
三相短路	U-V-W	1	1	1	1
两相短路	U-V	$\frac{\sqrt{3}}{2}$	$\frac{\sqrt{3}}{2}$	$\frac{\sqrt{3}}{2}$	0.5
	V-W				
	W-U				1
在 Y,yn₀ 接线变压器后发生故障					
三相短路	U-V-W	1	1	1	1
两相短路	U-V	$\frac{\sqrt{3}}{2}$	$\frac{\sqrt{3}}{2}$	$\frac{\sqrt{3}}{2}$	0.5
	V-W				
	W-U				1

续表

故障类型	中性线上接入电流继电器的不完全 Y 接线	完全 Y 接线方式	不完全 Y 接线方式	两相电流差接线方式	
在 Y,yn₀ 接线变压器后发生故障					
单相短路	U	$\frac{2}{3}$	$\frac{2}{3}$	$\frac{2}{3}$	$\frac{1}{3}$
	W				
	V			$\frac{1}{3}$	0
在 Y,d11 接线变压器后发生故障					
三相短路	U-V-W	1	1	1	1
两相短路	U-V	1	1	0.5	0
	V-W			1	$\frac{\sqrt{3}}{2}$
	W-U				

7.7.2　高压电动机电流速断和过电流保护线路

中、小容量的高压电动机，一般采用电流速断保护作为相间短路的主保护。对于不易过电流的高压电动机，通常采用电磁型（如 DL-11 型）电流继电器构成的电流速断保护；对于可能会产生过电流的高压电动机，可采用感应型（GL 型）过电流继电器构成的电流速断保护和过电流保护，其反时限部分用作过电流保护并作用于信号，过电流保护时限一般取 15～20s，其速断部分用作相间短路保护并作用于跳闸。

采用电磁型电流继电器构成的电流速断保护如图 7-64 所示。通常用两相式接线，如图 7-64（a）所示。当灵敏度允许时，为减少继电器数量，可采用两相电流差的接线方式，如图 7-64（b）所示。保护装置由电流继电器 KA₁、KA₂，中间继电器 KC 和信号继电器 KS 等构成。由于电动机是接在供电系统的末端，故保护装置可不带时限。电流互感器 TA₁、TA₂ 可接在电动机引出线上。

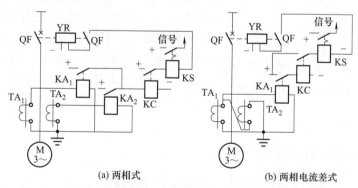

(a) 两相式　　　　　　(b) 两相电流差式

图 7-64　由电磁型电流继电器构成的电动机电流速断保护线路

采用感应型过电流继电器构成的电流速断保护（保护电动机的相间短路）和过电流保护（保护电动机过负荷）如图 7-65 所示。图 7-65（a）为两相式接线，直流操作；图 7-65（b）为两相电流差式接线，交流操作。

工作原理［如图7-64（a）］：合上断路器 QF，其机构联锁常开触点闭合。当电动机发生过电流时，经电流互感器 TA₁ 及 TA₂ 感应，电流继电器 KA₁ 及 KA₂ 吸合（并掉牌），其常开触点闭合，出口中间继电器 KC 得电吸合，其常开触点闭合，信号继电器 KS 得电吸合（并掉牌），发出报警信号，同时断路器 QF 的脱扣线圈 YR 得电，QF 跳闸，从而保护了电动机。

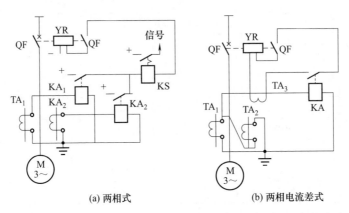

(a) 两相式　　　　　　　(b) 两相电流差式

图 7-65　由感应型过电流继电器构成的电流速断及过电流保护线路

7.7.3　高压电动机单相接地保护线路

3～6kV 的高压电动机，当其单相接地电流大于 5A 时，应装设单相接地保护。接地电流小于 10A 时，作用于信号或跳闸；接地电流大于 10A 时，通常作用于跳闸。

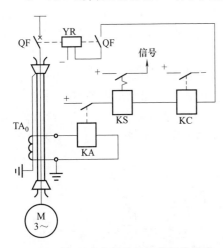

图 7-66　高压电动机单相接地保护线路

电动机单相接地保护原理电路如图 7-66 所示。它由零序电流互感器 TA_0、继电器 KA、中间继电器 KC 和信号继电器 KS 等构成。零序电流互感器套在电缆的外面。继电器 KA 可采用 DL-11 型电流继电器或 DD-1 型接地继电器。

工作原理：合上断路器 QF，其机械联锁常开触点闭合。当一次侧（电动机及电缆侧）发生接地、出现零序电流时，经零序电流互感器 TA 感应，电流继电器 KA 吸合，其常开触点闭合，信号继电器 KS 和出口中间继电器 KC 得电吸合，一方面发生报警信号；另一方面断路器 QF 经脱扣线圈 YR 动作而跳闸，切断故障电路。

7.7.4　高压电动机低电压保护线路

下列电动机应装设低电压保护，保护装置应作用于跳闸。

① 当电源短时显著降低或短暂中断后又恢复时，为保证重要电动机能可靠地自启动而需要断开的次要电动机。

② 根据生产工艺要求不允许或不需要自启动的电动机。

③ 虽需要自启动，但为确保人身和设备安全，在电源电压长期消失后须从供电线路上自动断开的电动机。

采用一个低电压继电器的低电压保护原理电路如图 7-67 所示。图中，TV 为电压互感器，它将高电压降低，供低电压继电器 KV 用；KC 为中间继电器；KT 为时间继电器；YR 为高压断路器 QF 的脱扣线圈。

该线路的可靠性较低。如 U、W 两相短路时，U_{uv} 降低并不显著，只比额定电压下降约 15%；当 V、W 两相短路时，也是如此。为了避免上述缺点，必要时可采用两个电压继电器的保护线路，如图 7-68 所示。

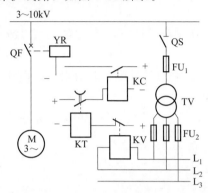

图 7-67　高压电动机低电压保护线路（一）

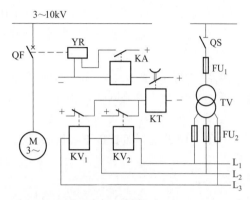

图 7-68　高压电动机低电压保护线路（二）

工作原理（图 7-67）：合上隔离开关 QS 和断路器 QF。电网电源经电压互感器 TV 降压，将二次电压加在低电压继电器 KV 线圈上，KV 吸合，其常闭触点断开，保护不动作。当电网电压显著下降时，KV 释放，其常闭触点闭合，时间继电器 KT 线圈通电，经过一段延时（延时的目的是避免电网电压瞬时降低而引起保护动作），其延时闭合常开触点闭合，出口中间继电器 KC 得电吸合，脱扣线圈 YR 得电，断路器 QF 跳闸。

7.7.5　高压电动机过电压保护线路

当用真空断路器来投切高压电动机时，其操作过电压会对电动机及真空断路器本身损害，需采取抑制过电压的措施。一般采用 RC 浪涌抑制器，也有采用避雷器。

（1）采用 RC 浪涌抑制器

抑制器由电阻和电容串联组成，采用中性点接地的 Y 连接方式。电容的作用是减缓浪涌的上升陡度，抑制过压的幅值，电阻的作用是消耗能量，减少重燃的反复次数。具体接法如图 7-69 所示。

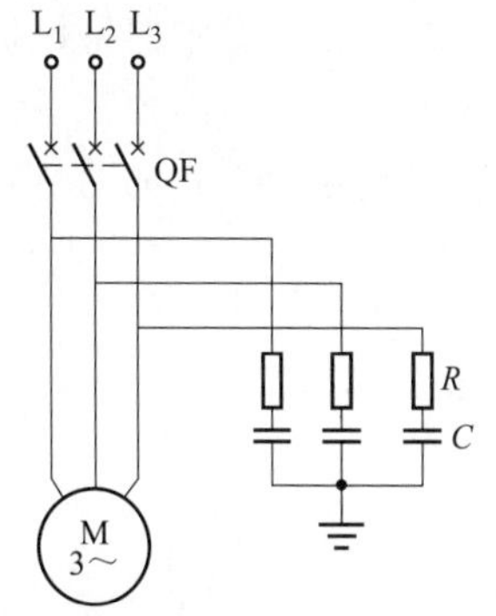

通常，C 取 $0.1 \sim 0.5 \mu F$，R 取 $100 \sim 200 \Omega$ 已能达到良好的抑制过电压的作用。一般先选好电容 C 的容量，再按下式估算 R 值，即

$$R \approx Z = \sqrt{L/C}$$

图 7-69　*RC* 浪涌抑制器的接线

式中　R——电阻，Ω；

C——电容，F；

L——电动机每相转子、定子的总漏感，H，$L = \dfrac{U_e}{\sqrt{3}\,\omega I_q}$；

U_e——电动机额定电压，V；

I_q——电动机启动电流，A，$I_q \approx 6 I_e$；

I_e——电动机额定电流，A；

ω——电源角频率，$\omega=2\pi f=2\pi\times50=314(\text{rad/s})$。

因此总漏感也可用下式表示

$$L=\frac{U_e}{3260 I_e}$$

算出 R 值后，便可取接近于该值的标准电阻。

设置 RC 浪涌抑制器后，真空断路器产生的过电压能限制在额定电压 2 倍左右，已比较安全。

（2）采用氧化锌压敏电阻

氧化锌压敏电阻是一种无灭弧间隙的避雷器，在正常工作电压下阻值很大，电流很小。当出现过电压时，阻值剧降，能有效地抑制截流过电压。

压敏电阻的接法有 Y 和 △ 两种。对于定子绕组为 Y 的电动机，压敏电阻应采用△接法。

压敏电阻的选择可按以下经验公式选取

$$U_{1mA}\geqslant(2\sim2.5)U_g$$
$$I_e\geqslant5\text{kA}$$

式中　U_{1mA}——压敏电阻的标称电压，V；

　　　U_g——工作电压，V，如接于线电压上，$U_{UW}=380\text{V}$；

　　　I_e——压敏电阻的通流容量，kA。

对于 6kV 高压电动机，压敏电阻可采用 MY31G-6 型（6kV）或 ZNR-LXQ-Ⅱ 型（6kV）等。要求残压比（U_{100A}/U_{1mA}）尽可能小些。

（3）RC 浪涌抑制器与压敏电阻并用

两者并用使用，其抑制过电压效果更好，其接线如图 7-70 所示。

例如，6kV 高压电动机，真空断路器 QF 采用 ZN4-10/1000-16 型，RC 浪涌抑制器（阻容吸收器）可选用 FW-10.5/$\sqrt{3}$-0.1-1 型，压敏电阻可选用 ZNR-LXQ-Ⅱ（6kV）型。

（4）采用带串联间隙四星接法的氧化锌避雷器

6～10kV 配电系统为不接地或经消弧线圈接地的小电流接地系统。以往也有采用 Y 连接的金属氧化锌避雷器来保护高压电动机。然后运行实践表明，这种保护方式效果不佳。

近年来，国内出现了一种带串联间隙四星接法的氧化锌避雷器，能起到保护高压电动机的作用。其接线方式如图 7-71 所示。

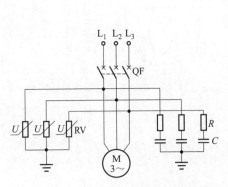

图 7-70　RC 抑制器与压敏电阻并用的接线

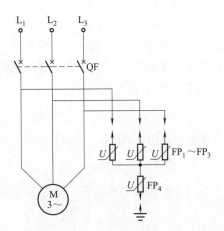

图 7-71　带串联间隙四星接法的氧化锌避雷器的接线

① 主要性能指标（见表 7-41）。

② 保护性能分析。

a. 相间过电压。当三相中任意两相之间发生过电压，$FP_1 \sim FP_3$ 三个保护单元中的两相通过各自的间隙两两串联放电，氧化锌阀片导通限压；过电压消失后，因氧化锌阀片的泄漏很小，放电间隙自动恢复。

表 7-41　带串联间隙四星接法的氧化锌避雷器主要性能指标

		6.0	10.0
系统额定电压/kV		6.0	10.0
电动机额定电压/kV	有效值	6.3	10.5
避雷器持续运行电压/kV		7.6	12.7
工频放电电压(不小于)/kV		10.5	17.5
直流 1mA 参考电压(不小于)/kV		10.0	16.5
1.2μs/50μs 冲击放电电压(不大于)/kV	峰值	15.6	25.5
500A 操作冲击电流参考电压(不大于)/kV		15.0	24.8
5000A 雷电冲击电流参考电压(不大于)/kV		15.0	24.8
安全净距离(不大于)/mm		130	130

注：表中均为避雷器四个单元两两之间的参数。

对于 10kV 氧化锌避雷器：

$$U_{500A} = 24.8\text{kV} < U_p = 25.6\text{kV}$$

式中　U_p——相对地或相对相之间的绝缘所能承受的过电压，kV。

对于 6kV 氧化锌避雷器：

$$U_{500A} = 15\text{kV} < U_p = 15.9\text{kV}$$

因此，带串联间隙四星接法的氧化锌避雷器能很好地保护高压电动机相对相之间的绝缘。

b. 相对地过电压。当三相中任意一相与地之间发生过电压，$FP_1 \sim FP_3$ 三个保护单元中的相应一相与接地单元 FP_4 之间通过各自的间隙两两串联放电，氧化锌阀片导通限压；过电压消失后，因氧化锌阀片的泄漏很小，放电间隙自动恢复。同样，对于 10kV 氧化锌避雷器有：

$$U_{500A} = 24.8\text{kV} < U_p = 25.6\text{kV}$$

对 6kV 氧化锌避雷器有：

$$U_{500A} = 15\text{kV} < U_p = 15.9\text{kV}$$

因此，带串联间隙四星接法的氧化锌避雷器能很好地保护高压电动机相对地之间的绝缘。

7.8　其他保护线路和专用保护线路

7.8.1　晶闸管过电流保护线路

使用晶闸管的电动机过电流保护线路如图 7-72 所示。

（1）控制目的和方法

控制目的：过电流保护。

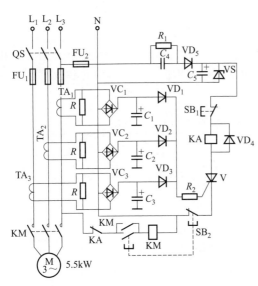

图 7-72 晶闸管过电流保护线路

控制方法：用电流互感器测出三相负载电流大小，当电流达到设定值时，触发晶闸管 V，并切断电源。

保护元件：熔断器 FU_1（主电路短路保护），FU_2（控制电路短路保护）；晶闸管 V（过电流保护）；二极管 VD_5（保护晶闸管 V 免受继电器 KA 反电势而损坏）。

（2）线路组成

① 主电路。由开关 QS、熔断器 FU_1、接触器 KM 主触点和电动机 M 组成。

② 控制电路。由熔断器 FU_2、继电器 KA、接触器 KM、晶闸管 V、启动按钮 SB_2 和复位按钮 SB_1 组成。

③ 控制电路的直流电源。由电容 C_4 及 C_5、二极管 VD_5 和稳压管 VS 组成。

④ 检测信号电路。由电流互感器 $TA_1 \sim TA_3$、整流桥 $VC_1 \sim VC_3$、电阻 R、电容 $C_1 \sim C_3$ 和二极管 $VD_1 \sim VD_3$ 组成。

（3）工作原理

① 初步分析。当电动机过电流时，经检测信号回路取出信号触发晶闸管 V，V 导通，继电器 KA 吸合，其常闭触点断开，KM 失电释放，电动机 M 停止运行。但启动过程中，检测信号回路同样会使晶闸管 V 导通，为此需在启动过程中一直按下启动按钮 SB_2，切断晶闸管 V 回路。

② 顺着分析。合上电源开关 QS，220V 交流电经电容 C_4 降压、二极管 VD_5 整流、电容 C_5 滤波和稳压管 VS 稳压，给控制电路提供约 12V 直流电压。按下启动按钮 SB_2（在启动过程中一直按着），继电器 KA 处于释放状态，其常闭触点闭合，接触器 KM 得电吸合并自锁，电动机启动运行。待电动机转速稳定后松开 SB_2，过电流保护投入运行。

电动机正常运行时，电流互感器 $TA_1 \sim TA_3$ 次级感应电势较小，输出的检测信号不足以触发晶闸管 V。

当电动机任一相出现过电流时，电流互感器次级的感应电势增大，经整流桥 $VC_1 \sim VC_3$ 整流，通过或门电路（$VD_1 \sim VD_3$），使晶闸管 V 触发导通，继电器 KA 得电吸合，其常闭触点断开，接触器 KM 失电释放，电动机停转。

过电流时，电动机停转，在排除故障时，应断开开关 QS，使电路复原。如果未断开 QS，故障排除后，晶闸管 V 仍维持导通，此时应按复位按钮 SB_1，使 V 关断。

（4）元件选择

电气元件参数见表 7-42。

表 7-42　电气元件参数

序号	名　称	代号	型号规格	数　量
1	闸刀开关	QS	HK2-60/3	1
2	熔断器	FU_1	RL1-60/35A	3
3	熔断器	FU_2	RL1-15/5A	1

续表

序号	名　称	代号	型号规格	数　量
4	继电器	KA	JQX-4F DC 12V	1
5	交流接触器	KM	CJ20-25A 220V	1
6	晶闸管	V	KP1A 100V	1
7	稳压管	VS	2CW110 $U_z=11\sim12.5$V	1
8	二极管	VD_5	1N4004	1
9	二极管、整流桥	$VD_1\sim VD_4$ $VC_1\sim VC_3$	1N4001	16
10	金属膜电阻	R	RJ-100Ω 1/2W	3
11	炭膜电阻	R_1	RT-1M 1/2W	1
12	金属膜电阻	R_2	RJ-1kΩ 1/2W	1
13	电解电容器	$C_1\sim C_3$	CD11 50μF 10V	3
14	电解电容器	C_5	CD11 100μF 25V	1
15	电容器	C_4	CJ41 0.47μF 400V	1
16	电流互感器	$TA_1\sim TA_3$	自制	3
17	按钮	SB_1	LA18-22(红)	1
18	按钮	SB_2	LA18-22(绿)	1

电流互感器 $TA_1\sim TA_3$ 的绕制：

电流互感器的一次电流按电动机额定电流选择。由于电动机的额定电流为 11.6A，可取电流互感器一次绕组为 1 匝，采用 ϕ3mm 绝缘铜线；二次绕组取 1500 匝，采用 ϕ0.1mm 漆包线。互感器的铁芯由截面积为 12mm×16mm 的硅钢片制成。

7.8.2　单相异步电动机过电流保护线路（一、二）

（1）线路之一

线路之一如图 7-73 所示。该线路采取电磁继电器控制。当电动机发生过载和换向器出现环火时能将电动机电源自动切断。

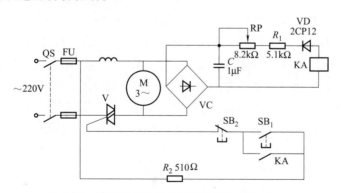

图 7-73　单相异步电动机过电流保护线路（一）

工作原理：合上电源开关 QS，按下启动按钮 SB_1，电源通过电阻 R_2 为双向晶闸管 V 控制极提供触发电压并使 V 导通，电动机启动运行。同时继电器 KA 由整流桥 VC 整流供电而吸合，其常开触点闭合，松开 SB_1 后，双向晶闸管 V 保持导通。

当电动机过载时，整流桥 VC 输出电压减小，一旦小于继电器 KA 的释放电压（可由电位器 RP 预先整定），KA 释放，其常开触点断开，双向晶闸管 V 失去控制极电压而关闭，从而切断电动机电源，保护了电动机。

（2）线路之二

线路之二如图 7-74 所示。该线路与图 7-73 基本相同，只是用光电耦合器代替电磁继电器。

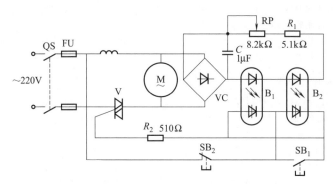

图 7-74　单相异步电动机过电流保护线路（二）

工作原理：合上电源开关 QS，按下启动按钮 SB_1，电源通过电阻 R_2 使双向晶闸管 V 触发导通，电动机启动运行。

当电动机正常运行时，光电耦合器 B_1 和 B_2 中的发光二极管内流过足够的电流而发光，光电耦合器中的反向阻断二极晶闸管轮换让电流经过限流电阻 R_2，流向双向晶闸管 V 的控制极。在交流电压正半周时，光电耦合器 B_2 的二极晶闸管导通，触发 V，使 V 导通；而在负半周时，B_1 的二极晶闸管导通，触发 V，使 V 导通。

当电动机过载时，整流桥 VC 输出电压减小，一旦小于整定值（由电位器 RP 预先整定），光电耦合器中的发光二极管不发光，二极晶闸管截止，于是双向晶闸管 V 关闭，切断电动机电源，保护电动机。

7.8.3　直流电动机失磁保护和过电流保护线路

（1）失磁保护线路

为了防止直流电动机失去励磁而造成转速猛升（称"飞车"），并引起电枢回路过电流危及晶闸管元件和直流电动机，励磁回路接线必须十分可靠，并不宜用熔断器作励磁回路的保护，而应采用失磁保护线路。直流电动机失磁保护线路如图 7-75 所示。由图可见，失磁保护只需在励磁绕组上并联一只失压继电器 KA_1 即可。当励磁绕组失磁时，KA_1 失电释放，其串接在控制回路中的常开触点断开，切断控制回路，迫使主电路跳闸，电动机停转。

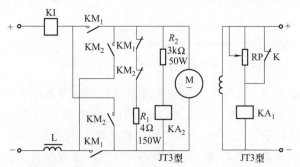

图 7-75　直流电动机失磁保护和过电流保护线路

KM_1—正转接触器触点；KM_2—反转接触器触点

当要求弱磁保护时,可在失压继电器 KA_1 线圈回路中串接一个电位器 RP,调节 RP 即可改变失压继电器的释放电压。如有必要,可在 RP 上并联一副常闭触点 K,以保证启动时失压继电器可靠吸合,接通励磁电压后,此触点断开。

失磁保护也可以采用欠电流继电器,它串联在励磁回路中。要求欠电流继电器的额定电流大于电动机的额定励磁电流;电流整定值 I_{zd} 按电动机的最小励磁电流 I_{1min} 整定:

$$I_{zd} = (0.8 \sim 0.85) I_{1min}$$

（2）过电流保护线路

图 7-75 中有两只继电器是作过流保护用的,一只是过电流继电器 KI;另一只是电压继电器 KA_2。

过流继电器 KI 作电动机过载及短路保护用。它的线圈串接在电枢回路中,其常闭触点接在控制回路中。电动机正常运行时,KI 处于释放状态;当电动机过载或短路时,流过 KI 线圈中的电流一旦超过整定值,它便马上吸合,其常闭触点断开,切断控制回路,电动机停转。

除将直流过流继电器接在输出端外,也可将灵敏的过流继电器经电流互感器接在交流输入端。过流继电器一般可按电动机额定电流的 $1.1 \sim 1.2$ 倍来整定。

电压继电器 KA_2 是为防止电动机高速反转时造成过流而设的（如果电动机不需要正反转运行,则可不必设此电压继电器）,当电动机电枢电压未降低时,闭锁正反转接触器 KM_1、KM_2 的控制回路,KM_1、KM_2 均断开时接通制动电阻 R_1,使电动机迅速停转。

另外,可利用电流截止反馈,将电流信号正反馈到电流调节器,使触发脉冲后移,从而减小晶闸管开放角而使电动机转速降低,有效地限制过电流及短路电流。

7.8.4 水泵电动机防空抽保护线路

如果水泵将井内的水抽干,水泵仍在运转,不但浪费电能,而且可能烧毁电动机。图 7-76 线路能避免此种情况的发生。

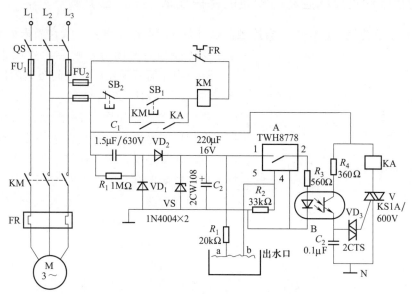

图 7-76 水泵电动机防空抽保护线路

(1) TWH8778 功率开关集成电路简介

该集成电路只需在控制极 5 脚加上约 1.6V 电压，就能快速接通负载电路。电路内设有过压、过流、过热等保护，可在 28V 1A 以下作高速开关。其引脚功能及典型电路如图 7-77 所示。

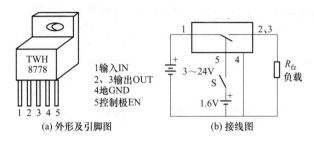

1 输入 IN
2、3 输出 OUT
4 地 GND
5 控制极 EN

(a) 外形及引脚图   (b) 接线图

图 7-77　TWH8778 功率开关电路引脚及典型电路

主要电气参数：最大输入电压为 30V；最小输入电压为 3V；输出电流为 $1\sim1.6A$；开启电压 $\geqslant 1.6V$；控制极输入电流为 $50\mu A$；控制极最大电压为 6V；延迟时间为 $5\sim10\mu s$；允许功耗为 2W（无散热器）及 25W（有散热器）。

(2) 工作原理（见图 7-76）

合上电源开关 QS，按下启动按钮 SB_1，接触器 KM 得电吸合，水泵开始抽水。这时水从出水口流出，安装在出水口的电极 a、b 被水短接，开关电路 A（TWH8778）被触发而导通，光电耦合器 B 向双向晶闸管 V 发出触电信号，V 导通，中间继电器 KA 得电吸合，其常开触点闭合，接触器 KM 自锁。

当水井中的水被抽干后，电极 a、b 两端成开路，开关电路 A（TWH8778）被置"0"而截止，双向晶闸管 V 关断，KA 失电释放，其常开触点断开，KM 失电释放，水泵停止运行。

该线路采用电容 C_1 降压、二极管 VD_1 和 VD_2 整流、电容 C_2 滤波、稳压管 VS 稳压，向开关电路 A（TWH8778）提供直流工作电压。图中 C_2 为防干扰电容，防止双向晶闸管误触发。

7.8.5　防止电动机反向启动时短路的保护线路（一～三）

电动机在正反转换接过程中，当接触器触点断开时会产生电弧，若在尚未灭弧的情况下反转接触器又闭合，则会发生严重的短路事故。为此需要采用防止相间短路的保护线路。

(1) 线路之一

线路之一如图 7-78 所示。该线路能保证在正反转操作时，必须先按停止按钮后才能进行。这就是说，在正反转转换过程中，能保证接触器触点有足够的灭弧时间，从而有效地防止相间短路。这是通过正反转接触器 KM_1 和 KM_2 的常闭辅助触点联锁来实现的。

(2) 线路之二

线路如图 7-79 所示。该线路增加一只中间继电器，将其常闭触点串接在正、反转接触器 KM_1 和 KM_2 线圈回路内，如果在正反转转

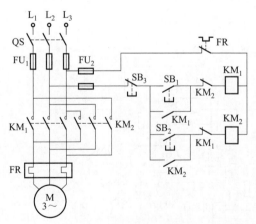

图 7-78　防止电动机反向
启动时短路的保护线路（一）

换过程中触点电弧未熄灭，则中间继电器 KA 就吸合，切断转换回路。只有电弧熄灭后，KA 才释放，其常闭触点闭合，才能接通转换回路。

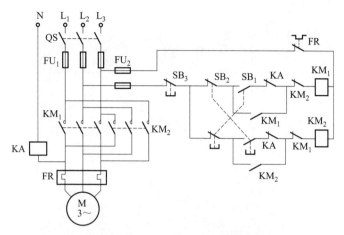

图 7-79　防止电动机反向启动时短路的保护线路（二）

（3）线路之三

线路之三如图 7-80 所示。该线路增加一只接触器 KM_3，将其主触点串接在主电路中，不管是正转还是反转接触器动作，它都动作，这样在正反转转换过程中，需经过四处断电（主电路和控制回路各两处），从而能有效地灭弧，防止相间短路的发生。

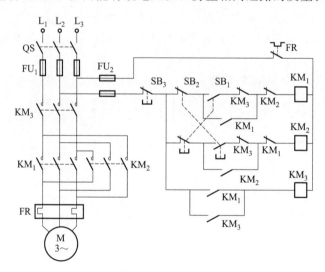

图 7-80　防止电动机反向启动时短路的保护线路（三）

7.8.6　防止高压电动机反向启动时短路的保护线路

防止高压电动机反向启动时短路的保护线路如图 7-81 所示。该线路采用电压互锁继电器 KA_1、KA_2，以保证正反转换接过程中的灭弧。

图中，SA 为主令开关；KA_3 为欠电压继电器。

工作原理：当主令开关 SA 由正转位置迅速打到反转位置时，正转接触器 KM_1 失电释放，但此时 KM_1 触点因电弧的存在而继续接通电源，同时电压互感器 TV_1、TV_2 也还有电

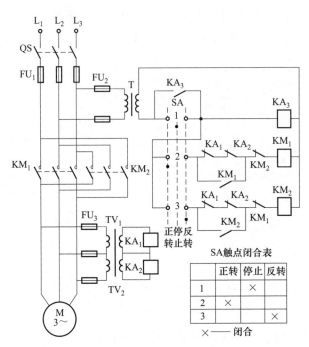

图 7-81　防止高压电动机反向启动时短路的保护线路

而使电压互锁继电器 KA_1 及 KA_2 继续接通，于是它们的常闭触点仍断开。反转接触器 KM_2 无法接通，只有当 KM_1 触点电弧完全熄灭时，电压互感器 TV_1、TV_2 才完全断电，KA_1、KA_2 失电释放，其常闭触点才恢复闭合状态，而使反转接触器 KM_2 通电吸合，电动机才能反向运行。

同样，将主令开关 SA 由反转位置迅速打到正转位置时，其动作过程与上述相同。

第**8**章 ▶▶▶

节电线路

8.1 改变电动机运行状态的节电线路

8.1.1 三相排气扇节电自动控制线路

三相排气扇节电自动控制线路如图 8-1 所示。

（1）控制目的和方法

控制目的：排气扇能自动开、停循环，达到节电目的。

控制方法：利用电容充、放电现象及电子控制电路来实现。

保护元件：熔断器 FU_1（电动机短路保护），FU_2（控制电路的短路保护）。

（2）线路组成

① 主电路。由开关 QS、熔断器 FU_1、接触器 KM 主触点和电动机 M 组成。

② 控制电路。由熔断器 FU_2、接触器 KM 和继电器 KA_1 常开触点组成。

③ 电子控制电路（两组延时电路）。

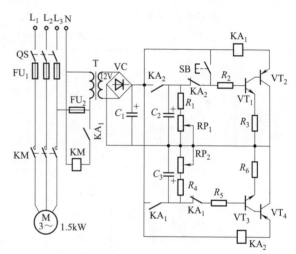

图 8-1 三相排气扇节电自动控制线路

由三极管 $VT_1 \sim VT_4$、继电器 KA_1 及 KA_2、启动按钮 SB 和阻容元件组成。由 VT_1、VT_2、电容 C_2 和电阻 R_1、电位器 RP_1 等组成一组延时电路；由 VT_3、VT_4、电容 C_3 和电阻 R_4、电位器 RP_2 等组成另一组延时电路。

④ 电子控制电路直流工作电源。由降压变压器 T、整流桥 VC 和电容 C_1 组成。

（3）工作原理

① 初步分析。接触器 KM 主触点的导通与断开，即 KM 的吸合与释放由继电器 KA_1 的常开触点闭合与断开决定，即由 KA_1 的得电吸合与失电释放决定，其过程如下：

KA_1 吸合→三极管 VT_1、VT_2 导通→电容 C_2 向 VT_1 基极放电；KA_1 释放→VT_1、VT_2 截止→KA_2 常闭触点断开→VT_2、VT_4 导通→电容 C_3 向 VT_2 基极放电。

② 顺着分析。合上电源开关 QS，380V 交流电源经变压器 T 降压、整流桥 VC 整流、电容 C_1 滤波后，给电子控制电路提供 12V 直流电压。按下启动按钮 SB、电容 C_2 被充电，于是三极管 VT_1、VT_2 导通，继电器 KA_1 吸合，其常开触点闭合，接触器 KM 得电吸合，电动机启动运行（尽管此时已松开按钮 SB，但因为电容 C_2 两端电压不能突变，所以 VT_1、VT_2 仍导通）。同时，KA_1 的另一副常开触点闭合，电容 C_3 被充电，为第二组延时做好准备。

当电容 C_2 通过电阻 R_1、RP_1 及三极管 VT_1、VT_2 放电完毕时，三极管 VT_1、VT_2 截止，继电器 KA_1 失电释放，电动机停转。同时 KA_1 常闭触点闭合，电容 C_3 将通过它向电阻 R_4、RP_2 及三极管 VT_3、VT_4 放电，VT_3、VT_4 导通，继电器 KA_2 得电吸合，其常开触点闭合，于是电容 C_2 便通过它被充电，为第一组延时做好准备。

当电容 C_3 放电完毕，VT_3、VT_4 截止，继电器 KA_2 失电释放，其常闭触点闭合，电容 C_2 又通过它向 VT_1、VT_2 放电，使 VT_1、VT_2 导通，继电器 KA_1 又吸合。如此反复循环。

若要停止自动循环运行，需断开开关 QS。

电动机运行和停止时间的长短分别由电容 C_2、电位器 RP_1 和电容 C_3、电位器 RP_2 决定。实际上调节 RP_1 和 RP_2 即可。表 8-1 所列参数下，延时时间可在 1h 内任意改变。

（4）元件选择

电气元件参数见表 8-1。

表 8-1　电气元件参数

序　号	名　　称	代　号	型号规格	数　　量
1	闸刀开关	QS	HK2-15/3	1
2	熔断器	FU_1	RL1-15/10A	3
3	熔断器	FU_2	RL1-15/5A	1
4	交流接触器	KM	CJ20-10A　220V	1
5	继电器	KA_1、KA_2	JQX-13F　DC 12V	2
6	变压器	T	3V·A　220V/12V	1
7	三极管	VT_1、VT_3	3DG6　$\beta \geqslant 50$	2
8	三极管	VT_2、VT_4	3AX81　$\beta \geqslant 50$	2
9	金属膜电阻	R_1、R_4	RJ-10kΩ　1/2W	2
10	金属膜电阻	R_2、R_5	RJ-500kΩ　1/2W	2
11	金属膜电阻	R_3、R_6	RJ-6kΩ　1/2W	2
12	电位器	RP_1、RP_2	WS-0.5W　680kΩ	2
13	电解电容器	C_1	CD11　470μF　25V	1
14	电解电容器	C_2、C_3	CD11　1000μF　25V	2
15	按钮	SB	LA18-22(绿)	1

8.1.2 卫生间排风扇自动控制线路

卫生间排风扇自动控制线路如图 8-2 所示。

（1）控制目的

控制目的：当人进入卫生间时排风扇自动投入运行，人离开后自动停转，达到节电的目的。

（2）线路组成

① 主电路。由继电器 KA 常开触点和电动机 M 组成。

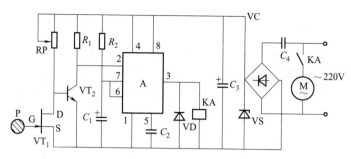

图 8-2 卫生间排风扇自动控制线路

② 电子控制电路。

a. 感应触发电路。由金属感应片 P、场效应管 VT_1、三极管 VT_2、电位器 RP 和电阻 R_1 组成。

b. 单稳态延时电路。由 555 时基集成电路 A、电阻 R_2、电容 C_1 及 C_2 组成。

c. 执行电路。由继电器 KA 和保护二极管 VD 组成。

③ 电子控制电路直流工作电源。由降压电容 C_4、整流桥 VC、电容 C_3 和稳压管 VS 组成。

（3）工作原理

当卫生间无人时，场效应管 VT_1 漏极 D 输出低电位，晶体管 VT_2 截止，555 时基集成电路 A（在此接成单稳态触发器）的 2 脚为高电位，3 脚输出为低电平，继电器 KA 处于释放状态，排风扇 M 不工作。当人进入卫生间时，人体靠近电极片 P，人体感应电场使 VT_1 发生隔断，漏极 D 变为高电位，VT_2 导通，A 的 2 脚电位下降，当降至 E_c 的 1/3 时，A 电路翻转，进入暂稳状态，3 脚输出高电平，继电器 KA 得电吸合，其常开触点闭合，排风扇 M 通电运行。人走后，经约 25s（延时长短由 R_2、C_1 的数值决定），电路 A 复原，3 脚恢复到低电平，KA 释放，排风扇停转。

调节电位器 RP 可改变装置的灵敏度；改变 R_2、C_1 数值可改变延时时间。

（4）元件选择

电气元件参数见表 8-2。

表 8-2 电气元件参数

序号	名 称	代号	型号规格	数 量
1	时基集成电路	A	NE555、µA555、SL555	1
2	场效应管	VT_1	3DJ6	1
3	三极管	VT_2	9014	1
4	稳压管	VS	2CW60 $U_z=11.5\sim14V$	1
5	二极管	VD	2CP12	1
6	整流桥	VC	1N4004	4
7	金属膜电阻	R_1	RJ-10MΩ 1/2W	1
8	金属膜电阻	R_2	RJ-1MΩ 1/2W	1
9	电位器	RP	WX14-12 51kΩ	1
10	电解电容器	C_1	CD11 22µF 16V	1
11	电解电容器	C_3	CD11 220µF 16V	1
12	电容器	C_2	0.01µF	1
13	电容器	C_4	CBB22 1µF 630V	1
14	继电器	KA	JRX-13F DC 12V	1

8.1.3 冷却风机自启动线路

冷却风机自启动线路如图 8-3 所示。它能实现变压器冷却风机随变压器油温自动启停，达到保护风机和节电的目的。

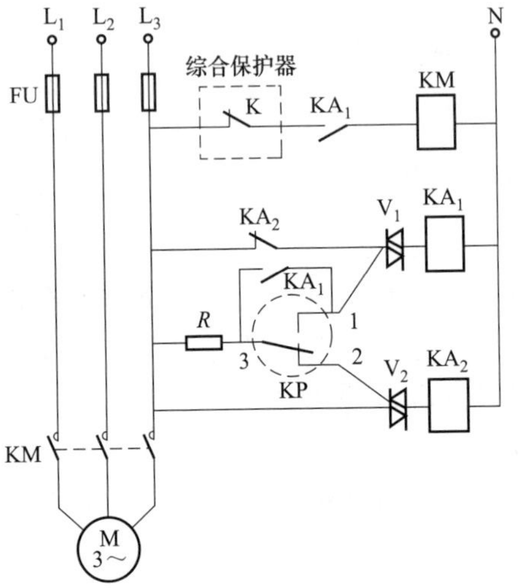

图 8-3 冷却风机自启动线路

工作原理：接通电源，风机即进入自控状态。假设开始变压器运行温度较低，电接点压力式温度计 KP 的低针（即 3-2 点）处于闭合状态，双向晶闸管 V_2 触发导通，继电器 KA_2 得电吸合，其常闭触点断开，继电器 KA_1 是释放的。KA_1 常开触点断开，接触器 KM 释放，风机处于停止运行状态。当温度逐渐升高，KP 触点 3-2 断开，KA_2 失电释放，其常闭触点闭合，由于 KP 的高针（即 3-1 点）尚未闭合，因此风机仍停转。直到温度上升到设定的上限温度，高针触点 3-1 闭合，双向晶闸管 V_1 触发导通，继电器 KA_1 得电吸合，其两副常开触点闭合，一副自保；另一副使接触器 KM 得电吸合，风机启动运行。如果变压器温度下降但未达到设定的下限温度，虽触点 3-1 断开，但因有自保触点 KA_1 处于闭合状态，继电器 KA_1 仍保持吸合，风机仍运行。只有当温度降至设定的下限值，即触点 3-2 闭合时，继电器 KA_2 得电吸合，其常闭触点断开，KA_1 失电释放，其常开触点断开，接触器 KM 失电释放，风机停止运行。如此反复进行，使变压器油温在上下限范围变化。当然，如果变压器负荷轻，油温在设定的下限以下，风机也停止运行。

图中，通过双向晶闸管再控制继电器的目的，是防止电接点压力式温度表触点烧毛，甚至粘连，使控制失灵。双向晶闸管可选用 KS 1A/500V。限流电阻 R 选用功率为 1/4、阻值为 500Ω～5.1kΩ，由实验决定。

图中，K 为综合保护器常闭触点，当保护器动作时，触点断开，风机停止运行。

8.1.4 防止电动机空载运行的线路

对于某些断续工作的生产设备，在生产设备退出工作状态的一段时间内，电动机处于空载运行状态，使电能白白浪费。如果电动机空载运行的时间较长，则宜加装防止电动机空载运行的控制线路，以节约电能。

防止电动机空载运行的线路如图 8-4 所示。

工作原理：合上电源开关 QS，按下启动按钮 SB_1，接触器 KM 得电吸合，其主触点闭合，电动机启动运行。主回路电流经电流互感器 TA，在次级感应电压，该电压信号经二极管 VD_1 半波整流、电容 C_1 滤波后，在分压器 RP 上取出加于三极管 VT_1 基极，VT_1 导通，VT_2、VT_3 得到基极偏压而导通，继电器 KA 得电吸合，其常开触点闭合，使接触器 KM 自锁。以上过程在极短时间内完成，因此松开按钮 SB_1 后，KM 已自锁，电动机正常运行。

当电动机进入空载状态时，主回路电流下降很多，在电位器 RP 上取出的电压不足以使三极管 VT_1 导通，VT_1～VT_3 均截止，继电器 KA 失电释放，其常开触点断开，接触器 KM 失电释放，电动机停止运行。

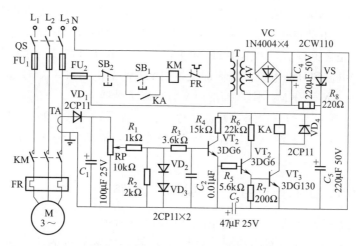

图 8-4 防止电动机空载运行的线路

控制回路的 12V 直流电源，由 220V 交流电经变压器 T 降压、整流桥 VC 整流、电容 C_4 及 C_5 滤波、电阻 R_8 限流、稳压管 VS 稳压后提供。

元件选择：继电器 KA 选用 JRX-13F-1 型、200Ω、12V；整流桥 VC 选用 QL0.5A/100V；电流互感器 TA 参数应通过实验决定，也可参照第 7 章 7.4.4 中图 7-21 介绍的制作方法。

8.2 改变电动机绕组接线方式的节电线路

电力拖动设备都是按设备的最大工作能力选用电动机的。在实际使用中，电动机经常轻重负载交替运行，或轻负载运行。因此功率因数和效率都比较低，能耗较大。如某些机床传动电动机，加工时负载重，电动机在高负载率下运行，不加工时负载很轻，几乎等于空载运行。若在不加工这段时间内将电动机绕组由△接线转变为 Y 接线，待进入加工时，再将电动机绕组由 Y 接线转变为△接线，以便带动负载。这样就可以节约电能。

8.2.1 22kW 及以下卷扬机用 Y-△转换节电线路

22kW 及以下卷扬机用 Y-△转换节电线路如图 8-5 所示。该线路在一般卷扬机线路的基础上增加了一只 CJ20-10A 交流接触器 KM_3。

工作原理：上升时，按下上升按钮 SB_2，接触器 KM_3 和 KM_2 分别得电吸合，电动机接成△接线，正常起重。下降时，为轻负载，按下下降按钮 SB_1，则电动机接成 Y 运行，达到节电目的。下降行程内可以节电 40%～60%。

图中 KM_3 与 KM_2 联锁的目的是尽可

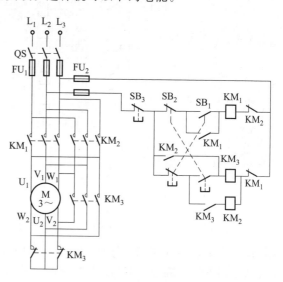

图 8-5 卷扬机 Y-△转换节电线路

能地降低附加接触器 KM₃ 的容量。当按下上升按钮 SB₂ 时，KM₃ 先得电吸合，在电动机未通电的情况下先将电动机转换成△接线，然后 KM₂ 得电吸合，正常工作；而按下下降按钮 SB₃ 时，KM₂ 先失电释放，然后 KM₃ 才失电释放，电动机恢复为△接线。这样就避免了 KM₃ 承受冲击电流和分断电流，因而即使控制 22kW 的电动机，KM₃ 也可安全使用 25A 的交流接触器。而 KM₁、KM₂ 则需使用 40A 的交流接触器。

须指出，KM₃ 需带有两副常闭主触点（特殊接触器，需厂家定制）。下降时，22kW 电动机接成 Y 接线，定子电流约 10A，若采用 KM₃ 的常闭辅助触点（一般仅 10A），触点容量明显不足。

8.2.2　33kW 及以上卷扬机用 Y-△ 转换节电线路

33kW 及以上卷扬机用 Y-△ 转换节电线路如图 8-6 所示。

工作原理：与图 8-5 线路基本相同。只是 Y-△ 转换由两只接触器分别控制。接触器间的联锁也是为了尽可能降低附加接触器 KM₃、KM₄ 的容量。KM₃、KM₄ 选择原则为：KM₃（△）取电动机额定电流的 1/2；KM₄（Y）取电动机额定电流的 1/3。

8.2.3　部分机床 Y-△ 转换节电线路

部分机床 Y-△ 转换节电线路如图 8-7 所示。该线路主要用于电动机不正反转或虽正反转但不由接触器控制其正反转的机床，如 C620、C630、CW61100A 等型号车床以及部分摇臂钻床、铣床等。

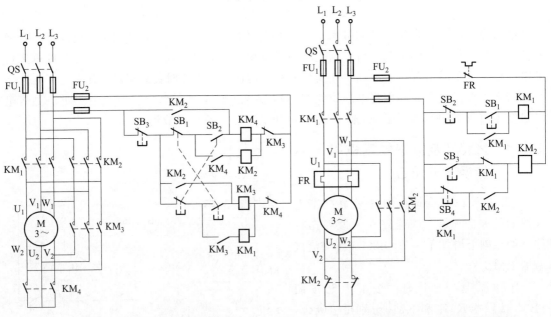

图 8-6　卷扬机节电控制线路　　　　　图 8-7　部分机床 Y-△ 转换节电线路

工作原理：按下重载按钮 SB₃，接触器 KM₂ 得电吸合并自锁，按下启动按钮 SB₁，电动机接成△运行，开始对零件加工；当轻载时（不加工零件时间），先按停止按钮 SB₂，再按轻载按钮 SB₄，接触器 KM₂ 失电释放，其常开触点断开，再按启动按钮 SB₁，则电动机接成 Y 运行，达到节电目的。

该电路间的联锁关系，使 Y-△ 转换只能在主电源断开（即 KM₁ 释放）后才能实现，这就保证了 KM₂ 不承受冲击电流和分断电流。

8.2.4　接触器控制电动机正反转的机床 Y-△ 转换节电线路

接触器控制电动机正反转的机床 Y-△ 转换节电线路如图 8-8 所示。C616、C618 等车床和 Z535 等钻床采取反接制动，制动时电流很大，对电动机、机械设备及其加工精度都有影响。在切削负载不大的情况下，如果采用 Y 接法，冲击电流将大大降低，而且制动更平稳。

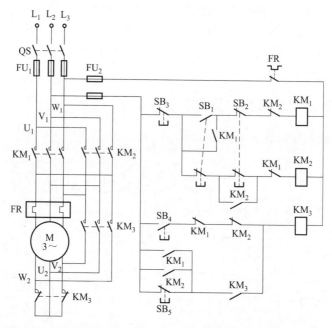

图 8-8　接触器控制电动机正反转的机床的 Y-△ 转换节电线路

工作原理：重载时，按下重载按钮 SB₄，接触器 KM₃ 得电吸合并自锁，再按正转按钮 SB₁（或反转按钮 SB₂），正转接触器 KM₁（或反转接触器 KM₂）得电吸合，电动机接成△运转。轻负载时，按下重载停止按钮 SB₅，KM₃ 失电释放。再按下正转按钮 SB₁（或反转按钮 SB₂），电动机接成 Y 运转，以节约电能。这时，正反转转换只要按 SB₂ 或 SB₁ 即可，由于采用弱（Y 接法）切削，故冲击电流大大降低。

8.2.5　带停车制动装置机床的 Y-△ 转换节电线路

对于带停车制动的机床，如 X52、X62 等铣床，可采用如图 8-9 所示的节

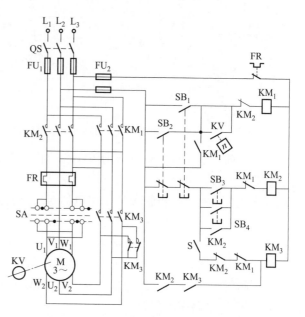

图 8-9　带停车制动装置机床的 Y-△ 转换节电线路

电线路。它利用 Y 接法进行反接制动，取代原有的能耗制动、机械式制动等。

工作原理：当开关 S 打开时，电动机为 Y 接法，进行弱切削和制动。当 S 合上时，接触器 KM_3 得电吸合，电动机为△接法，按下启动按钮 SB_3（或 SB_4），接触器 KM_2 得电吸合，电动机运转，进行强切削。按下停止按钮 SB_1（或 SB_2）时，接触器 KM_2 先失电释放，电动机失电，然后 KM_2 的常开辅助触点断开，接触器 KM_3 失电释放，电动机即转换成 Y 接法。与此同时，KM_2 的常闭辅助触点闭合，而且此时速度继电器 KV 触点已闭合，制动接触器 KM_1 得电吸合，电动机在 Y 接法下反接制动。松开按钮 SB_1（或 SB_2）后，由于 KM_1 常开触点自锁，制动过程得以继续进行。制动完毕后，KV 触点断开，KM_1 失电释放，其常闭辅助触点闭合，KM_3 得电吸合，电动机恢复为△接法，下次启动机床仍处于强挡工作位置。由于 KM_3 的吸合、断开是在主电路电源断开时才实现的，因此 KM_3 选用 10A 交流接触器也能安全工作。

8.2.6 JDI 型 Y-△自动转换装置节电线路

JDI 型 Y-△自动转换装置节电线路如图 8-10 所示。

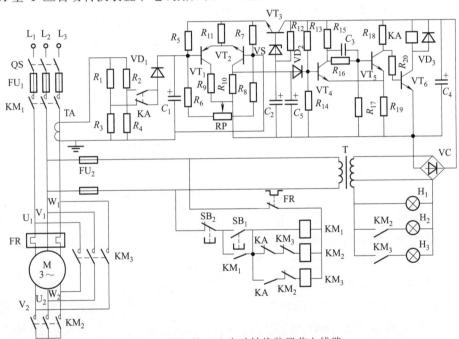

图 8-10 JDI 型 Y-△自动转换装置节电线路

工作原理：电动机负载电流的大小变化由电流互感器 TA 检测；由晶体管 VT_1、VT_2 组成差动放大器；由电容 C_5、电阻 R_{13} 和 R_{14} 等组成延时比较电路；由三极管 VT_4、VT_5 组成施密特电路；由三极管 VT_6、继电器 KA 组成放大执行电路。

由电流互感器 TA 检测得到的负载电流大小变化信号，经电阻 $R_1 \sim R_4$ 分压选取适当电压，经二极管 VD_1 半波整流、电容 C_1 滤波后，加于差动放大器的输入端（VT_1 的基极），经取样比较电路比较，从 VT_2 的集电极输出信号电压，该电压再经电容 C_5 延时，输入到施密特电路的 VT_4 基极，并与由 R_{13}、R_{14} 组成的分压器加在 VT_4 基极的电位作比较，决定 VT_4、VT_5 电路是否翻转。

当电动机负载电流升高到设定值（如为额定负载电流的 50% 以下），电容 C_5 上的电压大于基准电压时，则 VT_4 导通，VT_5 截止，VT_6 导通，继电器 KA 得电吸合，其常闭触点断开，常开触点闭合，接触器 KM_2 失电释放，而 KM_3 得电吸合，电动机接成△运行。电动机负载减轻，输入信号减弱。当 C_5 上的电压低于基准电压时，VT_4 截止，VT_5 导通，VT_6 截止，继电器 KA 失电释放，继而 KM_3 释放，KM_2 吸合，电动机接成 Y 运行，达到自动转换的目的。

调整信号分压值（由 $R_1 \sim R_4$ 决定）和基准电压值（由 R_{13}、R_{14} 决定），可使 Y-△转换工作点稳定在所需要的工作点上。

8.2.7　轻重载运行 Y-△自动转换节电线路

轻重载运行 Y-△自动转换节电线路如图 8-11 所示。

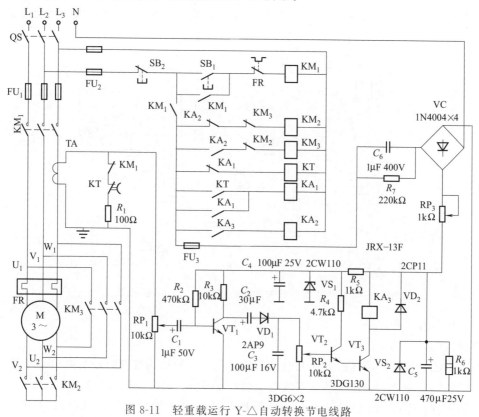

图 8-11　轻重载运行 Y-△自动转换节电线路

工作原理：电动机负载电流的大小变化由电流互感器 TA 检测。电动机轻载和重载运行时两种电流信号的临界点 Q' 一般需通过对电动机的实测作图而定，如图 8-12 所示。如果 Q' 点定得过高，电动机在 Y 接法时负载较大，则其传动性变坏；Q' 点定得过低时，节电效果差。

负载电流经电流互感器 TA 检测，在分压器 RP_1 上产生电压，调节 RP_1 使输出（电动机重载时）电压为 3V 左右，该电压送至晶体管 VT_1 放大，再经二极管 VD_1 整流、电容 C_3 滤波，加在分压器 RP_2 上，调节 RP_2，使此电压值应能保证轻载时继电器 KA_3 释放（VT_2、VT_3 截止），重载时 KM_3 吸合（VT_2、VT_3 导通）。这样，轻载时，

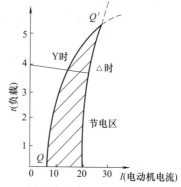

图 8-12　电动机轻载和重载运行
两种电流信号的临界点

KA₃ 释放，中间继电器 KA₂ 释放，其常开触点断开，常闭触点闭合，接触器 KM₂ 得电吸合，电动机在 Y 接法下节电运行；重载时，KA₃ 吸合，KA₂ 得电吸合，接触器 KM₂ 失电释放，而 KM₃ 得电吸合，电动机在△接法下运行。

为了防止电动机在轻载启动时电路误动作和保护晶体管 VT₁，在电路中设置了时间继电器。通过时间继电器 KT 的延时断开常闭触点得以保护；中间继电器 KA₁ 是为了缩短 KT 的工作时间，延长其使用寿命；KA₂ 是用于扩大继电器 KA₃ 的触点容量。

8.2.8 采用大功率开关集成电路的 Y-△自动转换节电线路

采用大功率开关集成电路的 Y-△自动转换节电线路如图 8-13 所示。该线路采用 TWH8751 大功率开关集成电路 A₁ 和 7812 三端集成稳压电路 A₂，所以线路显得简洁。

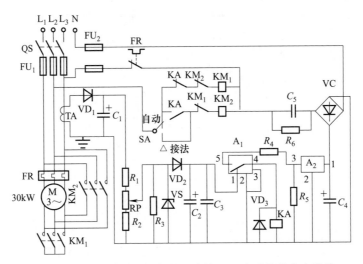

图 8-13 采用大功率开关集成电路的 Y-△自动转换节电线路

(1) 控制目的和方法

控制目的：节约电能。

控制方法：通过电流互感器探测电动机负载电流，根据需要及时控制大功率开关集成电路，进而控制接触器的动作，从而实现电动机 Y-△自动转换。可手动和自动控制。

保护元件：熔断器 FU₁（电动机短路保护），FU₂（控制电路短路保护）；热继电器 FR（电动机过载保护）；二极管 VD₃（保护大功率开关集成电路 A₁ 免受继电器 KA 反电势而损坏）；稳压管 VS（保护 A₁ 免受过高的输入电压而损坏）。

(2) 线路组成

① 主电路。由开关 QS、熔断器 FU₁、接触器 KM₁ 及 KM₂ 主触点、热继电器 FR 和电动机 M 组成。

② 控制电路。由熔断器 FU₂、转换开关 SA、接触器 KM₁ 及 KM₂ 和热继电器 FR 常闭触点组成。

③ 负载电流探测（取样）电路。由电流互感器 TA、二极管 VD₁、电容 C₁、电阻 R₁ 及 R₂ 和电位器 RP 组成。

④ 开关电路。由 TWH8751 大功率开关集成电路 A₁、电容器 C₃ 组成。执行元件为继电器 KA。

⑤ 直流电源。由电容 C₅、整流桥 VC、电容 C₄ 和 7812 三端固定集成稳压电源 A₂ 组成。

（3）工作原理

合上电源开关 QS，220V 交流电经电容 C_5 降压、整流桥 VC 整流、电容 C_4 滤波、三端固定集成稳压电源 A_2 稳压后，给开关集成电路 A_1 和继电器 KA 提供 12V 直流电压。电动机负载电流经电流互感器 TA 检测，转换成电压信号经二极管 VD_1 半波整流、电容 C_1 滤波后，在分压器 R_1、R_2、RP 上取得取样电压，该电压经二极管 VD_2 整流、电容 C_2 滤波（兼延时作用），加到开关集成电路 A_1 的 1 脚，以控制开关的动作。当电动机轻载时（如为额定负载电流的 50% 以下时），电容 C_2 上的电压小于 1.6V（可调节电位器 RP 改变），开关集成电路 A_1 的 4 脚、5 脚断开，继电器 KA 不吸合，其常闭触点闭合，接触器 KM_1 得电吸合，电动机接成 Y 节电运行。当电动机的负载增大，负载电流升高到设定值时，电容 C_2 上的电压大于 1.6V，则 A_1 的 1 脚、4 脚内部接通，12V 电源电压加到继电器 KA 的线圈上，KA 吸合，其常闭触点断开，常开触点闭合，接触器 KM_1 失电释放，KM_2 得电吸合，电动机接成 △ 运行。

图 8-13 中电容 C_2 起延时作用：当负载电流由额定值的 50% 以上变到 50% 以下时，KA 延迟 8s 左右，即 △ 接法向 Y 接法转换时，延迟动作 8s，这样可以避免重、轻负载频繁交替变换时使交流接触器频繁跳动，损坏主触点。电容 C_3 是防止高频干扰用的。开关 SA 的作用是：打到自动位置时，电路作 Y-△ 自动转换，打到 △ 接法时，电动机一直接成 △ 运行。电阻 R_6 的作用是断电后，为电容 C_5' 提供一放电回路，以免检修时人体触及 C_5' 造成电击。

（4）元件选择

电气元件参数见表 8-3。

表 8-3　电气元件参数

序号	名　称	代号	型号规格	数　量
1	负荷开关	QS	HD13-100/31	1
2	熔断器	FU_1	RT0-100/100A	3
3	熔断器	FU_2	RL1-15/5A	2
4	热继电器	FR	JR16-150/3　53～85A	1
5	交流接触器	KM_1、KM_2	CJ20-63A　380V	2
6	中间继电器	KA	JQX-4　DC 12V	1
7	转换开关	SA	LS2-2	1
8	电流互感器	TA	自制，见计算	1
9	大功率开关集成电路	A_1	TWH8751	1
10	三端固定集成稳压电源	A_2	7812	1
11	整流桥	VC	QL-0.5A　100V	1
12	二极管	$VD_1 \sim VD_3$	1N4001	3
13	稳压管	VS	2CW7A　$U_z=3.2 \sim 4.5V$	1
14	金属膜电阻	R_1，R_2	RJ-1kΩ　1/2W	2
15	炭膜电阻	R_3，R_5	RT-3kΩ　1/2W	2
16	炭膜电阻	R_4	RT-390Ω　1/2W	1
17	炭膜电阻	R_6	RT-510kΩ　1/2W	1
18	电位器	RP	WS-0.5W　10kΩ	1
19	电解电容器	C_1	CD11　47μF　50V	1
20	电解电容器	C_2	CD11　33μF　10V	1
21	电容器	C_3	CL11　0.1μF　63V	1
22	电解电容器	C_4	CD11　220μF　25V	1
23	电容器	C_5	CBB22　0.68μF　630V	1

① 电流互感器 TA 的制作。如果电动机额定电流为 10A 以下，TA 可用指示灯小变压器改制。将原来的次级绕组不用，原初级绕组作为 TA 的次级，用 ϕ3mm 粗纱包线（其截面载流量大于电动机额定电流）在线圈外绕几圈至十几圈作为 TA 的初级。也可用普通电源变压器改制，次级用 ϕ0.15mm 漆包线绕 1000 匝左右，初级用多芯铜绞线绕 1~2 匝。

如果电动机功率较大，如额定电流为 10~50A，TA 可用锰锌 MXO-2000 型磁环，外径为 59mm，内径为 35mm，厚为 11mm，次级用 ϕ0.2mm 漆包线绕 500 匝左右，初级用电源线绕 3~6 圈（试验决定）。也可用截面为 12mm×16mm 的硅钢片为铁芯，次级用 ϕ0.1mm 漆包线绕 1000~1500 匝，初级用电动机一根组线穿过铁芯（即 1 匝）。

② 关于 TWH8751 大功率开关集成电路 A_1。TWH8751 开关集成电路的工作电压为 12~24V，可在 28V、1A 电路中作高速开关。使用时只需在控制端 1 脚加上约 1.6V 电压，就能快速控制外接负载（继电器 KA）通断。

8.3　异步电动机同步化运行节电线路

8.3.1　异步电动机同步化运行的励磁方式

绕线式异步电动机的转子，当启动完毕，通入直流电流，将转子牵入同步，作为同步电动机运行，称为异步电动机同步化。

异步电动机同步化运行，可使电动机的无功功率损耗减少，甚至可以向电网回馈无功功率，提高电网的电压质量，节约电能。电动机负荷率越低，容量越大，则经济效果越好。

绕线式异步电动机的过载能力较大，一般为额定值的 2~2.5 倍。实现同步化运行后，过载能力将大大减小（因异步电动机的气隙比同步电动机小），如果所带负载较重，就会产生失步现象。

异步电动机同步化运行的负荷率不宜大于额定值的 0.75，尖峰负荷不超过额定值。

转子绕组的励磁接线方式，对同步化运行的效果、牵入同步的过程及失步后恢复异步运行的能力等都有影响，应根据具体情况选取。异步电动机同步化运行转子绕组四种接线方式及性能比较见表 8-4，转子励磁电流、电压与励磁方式的关系见表 8-5，供选用时参考。

表 8-4　异步电动机同步化运行转子绕组接线方式及其比较

励磁连接方式	绕组连接系数	转子绕组是否改接	转子平均温升情况（通入相同电流）	过载能力	所需励磁功率（磁势一定）	牵入同步及失步时振荡情况	恢复异步能力	图　　　例
两并一串	1	不要	最低	较差	较小	较好	最好	
两串	1.15	不要	较低	较好	较小	较差	最好	

续表

励磁连接方式	绕组连接系数	转子绕组是否改接	转子平均温升情况（通入相同电流）	过载能力	所需励磁功率（磁势一定）	牵入同步及失步时振荡情况	恢复异步能力	图 例
三串	1.33	要	较高	最好	较大	最差	不能恢复	
一个半并	1.33	要	较高	最好	较大	较好	较差	

表 8-5 转子励磁电流、电压与励磁方式的关系

励磁方式	励磁电压 U_1/V	励磁电流 I_1/A	转子磁势	说 明
两并一串	$1.23U_{ze}s_e$	$1.41I_{ze}$	额定值	①磁势额定值是指异步时转子额定磁势
两串	$1.41U_{ze}s_e$	$1.23I_{ze}$	额定值	②此时各方式的励磁功率均相同
三串	$1.73U_{ze}s_e$	$1.00I_{ze}$	0.94 额定值	③U_{ze}——转子额定电压，V
一个半并	$0.866U_{ze}s_e$	$2.00I_{ze}$	0.94 额定值	I_{ze}——转子额定电流，A s_e——额定转差率

8.3.2 130kW 异步电动机同步化运行线路

图 8-14 和图 8-15 分别是 130kW 绕线式异步电动机同步化运行的主线路和控制线路。

工作原理：①异步启动过程。合上电源开关 QF 和控制线路电源开关 QS_2，由于接触器 KM_5 处于释放状态，其常闭辅助触点闭合，接触器 KM_1 得电吸合，电动机转子接入全部电阻。按下启动按钮 SB_1，接触器 KM 得电吸合并自锁，电动机接通交流电源开始低速启动。KM 常开辅助触点闭合。同时时间继电器 KT_1 线圈通电，其延时吸合常闭触点立即断开，切断接触器 KM_2 回路。松开按钮 SB_1 后，KT_1 失电，经过一段延时后，其延时闭合常开触点闭合，KM_2 得电吸合，切除第一级转子回路电阻，电动机做低速运行。这时 KT_2、KT_3 相继吸合，它们的延时闭合常闭触点断开。再延时一段时间，KT_1 延时断开常开触点断开，KT_2 失电释放，经过一段延时，其延时闭合常闭触点闭合，KM_3 得电吸合，切除第二级转子回路电阻，电动机做中速运行。KM_3 常闭辅助触点断开，KT_3 失电释放，经过一段延时，其延时吸合常闭触点闭合，KM_4 得电吸合，切除第三级转子回路电阻，电动机做高速运行。

② 同步化运行过程。合上开关 QS_1，将调压开关 SA 打到任一挡位（如"1"位置），接触器 KM_6 得电吸合，电压继电器 1KA～3KA 吸合，时间继电器 KT_4 线圈通电，经过一段延时后，其延时闭合常开触点闭合，如果这时的失步继电器 KA_2 处于允许同步运行（即

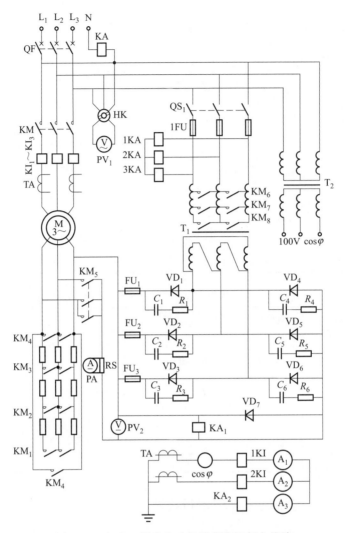

图 8-14　130kW 异步电动机同步化运行主线路

常闭触点闭合），励磁回路已有电压（即直流电压继电器 KA$_1$ 吸合），刚按下启动按钮 SB$_1$ 和同步启动按钮 SB$_2$ 时，接触器 KM$_5$ 得电吸合，其常闭辅助触点断开，切断接触器 KM$_1$～KM$_4$ 回路，而主触点接通转子励磁回路，电动机进入同步运行。此电路的励磁回路采用三相桥式整流电路（VD$_1$～VD$_6$），调节变压器 T 初级抽头（由调压开关 SA 控制），可改变励磁电压的大小。

图中，电流速断继电器 KI$_1$～KI$_3$ 作电动机短路保护用；过电流继电器 1KI、2KI 作电动机过载保护作用；电压继电器 1KA～3KA 及直流继电器 KA$_1$ 保证同步运行时必须有正常的励磁电压；失步继电器 KA$_2$ 保证电动机在不失步的情况下投入同步运行。

该线路主要电气元件参数见表 8-6。

8.3.3　晶闸管励磁的异步电动机同步化运行线路

绕线式异步电动机转子采用晶闸管励磁，励磁电流可以根据需要进行自动调节，从而达到自动稳步的目的。

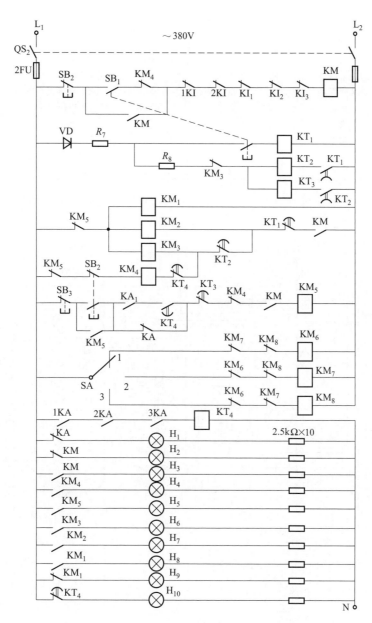

图 8-15　130kW 异步电动机同步化运行控制线路

表 8-6　主要电气元件

代号	名称	型号规格	代号	名称	型号规格
QF	断路器	600A	KA_2	失步继电器	GL-11 型、5A
QS_1、QS_2	转换开关	380A、20A	$KT_1 \sim KT_3$	时间继电器	T_3 型、直流 110V
SA	调压开关	FK-12 型	$KM_6 \sim KM_8$	交流接触器	40A、380V
HK	电压转换开关	—	$KI_1 \sim KI_3$	电流速断继电器	JT4 型、600A
TA	电流互感器	600A/5A	1KI、2KI	过流继电器	GL-11 型、5A
KM、KM_4	交流接触器	600A、380V	KA	电压继电器	SRM 型、220V
KM_1	交流接触器	80A、380V	KT_4	时间继电器	JS7 型、220V
KM_2、KM_3、KM_5	交流接触器	300A、380V	1KA～3KA	交流电压继电器	DZ-52-40 型、220V
KA_1	直流继电器	6V(自制 5V 动作)	1FU	熔断器	RL1-60/20A

续表

代号	名称	型号规格	代号	名称	型号规格
2FU	熔断器	RL1-15/10A	RS	分流器	750A
$FU_1 \sim FU_3$	快速熔断器	RLS-350/300A	PA	直流电流表	75mA
T_1	整流变压器	$Y/\triangle$,10kV·A,380V/8V	PV_1	交流电压表	$0 \sim 450V$
$VD_1 \sim VD_6$	二极管	ZP200A/200V	PV_2	直流电压表	$0 \sim 30V$
VD_7	二极管	1N4007	$A_1 \sim A_3$	交流电流表	600A
$R_1 \sim R_6$	金属膜电阻	RJ-36Ω 1W	$\cos\varphi$	功率因数表	100V、5A
R_7、R_8	调整电阻	—	$SB_1 \sim SB_3$	按钮	LA_2
$C_1 \sim C_6$	电容器	CZJ,$1\mu F$ 1250V	$H_1 \sim H_{10}$	指示灯	220V

图 8-16 和图 8-17 分别为采用晶闸管励磁的 75kW 绕线式异步电动机同步化运行的主线路、控制线路和触发线路。

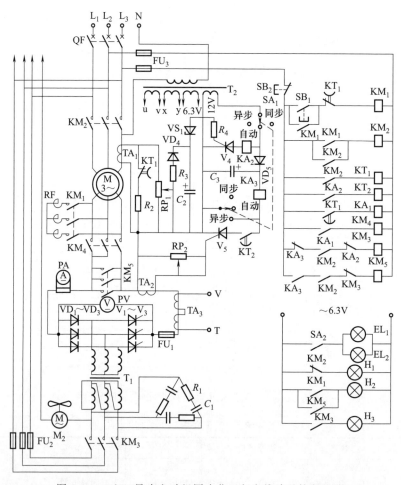

图 8-16 75kW 异步电动机同步化运行主线路及控制线路

工作原理：合上电源开关 QF，将转换开关 SA_1 置于自动位置，按下启动按钮 SB_1，接触器 $KM_1 \sim KM_3$ 和时间继电器 KT_1 得电吸合，KM_1、KM_2 的主触点闭合，定子接入交流电源、转子接入频敏变阻器 RF 做异步启动。经过一段延时后，KT_1 延时断开常闭触点断开，接触器 KM_1 失电释放，而 KM_4 主触点闭合，接通转子励磁回路，电动机进入同步运行。如果由于某种原因不允许做同步运行，可使接触器 KM_3 释放，KM_5 得电吸合，转子短

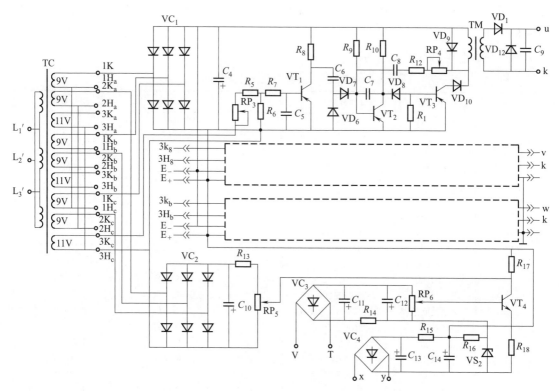

图 8-17　75kW 异步电动机同步化运行触发线路

接，返回异步运行状态。

该线路采用在转子绕组中串接频敏变阻器启动。

触发线路采用阻容反馈正弦同步电压垂直控制，此电路可获得约 150° 的移相范围。

稳流线路由直流电流互感器 TA_3、整流桥 VC_3、三极管 VT_4、稳压管 VS_2 及阻容元件组成（见图 8-17）。当某种原因使励磁电流增大时，TA_3 输出电压增大，电位器 RP_6 取出的电压也增大，VT_4 的基极对发射极电压 U_{be} 降低，集电极电流 I_c 减小，使电阻 R_{17} 上的压降 U_g 也随之减小，U_g 即为移相控制电压中的给定电压，U_g 减小使移相角 α 增大，晶闸管导通角减小，从而使输出电流减小，达到稳定的目的；反之亦然。

自动切换线路由转换开关 SA_1、晶闸管 V_4 和 V_5、电流互感器 TA_1 和 TA_2 及其外围电路和时间继电器 KT_2 等组成。工作原理如下：当 SA 置于自动位置时，为了尽可能多地输出无功功率，在温升允许的条件下，应尽可能增加转子励磁电流。此时定子也相应地有较大的容性电流，并在电流互感器 TA_1 上感应出一个电压，该电压经电位器 RP_1 分压取出，经二极管 VD_4 使稳压管 VS_1 被击穿，小晶闸管 V_4 得到触发电流而导通，继电器 KA_2 吸合，其常开触点闭合，时间继电器 KT_2 线圈得电，经过一段延时后，其延时闭合常开触点闭合，接通小晶闸管 V_5 回路。这时电动机做正常同步运行。当某种原因（如电网电压下降或负载过重）引起失步时，转子电流会有很大的波动，该电流经过电流互感器 TA_2 感应出一个电压，将小晶闸管 V_5 触发导通，继电器 KA_3 吸合，其触点动作，切换接触器 KM_3、KM_5，即关断了整流电源，并短接转子，使电动机进入异步运行。电动机能否恢复同步运行，取决于定子电流的大小。当电网电压或负载恢复正常后，定子电流降到一定值时，电流互感器 TA_1 感应出的电压不足以击穿稳压管 VS_1，则小晶闸管 V_4 关闭，继电器 KA_2 释放，继而

KT_2 释放，V_5 关闭，KA_3 释放，自动恢复同步。KT_2 起缓冲作用，用以提高自动切换线路的稳定性。

该线路主要电气元件参数见表 8-7。

表 8-7　主要电气元件参数

代号	名称	型号规格	代号	名称	型号规格
T_1	整流变压器	△/Y，380V/12V	PV	直流电压表	44V_1-V，20V
T_2	控制变压器	5V·A，220V/12V、12V，6.3V	KM_1、KM_2、KM_4	交流接触器	CJ20，380V 300A
			KM_3	交流接触器	CJ20，380V 20A
TC	同步变压器	△/Y，380V/9V，9V，11V	KM_5	交流接触器	CJ20，380V 75A
TM	脉冲变压器	10mm×12mm，300 匝/150 匝	KA_2、KA_3	继电器	522 型，6V
RF	频敏变阻器	—	KA_1	中间继电器	522 型，380V
M_2	轴流风机	CFP-1-120	KT_1、KT_2	时间继电器	JS7 型，380V
QF	断路器	DZ1-300A	V_1～V_3	晶闸管	KP200A/400V
SA_1	波段开关	2×3	V_4、V_5	晶闸管	KP2A/50V
SA_2	主令开关	LS-3/2	VD_1～VD_3	二极管	ZP200A/100V
TA_1、TA_2	电流互感器	LQG-0.5-200/5A	VC_1～VC_4	整流桥	1N4004
TA_3	直流电流互感器	LQG-0.5-200/5A 改制	VT_1、VT_2	三极管	3AX31B
FU_1	快速熔断器	RSO-350A	VT_3	三极管	3AD6C
FU_2	熔断器	RL1-15A	VT_4	三极管	3DG6C
PA	直流电流表	44C_1-A，500A	VS_1	稳压管	2CW57
VS_2	稳压管	2CW55	RP_1	电位器	220Ω 3W
R_1	金属膜电阻	RJ-20Ω 2W	RP_2	电位器	1kΩ 3W
R_2	金属膜电阻	RJ-10Ω 1/2W	RP_3	电位器	WH-7-470Ω
R_3、R_{15}	金属膜电阻	RJ-100Ω 1/2W	RP_4	电位器	WH-7-10K
R_4	金属膜电阻	RJ-120Ω 1/4W	RP_5	电位器	3.3kΩ 2W
R_5、R_{11}	金属膜电阻	RJ-360Ω 1/8W	RP_6	电位器	470Ω 2W
R_6	金属膜电阻	RJ-390Ω 1/8W	C_1	电容器	CZJD，0.47μF 630V
R_7	金属膜电阻	RJ-5.1kΩ 1/8W	C_2、C_3	电解电容器	1000μF 25V
R_8	金属膜电阻	RJ-36kΩ 1/8W	C_4、C_{10}	电解电容器	100μF 50V
R_9	金属膜电阻	RJ-27kΩ 1/8W	C_5	电容器	0.47μF 160V
R_{10}	金属膜电阻	RJ-2kΩ 1/8W	C_6	电容器	0.056μF 160V
R_{12}	金属膜电阻	RJ-6.8kΩ 1/8W	C_7	电容器	0.1μF 160V
R_{13}	金属膜电阻	RJ-2.7kΩ 1/2W	C_8	电容器	1μF 160V
R_{14}	金属膜电阻	RJ-56Ω 1/2W	C_9	电容器	0.22μF 160V
R_{16}	金属膜电阻	RJ-220Ω 1/4W	C_{11}～C_{14}	电解电容器	100μF 25V
R_{17}	金属膜电阻	RJ-620Ω 1/8W	SB_1、SB_2	按钮	LA$_2$
R_{18}	金属膜电阻	RJ-27Ω 1/8W	EL_1、EL_2	照明灯	—
			H_1～H_3	指示灯	—

8.4　异步电动机无功功率就地补偿线路

异步电动机无功功率就地补偿，是将电容器直接与异步电动机定子绕组连接，以提高异步电动机运行时的功率因数、降低能耗的一种无功补偿方式。它适用于单机容量较大（10kW 以上）、运行时间较长、距离电源较远的异步电动机。

异步电动机就地无功补偿必须防止自励过电压产生。

自励过电压产生的原因：当异步电动机从运行状态改为停机状态时，由于转子具有转动惯量，转速不能立即降低到零，这时电容器对电动机提供励磁电流，使电动机成为自励异步发电机运行。如果电容量过大，励磁电流将很大，异步发电机便产生很高的电压，严重威胁电动机和电容器的绝缘层。

为了防止自励过电压，应正确选择补偿电容器的容量，同时应正确接线。

补偿电容器的容量应按下式选择：

$$Q_c \leqslant (0.7 \sim 0.9)\sqrt{3}U_e I_0$$

式中　Q_c——补偿电容器的容量，var；

　　　U_e——异步电动机的额定电压，V；

　　　I_0——异步电动机的空载电流，A。

补偿电容器的接线：当电动机启动时，应使电容器上的电压为零或很小；当电动机从运行状态改为停机状态时，应使电容器所提供的励磁电流不会造成过电压的危害。

8.4.1　直接启动就地补偿线路

直接启动就地补偿线路如图 8-18 所示。该线路也可以用于自耦降压启动或转子串接频敏变阻器启动线路的就地补偿。该线路将电容器直接并接在电动机的引出线端子上。

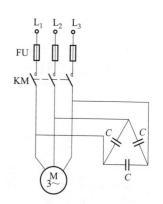

图 8-18　直接启动就地补偿线路

电动机个别补偿容量可参考表 8-8～表 8-10 选择。电动机功率与功率因数的关系如图 8-19所示。

表 8-8　Y 系列 380V 三相异步电动机就地补偿电容器容量　　　　　kvar

电动机功率/kW	2 极	4 极	6 极	8 极	10 极
11	4.0	5.0	6.0	7.0	
15	4.0	6.0	8.0	9.0	
18.5	5.0	8.0	9.0	12.0	
22	7.0	9.0	10.0	14.0	
30	10.0	10.0	10.0	16.0	
37	12.0	12.0	12.0	18.0	
45	12.0	14.0	14.0	24.0	35.0
55	14.0	16.0	20.0	30.0	45.0
75	20.0	20.0	24.0	35.0	60.0
90	24.0	24.0	30.0	40.0	
110	30.0	35.0	40.0	45.0	
130	35.0	40.0	45.0		
160	45.0	40.0			

表 8-9　YX 系列 380V 三相异步电动机就地补偿电容器容量　　　　　kvar

电动机功率/kW	2 极	4 极	6 极	电动机功率/kW	2 极	4 极	6 极
1.5			1	4	1	1.5	2.5
2.2		1	1.5	5.5	1.25	2	3
3	0.3	1.25	2	7.5	1.8	2.5	4

续表

电动机功率/kW	2极	4极	6极	电动机功率/kW	2极	4极	6极
11	3	4	6	37	8	10	12.5
15	3.5	5	7	45	9.5	12.5	14
18.5	4.5	6.5	7.5	55	13	14	16
22	5	7	8	75	18	20	
30	6.5	8.5	10	90	20	22	

表 8-10　Y 系列 6kV 三相异步电动机就地补偿电容器容量 Q_c 及其最小供电长度值 L

电动机功率/kW	4极		6极		8极		10极		12极	
	Q_c/kvar	L/m	Q_c/kvar	L/m	Q_c/kvar	L/m	Q_c/kvar	L/m	Q_c/kvar	L/m
220	90	28	110	25	120	20	140	20	150	18
250					140	23	160	20		
280									200	15
315			130	18			180	16		
355	130	17			190	15				
315			140	10					220	10
355					170	15	200	15		
400			150	15						
450	150	15							300	5
500			180	18			290	16		
560					280	16				
630	200	16							350	22
860			270	20					390	6

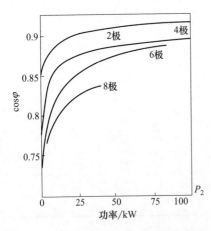

图 8-19　电动机功率与功率因数的关系

必须指出：就地补偿电容器应使用金属化聚丙烯干式电力电容器，而不可使用普通电力电容器。因为电动机并联电容器就地补偿，当电动机停机时，电容器会向绕组放电，放电电流会引起电动机自励产生高电压。为了保证电动机停机时电容器能可靠放电，应设有放电电路，而普通电力电容器不具备放电电路，且其体积大、重量重，安装使用不方便，所以不宜采用。

8.4.2　采用 Y-△ 启动器启动的异步电动机就地补偿线路

采用 Y-△ 启动器启动的异步电动机就地补偿线路如图 8-20 所示。

采用图 8-20（a）所示线路时，当电动机绕组 Y 连接启动时，和电容器连接的 U₂、V₂、W₂ 三个端子被短接，成为 Y 接线的中性点，电容器短接无电压。启动完毕，电动机绕组改为△接线，电容器与电动机绕组并接。当停机时，电容器不能通过定子绕组放电，所以补偿电容器必须选用 BCMJ 型自愈式金属化膜电容器或类似内部装有放电电阻的电容器。

采用图 8-20（b）所示线路时，每组单相电容器直接并联在电动机每相绕组的两个端子上。

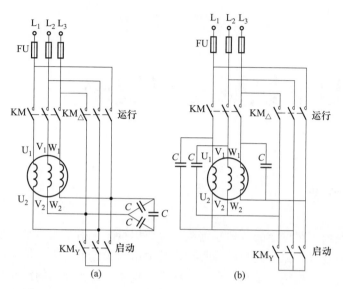

图 8-20　采用 Y-△启动器启动的异步电动机就地补偿线路

异步电动机无功就地补偿应注意的事项：

① 如果电容器安装在电动机与热继电器之间，这时热继电器应按补偿后电动机已减小的电流整定。

② 需防止自励过电压。

③ 补偿电容电缆的截面积应不小于电动机导线截面积的 1/3。

④ 个别补偿的电动机不得承受反转或反接制动；不得反复开停、点动或堵转。因此，它不适宜于吊车、电梯用电动机，或存在负载驱动电动机、多速电动机的场合。

⑤ 采用 Y-△启动的电动机，应将电容器接在接触器的线路侧，或电容器采用与电动机启动器联锁的接触器来转换，以避免电容器和电动机可能因自励电压或峰值瞬变电流而遭损坏。

⑥ 使用不当容易引起因谐波而造成电容器损坏现象。为此可采取以下措施：

a. 在电容器回路中串联电抗器。为了有效地抑制谐波，应对谐波电流进行实测。如主要目的是防止 3 次及以上谐波放大时，可串联感抗值为电容器容抗值 12％～13％的电抗器；主要目的是防止 5 次及以上谐波放大时，可串联感抗值为电容器容抗值 4.5％～6％的电抗器。但要注意，串联 6％或 4.5％电抗器均会产生 3 次谐波电流放大，而串接 6％电抗器对 3 次谐波电流的放大程度更加严重，串接 4.5％电抗器则很接近于 5 次谐波谐振点的电抗值 4％。因此，在需要抑制 5 次及以上谐波，同时又要兼顾减小对 3 次谐波放大的情况下，可串接 4.5％的电抗器。

串联电抗器后，还可使母线的谐波电压下降，电压波形得到改善。

b. 使用过负荷能力较高的电容器。这种方法的缺点是虽然能避免电容器的损坏，但仍会出现谐波电流放大，系统的谐波状况不会得到改善。

第 9 章

起重机械专用线路

9.1 起重机线路

桥式起重机是应用很广泛的一种起重机械，俗称行车、吊车或天车。根据起吊装置的不同，可分为电磁吸盘式、抓斗式和吊钩式等，其中吊钩式起重机应用最为广泛。

桥式起重机一般由桥架、小车、大车、提升机构、主滑线和辅助滑线等组成，其结构示意图如图 9-1 所示。

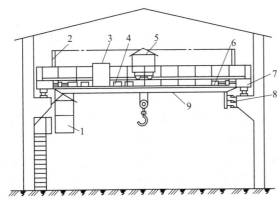

图 9-1　桥式起重机结构示意图
1—驾驶室；2—辅助滑线架；3—交流磁力控制盘；
4—电阻箱；5—起重小车；6—大车拖动电动机；
7—端梁；8—主滑线；9—主梁

大车：它安装在大车架上，横跨车间在走台上沿着轨道可以做纵向（左或右）运行。

小车：它安装在小车架上，沿着主梁上的轨道可以做横向（前或后）运行。

提升结构：它安装在小车架上，它的提升装置可以做竖直方向（上升或下降）运行。

桥式起重机根据生产的需要对上述各运行机构提出以下的控制要求：拖动各运行机构的电动机要能频繁地启动、制动、调速、反转，同时能承受较大的过载和机械冲击。

为此，桥式起重机用的电动机，具有结构坚固、耐热性能和绝缘性能良好、飞轮转矩较小、启动转矩较大的特点，并能承受相当大的过载和机械冲击。常用的有绕线式异步电动机 JZR 系列、JZR2 系列和笼型异电动机 JZ 系列、JZ2 系列。

桥式起重机有零位、短路、过载和终端保护等控制和保护线路。

桥式起重机上电动机的控制和保护线路，一般有两种类型：一种是用凸轮控制器和保护箱组成控制、保护线路；另一种是用主令控制器和磁力控制盘组成的控制、保护线路，由主令控制器控制接触器通断，再由接触器控制电动机启动、调速、正反转和制动。前一种线路属直接控制方式，受凸轮控制器触点容量的限制，能够控制容量不大的电动机。后一种控制线路属间接控制方式，能控制容量较大的电动机。下面先介绍凸轮控制器控制线路。

凸轮控制器有 KT10、KT12、KT14 及 KT16 等系列，起重机上常用的还有 KTJ1-50/1、KTJ1-50/5、KTJ1-80/1 等型号。

例如 KT14 系列，KT14-25J/1、KT14-60J/1 型用以控制一台三相绕线式异步电动机；KT14-25J/2、KT14-60J/2 型用以同时控制两台三相绕线式异步电动机，并带有定子电路的触点；KT14-25J/3 型用以控制一台三相笼型异步电动机；KT14-60J/4 用以同时控制两台三相绕线式异步电动机，定子回路由接触器控制。

凸轮控制器主要技术数据见表 9-1。

表 9-1　凸轮控制器主要技术数据

型　号	额定电压/V	额定电流/A	工作位置		通电持续率为 25％时所控制电动机的最大功率/kW	额定操作频率/(次/h)	最大工作周期/min
			向前(上)	向后(下)			
KT14-25J/1	380	25	5	5	11.5	600	10
KT14-25J/2		25	5	5	2×6.3		
KT14-25J/3		25	1	1	8		
KT14-60J/1		60	5	5	32		
KT14-60J/2		60	5	5	2×16		
KT14-60J/4		60	5	5	2×25		

磁力控制盘有以下两种系列：

一种是 PQY 系列和 PQS 系列。

PQY 系列为控制平移机构的磁力控制盘，常用的有四种型号：

PQY1 型——控制一台电动机；

PQY2 型——控制两台电动机；

PQY3 型——控制三台电动机，允许一台电动机单独运转；

PQY4 型——控制四台电动机，电动机分成两组，允许每组电动机单独运行。

PQS 系列为控制提升机构的磁力控制盘，常用的有三种型号：

PQS1 型——控制一台电动机；

PQS2 型——控制两台电动机，允许一台电动机单独运转；

PQS3 型——控制三台电动机，允许一台电动机单独运转，并可进行点动操作。

PQY 系列和 PQS 系列都是全国统一设计的产品，与主令控制器配合使用的磁力控制盘型号见表 9-2。

表 9-2　主令控制器与磁力控制盘的配合

磁力控制盘型号	PQY1	PQY2 PQY3 PQY4	PQS1 PQS2-100-250 PQS3-100-250	PQS2-400 PQS3-400
配用主令控制器型号	LK16-5/31	LK16-5/31	LK16-11/31	LK16-11/31

另一种是 PQR10A 系列和 PQR9A 系列。目前，它们是桥式起重机普遍使用的系列。

9.1.1　KT-25J/1 型凸轮控制器控制线路

线路如图 9-2 所示。该线路常用于 25t/5t（即主钩额定起重量为 20t，副钩额定起重量为5t）桥式起重机大车、小车以及副钩电动机的启动、停止、正转、反转、调速及安全保护等。

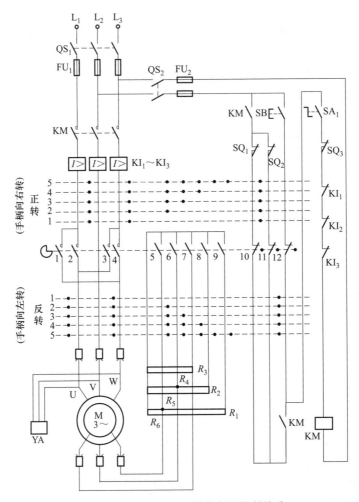

图 9-2　KT-25J/1 型凸轮控制器控制线路

KT25J/1 型凸轮控制器共有 12 对触点，左边 4 对触点连接电源和电动机定子绕组，用以控制电动机的正反转，因为定子电流较大，所以触点上装有灭弧罩；中间 5 对触点接调速电阻箱和电动机转子，用来控制转子外接电阻的接入或切除，实现电动机的启动和调速；右边 3 对触点接控制线路，起限位保护和零位保护的作用。为了减少控制器触点数量，采用不对称切除转子电阻法（中、小容量电动机均采用此法）。

（1）定子电路的控制

如图 9-3 所示是控制器控制电动机正反转的 4 对触点（1～4）的分合情况。

当控制器手柄置于零位时，4 对触点全断开，电动机不转动。当手柄置于正转位置时，只有触点 2 与 4 闭合，电源 L_1 相（即 X_{11}）与 U 接通，电源 L_3 相（即 X_{31}）与 W 接通，电源 L_2 相（即 X_{21}）与 V 接通，电动机正转。当手柄置于反转位置时，只有触点 1 与 3 闭合，电源 L_1、L_3（即 X_{11}、X_{31}）分别与 W 和 U 接通，电源改变了相序，电动机反转。

（2）转子速度的控制

凸轮控制器有 5 对触点（5～9）用于接入或切除电动机转子的电阻，进而控制电动机的

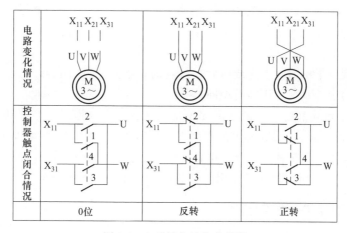

图 9-3　4 对触点的分合情况

转速。外接调速电阻采用不对称连接方式，这样连接虽然会出现转子三相电流不对称，但由于电动机容量不大和电阻级数较多，不会给电动机带来危害。采用不对称连接方式能减少触点使用数量，简化控制线路。

图 9-4 是利用凸轮控制器逐级切除转子外接电阻的示意图，当触点 5～9 依次闭合时，转子外接调速电阻逐级被切除，电动机转速逐级上升。

（3）凸轮控制器的安全联锁触点

如图 9-2 中的触点 12 是用来作零位启动保护的，只有将控制器手柄置于零位时它才闭合，这时电动机才能启动。运行中，如遇突然断电又恢复时，电动机也不能自启动，而必须将手柄置于零位后才能重新启动。当凸轮控制器置于零位时，联锁触点 10、11 闭合；当凸轮控制器手柄置于反转位置时，触点 11 闭合、10 断开；当手柄置于正转位置时，触点 10 闭合、11 断开。它们分别与正转和反转限位开关 SQ_1、SQ_2 组成移动机构（大车或小车）的限位保护。

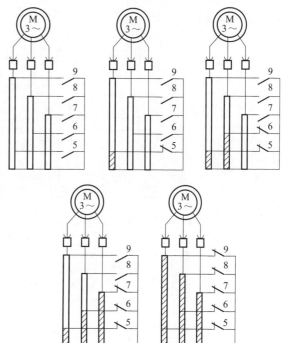

图 9-4　转子电路电阻逐级切除示意图

（4）控制电路工作原理

控制电路工作原理如图 9-2 所示，合上电源开关 QS_1 和控制开关 QS_2，控制器手柄置于零位，电动机不转动，触点 10～12 均闭合，合上紧急开关 SA_1。如大车顶无人、舱口关好后（即触点开关 SQ_3 闭合），按下启动按钮 SB，接触器 KM 得电吸合并自锁（通过限位开关 SQ_1、SQ_2）。

当控制器手柄置于正转（上升或向前）第一挡时，触点 1、3 闭合，电动机正转。此时控制调速电阻的 5 对触点全断开，全部电阻接入转子电阻，电动机以最低转速开始运转。

当控制器手柄置于正转第二挡时，触点 5 闭合，电阻 R_5、R_6 被短接，转速不升。同理，当手柄置于正转第三、四、五挡时，电阻 $R_4 \sim R_6$、$R_3 \sim R_6$、全部电阻短接，电动机逐级升速。如果将手柄由第五挡逐挡扳回第一挡时，调速电阻就逐级接入，电动机将逐级降速。

当控制器手柄置于反向（下降或向后）位置时，触点 2、4 闭合，电动机反转。手柄在各挡位置电动机的运转状况与正转时相同。

当电动机 M 通电运转时，电磁抱闸 YA 得电吸合，松开抱闸；当控制器手柄置于零位或限位保护动作时，接触器 KM 和电磁抱闸 YA 同时失电释放，使移动机构准确停车。

该线路能用于以下保护：①过流继电器 KI 用于过电流保护；②事故紧急开关 SA_1 用于紧急保护；③舱口安全 SQ_3 用于安全保护，只有关好舱口后才能开车。

9.1.2 XQB1型保护箱控制线路

保护箱是桥式起重机电气线路重要的组成部分，它的作用是对桥式起重机运行起保护作用，它保证起重机上所有电气设备的供电，并具有过电流保护、欠电压保护、零位保护、限位保护和紧急保护等多种保护功能。

XQB1 型保护箱线路如图 9-5 所示。图 9-5（b）中各电气元件的含义见表 9-6。其中 $SA_1 \sim SA_3$ 均为联动开关。

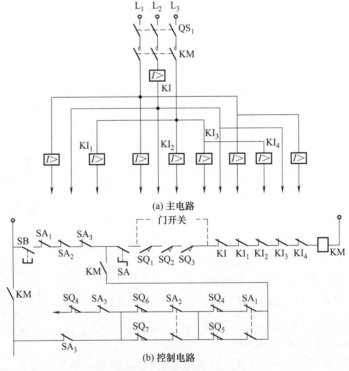

图 9-5　XQB1 型保护箱线路

图中，QS_1 为总电源开关；KM 为线路接触器；$KI_1 \sim KI_4$ 为起重机各电动机过流继电器，每台电动机各有两相由过流继电器保护；KI 为总过流继电器。

（1）过电流保护

起重机用过流继电器 KI 有瞬时动作和反时限延时动作两种类型。当电动机出现过载或短路故障时，KI 动作，使线路接触器 KM 失电释放，切断电动机电源。

在 XQB1 系列保护箱中，使用 LJ5 型或 LJ15 型瞬动过流继电器。过流继电器的整定值必须合适，过大了，不能保护电动机；过小了，经常动作。各电动机过流继电器的整定值为电动机额定电流的 2.25～2.5 倍。总过流继电器（瞬时动作）的整定值等于最大一台电动机的额定电流与其余电动机的额定电流之和的 2.5 倍。

（2）欠压保护

当电源电压过低或停电时，接触器 KM 因电压过低而自动释放，切断电源。

（3）限位保护

用来限制电动机所带动的运行机构的位置，以免发生事故。当运行机构（大、小车或提升机构）运行至极限位置时，限位开关 SQ_4～SQ_8 常闭触点断开，使接触器 KM 释放。

（4）零位保护

用来防止电动机自行启动，以免危及设备和人身安全。电源切断后，控制器手柄仍在工作挡位上，当电源恢复送电时，电动机自行启动。由图可见，只有当控制器手柄置于零位时，其零位保护触点 1、2 闭合，电动机才有接入电源的条件。

（5）紧急开关保护和舱口开关保护

当运行过程中遇到意外情况需要紧急停车时，可迅速按动紧急开关 SA，其闭合触点断开，使接触器 KM 释放，电动机制动停车。

舱口开关 SQ_1 是为了保证运行安全而设置的，司机进入工作位置后，只有关好舱门（SQ_1 触点闭合），才允许电动机启动。

9.1.3　多台凸轮控制器控制线路

线路如图 9-6 所示。线路由 SA_1～SA_3 三个凸轮控制器组成，分别控制大车、小车和提

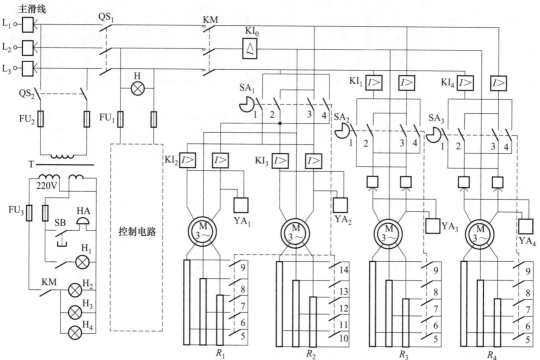

图 9-6　多台凸轮控制器桥式起重机控制线路

升机构的运行。其中 SA_1 采用 KT12-25J/1 型凸轮控制器。它有两套换接调速电阻的触点，可以同时切换两只电阻箱，用于控制大车的两台绕线式电动机调速。该线路一般用于 5t/10t 桥式起重机的控制线路。

图中大车控制器 SA_1、小车控制器 SA_2 和提升控制器 SA_3 触点闭合情况见表 9-3～表 9-5。图中各电器名称见表 9-6。

SQ_1 为舱口门安全开关；SQ_2、SQ_3 为横梁栏门安全开关。检修人员上桥架检修机电设备或上大车轨道上检修设备而打开门时，使 SQ_1 或 SQ_2、SQ_3 断开，以确保检修人员的安全。

表 9-3　凸轮控制器 SA_1 触点闭合

触点	向右					零位	向左				
	5	4	3	2	1	0	1	2	3	4	5
1							×	×	×	×	×
2	×	×	×	×	×						
3							×	×	×	×	×
4	×	×	×	×	×						
5								×	×	×	×
6	×	×	×							×	×
7	×										×
8	×										×
9											
10	×	×	×	×				×	×	×	×
11									×	×	
12										×	×
13											×
14	×										×

注：×表示触点闭合。

表 9-4　凸轮控制器 SA_2 触点闭合

触点	向右					零位	向前				
	5	4	3	2	1	0	1	2	3	4	5
1							×	×	×	×	×
2	×	×	×	×	×						
3							×	×	×	×	×
4	×	×	×	×	×						
5	×	×	×						×	×	×
6	×	×	×							×	×
7	×	×								×	×
8	×										×
9	×										×

注：×表示触点闭合。

表 9-5 凸轮控制器 SA₃ 触点闭合

手柄位置 触点状态 触点	向 右					零位	向 左				
	5	4	3	2	1	0	1	2	3	4	5
1							×	×	×	×	×
2	×	×	×	×	×						
3							×	×	×	×	×
4	×	×	×	×							
5								×	×	×	×
6									×	×	×
7	×	×								×	×
8	×										×
9	×										×

注：×表示触点闭合。

表 9-6 起重机线路中电器名称

代　号	名　　称	代　号	名　　称
M_1、M_2	大车电动机	YA_1、YA_2	大车制动电磁铁
M_3	小车电动机	YA_3	小车制动电磁铁
M_4	提升电动机	YA_4	提升制动电磁铁
SA	紧急开关	SQ_4、SQ_5	大车限位开关
SQ_1	舱口安全开关	SQ_6、SQ_7	小车限位开关
SQ_2、SQ_3	横梁栏门安全开关	SQ_8	提升限位开关
SA_1	大车凸轮控制器	QS_1、QS_2	刀开关
SA_2	小车凸轮控制器	KM	线路接触器
SA_3	提升凸轮控制器	KI_1	小车过流继电器
R_1、R_2	大车电阻器	KI_2、KI_3	大车过流继电器
R_3	小车电阻器	KI_4	提升过流继电器
R_4	提升电阻器	KI_0	线路过流继电器

$KI_1 \sim KI_4$ 分别为电动机 $M_1 \sim M_4$ 的过流继电器，每个过流继电器分别控制电动机两相绕组。KI_0 为总过电流继电器，实现过载和短路保护。

整机线路由主电路、控制回路和照明信号电路等部分组成。

工作原理：合上电源开关 QS_1 和控制开关 QS_2，控制电路和照明电路即可投入工作。

将各控制器置零位，检查紧急开关 SA 是否合上，关好舱门和门栏。按下启动按钮 SB，线路接触器 KM 得电吸合并自锁。其主触点闭合，为各电动机提供电源，其中 L_{21} 为公用相，直接与各电动机的 V 相连接，其余两相 L_{11} 和 L_{31} 需经各控制器的定子电路触点，分别和相对应的电动机 U（或 W）、W（或 U）相连接，可以实现对各电动机的正反转控制。

整机线路的限位保护电路由各运行机构的限位电路串联组成，而每个运行机构的限位电路由它的限位开关和控制器方向触点并联组成。当运行机构向某方向运行时，则同方向的限位开关和控制器方向联锁触点被接入控制回路，而反方向的控制器方向联锁触点被断开。如大车控制器 SA_1 置于左行位置，当大车左行至极限位置时，碰到左行限位开关 SQ_4，其常闭触点断开，接触器 KM 失电释放，各电动机主电路被切断，每个制动电磁铁均制动，起重机停止工作，从而防止了起重机继续左行而造成事故。各限位开关安装位置如图 9-7 所示。

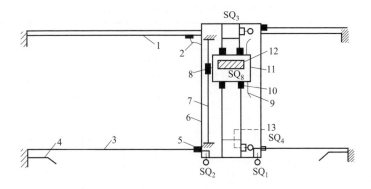

图 9-7　桥式起重机限位开关安装位置示意图

1—主滑线；2—主集电器；3—大车轨道；4—大车限位撞杆；5—大车滚轮；6—大车桥架；7—副滑线；
8—副集电器；9—小车限位撞杆；10—小车滚轮；11—小车；12—提升卷扬机；13—司机室

由于起升机构下降的极限位置是地面，故不需要设置下限位电路。

整机线路的零位保护电路由各控制器零位触点串联后接入控制回路组成。如果因电源断电或故障使起重机停车，欲使起重机重新工作，必须把各控制器置零位后，方可进行。

图中虚线框内控制线路与图 9-5（b）类同。

桥式起重机的主令控制器控制线路由主令控制器和磁力控制盘组成。它由主令控制器控制接触器线圈通断电，再由接触器控制电动机的启动、调速、正（反）转和制动。

9.1.4　PQR10A 型磁力控制盘平移控制线路

图 9-8 为由主令控制器 LK1-12/90 和磁力控制盘 PQR10A 组成的控制线路。凸轮控制器 SA 触点闭合情况见表 9-7。

表 9-7　凸轮控制器 SA 触点闭合

触点状态 \ 手柄位置	下　降						零位	上　升					
	强力			制动									
触点	5	4	3	2	1	J	0	1	2	3	4	5	6
1							×						
2	×	×	×										
3				×	×	×		×	×	×	×	×	×
4	×	×	×					×	×	×	×	×	×
5	×	×	×										
6				×	×	×		×	×	×	×	×	×
7	×	×	×					×	×	×	×	×	×
8	×	×	×			×							
9	×	×						×	×	×	×	×	×
10	×										×	×	×
11	×											×	×
12	×												×

注：×表示触点闭合。

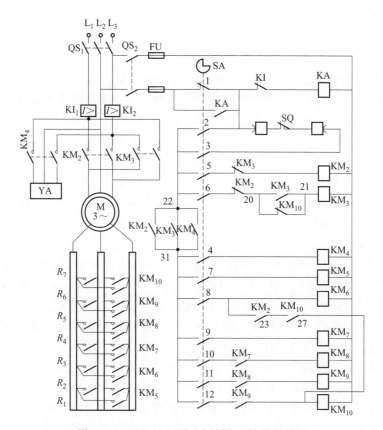

图 9-8　PQR10A 型磁力控制盘平移控制线路

（1）主要电气设备的作用

QS_1 为电源开关；QS_2 为控制回路开关；KM_3、KM_2 为控制正反转接触器，它们之间具有机械、电气联锁。

KA 为零压继电器，对电动机起失压保护和零位保护作用；KI_1、KI_2 为过流继电器，对电动机起过载、短路保护作用；SQ 为起升机构上升限位开关。

YA 为制动接触器，起电动机机械制动作用。

反接接触器 KM_5、KM_6 和加速接触器 $KM_7 \sim KM_{10}$，用来短接或接入转子回路中的电阻，对电动机进行调速。

主令控制器 SA 用来发布指令，使电动机做各种运行或制动。它的手柄有 13 个位置：上升、下降各 6 个挡位，还有一个零挡位。其 12 对触点在不同挡位上的闭合情况由图中标示出。

（2）工作原理

合上开关 QS_1 和 QS_2，将主令控制器 SA 置零位，电压继电器 KA 得电吸合并自锁。

起升控制：当控制器 SA 打到起升第 1 挡时，触点 3、4、6、7 闭合，接触器 $KM_3 \sim KM_5$ 吸合，制动器 YA 松开，第一级反接制动电阻切除（短接），电动机接入电源，起升机构以慢速上升。

将 SA 从起升第 1 挡依次打到第 2、3、4、5、6 挡时，接触器 $KM_6 \sim KM_{10}$ 相继吸合，逐级切除调速电阻，电动机转速和起升机构逐级上升。手柄处于起升位置时，接触器 KM_4 始终闭合，所以使 SQ 接入上升控制电路中，实现上升限位保护。

下降控制：下降控制较为复杂，现分下降前三挡和下降后三挡两种情况分析。下降前三挡，电动机正转；下降后三挡，电动机反转。

将主令控制器 SA 置于下降前三挡位置时，由 SA 触点闭合表可知，接触器 KM$_3$ 吸合、KM$_2$ 释放，电动机相序与提升时相同。

下降第 J 挡位置，触点 3、6、7、8 闭合，转子回路第一、二级电阻切除。由于触点 4 未闭合，制动器 YA 未松开，可利用电动机在制动状态下的瞬间转动来消除制动机构间的间隙，减小启动时的冲击，该挡为下降启动过渡挡，或者用作下降制动停车。此挡不能停留过长，不然要烧毁电动机。

下降第 1 挡位置，触点 3、4、6、7 闭合，接触器 KM$_3$～KM$_5$ 吸合，制动器 YA 松开，切除第一级反接制动电阻，电动机产生上升转矩，如果负载下降力矩大于上升力矩，则负载低速下降，此时电动机在负载下降力矩作用下被强迫反转，电动机处于倒拉反接制动状态。如果负载下降力矩小于电动机上升力矩，则会出现重物不但不下降反而上升的现象。这一挡适宜重载低速下降。

下降第 2 挡位置，电动机接入全部电阻，其上升力矩减小，此挡适用于中等负载低速下降。

当 SA 打到下降后三挡时，接触器 KM$_2$ 吸合、KM$_3$ 释放，电动机相序改变，电动机反转。

下降第 3 挡位置，触点 2、4、5、7、8 闭合，制动器 YA 松开，切除第一、二级电阻，电动机沿下降方向旋转，在负载向下力矩作用下，转速超过同步转速，电动机进入再生发电制动状态，该挡下降速度很高，操作时应注意安全。

下降第 4 挡位置，较第 3 挡位置多切除一级电阻，电动机机械特性变硬，电动机仍处于再生发电制动状态，但下降速度减慢。

下降第 5 挡位置，除常接电阻（软化电动机特性用）外，全部调速电阻切除，电动机机械特性更硬，电动机仍处于再生发电制动状态，下降速度最慢。此挡适用于轻载下降。

在实际操作中，前两挡不允许长时间停留，以避免危险的高速出现。

线路中有以下几个联锁环节：

当控制器 SA 由下降第 5 挡位置转换到下降第 J、1、2 挡位置时，途中必然经过 3、4 挡位置，为了避免在 3、4 挡位置时出现过高的下降速度，采用 KM$_2$（8-23）常开辅助触点与 KM$_{10}$（23-27）常开辅助触点串联，形成 KM$_{10}$ 的自锁电路，这样在途中经过 3、4 挡位置时，由于触点 8 仍然闭合，自锁电路使 KM$_{10}$ 保持吸合状态，电动机的调速电阻还是不能接入，负载下降速度和第 5 挡时相同。自锁电路中串接 KM$_2$（8-23）常开辅助触点的作用是不影响提升时的调速。

当控制器 SA 位置由下降后三挡转换至前三挡时，接触器 KM$_2$ 释放、KM$_3$ 吸合，此时会出现很大的反接电流，因而要求 KM$_{10}$ 释放后才允许 KM$_3$ 吸合并自锁，这样转子回路可以先接入电阻再反接电动机，限制了反接电流。这一转换由 KM$_2$（6-20）、KM$_3$（20-21）、KM$_{10}$（20-21）组成的电路来实现。

当控制器 SA 在下降 2、3 挡之间位置时，KM$_3$ 与 KM$_2$ 相互切换通电，由于 KM$_3$ 与 KM$_2$ 之间存在机械和电气联锁，因此必然会出现一个已经释放而另一个尚未吸合的问题。由于设置了 KM$_4$（31-22）常开辅助触点与 KM$_3$（31-22）、KM$_2$（31-22）常开辅助触点并联的电路，就避免出现 KM$_3$、KM$_2$ 都未吸合而使制动接触器 KM$_4$ 释放的问题，也就避免了电动机出现机械制动，甚至出现强烈振动的问题。

9.1.5　PQY1系列磁力控制盘平移控制线路

图 9-9 为由 LK16-5/31 型主令控制器和 PQY1 系列磁力控制盘组成的控制线路。

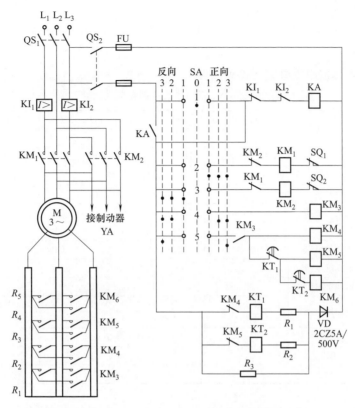

图 9-9　PQY1 系列磁力控制盘平移控制线路

主令控制器 SA 的手柄有 7 个位置，除零位外，还有三个上升挡和三个下降挡。除有机械制动器停车方式外，还有反接制动停车方式。

工作原理：①电动机的启动调速。合上电源开关 QS$_1$ 和控制回路开关 QS$_2$，将主令控制器 SA 置于零位，电压继电器 KA 得电吸合并自锁。直流时间继电器 KT$_1$、KT$_2$ 经二极管 VD 得电，其常闭触点断开，为启动做好准备。将 SA 置于正转第 1 挡时，触点 2 闭合，接触器 KM$_1$ 得电吸合，转子加入全部外电阻正向启动运行。当 SA 置于正转第 2 挡时，触点 2、4 闭合，KM$_1$、KM$_3$ 得电吸合，转子回路第一级电阻切除（短接），转速升高运行。当 SA 置于正转第 3 挡时，触点 2、4、5 闭合，KM$_4$ 得电吸合，第二级电阻切除，电动机升速。同时 KM$_4$ 常闭辅助触点断开，时间继电器 KT$_1$ 线圈失电，经过 2s 延时后，其延时闭合常闭触点闭合，接触器 KM$_5$ 得电吸合，第三级电阻切除，电动机继续升速。同时，KM$_5$ 常闭辅助触点断开，时间继电器 KT$_2$ 线圈失电，经过 1s 延时后，其延时闭合常闭触点闭合，接触器 KM$_6$ 得电吸合，第四级电阻切除，电动机最后只保留了一段常接电阻（软化电动机特性用）运行。前两级电阻是手动切除，后两级电阻是延时自动切除。

②电动机停车、反转。当控制器 SA 置于零位时，触点 2、4、5 断开，使 KM$_1$～KM$_6$ 均失电，加上机械制动器而迅速停车，转子外电阻全部加入，为下次启动做好准备。

反转时，只要将 SA 置于反转三挡，此时工作情况与正转相同，不同的只是触点 3 闭合，反转接触器 KM$_2$ 吸合，电动机反转运行。

如欲快速停车，允许由正转扳向反转第 1 挡。此时转子加入全部外电阻（包括第一级为反接制动而设计的电阻）。因此电流不会超过允许值。当电动机制动速度快降到零时，将

SA 置于零位而使电动机停车。

图中，KI_1、KI_2 为过流继电器，作过载和短路保护用；SQ_1、SQ_2 分别为正向和反向限位开关。

PQY1 系列磁力控制盘电气元件见表 9-8。

表 9-8 PQY1 系列磁力控制盘电气元件

代　号	名　称	PQY1-100	PQY2-150	PQY2-250	PQY2-400	数量
		型　号　规　格				
QS_1	刀开关	HD11-100/38	HD11-100/38	HD11-200/38	HD11-400/38	1
QS_2	刀开关	HK1-P 380V				1
FU	熔断器	RL1-15/15A				2
KM_1、KM_2	交流接触器	CJ20-100/3	CJ20-150/3	CJ20-250/3	CJ20-400/3	2
KM_3	反接接触器	CJ20-100/4	CJ20-150/4	CJ20-250/4		1
KM_4～KM_6	加速接触器	CJ20-100/4	CJ20-150/4	CJ20-250/4		3
KA	电压继电器	CJ20-20 380V				1
KT_1、KT_2	时间继电器	JT3-11/3 110V				2
KI_1、KI_2	过流继电器	JL5-60 JL15-60	JL5-80 JL15-80	JL5-150 JL15-150	JL5-300 JL15-300	2
R_1、R_2	电阻	ZG11-50 450Ω				2
R_3	电阻	ZG11-50 600Ω				1
VD	二极管	2CZ5A 500V				1

9.1.6　PQY2系列磁力控制盘平移控制线路

图 9-10 为由 LK16-5/31 型主令控制器和 PQY2 系列磁力控制盘组成的控制线路。

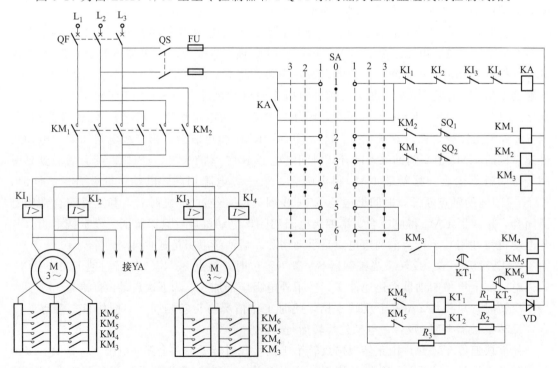

图 9-10　PQY2 系列磁力控制盘平移控制线路

由图可见，PQY2 系列磁力控制盘与 PQY1 系列磁力控制盘的控制线路类同，其电气元件也基本相同，只是后者多了两只过流继电器。PQY2 系列可以同时控制桥式起重机的大车和小车两台平移机构。

9.1.7　PQS1 系列磁力控制盘升降控制线路

图 9-11 为由主令控制器和 PQS1 系列磁力控制盘组成的控制线路，用于控制桥式起重机提升机构的升降控制。

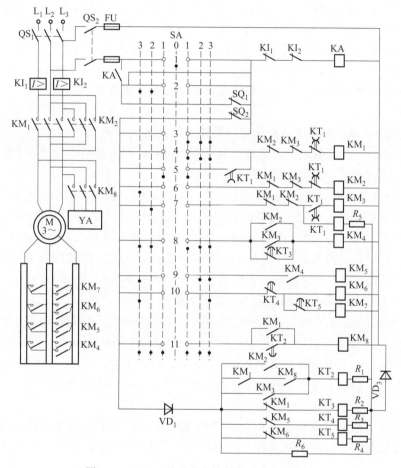

图 9-11　PQS1 系列磁力控制盘升降控制线路

主令控制器 SA 的手柄有 7 个位置：除零位外，有三个提升挡，可得到三种不同的提升速度；有三个下降挡，第 2 挡为单相制动下降，第 3 挡为强迫下降，若为重物则过渡到做发电制动下降；第 1 挡只有在由第 2、3 挡扳回第 1 挡时，才能做倒拉制动下降，否则不通。零件停车时制动器 YA 先动作，电动机延时 0.65s 后才断电，以防止带重物时断电停车所产生的溜钩。

工作原理：

（1）提升

合上电源开关 QS₁ 和控制回路开关 QS₂，将主令控制器 SA 置于零位，电压继电器 KA 得电吸合并自锁。当 SA 置于提升第 1 挡时，触点 3、4、5、8、11 闭合。触点 3 闭合，时

间继电器 $KT_3 \sim KT_5$ 线圈通电，其常闭触点立即断开，为下一步工作做好准备；触点 4 闭合，正转接触器 KM_1 得电吸合，转子加入全部外电阻，产生提升转矩；触点 11 闭合，制动接触器 KM_8 得电吸合，使制动器 YA 松开，电动机即可提起货物。由于接触器 KM_1 常闭辅助触点断开，KT_3 线圈失电，经过一段延时后，其延时闭合常闭触点闭合，接触器 KM_4 得电吸合，切除（短接）转子反接制动电阻。电动机先通电产生转矩，后松开制动器的目的，是防止吊起重物时产生溜钩。

当 SA 置于提升第 2 挡时，触点 9 又闭合，接触器 KM_5 得电吸合，切除第二级电阻。若直接置于提升第 3 挡，触点 10 又闭合，由于 KM_5 常闭辅助触点断开，时间继电器 KT_4 线圈失电，经过一段延时后，其延时闭合常闭触点闭合，接触器 KM_6 得电吸合，切除第三级电阻，同时 KT_5 线圈失电，经过一段延时后，其延时闭合常闭触点闭合，接触器 KM_7 得电吸合，切除第四级电阻，电动机工作在只有软化电阻接入的高速运行中。三级调速中，第一、二级电阻是手动切除的，第三、四级电阻是延时自动切除的。

（2）下降

① 单相制动下降。单相电动机无启动转矩，需用外力将电动机启动，电动机有一定速度后，才可能独自运行。如果电动机轴上有一重力负载，则电动机将处于倒拉制动状态。单相倒拉制动特性较平稳，能用于放下轻物。

当控制器 SA 置于下降第 2 挡时，触点 2、7、8、11 闭合。换向继电器（实际是一时间继电器）KT_1 线圈通电，经过一段延时后，其延时闭合常开触点闭合，接触器 KM_3 得电吸合，定子为单相连接。同时 KT_2 线圈通电，其常开触点立即闭合，为制动接触器 KM_8 吸合做准备。触点 8 闭合，使 KM_4 得电吸合，切除反接制动电阻；而触点 11 闭合，KM_8 得电吸合，松开制动器 YA，电动机处于单相制动状态，放下货物。

② 强力下降和再生制动下降。当 SA 置于下降第 3 挡时，触点 2、6、8、9、10、11 闭合，7 断开，KM_3、KT_1 失电。经过一段延时后，KT_1 延时闭合常闭触点闭合，反转接触器 KM_2 得电吸合。延时的目的是防止在正反转换相过程中造成主触点相间短路。触点 8、9 闭合，直接切除了转子中两级外电阻；触点 10 闭合，使 KM_6、KM_7 相继延时吸合，切除后两级外电阻，电动机工作在反转制动状态，强迫放下货物。若货物为重载，将做再生制动下降。

如果重物有高速下降危险，可由第 2 挡扳至第 3 挡，做单相制动下降，或再返回第 1 挡，做倒拉反接制动，低速下降重物。在返回第 1 挡时，只有触点 5、11 闭合，其余触点断开。

③ 倒拉制动下降。当触点 6、7 断开，KM_2、KM_3 失电释放，它们的常开辅助触点断开，时间继电器 KT_2 线圈失电，在延时动作期间，触点 5 闭合，KM_1 得电吸合，使保持制动接触器 KM_8 吸合，也使 KT_2 得到供电，形成连环自锁，KM_8 吸合，使制动器 YA 一直松开，避免了换接过程中突加机械制动而产生强烈振动。KM_1 吸合后，电动机正转，转子回路加入全部电阻，工作在倒拉制动状态。当 SA 由零位直接扳向下降第 1 挡时，因 KT_2 不通电，KM_1、KM_8 均不吸合，防止了轻物下降时扳向第 1 挡可能造成提升的现象。

（3）其他环节

当控制器 SA 返回零位时，只有触点 5 闭合，其余均断开。由于 KT_2 原已通电，现失电了，其延时断开常开触点延时 0.6s 断开。在延时期间，KM_1 仍然吸合，即电动机正向接电，产生一个向上提升的转矩，防止从 KM_8 断电到制动器 YA 刹住提升机构的过程中，可能产生重物溜钩现象。

KT$_2$ 线圈中串入 KM$_1$、KM$_8$ 常开辅助触点，以保证当 KM$_1$～KM$_3$ 未能可靠吸合而电动机定子无电不产生转矩时，使 KT$_2$ 不通，KM$_8$ 失电，制动器 YA 刹住提升机构，从而防止货物自由坠落的事故。

换向继电器 KT$_1$ 的吸合延时为 0.11～0.16s，断开延时为 0.15～0.2s，目的是延长主触点的换接时间，避免引起相间短路，并利用 KT$_1$ 的短暂延时，在控制器 SA 由零位置于下降第 3 挡时（或由 3 挡返回零位时），单相接触器 KM$_3$ 不吸合。

9.1.8　由主令开关和凸轮控制器组成的控制线路

由主令开关和凸轮控制器组成的主电路如图 9-12 所示，控制和保护电路如图 9-13 所示。这种线路主要用于有两个卷扬机构的桥式起重机，主钩额定起重量为 15(20)t，副钩额定起重量为 3(5)t。主副钩分别由电动机 M$_5$ 和 M$_4$ 传动，大车分别由 M$_1$、M$_2$ 传动、小车由 M$_3$ 传动。

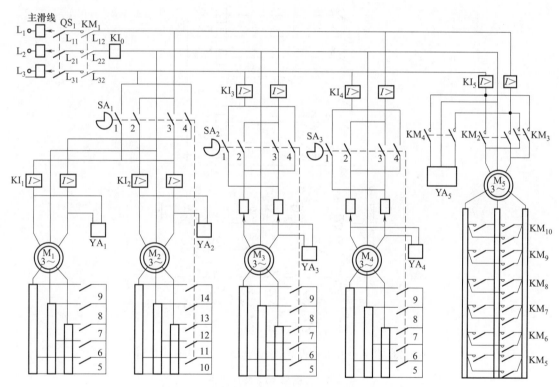

图 9-12　由主令开关和凸轮控制器组成的主电路

大车采用一台 KT14-25J/2 型凸轮控制器 SA$_1$，同时控制电动机 M$_1$ 和 M$_2$ 的启动、变速、反向和停止。大车左右移动、限位保护由限位开关 SQ$_4$、SQ$_5$ 分别控制。小车和副钩采用两台 KT14-25/J 型凸轮控制器 SA$_2$、SA$_3$，分别控制电动机 M$_3$、M$_4$ 启动、变速、反向和停止。小车和副钩的限位保护由限位开关 SQ$_6$～SQ$_8$ 实现。

主钩采用 LK1-12/90 型主令控制器。它和 PQR10B-150 型交流磁力控制盘共同控制主钩上升、下降、制动、变速和停止。主钩提升限位保护由限位开关 SQ$_{10}$ 实现。

主令控制器 SA$_0$ 和凸轮控制器 SA$_1$～SA$_3$ 各触点闭合情况分别见表 9-9～表 9-12。表中

"×"表示触点闭合状态。

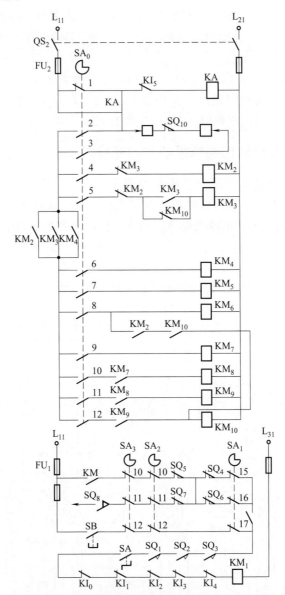

图 9-13 由主令开关和凸轮控制器组成的控制及保护电路

表 9-9 控制器 SA_0 触点闭合

触点状态 / 手柄位置	下 降						零位	上 升					
	强力			制动									
触点	5	4	3	2	1	J	0	1	2	3	4	5	6
1							×						
2	×	×	×										
3				×	×	×		×	×	×	×	×	×
4	×	×	×										
5				×	×	×		×	×	×	×	×	×

续表

触点状态＼手柄位置	下降 强力			下降 制动			零位	上升					
触点	5	4	3	2	1	J	0	1	2	3	4	5	6
6	×	×	×	×	×			×	×	×	×	×	×
7	×	×	×		×	×		×	×	×	×	×	×
8	×	×	×			×				×	×	×	×
9	×	×								×	×	×	×
10	×										×	×	×
11	×											×	×
12	×												×

表 9-10 控制器 SA₁ 触点闭合

触点状态＼手柄位置	向 右					零位	向 左				
触点	5	4	3	2	1	0	1	2	3	4	5
1							×	×	×	×	×
2	×	×	×	×	×						
3							×	×	×	×	×
4	×	×	×	×	×						
5	×	×	×					×	×	×	×
6	×	×	×						×	×	×
7	×	×								×	×
8	×										×
9	×										×
10	×	×	×	×				×	×	×	×
11	×	×	×						×	×	×
12	×	×								×	×
13	×										×
14	×										×
15						×	×	×	×	×	×
16	×	×	×	×	×	×					
17						×					

表 9-11 控制器 SA₂ 触点闭合

触点状态＼手柄位置	向 右					零位	向 前				
触点	5	4	3	2	1	0	1	2	3	4	5
1							×	×	×	×	×
2	×	×	×	×	×						
3							×	×	×	×	×

续表

触点	向右					零位	向前				
	5	4	3	2	1	0	1	2	3	4	5
4	×	×	×	×	×						
5	×	×	×	×	×			×	×	×	×
6									×	×	×
7										×	×
8											×
9	×										×
10						×	×	×	×	×	×
11	×	×	×	×	×	×					
12						×					

表 9-12　控制器 SA_3 触点闭合

触点	向上					零位	向下				
	5	4	3	2	1	0	1	2	3	4	5
1							×	×	×	×	×
2	×	×	×	×	×						
3							×	×	×	×	×
4	×	×	×	×	×						
5								×	×	×	×
6	×	×	×	×							×
7	×	×	×							×	
8	×										×
9											×
10						×	×	×	×	×	×
11	×	×	×	×	×	×					
12						×					

9.1.9　QT-60/80 型塔式起重机控制线路

塔式起重机是建筑工地上普遍应用的一种有轨道的起重机械。QT-60/80 型塔式起重机外形如图 9-14 所示。它包括行走机构、回转机构、变幅机构和提升机构四个部分,分别由 JZR2 系列绕线式异步电动机驱动。

QT-60/80 型塔式起重机主线路和控制线路分别如图 9-15 和图 9-16 所示。提升电动机 M_1 有调速要求,其转子回路采用外接电阻方式。变幅、回转和行走机构没有调速要求,因此相应的电动机采用频敏变阻器启动,以限制启动电流,增大启动转矩。启动结束后,把频敏变阻器短接。

变幅电动机 M_5 的定子回路上,并联一个电磁制动器 YA_5。制动器的闸轮与电动机 M_5

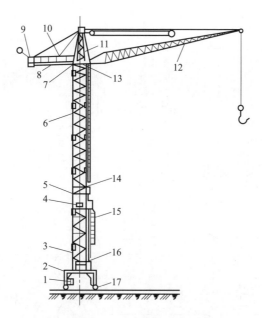

图 9-14 QT-60/80 型塔式起重机外形

1—电缆卷筒；2—龙门架；3—塔身（第一、二节）；4—提升机构；5—塔身（第三节）；
6—塔身（延接架）；7—塔顶；8—平衡臂；9—平衡重；10—变幅机构；11—塔帽；
12—起重臂；13—回转机构；14—驾驶室；15—爬梯；16—压重；17—行走机构

同轴，一旦 M_5 和 YA_5 同时断电，能紧急制动，使起重臂准确地停在某一位置上。

回转电动机 M_4 的主回路上并联一个电磁制动器 YA_4，是用来控制回转锁紧制动机构的。为了保证在有风的情况下，也能使吊钩上重物准确地放到预定位置上，电动机 M_4 转轴的另一端上装有一套锁紧制动机构，当电磁制动器通电时，带动这套制动机构锁紧回转机构，使它不能回转，固定在某一位置上。

工作原理：回转机械的工作过程。将主令控制器 SA_4 的手柄置于第 1 挡，电动机转速稳定后再转换到第 2 挡，使起重机向左或向右回转到某一位置时返回零位，电动机 M_4 先停止转动，然后按下按钮 SB_2，使接触器 44K 得电吸合并自锁，其常开触点闭合，电磁制动器 YA_4 得电，通过锁紧制动机构，将起重臂紧锁在某一位置上，使吊件准确就位。在接触器 44K 的线圈电路中串入 41K 和 42K 接触器的常闭触点，保证电动机 M_4 停止转动后，电磁制动器 YA_4 才能工作。

提升电动机 M_1 采用电力液压推杆制动器进行机械制动。电力液压推杆制动器由小型笼型异步电动机 M_6、油泵和机械抱闸等部分组成。制动器的闸轮与电动机 M_1 同轴。当 M_6 高速转动时中间继电器 KA 不工作，闸瓦松开闸轮，制动器处于完全松开状态；当 M_6 逐渐减速时，闸瓦逐渐抱紧闸轮，制动器产生的制动转矩逐渐增大；当 M_6 停转时，闸瓦紧抱闸轮，使制动器处于完全制动状态。只要改变电动机 M_6 的转速，就可以改变闸瓦与闸轮的间隙，产生不同的制动转矩。

当要慢速下降重物时，中间继电器 KA 吸合，其常开触点闭合，常闭触点断开，电动机 M_6 通过自耦变压器 TAT、万能转换开关 SA_3 接到电动机 M_1 的转子回路上。由于电动机 M_1 转子回路的交流电压频率 f_2 较低，使电动机 M_6 转速下降，闸瓦与闸轮的间隙减小，两者发生摩擦并产生制动转矩，使电动机慢速运行，提升机构以较低速度下降重物。

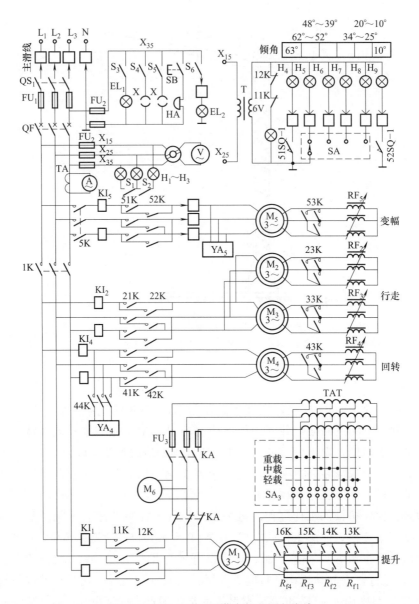

图 9-15　QT-60/80 型塔式起重机主线路

　　注意，只有主令控制器 SA₁ 转换到第 1 挡时，才能进行这种机械制动。这时主令控制器的触点 2、8 闭合，接触器 12K 得电吸合，其常开辅助触点闭合，中间继电器 KA 得电吸合，其常闭触点断开，常开触点闭合，将电动机 M₈ 接入电动机 M₁ 的转子回路中。

　　主令控制器 SA₁ 控制提升电动机的启动、调速和制动。当在轻载情况下启动，主令控制器 SA₁ 置于第 1 挡时，外接电阻全部接入，吊件被慢速提升。当转换到第 2 挡时，接触器 13K 得电吸合，其常开触点闭合，电阻被切除（短接）一级，使吊件提升速度加快，以后每转换一挡便短接一级电阻，直到第 5 挡，外接电阻被全部短接，电动机运行于最高转速，提升吊件速度最快。

　　51SQ、52SQ 是幅度限位保护开关。起重臂俯仰变幅过程，一旦到达位置，51SQ（或52SQ）限位开关断开，切断接触器 51K（或 52K）线圈电路，51K（或 52K）失电释放，切

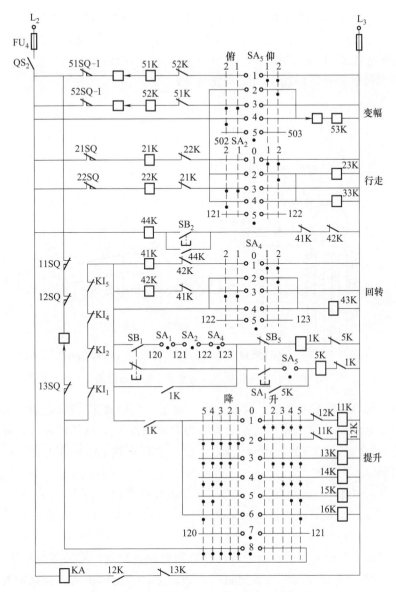

图 9-16　QT-60/80 型塔式起重机控制线路

断电源，使变幅电动机 M_5 停转。

行走机构采用两台电动机（M_2 和 M_3）驱动，为了行走安全起见，在行走架的前后极限位置各装有一个行程开关 21SQ 和 22SQ，起限位保护使用，防止脱轨事故。

限位开关 11SQ～13SQ 分别是起重机的超高、钢丝绳脱槽和超重的保护开关。在正常情况下它们是闭合的，一旦吊钩超高、提升重物超重或钢丝绳脱槽时，相应的限位开关断开，接触器 1K 和 5K 失电释放，切断电源，各台电动机停止运行，起到保护作用。

9.1.10　自励动力制动方式下降调速线路（一、二）

自励动力（能耗）制动调速系统应用于起重机起升机构的下降调速十分理想。在 10%～100% 负载范围内调速比可达 1：3，最大可达 1：5，特别适合于机械加工车间、工具车间吊装工艺的需要，而且具有较好的节能效果。

由于交流电动机基本上没有剩磁，为了达到自励，必须加一部分辅助励磁，为此在定子一相中设置单相半波整流电路，经接触器 KM_3 提供，如图 9-17 所示。辅助励磁电流 I_f 的大小可通过调节电阻 R_0 的阻值来改变。对半间接式控制（凸轮控制）线路，I_f 一般为 1.5～2.6A；间接式（接触器控制）线路，I_f 一般为 5A。

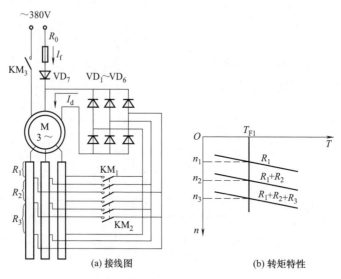

图 9-17　自励动力制动方式下降调速线路

电动机转子在负载的重力作用下旋转，由于定子绕组中有 I_f 存在，转子回路将产生感应电动势和转子电流 I_2，经三相桥式整流后变为直流电流 I_d，反馈到定子回路中（在自励电流后以及 I_d 建立后，I_f 即使取消也无妨）。定子磁通与转子电流相互作用，就产生了与外力相反的制动转矩。

制动转矩 T_Z 和负载外转矩 T_F 决定着电动机的转速变化。当 $T_F > T_Z$ 时，提升机构就加速；当 $T_F < T_Z$ 时，提升机构就减速；当 $T_F = T_Z$ 时，提升机构就在一定的转速下稳定运行。

当提升机构在某一转速下运行时，若某种原因使转速增加，则转子电流 I_2 和励磁电流 I_d 也随之增大，定子磁通增大，从而使制动转矩增大，迫使转速回到原来的转速上。反之亦然。

调节转子回路电阻（通过切换接触器 KM_1、KM_2），可得到三级不同的转速 $n_1 \sim n_3$。

9.2　吊车、货梯线路

9.2.1　建筑工地用卷扬机控制线路

建筑工地上经常使用简易卷扬机来装卸建筑材料。建筑工地上用卷扬机控制线路如图 9-18 所示。

图中，KM_1 为上升接触器，由上升按钮 SB_2 控制；KM_2 为下降接触器，由下降按钮 SB_1 控制。KM_1 和 KM_2 分别控制电动机 M 正转和反转。SB_3 为停止按钮，能使吊笼停止在任何位置；热继电器 FR 作电动机 M 过载保护用。YA 为断电型电磁制动器（MZD1-200

型、380V，FZ％＝40％）。若采用锥形转子
电动机，则 YA 可以不用。

在上升接触器 KM_1 的线圈回路内串接
的限位开关 SQ 装在铁架顶端，以防止吊笼
上升过位（操作人员不慎或错误按按钮时可
能发生），造成卷扬机铁架被拉倒、吊笼坠
落的严重事故。SQ 应采用防水性好、经得
起冲撞的 LX35-S1 型限位开关等。

需要指出的是，建筑单位使用较多的
JJKD-1 型快速卷扬机，没有设上升限位开关
SQ，这给安全带来隐患，应加上。

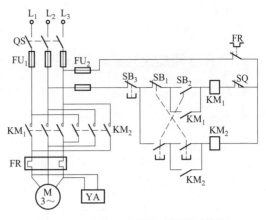

图 9-18　建筑工地用卷扬机控制线路

9.2.2　电动葫芦控制线路

电动葫芦是一种起重量不大、结构简单的起重机械，多用于设备维修的吊装工作。

电动葫芦由移行装置和提升机构两部分组成，并分别用电动机拖动。移行电动机驱动电
动葫芦的导轮，拖动提升机构在工字梁上平行移动，用机械撞块限制提升机构的行程，一般
不带电磁制动器。提升电动机带动滚筒转动，以卷起或落下吊钩，吊钩装有上限位开关，在
电动机端部设有特制的电磁制动器，以保证吊钩停在指定的位置。电动葫芦采用悬挂式按
钮，使用者站在地面操纵。

电动葫芦控制线路如图 9-19 所示。线路为典型的点动控制线路。交流电源经开关 QS、
熔断器 FU_1 和滑线（或软电缆）供给电动机主电路和控制回路。接触器 KM_1、KM_2 和
KM_3、KM_4 分别控制提升电动机 M_1 和移行电动机 M_2 的正反向运行。图中 YA 为断电型
电磁制动器，SQ 为上升限位保护开关。

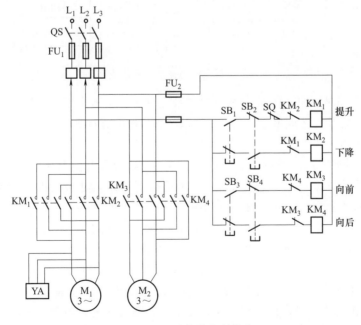

图 9-19　电动葫芦控制线路

电动葫芦有 CD 和 MD 两个系列，后者有两种提升速度。它们都采用锥型转子电动机或傍磁电动机。常用的有 0.5t、1t、2t、3t、5t 和 10t 等规格。

9.2.3　餐厅简易提升机控制线路

线路如图 9-20 所示。该产品可用于底层为厨房、二层和三层为餐厅的饭店运送饭菜，也可作三层楼的商店、仓库等运送货物之用。该线路结构简单，安全性高。

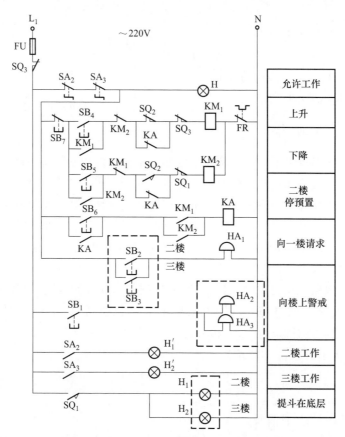

图 9-20　餐厅简易提升机控制线路

提升电动机为 3kW 笼型异步电动机。操作系统设在底层厨房里，二层和三层只有信号显示，以避免外人乱操作，造成事故，二、三层取物口从地面起封闭 1.3m，防止小孩误入。

工作原理：

① 升降。二层或三层服务员按下按钮 SB_2 或 SB_3，底层电铃 HA_1 响（铃声规矩自行约定）。底层知道哪层要饭菜，如要送三层，服务员按下 SB_1，则二层和三层铃响，然后按下 SB_4，接触器 KM_1 得电吸合并自锁，电动机启动。提斗上升到二层，压下行程开关 SQ_2，但并联的中间继电器 KA 的常闭触点闭合，故电动机不断电，行至三层，压下行程开关 SQ_3，KM_1 失电释放，电磁抱闸释放而制动，提升到位。服务员将三层信号盘上的选择开关 SA_3 旋向左，底层看见信号灯 H_2' 亮，知道提斗在三层。此时一层不能启动电动机，三层服务员可以放心地取物、放物。三层操作完毕，将选择开关 SA_3 旋回（向右）并按铃，底层得到信号后操作提斗下降，提斗到底层，压下行程开关 SQ_1，电动机断电，二层和三层信号灯 H_1、H_2 亮，表示提斗停放在底层。

② 选层。当二层请求提升时，底层按下按钮 SB$_4$，启动电动机后，在提斗未到二层的一段时间内，再按下按钮 SB$_6$，KA 得电吸合并自锁，其常闭触点断开，提斗到位后，压下二层行程开关 SQ$_2$，电动机停转，KA 失电释放，其常闭触点返回。此时底层无法启动电动机，二层可以随意取物、放物。如欲继续上升，二层将选择开关 SA$_2$ 向右旋回，允许操作信号灯 H 亮，底层得到信号后按下按钮 SB$_4$，提斗上升。如果从三层下降时需在二层停下，则底层按下 SB$_5$ 后，再按下 SB$_6$，KA 的常闭触点断开，但由于 SQ$_2$ 是不复位型开关，上升过程中已将其常开触点关闭，因此电动机不断电。下降到二层时，压下行程开关 SQ$_2$，KA 失电释放，提斗即可停在二层。

③ 保护。该线路设有紧急状态保护、超高保护和断相保护功能。紧急状态时，可按下停止按钮 SB$_7$ 或二层、三层的控制开关 SA$_2$、SA$_3$，提斗停止运动。若提斗超高，则提斗撞动 SQ$_3$ 可以使提斗停止运行（故障排除后可短按下降）。电源缺相保护电路图中未画出，当一相电源失电时电磁抱闸释放，提斗停止运行。

9.2.4　简易升降机控制线路

线路如图 9-21 所示。各层控制元件及信号设备的布置如图 9-22 所示。该线路可用于工厂、仓库运送货物或餐厅运送饭菜，操作简单、安全可靠。

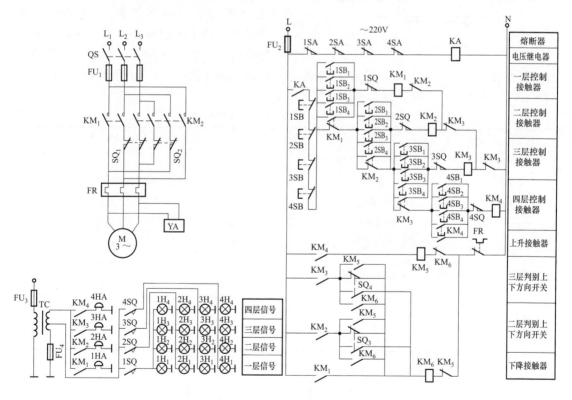

图 9-21　简易升降机控制线路

图 9-21、图 9-22 中元件代号含义见表 9-13。

图 9-22 采用规则性阶梯形线路，便于增减层数，只要按阶梯形线路往下排，每增加一层，增加一套元件即可。

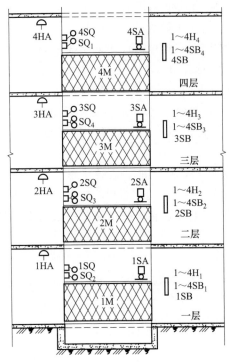

图 9-22　各层控制元件及信号设备的布置

（1）该线路主要功能

① 任何一层只要按下需要按钮，轿厢就到该层停下。

② 轿厢正在驶向某层时，该层电铃发出响声，到达该层时响声消失，但信号灯亮。

③ 轿厢正在驶向某层时，本层或其他层要改变停层，可先按总停按钮，再按要停的楼层按钮。

（2）工作原理

① 升降。当轿厢经过楼中间层时，升降自动装置用机械拨动行程开关（SQ_3、SQ_4）双轮的位置，来判别轿厢上下的方向，实现升或降的自动转换。各层停车线位置，由各层行程开关（$1SQ$～$4SQ$）控制而自动平层，虽然判别上下方向开关（SQ_3、SQ_4）与各中间层行程开关并列安装，实际上它们很难做到同时动作。如果轿厢上升到本层时 SQ_3（或 SQ_4）动作时间先于 $2SQ$（或 $3SQ$），则桥厢下降到本层时 SQ_3（或 SQ_4）动作时间就会滞后于 $2SQ$（或 $3SQ$），出现控制失调。

为此在 $2SQ$、$3SQ$ 环节上设主接触器自锁触点，以消除控制失调。主接触器 KM_5（或 KM_6）将随着 $1SQ$～$4SQ$ 的动作而准确和平稳地平层。

表 9-13　图 9-21、图 9-22 中元件代号含义

代　号	名　　称	代　号	名　　称
M	三相异步电动机	KA	电压继电器
QS	刀开关	KM_1～KM_4	控制接触器
FU	熔断器	KM_5	上升接触器
1SA～4SA	门开关	KM_6	下降接触器
1SQ～4SQ	行程开关（单轮自动复位）	FR	热继电器
SQ_3、SQ_4	判别上下方向开关（双轮行程开关）	TC	控制变压器
SQ_1、SQ_2	终点开关	1HA～4HA	电铃
1SB～4SB	停止按钮	1H～4H	信号灯
$1SB_1$～$1SB_4$	启动按钮	YA	电磁抱闸

② 选层。底层直升三层。轿厢在底层的正常位置，各层的 1H 信号灯亮。行程开关 $2SQ$～$4SQ$ 上方触点闭合见图 9-22。任何一层有人欲使轿厢升至三层，按下启动按钮 $3SB_1$～$3SB_4$ 中任一个，控制接触器 KM_3 得电吸合并自锁，其常开辅助触点闭合，主接触器 KM_5 得电吸合，轿厢上升。同时三层电铃 3HA 响。轿厢离开底层时，各层的信号灯 1H 灭。轿厢到达三层时，行程开关 3SQ 常闭触点断开，KM_3、KM_5 相继失电释放，轿厢停在三层正常位置。3SQ 常开触点闭合，各层信号灯 3H 亮，响声消失。同时，轿厢碰块使行程开关 SQ_4 换位，为下降做好准备。

四层降至三层。如轿厢在四层的正常位置，各层信号灯 4H 亮，SQ_4 下方触点闭合。任何一层有人欲使轿厢回到三层，按下启动按钮 $3SB_1 \sim 3SB_4$ 中任一个，控制接触器 KM_3 得电吸合并自锁，其常开辅助触点闭合，主接触器 KM_6 得电吸合，轿厢下降。同时三层电铃 $3HA$ 响，轿厢离开四层时，各层信号灯 4H 灭。轿厢到达三层时，行程开关 $3SQ$ 常闭触点断开，接触器 KM_3、KM_6 相继失电释放，响声消失，轿厢停在三层正常位置。同时 $3SQ$ 常开触点闭合，各层的信号灯 3H 亮。

③ 保护。门开关 $1SA \sim 4SA$ 用以保证在各层门都关闭的情况下方能启动升降机；终点限位开关 SQ_1、SQ_2 用以防止接触器失电后触点粘连轿厢超过终点而发生事故；熔断器作短路保护；热继电器作电动机过载保护。

9.2.5 附墙升降机控制线路

附墙升降机是高层建筑施工过程中必不可少的垂直运输机械。其驱动电动机通常采用绕线式异步电动机。

采用主令开关和涡流制动器控制的附墙升降机典型线路如图 9-23 所示。图中主令控制器 SA 触点闭合情况见表 9-14。

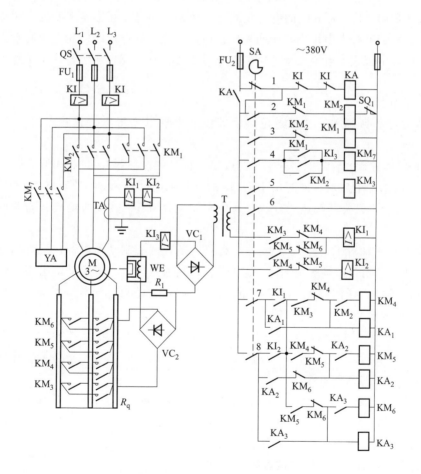

图 9-23 附墙升降机控制线路

表 9-14 主令控制器 SA 触点闭合情况

闭合状态 / 手柄位置 / 触点代号	下 降						零位	上 升					
	6	5	4	3	2	1	0	1	2	3	4	5	6
1							×						
2								×	×	×	×	×	×
3	×	×	×	×									
4	×	×	×	×	×	×		×	×	×	×	×	×
5										×	×	×	×
6				×	×	×		×	×				
7		×	×									×	×
8	×											×	×

注："×"表示触点闭合。

工作原理：涡流制动器 WE 利用转子电流反馈的闭环励磁线路进行调速。电动机 M 的启动主要是通过两个 JL17-5A 型交流电流继电器 KI_1 和 KI_2 交替动作，切除电动机转子回路的电阻来实现的。KI_1 和 KI_2 的电流线圈接入主回路中电流互感器 TA 的二次侧，电压线圈和加速接触器辅助触点串接在控制回路中。电流继电器在电压线圈无电压时触点断开；电压线圈有电压，电流线圈电流大于整定值时，触点也断开，但电流为零或小于整定值时，触点闭合。

动作过程如下：

① 先将主令控制器 SA 置于零位，使零压继电器 KA 得电，其触点接通操作回路的电源。

② 将主令控制器手柄置于上升第 1 挡或第 2 挡，则接触器 KM_2 得电吸合，在整个启动电阻 R_q 加入的情况下启动。同时由于 KM_2 的常开辅助触点和 SA 的触点 4、6 闭合，接触器 KM_7 得电吸合，其常开触点闭合，接通电磁制动器 YA，并接通涡流制动器回路产生制动力矩。

③ 若将 SA 手柄置于上升第 3～6 挡，触点 6 断开涡流制动器电源，涡流制动器不产生制动力矩，触点 8 闭合，接触器 KM_3 得电吸合，其触点闭合，将启动电阻第一级短接，此时继电器 KI_1 的电压线圈励磁，由于电流线圈通过很大的启动电流，故 KI_1 的触点断开，接触器 KM_4 不吸合。

④ 随着电动机加速，启动电流逐渐减小，通过继电器 KI_1 电流线圈的电流降低，当低到其整定值 $[$一般为$(80\%～120\%)I_e]$ 以下时，电流线圈的吸力小于弹簧反作用力，衔铁释放，继电器 KI_1 的触点闭合。

⑤ 继电器 KI_1 触点及 SA 触点 7 闭合后，接触器 KM_4 得电吸合，其常开触点闭合，使启动电阻 R_q 的第二级短接，电动机再次有大电流通过，进一步加速，而接触器 KM_4 的常闭辅助触点断开，继电器 KI_1 失电释放，其触点断开。由于接触器 KM_4 通过中间继电器 KA_1 触点而吸合，启动电阻继续被短接。

⑥ KM_4 的常开辅助触点的闭合，使继电器和 KI_2 电压线圈接通，其动作过程与继电器 KI_1 相同。即随着电动机启动电流减小，KI_2 常开触点闭合，接触器 KM_5 得电吸合，短接

第三级电阻。

⑦ 因继电器 KI_1 电压线圈得电而恢复到起始状态，故第四级电阻由于 KI_1 触点使接触器 KM_6 得电吸合而被短接。

这样，由于两个电流继电器交替动作，使启动电阻依次短接而结束启动过程。

下降和上升的动作过程相同，只是"下降"的第一挡先经涡流制动器再接通电磁制动器 YA，以实现低速下降。

9.3　其他输送机械线路

9.3.1　矿用牵引电机车电源远控线路

矿用电机车牵引电源由硅整流器屏供电，在硅整流器屏上增加如图 9-24 虚线框内的控制线路，能使电机车具有远距离可靠合闸（不受任何信号干扰）和空载自停节电的性能。

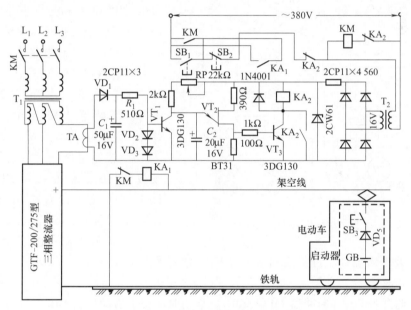

图 9-24　矿用牵引电机车电源远控线路

工作原理：远控器的启动器安装在电机车上，当司机按下按钮 SB_3 时，继电器 KA_1 得电吸合，其常开触点闭合，接触器 KM 得电吸合并自锁，380V 交流电源接通整流变压器 T_1 和硅整流电源，向电机车供电。KM 常闭辅助触点断开，KA_1 失电释放。当运输线路上有电机车运行时，电流互感器 TA 感应出电流信号，经二极管 VD_1 半波整流、电容 C_1 滤波、电阻 R_1 限流后加在三极管 VT_1 基极，并使其导通，电容 C_2 被短接，由单结晶体管 VT_2 等组成的延时自停电路不起作用，即中间继电器 KA_2 处于释放状态。当运输线路上电机车停止行驶时，TA 感应信号消失，三极管 VT_1 截止，延时电路工作（延时自停时间可由电位器 RP 调节），经过一段延时后，电容 C_2 上的电压达到单结三极管 VT_2 的峰点电压，VT_2 导通，继而 VT_3 导通，KA_2 吸合。其常闭触点断开，KM 失电释放，切断总电源，整个电路恢复原状。如果当电机车停驶后还未到达自停电源时间又启动运行，则三极管 VT_1 又导通，C_2 经 VT_1 放电，又使延时电路不起作用。

图中二极管 VD_2、VD_3 起钳位作用，限制加在三极管 VT_1 基-射极上的电压，从而保护 VT_1 管。

9.3.2 皮带运输机自动控制线路

皮带运输机自动控制线路如图 9-25 所示。图中：$M_1 \sim M_3$ 为皮带运输传动电动机；$SQ_1 \sim SQ_3$ 为安装在皮带下的限位开关。

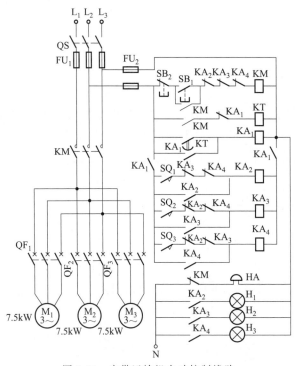

图 9-25 皮带运输机自动控制线路

（1）控制目的和方法

控制目的：三台电动机中有一台发生故障时，整个运输系统停止运行，并发出报警信号。

控制方法：利用限位开关和时间继电器的延时作用来实现。

保护元件：断路器 $QF_1 \sim QF_3$（每台电动机短路和过载保护）；熔断器 FU_1［三台电动机总短路保护（后备保护）］，FU_2（控制电路的短路保护）。

（2）线路组成

① 主电路。由开关 QS、熔断器 FU_1、接触器 KM 主触点、断路器 $QF_1 \sim QF_3$ 和电动机 $M_1 \sim M_3$ 组成。

② 控制电路。由熔断器 FU_2、启动按钮 SB_1、停止按钮 SB_2、接触器 KM、时间继电器 KT、继电器 $KA_1 \sim KA_4$ 和限位开关 $SQ_1 \sim SQ_3$ 组成。

③ 信号电路。由电铃 HA、指示灯 $H_1 \sim H_3$ 及 KM 常闭辅助触点和 $KA_2 \sim KA_4$ 常开触点组成。

（3）工作原理

合上电源开关 QS 和断路器 $QF_1 \sim QF_3$。启动时，按下启动按钮 SB_1，接触器 KM 得电吸合并自锁，其主触点闭合，三台电动机 $M_1 \sim M_3$ 同时启动运行。电路的延时环节是为了保证当皮带运输机上有负载（如砂）时，运输系统也能正常启动。其原理如下：如果皮带上有负载，将限位开关 $SQ_1 \sim SQ_3$ 中的一个压合，由于时间继电器 KT 的延时闭合常开触点尚未闭合，故继电器 KA_1 暂不会吸合，其常开触点断开。所以继电器 $KA_2 \sim KA_4$ 不会得电吸合，皮带运输机能运转起来。这样，原先被压合的限位开关因皮带拉紧而断开。这时即使 KA_1 触点闭合，$KA_2 \sim KA_4$ 也不会得电吸合。

KM 得电吸合并自锁后，其常开辅助触点闭合，时间继电器 KT 线圈得电，经过一段延时后，其延时闭合常开触点闭合，继电器 KA_1 得电吸合并自锁，其常闭触点断开，将时间继电器 KT 退出运行，KA_1 两副常开触点闭合，为电动机发生故障时自动停机做好准备。

当某台电动机（如 M_2）发生故障停转时，运输皮带因运物的自重而下沉，限位开关 SQ_2 被压合，继电器 KA_3 得电吸合并自锁，其常闭触点断开，KM 失电释放，使整个运输系统停止运行。KA_3 的另两副常闭触点断开，切断 KA_2、KA_4 线圈的电源，指示灯 H_1、

H_3 不亮，而 H_2 点亮，表示 2 号电动机 M_2 发生故障，同时电铃 HA 发出报警信号。

图 9-25 中继电器 $KA_2 \sim KA_4$ 经各自常闭触点实现互相联锁，其目的是正确指示是哪一台电动机发生故障。如果没有上述联锁，如当 2 号电动机因故障停转后，皮带松了下来，又会压合其他限位开关，使 KA_2、KA_4 也会吸合，指示灯 H_1、H_3 也会点亮，这样就区分不出是哪台电动机发生故障。

（4）元件选择

电气元件参数见表 9-15。

表 9-15　电气元件参数

序号	名　称	代号	型号规格	数　量
1	铁壳开关	QS	HH4-100/80A	1
2	断路器	$QF_1 \sim QF_3$	DZ4-25　$I_{dz}=16A$	3
3	熔断器	FU_1	RT0-100/100A(配 QS)	3
4	熔断器	FU_2	RT14-20/6A	2
5	交流接触器	KM	CJ20-40A　380V	1
6	继电器	$KA_1 \sim KA_4$	JZ7-44　380V	4
7	时间继电器	KT	JS23-1　$0.2 \sim 30s$	1
8	限位开关	SQ_1、SQ_2	LX22-11	3
9	按钮	SB_1	LA18-22(绿)	1
10	按钮	SB_2	LA18-22(红)	1
11	电铃	HA	SCF0.3　AC 220V	1
12	指示灯	$H_1 \sim H_3$	AD11-25/40　220V(红)	3

参 考 文 献

[1] 方大千，方成，方立，等. 新编电动机控制线路 430 例. 北京：金盾出版社，2011.
[2] 方大千，方成，方立，等. 电工电路图集（精华本）. 北京：化学工业出版社，2015.
[3] 黄北刚. 电动机控制电路识图一看就懂. 北京：化学工业出版社，2014.
[4] 张宽. 电工电路快速识读 200 例. 北京：化学工业出版社，2008.